U0882422

国家示范校建设成果教材
中等职业学校项目化教学改革教材

电气读图及AutoCAD

主　编　简菁涓
副主编　朱晓娟　王家龙　袁魁

中国水利水电出版社
www.waterpub.com.cn

内 容 提 要

本书是项目化教学用书。全书分两大部分：第 1 部分是项目化教学，第 2 部分是理论知识供查阅。学生需要从头至尾做完第 1 部分中的 20 个项目。其中的图 1.4.1、图 2.1、图 5.1 可以作为考核内容，三个方案的考核可以综合进行，图 1.4.1 主要考核学生的绘图速度，要求 1.5 小时内绘制 20 个以上的题目，图 2.1 以及图 5.1 则考核学生绘制电气符号以及完整绘制一张图纸的能力。本书提取了重要的图表目录，这些图表都是学生需要掌握的重要图表。

本书可作为中等职业学校电力电气类专业学生的教材，也可供 AutoCAD 初学者使用。

本书配有电子课件、FLASH 及块文件，读者可以从中国水利水电出版社网站免费下载，网址为：http://www.waterpub.com.cn/softdown。

图书在版编目（CIP）数据

电气读图及AutoCAD / 简菁涓主编. -- 北京 : 中国水利水电出版社，2015.6（2022.1 重印）

国家示范校建设成果教材 中等职业学校项目化教学改革教材

ISBN 978-7-5170-3286-1

Ⅰ. ①电… Ⅱ. ①简… Ⅲ. ①电气制图－计算机制图－AutoCAD软件－中等专业学校－教材 Ⅳ. ①TM02-39

中国版本图书馆CIP数据核字(2015)第138823号

书　　名	国家示范校建设成果教材 中等职业学校项目化教学改革教材 **电气读图及 AutoCAD**
作　　者	主编 简菁涓 副主编 朱晓娟 王家龙 袁魁
出版发行	中国水利水电出版社 （北京市海淀区玉渊潭南路 1 号 D 座 100038） 网址：www.waterpub.com.cn E-mail：sales@waterpub.com.cn 电话：（010）68367658（营销中心）
经　　售	北京科水图书销售中心（零售） 电话：（010）88383994、63202643、68545874 全国各地新华书店和相关出版物销售网点
排　　版	中国水利水电出版社微机排版中心
印　　刷	清淞永业（天津）印刷有限公司
规　　格	184mm×260mm 16 开本 19 印张 474 千字
版　　次	2015 年 6 月第 1 版 2022 年 1 月第 2 次印刷
印　　数	2001—3000 册
定　　价	**59.00** 元

凡购买我社图书，如有缺页、倒页、脱页的，本社营销中心负责调换

版权所有・侵权必究

贵州省水利电力学校

校本教材编写委员会成员名单

主　任　陈海梁　卢　韦

副主任　刘幼凡　严易茂

成　员　刘学军　朱晓娟　程晓慧

　　　　邹利军　吴小兵　唐云岭

前言
PREFACE

本书是根据中职培养目标、中职学生的特点以及中等职业学校对 AutoCAD 绘图课程的教学要求编写而成的。目前市面上的 AutoCAD 教材大多都不适用于中职学校的学生，有时候从头至尾看完一本教材，还不明白用 AutoCAD 从绘制到出图的全过程是怎么回事，这样的教材对教师的依赖性特别大，必须由教师对教材的各章节进行串联，比如设置格式到绘图到打印这些章节是怎么配合达到施工图出图的，全部依赖教师上课进行演示，如果一不小心学生没有从头至尾听这个过程，那在上机过程中就需要教师再手把手重新教学，教师的工作量很大。事实上确实有很多学生对于长时间的理论授课无法做到专心致志地听讲，甚至当时觉得听懂了，实际操作时又感觉迷茫。

基于此，本书选定了 20 个项目，每一个项目都很注重实际的练习，并且每个项目都配备了 FLASH 教程来演示此项目。教师在课堂上讲解一遍往往难以让学生记住全过程，所以可以把 FLASH 教程在讲解后发送给学生，学生可以自由地快进、快退、暂停，每一个步骤包括什么时候点击鼠标左键，什么时候点击鼠标右键，什么时候按 Enter 键，什么时候按 Esc 键等都有详细的文字说明。学生跟着 FLASH 绘制，教师可以有时间去掌控每个学生的绘制情况并解答学生的问题，这种教学方式不仅适合中职学校学生，还很适用于需要自学 AutoCAD 的所有人。

参加本书编写的有简菁涓、朱晓娟、王家龙、袁魁。本书由简菁涓主编。简菁涓老师编写了任务 1 至任务 5，王家龙老师编写了第 2 部分的第一章和第二章，朱晓娟老师编写了第 2 部分的第三章至第五章，袁魁老师编写了第 2 部分的第六章和第七章。

在编写教材的过程中各位教师进行了几次探讨，由此定下了 20 个项目的内容，特别是电动机正反转以及电气主接线这两个大项目，更是与学校的实训设备以及电气行业的电气主接线绘制进行了接轨，学生绘制出这两个大项目后，可以达到施工图出图的水平。

在本书编写过程中，得到了有关领导与同志的大力协助，在此一并表示感谢。

编者

2015 年 2 月

目录 CONTENTS

第 2 部分 理 论 知 识

重要图表目录

第 1 部分　项 目 化 教 学

任务 1　AutoCAD 基本操作

项目 1.1　设置工具栏界面

双击 AutoCAD 2008 后关掉无关的界面，如图 1.1.1 所示。

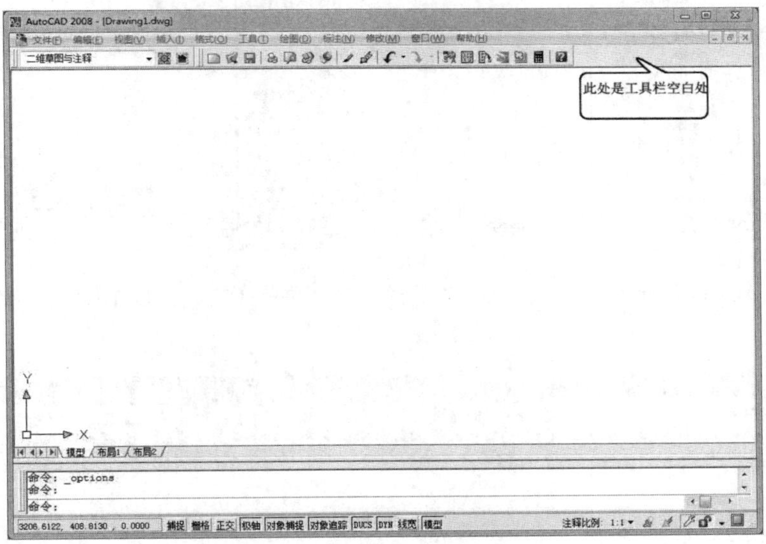

图 1.1.1　AutoCAD 2008 初始界面

这个界面的左、右都是空的，要把标注、绘图、修改等工具栏调出来放到适合的位置。

在工具栏的空白处点击鼠标右键，弹出菜单后把鼠标放到“ACAD”上会弹出第二层子菜单，如图 1.1.2 所示，此时会发现打勾的只有“标准注释”和“工作空间”，可以用鼠标左键选择“标准注释”，会发现刚才有的“标准注释”工具栏现在消失了，如图 1.1.3 所示。

接下来要做的工作就是用鼠标左键点击使得这个菜单栏中打勾的工具栏为“标准”“绘图”“特性”“图层”“修改”，一共 5 个，如图 1.1.4 所示，当勾选这 5 个以后 AutoCAD 的界面会变成如图 1.1.5 所示，这样的界面最适合进行画图，所以每一次当你看到 AutoCAD 的界面不是打开的这 5 个工具栏，请首先修改成这样的界面后再进行下一步工作。

调取工具栏都是在工具栏的空白处进行的，但是有时候在把所有工具栏都关闭后，会发现用右键的方法无法调出这些工具栏了，此时界面变成如图 1.1.6 所示状态。

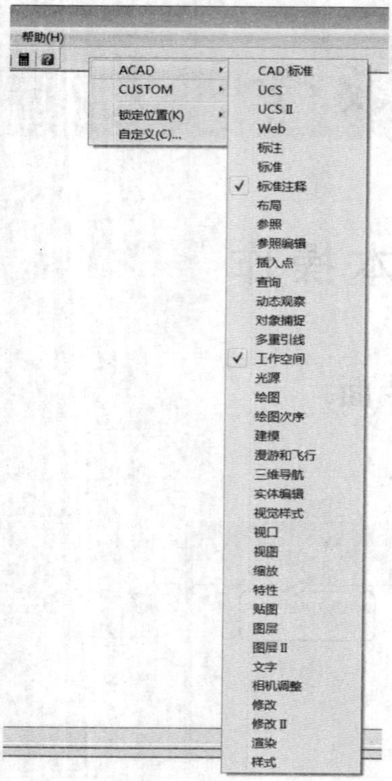

图 1.1.2 工具栏 ACAD 菜单（一）

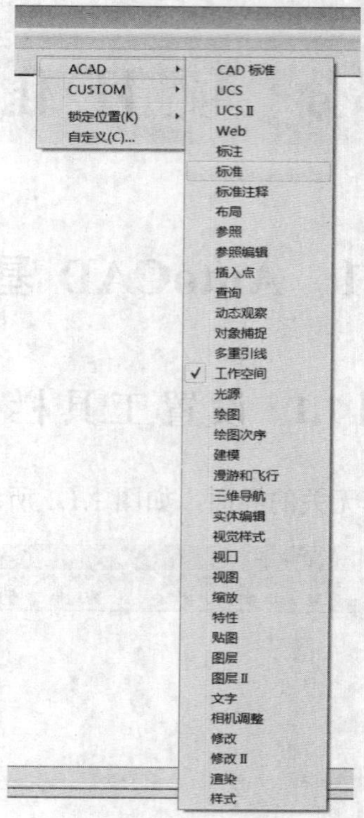

图 1.1.3 工具栏 ACAD 菜单（二）

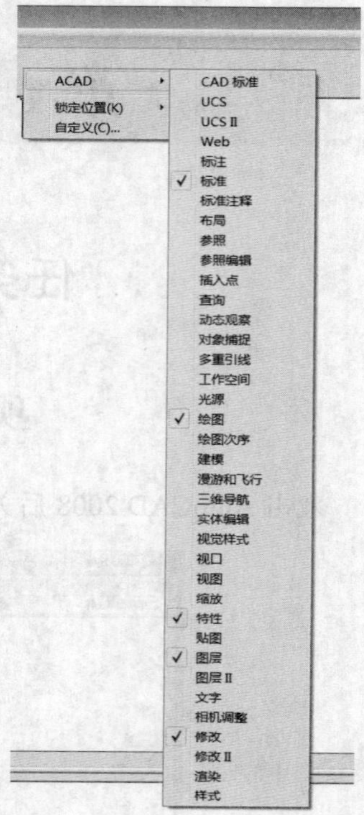

图 1.1.4 需要调用的工具栏

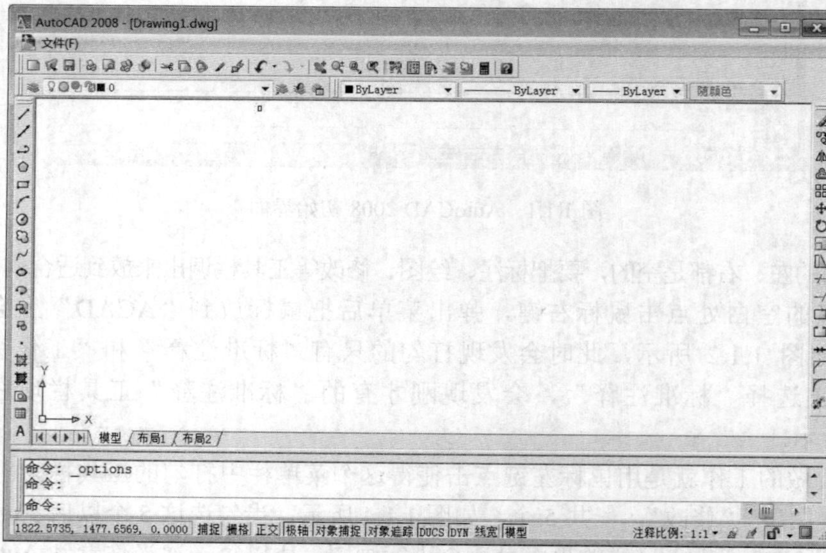

图 1.1.5 AutoCAD 2008 标准界面

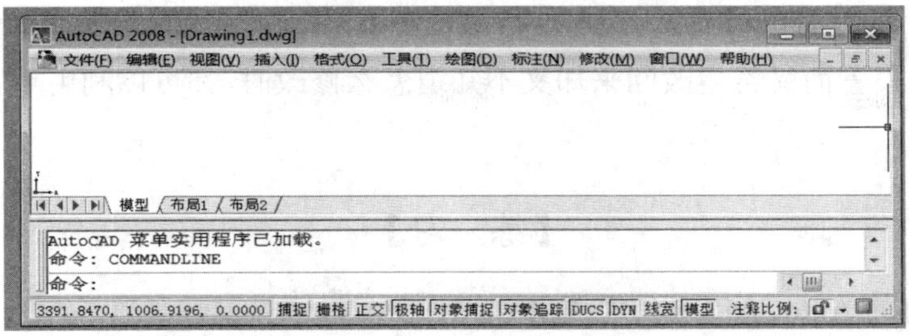

图 1.1.6　无工具栏界面图

这时候怎么把工具栏调出来呢？此时可以利用菜单栏。点击工具栏-选项，如图 1.1.7 所示，在弹出的对话框中选择配置-重置，如图 1.1.8 所示。

当点击“是”以后，AutoCAD 会恢复刚安装时的状态，如图 1.1.9 所示。

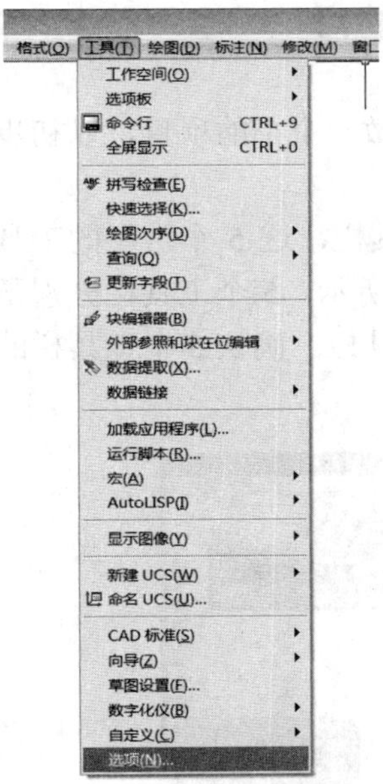

图 1.1.7　工具栏菜单选项

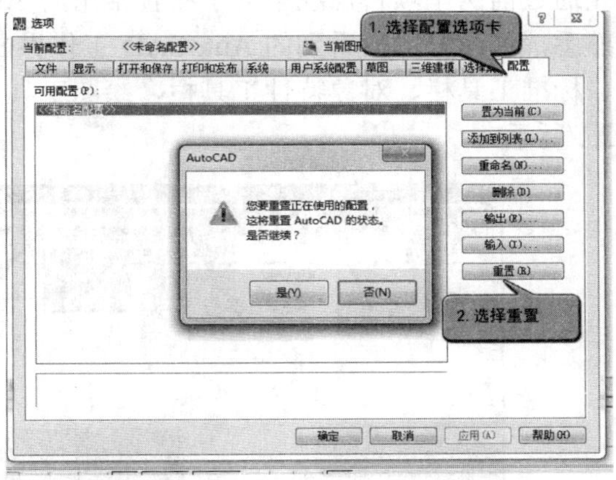

图 1.1.8　重置命令

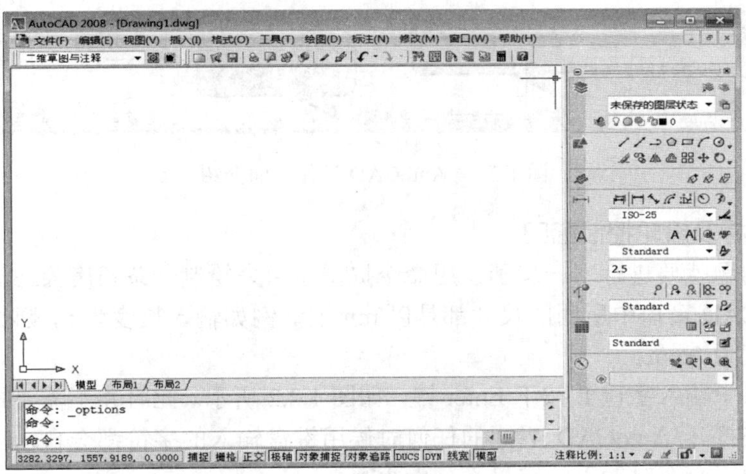

图 1.1.9　AutoCAD 初始状态界面

这样就可以继续调用工具栏了，其实不仅仅是遇到这个问题时可以重置，当修改了AutoCAD的某些设置而又希望改回来却又不知道怎么修改时，都可以利用重置恢复AutoCAD到最初的状态。

【练 习】

1．请把所有的 AutoCAD 工具栏调出来。
2．把所有的工具栏关掉。
3．把 AutoCAD 重置以后把最常用的工具栏调出来。

项目 1.2 使用 AutoCAD 窗口

在还没有学习 AutoCAD 绘图知识之前，先用 AutoCAD 做一个小的项目，以初步了解 AutoCAD 的工作方式。

首先通过前两个项目已经学会了布置常用的 AutoCAD 工具栏，这 5 个常用的工具栏的调用要熟悉，调用好以后看到的 AutoCAD 工作界面如图 1.2.1 所示。5 个工具栏分别是图层工具栏、标准工具栏、对象特性工具栏、绘图工具栏和修改工具栏。确认 5 个工具栏的位置如图 1.2.1 所示。

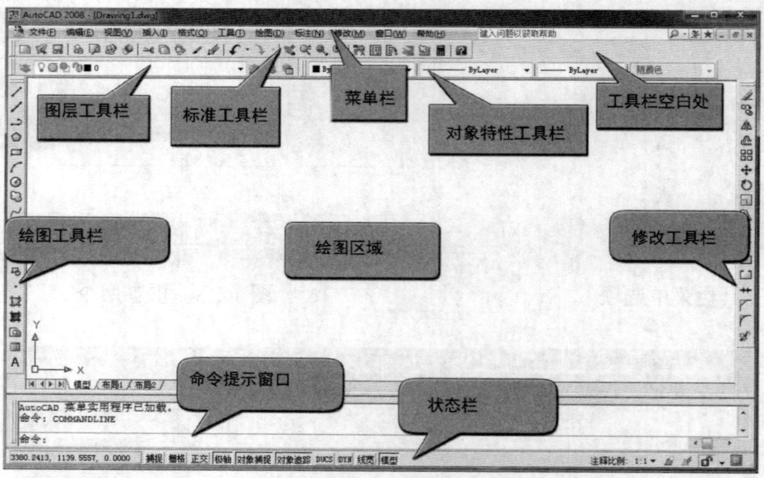

图 1.2.1 AutoCAD 工作界面介绍

1.2.1 用鼠标及滚轮控制窗口

如果没有问题就要进行下一步了：用命令提示窗口来绘制一条长度为 5mm 的直线。默认打开的 AutoCAD 窗口中所用的尺寸都是以 mm 计，例如输入长度为 5，那么最后测量下来的结果就是长度为 5mm。

在命令窗口中输入字母 L 按下 Enter 键，如图 1.2.2 所示。此时并不需要把鼠标放到命令窗口点一下，在打开 AutoCAD 界面的任何时候用键盘输入的字符都会自动出现在命令提示窗口，另外在调用命令时输入的字母不分大小写。

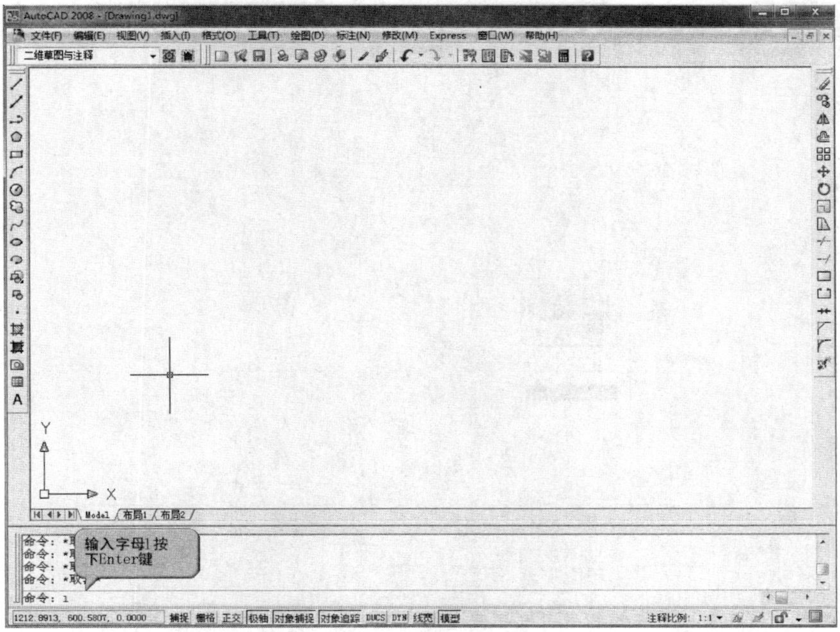

图 1.2.2　调用直线命令

L 命令是绘制直线的命令，命令窗口会提示“指定第一点”，如图 1.2.3 所示，用鼠标左键在绘图区域中任意点一下，打开极轴绘制一条水平直线，如图 1.2.4 所示。

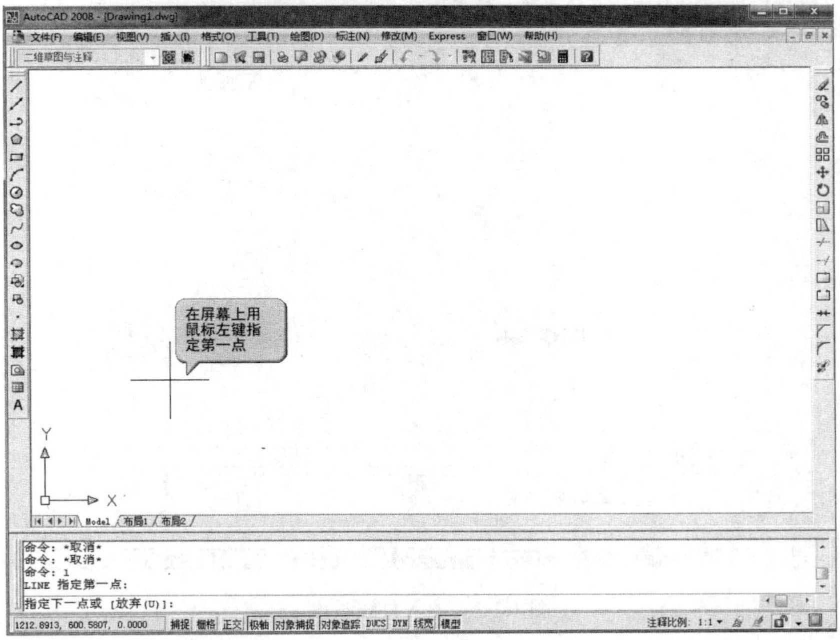

图 1.2.3　在屏幕上指定第一点

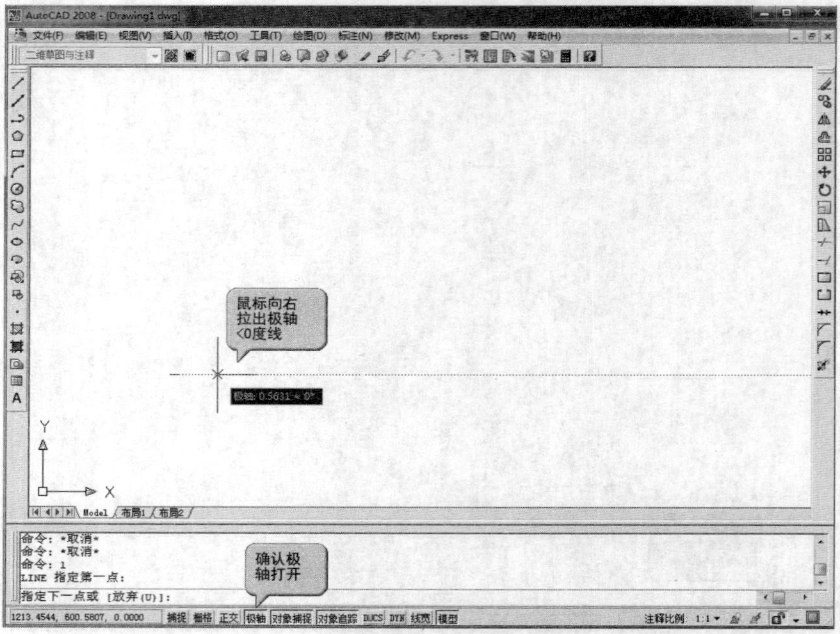

图 1.2.4 绘制水平线

命令窗口提示“指定下一点”，输入“5”按下 Enter 键，如图 1.2.5 所示。

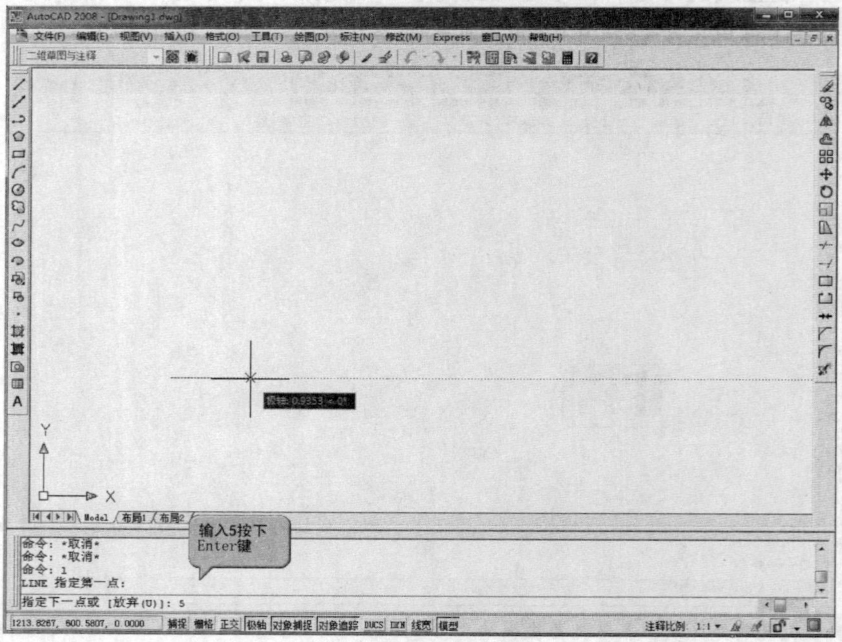

图 1.2.5 输入直线长度

若不需要再指定下一点，此时按键盘上的 Esc 键退出直线的绘制，如图 1.2.6 所示，此时看屏幕会出现一条直线，如图 1.2.7 所示。

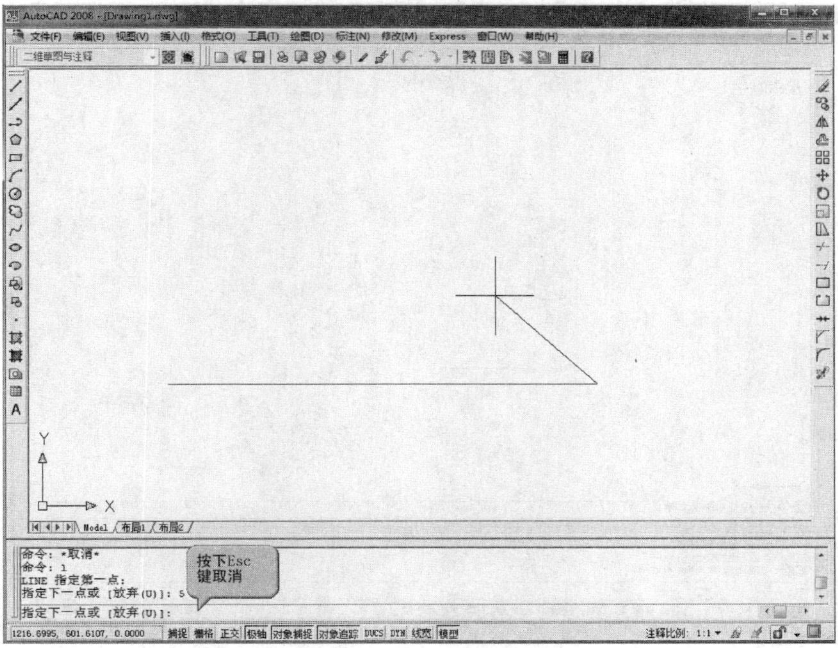

图 1.2.6　取消直线绘制

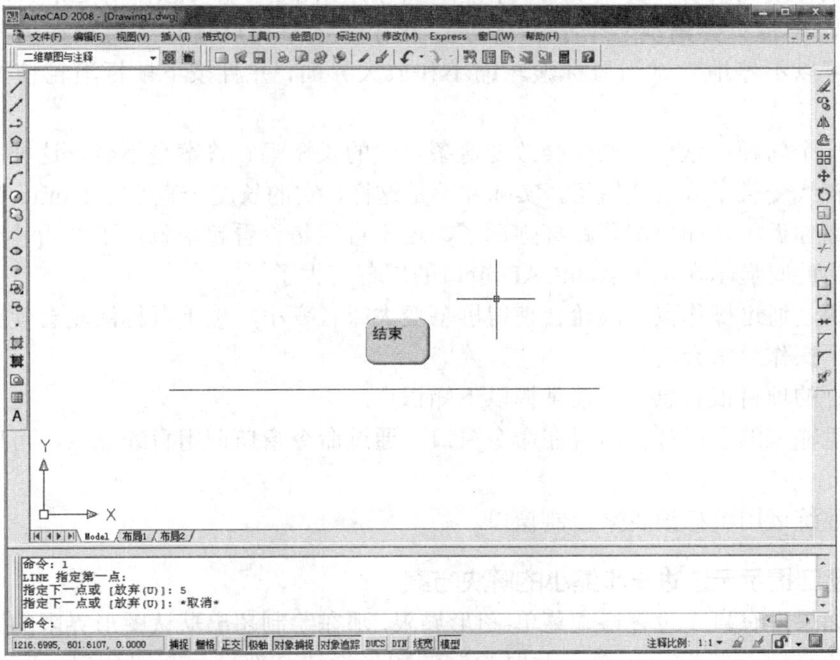

图 1.2.7　直线绘制结束

用鼠标滚轮上下滚动，发现这条直线在屏幕中变长或者变短，如图 1.2.8 所示，直线看起来好像变短了。

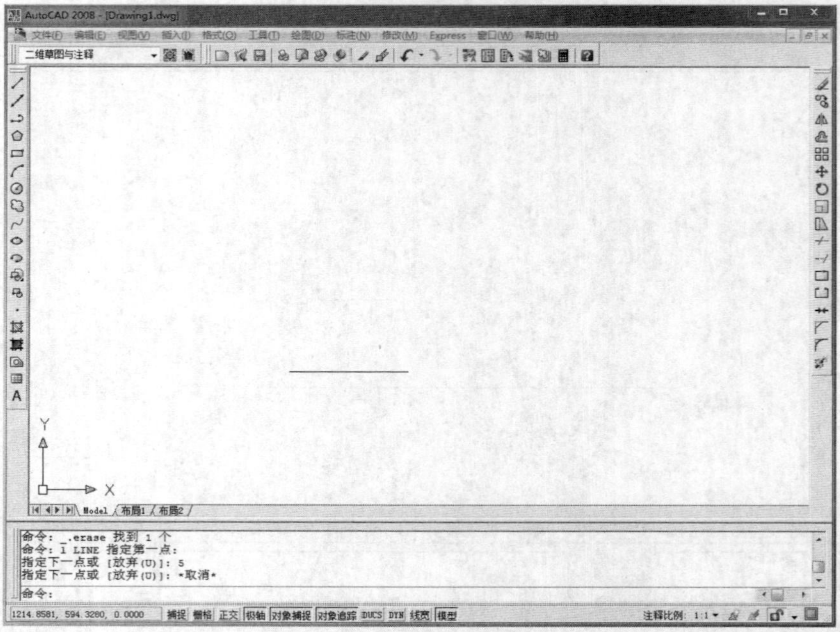

图 1.2.8　直线的变化

不断用鼠标滚轮滚动，会发现有时候直线不在正中间，如果想移动这条直线，可以按下鼠标滚轮，屏幕上会出现一个小手掌，这个小手掌可以让这条直线在屏幕中左右移动。同学们可以不停地尝试用鼠标滚轮缩小和放大界面，并且按下鼠标滚轮使得屏幕能左右移动。

请思考一个问题：这样的操作会改变这条直线的长短吗？答案是不会。这样的操作看起来好像这条直线变长了或者变短了，实际并不是这样，它的长度一直都是 5mm，只是屏幕离你远了或者离你近了。如果屏幕距离你远了，这条直线是否看起来就短了？为什么屏幕会离你远了？因为此时显示在整个 AutoCAD 窗口的屏幕变大了。

也就是说，通过操作鼠标滚轮会使得屏幕变大或者变小。按下鼠标滚轮会使得屏幕左右移动。这两个操作经常会用到。

刚才进行的项目很有意义，请掌握以下知识点：

（1）键盘输入的字母都会出现在命令窗口，通过命令窗口调用直线命令，可以绘制一条直线。

（2）能熟练运用鼠标滚轮来控制窗口。

1.2.2　窗口提示无法进一步缩小的解决方案

绘图时如果没有事先设置格式菜单-图形界限，那在绘制超出默认图形界限的图形时操作鼠标滚轮会无法进一步缩小屏幕，此时绘制的图形无法全部显示在屏幕中，应该使用缩放 zoom（快捷键 Z）命令，全部显示（A），就可以将绘制的图形全部显示在屏幕中。如果想增大图形界限，可以绘制一条很长的直线，例如长度为 10000 的直线，再使用 Z-A 命令将直线全部显示在界面中，此时的绘图界面就自动变大了。但此时在放大界面的时候，会发现可能原来绘制的圆变成了多边形，这时应该用 regen 命令重新生成模型，圆就恢复原状了。

在绘图中不建议一开始设置格式菜单-图形界限，如果绘图超出界限了就用这种方法，操作过程如图 1.2.9～图 1.2.24 所示。

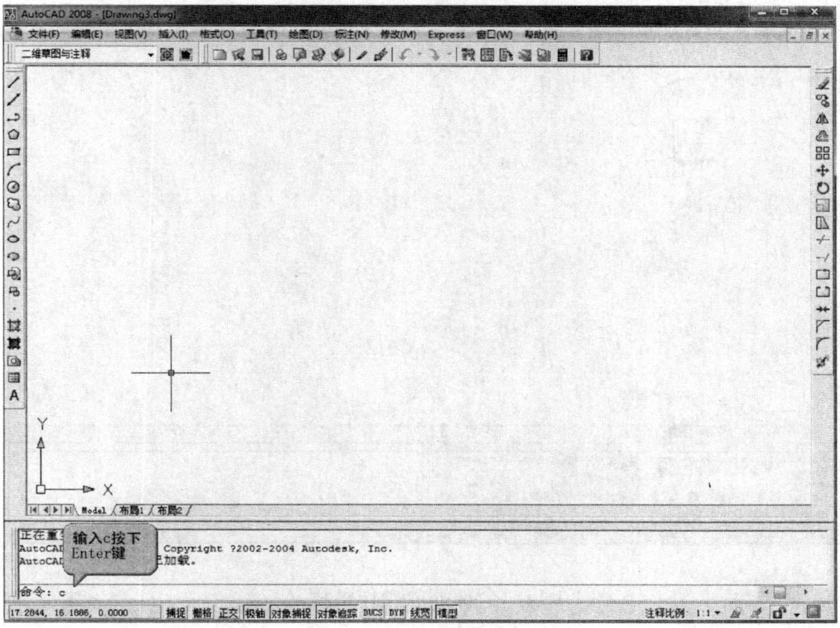

图 1.2.9　全部缩放操作过程（一）

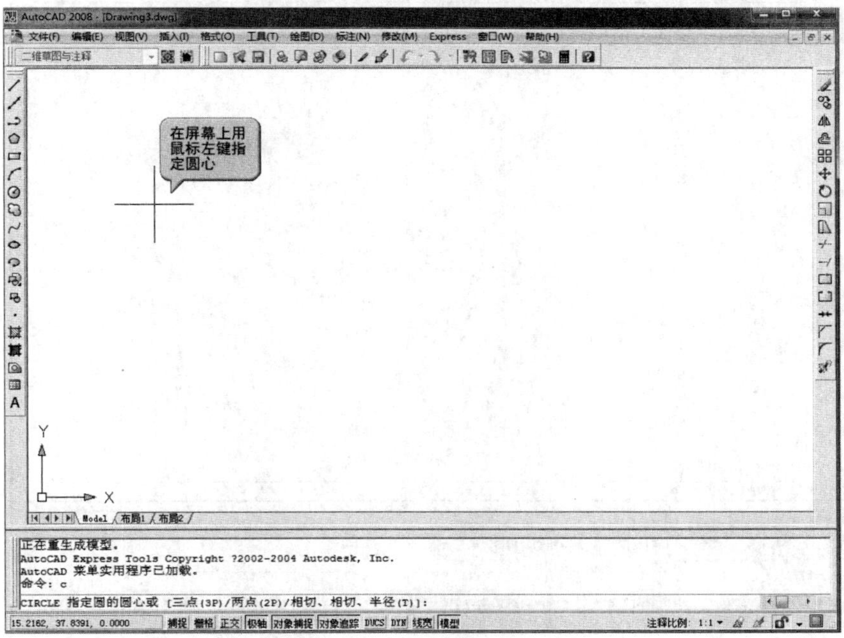

图 1.2.10　全部缩放操作过程（二）

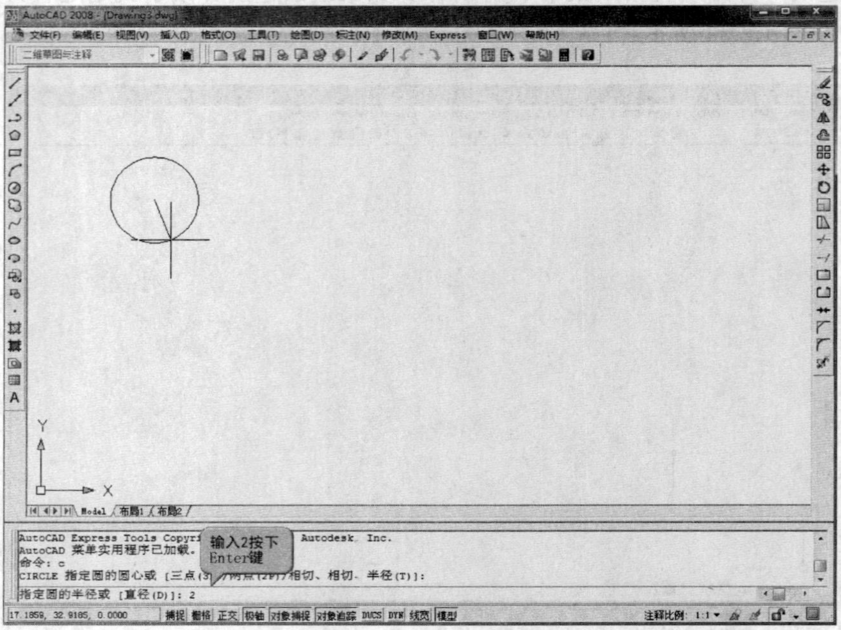

图 1.2.11 全部缩放操作过程（三）

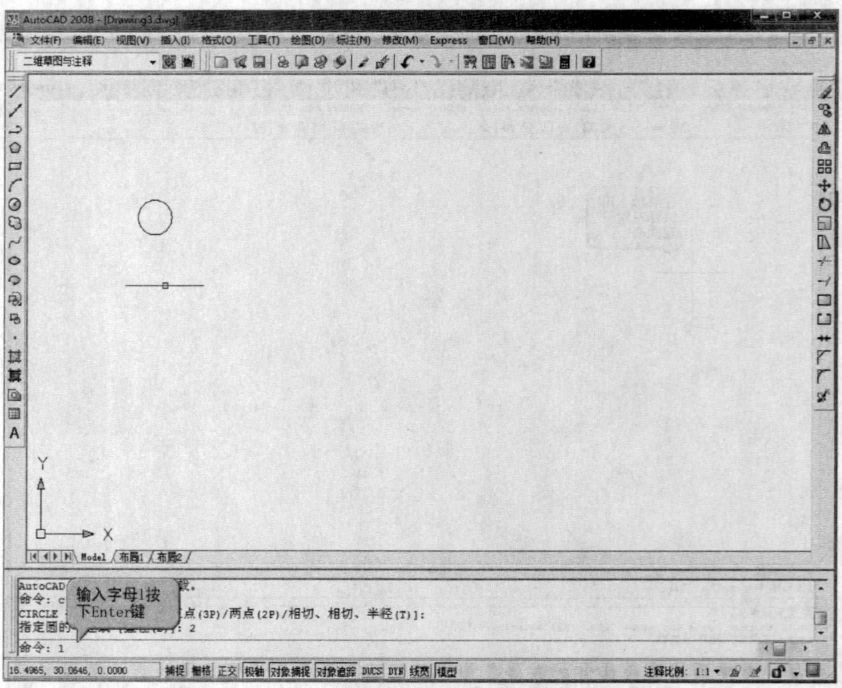

图 1.2.12 全部缩放操作过程（四）

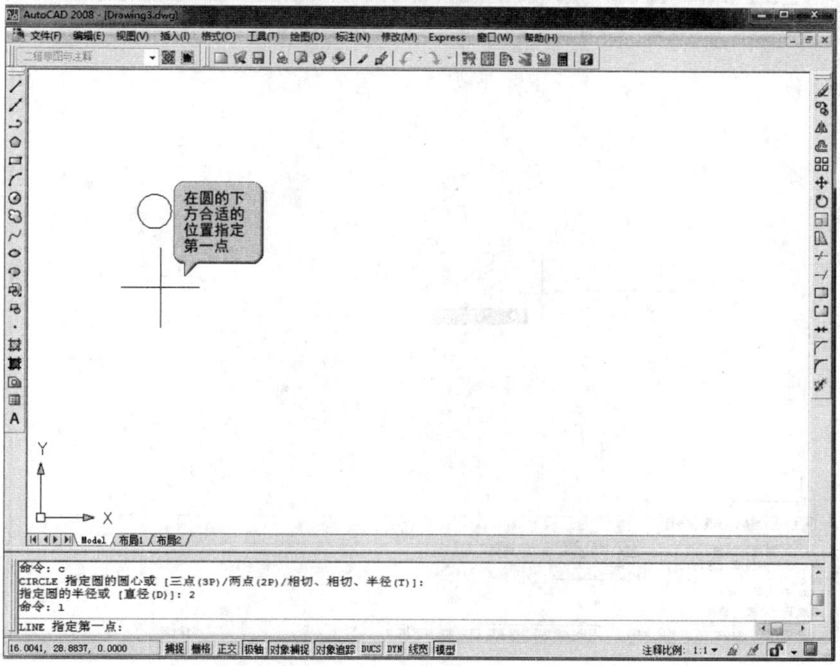

图 1.2.13 全部缩放操作过程（五）

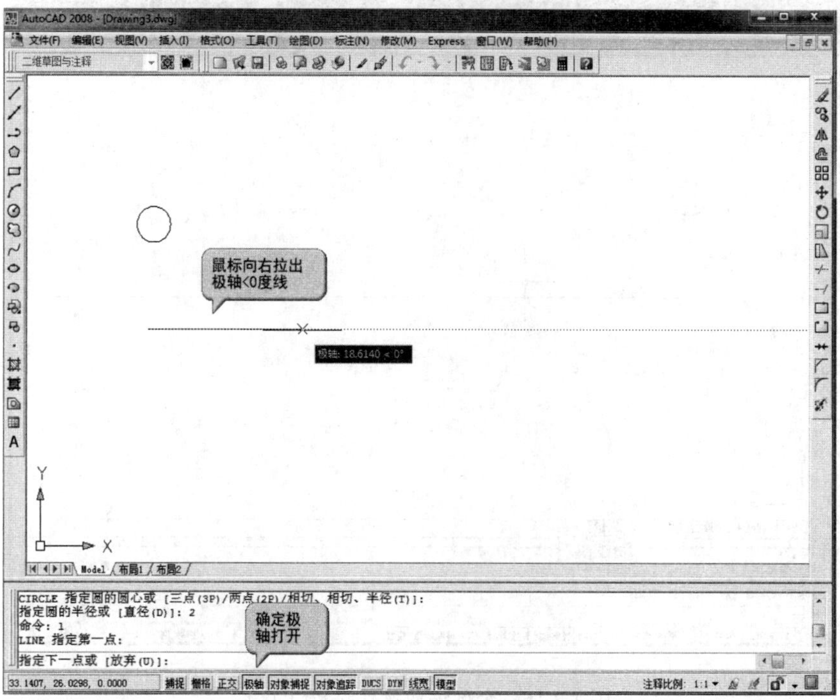

图 1.2.14 全部缩放操作过程（六）

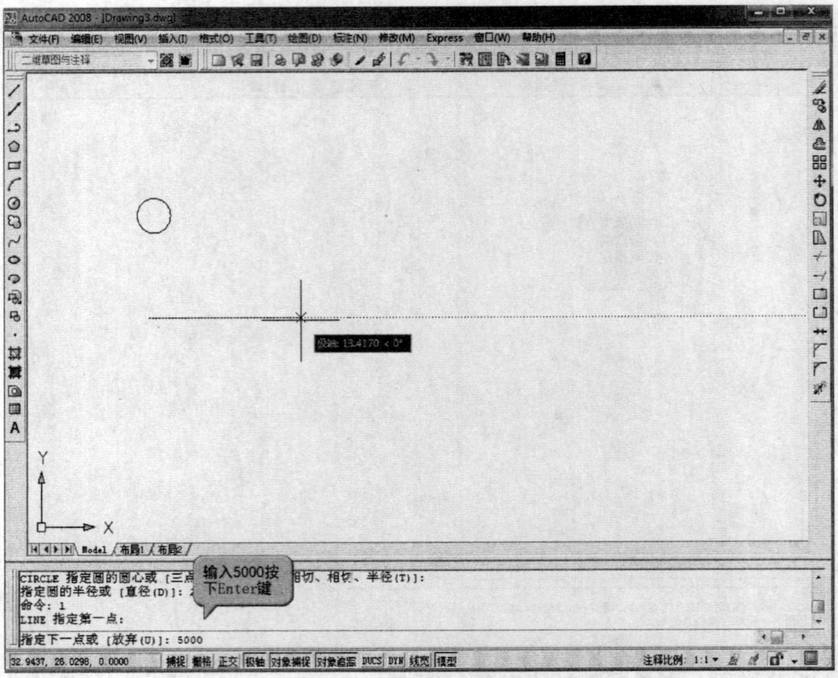

图 1.2.15 全部缩放操作过程（七）

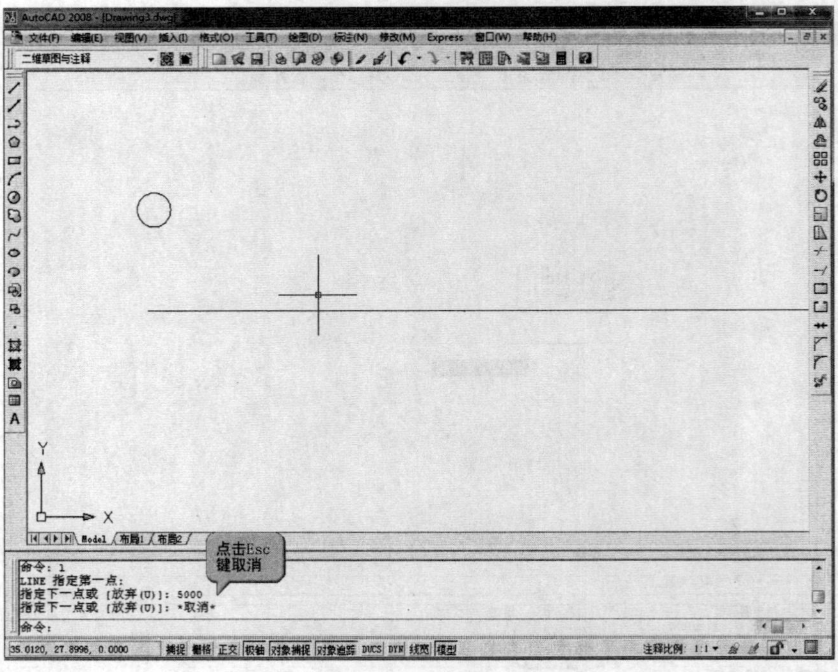

图 1.2.16 全部缩放操作过程（八）

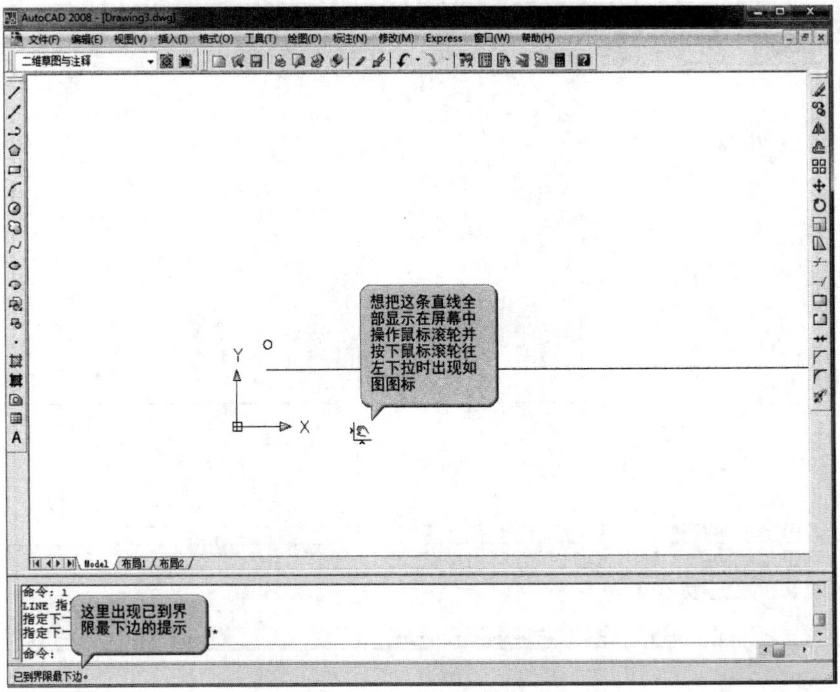

图 1.2.17 全部缩放操作过程（九）

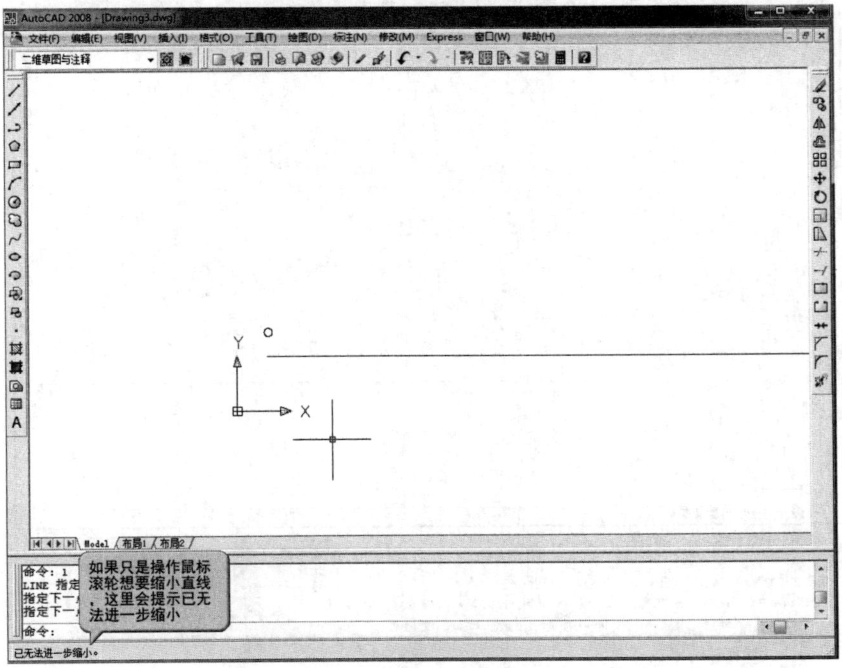

图 1.2.18 全部缩放操作过程（十）

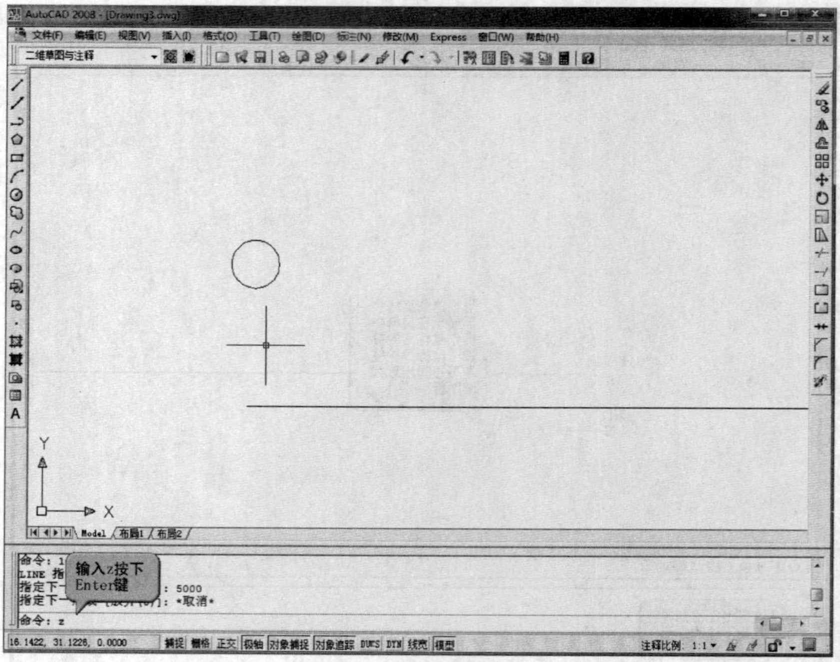

图 1.2.19 全部缩放操作过程（十一）

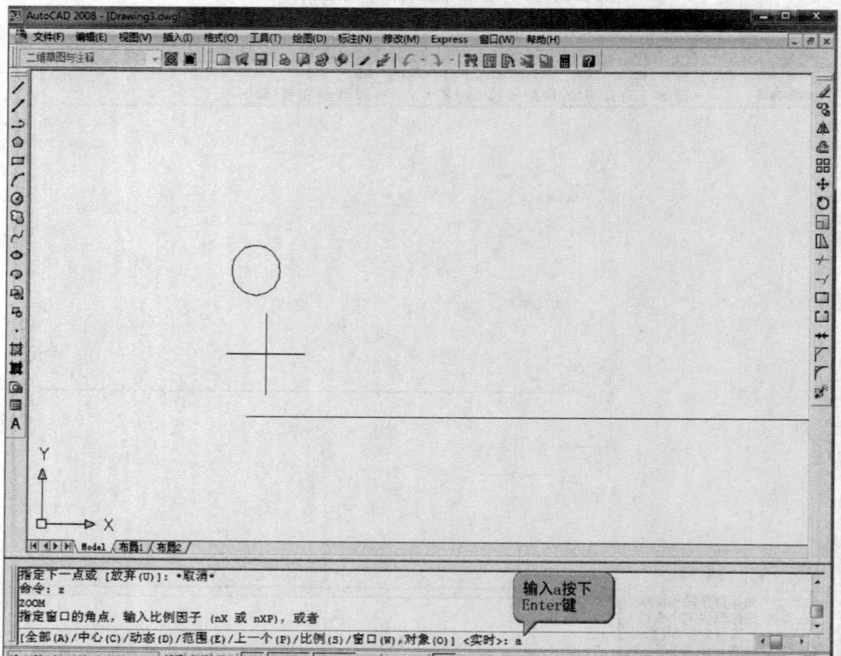

图 1.2.20 全部缩放操作过程（十二）

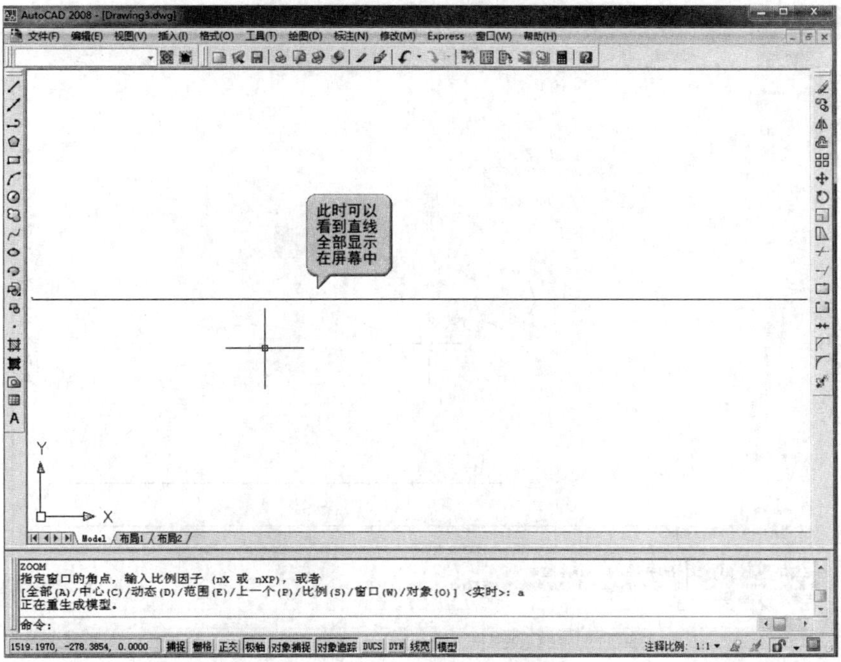

图 1.2.21　全部缩放操作过程（十三）

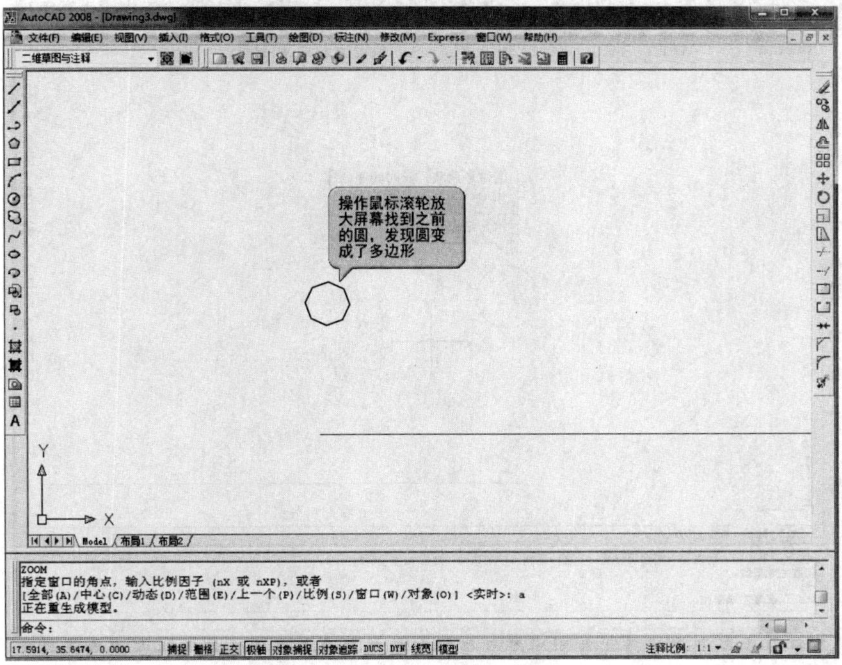

图 1.2.22　全部缩放操作过程（十四）

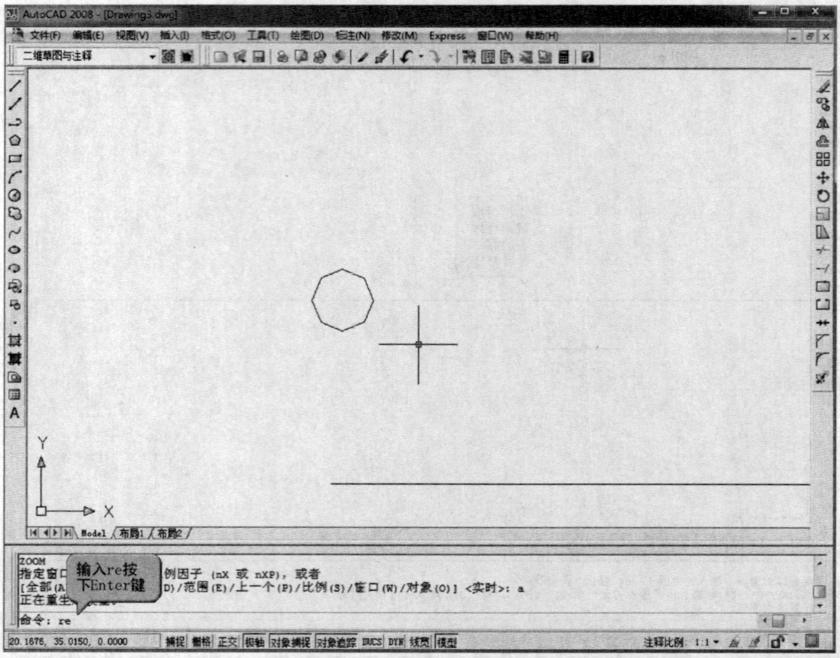

图 1.2.23 全部缩放操作过程（十五）

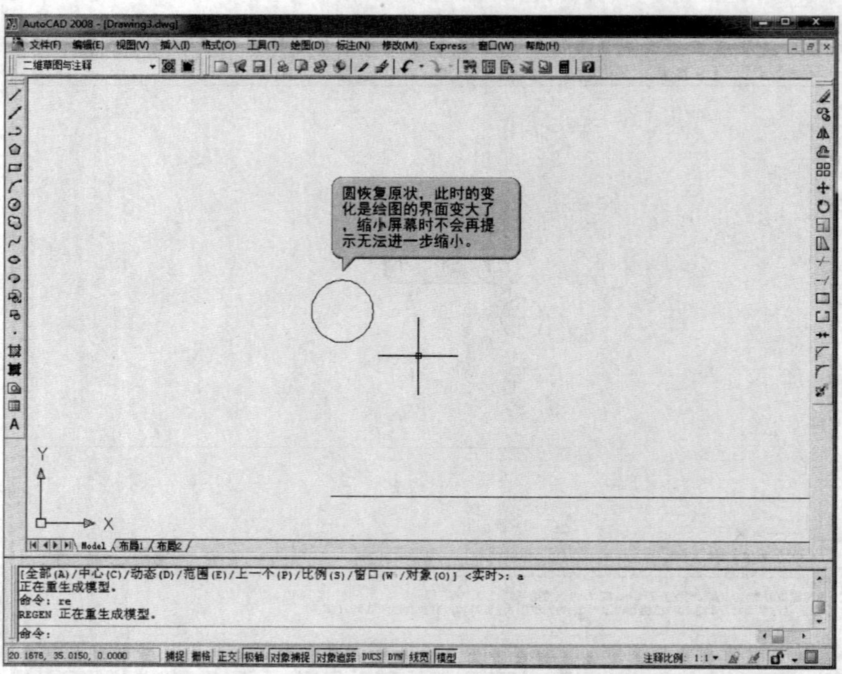

图 1.2.24 全部缩放操作过程（十六）

项目 1.3 查找绘图工具栏和修改工具栏的快捷键以及利用 AutoCAD 帮助

这个项目是查找命令的快捷键。在接下来的绘图中要求在调用命令时用命令窗口输入快捷键的方法，所以先要找出这些快捷键。表 1.3.1 是绘图工具栏和修改工具栏快捷键待填表，要求把查找好的中文名称、命令全称以及命令快捷键全部填写在表格中。填好以后与表 5-2 快捷命令汇总表进行对比。

表 1.3.1　　绘图工具栏和修改工具栏快捷键待填表

图标	中文名称	命令全称	命令快捷键	图标	中文名称	命令全称	命令快捷键
				A			

项目操作以直线和正多边形为例，具体操作过程如下。

1.3.1　查找直线快捷键及在帮助中查找直线

直线的调用有三种方式，如图 1.3.1 所示。

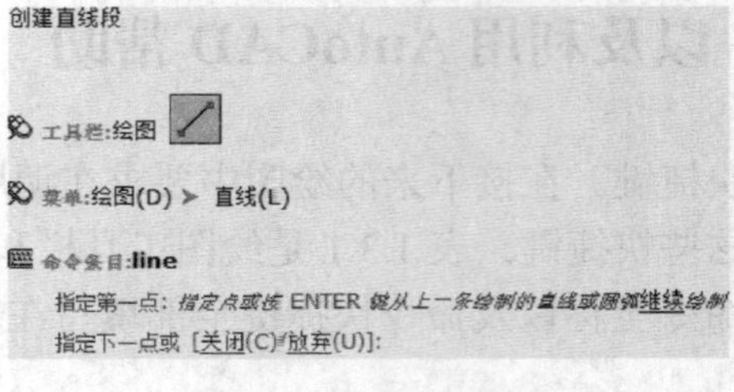

图 1.3.1　直线调用方式

以各种方法尝试命令的调用及查找命令快捷键，过程如图 1.3.2～图 1.3.7 所示。

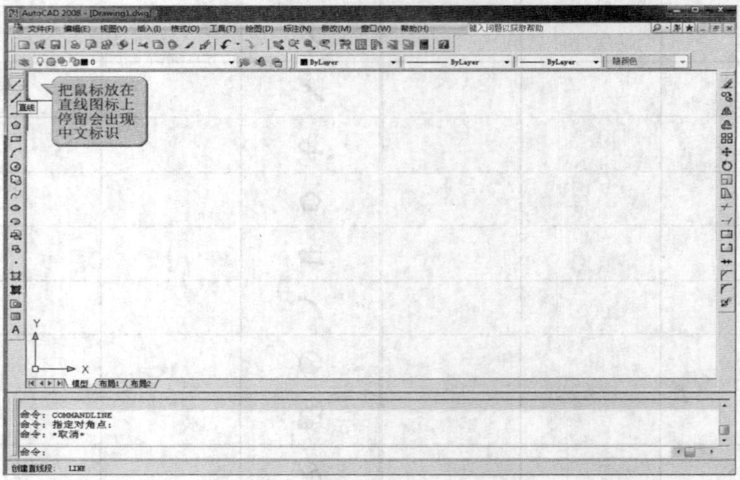

图 1.3.2　查找直线快捷命令（一）

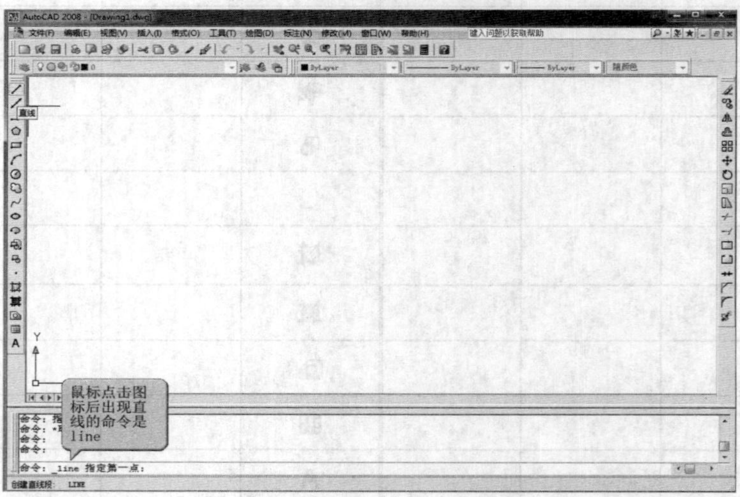

图 1.3.3　查找直线快捷命令（二）

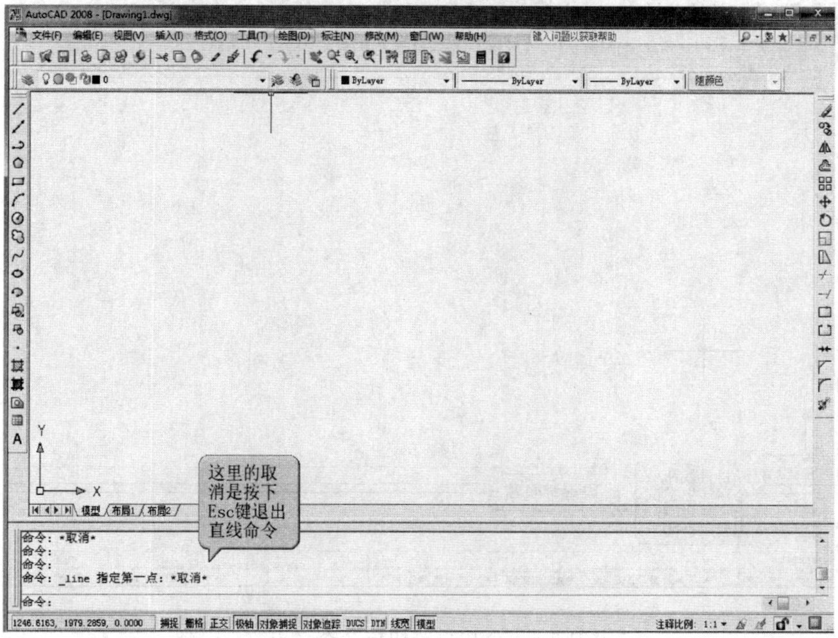

图 1.3.4 查找直线快捷命令（三）

图 1.3.5 查找直线快捷命令（四）

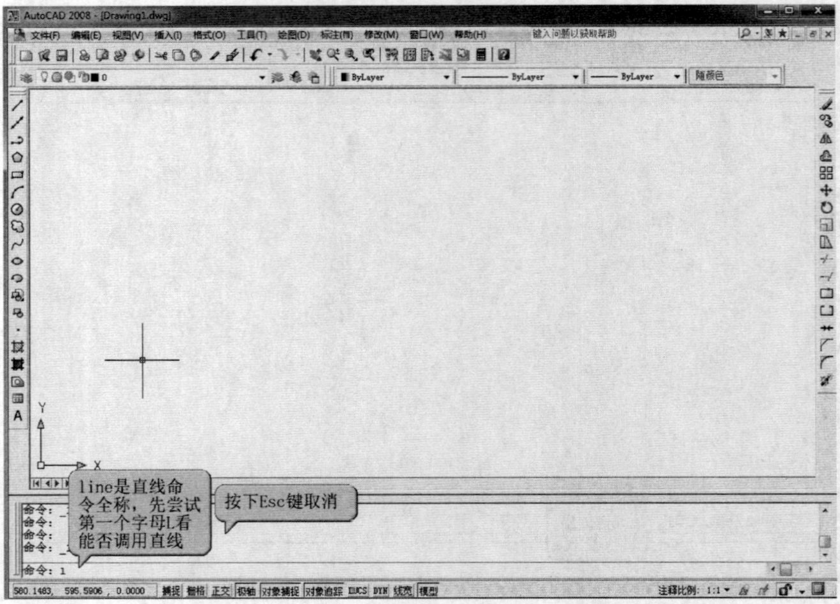

图 1.3.6 查找直线快捷命令（五）

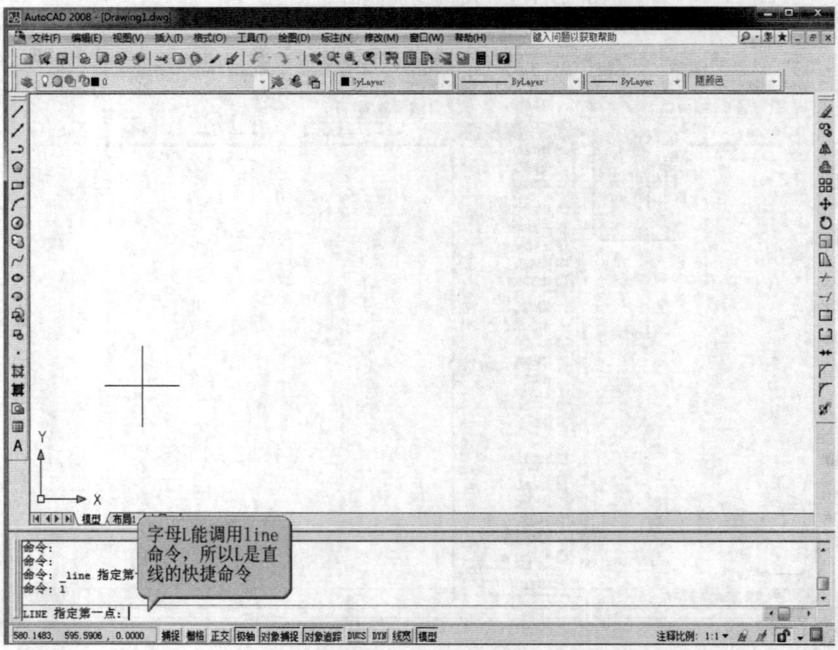

图 1.3.7 查找直线快捷命令（六）

调用帮助菜单栏的意义是，如果工具栏上或者菜单栏中有某个命令你不知道怎么运用，可以随时启用帮助菜单栏查看其中的快速参考，这也是自学 AutoCAD 的一种非常好的方法，如图 1.3.8～图 1.3.16 所示。

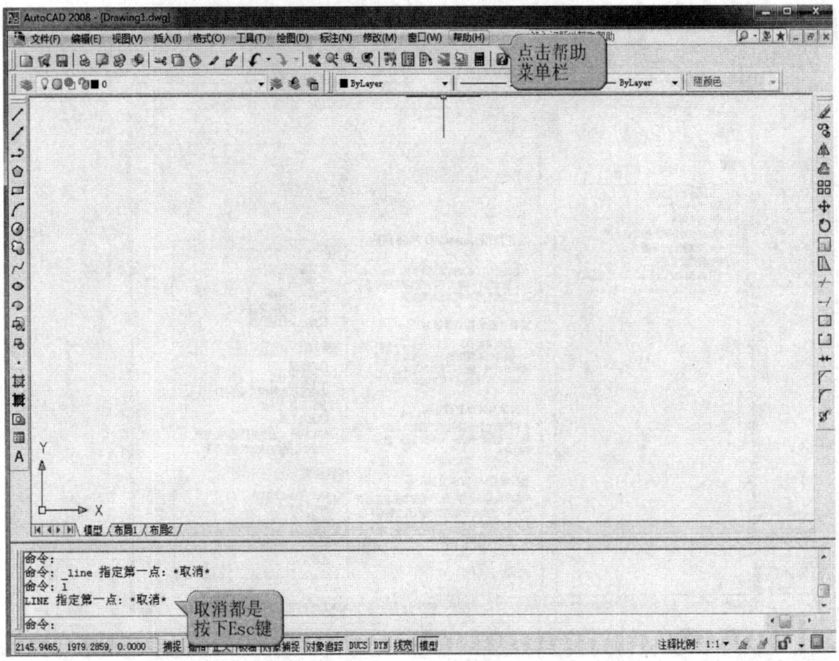

图 1.3.8 在帮助中查找直线（七）

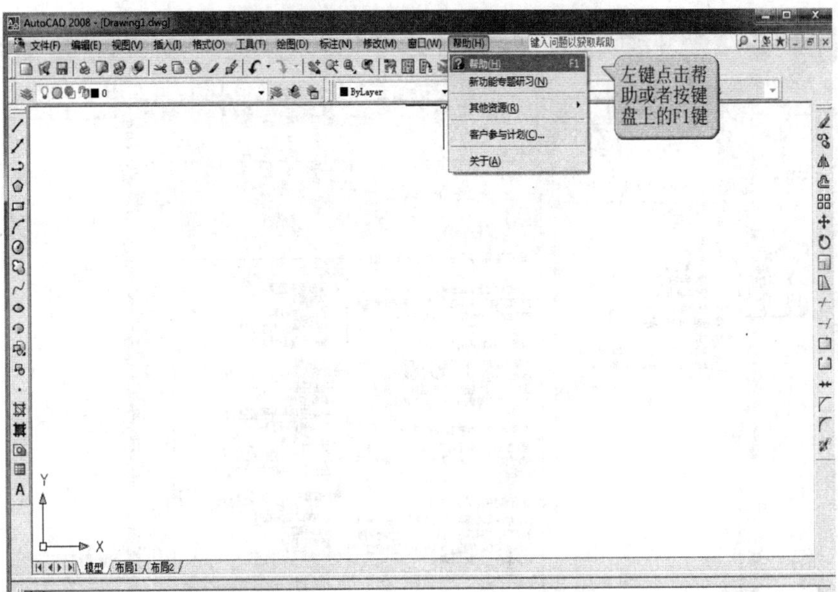

图 1.3.9 在帮助中查找直线（八）

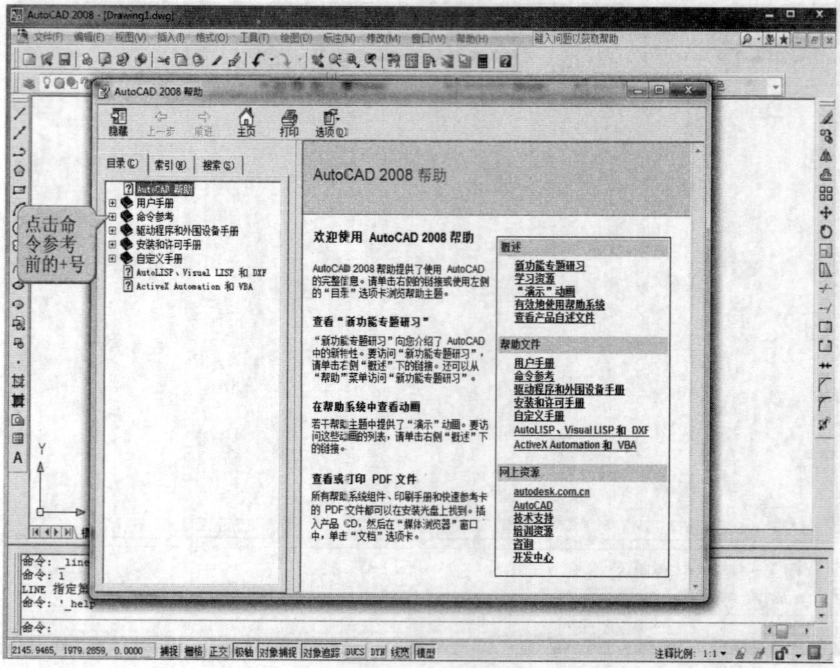

图 1.3.10 在帮助中查找直线（九）

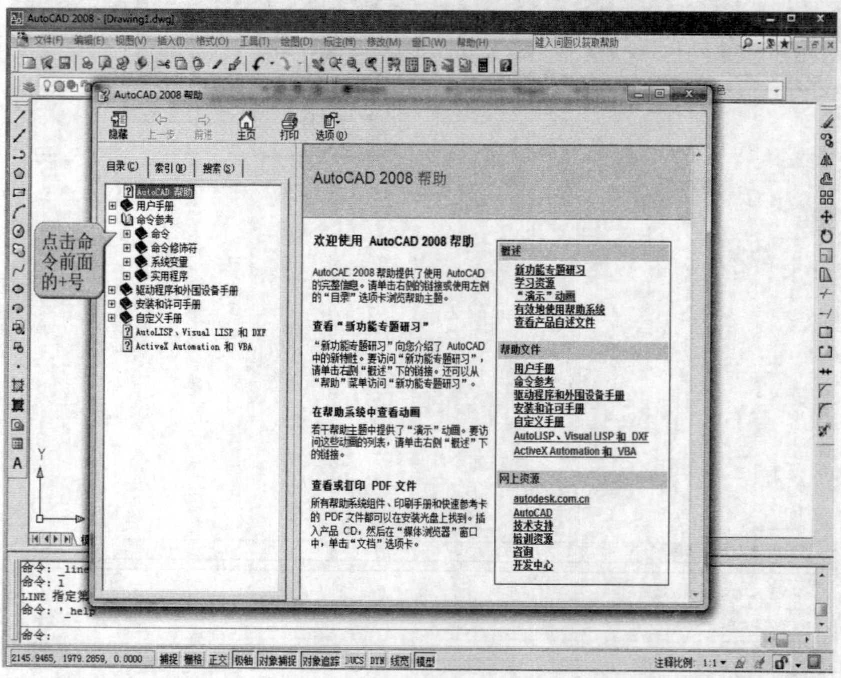

图 1.3.11 在帮助中查找直线（十）

图 1.3.12 在帮助中查找直线（十一）

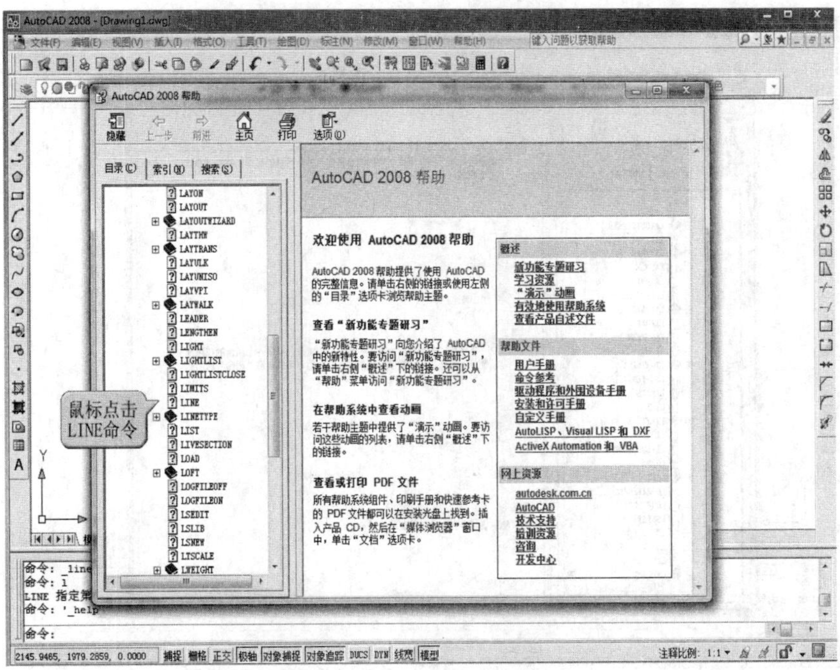

图 1.3.13 在帮助中查找直线（十二）

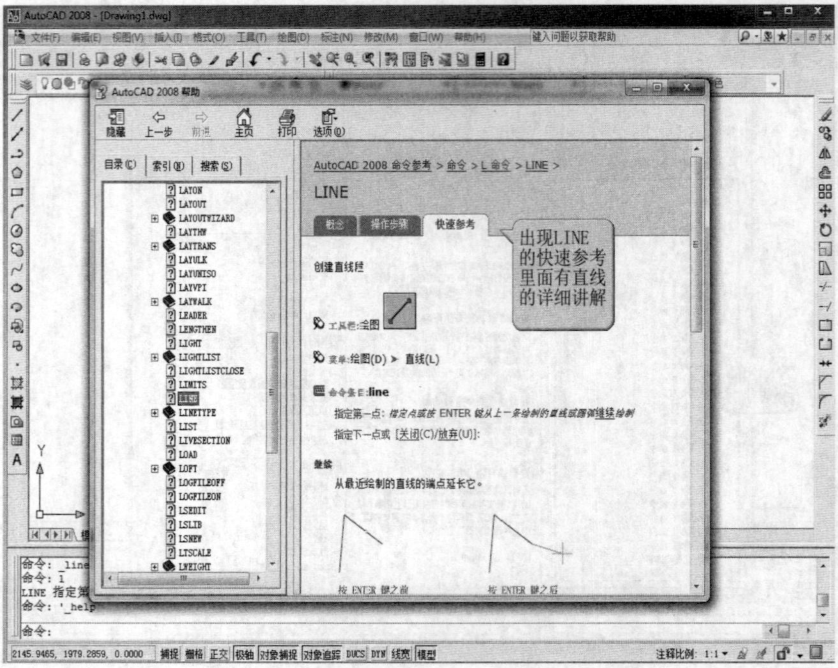

图 1.3.14　在帮助中查找直线（十三）

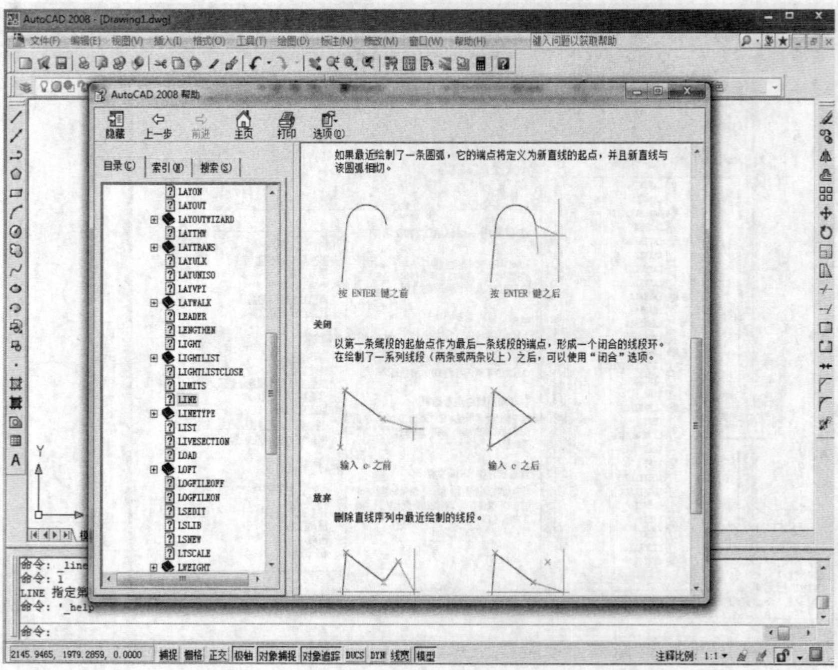

图 1.3.15　在帮助中查找直线（十四）

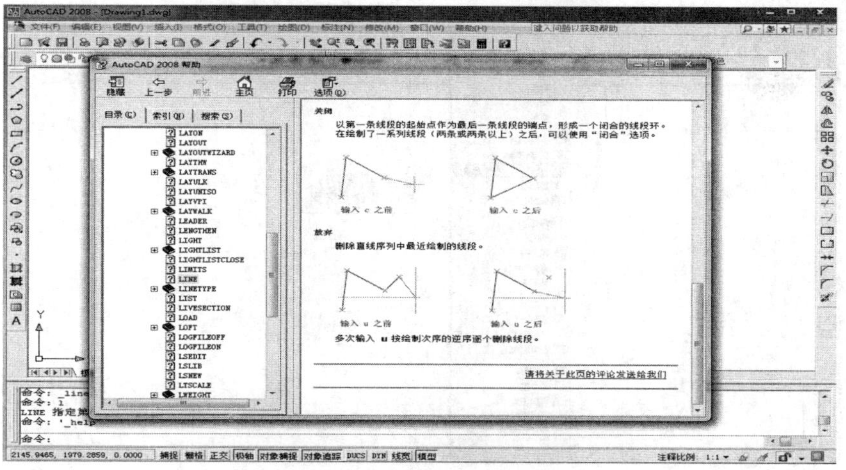

图 1.3.16　在帮助中查找直线（十五）

1.3.2　查找多边形快捷键及在帮助中查找多边形

查找正多边形的快捷命令，如图 1.3.17～图 1.3.27 所示。在帮助菜单栏中查找正多边形命令可以看到 AutoCAD 自带的正多边形命令的讲解，如图 1.3.28～图 1.3.33 所示。

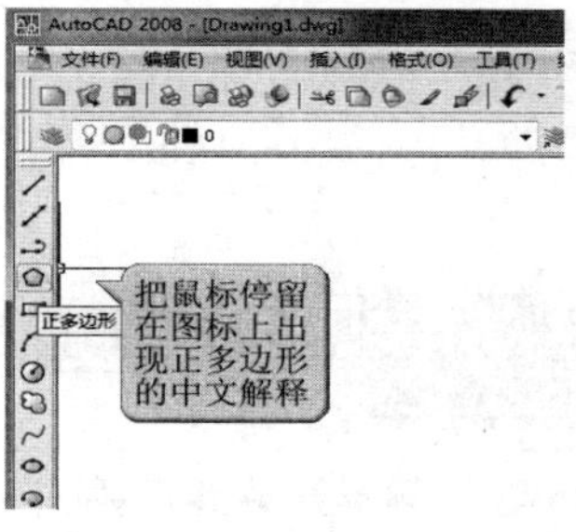

图 1.3.17　查找正多边形的快捷命令（一）

图 1.3.18　查找正多边形的快捷命令（二）

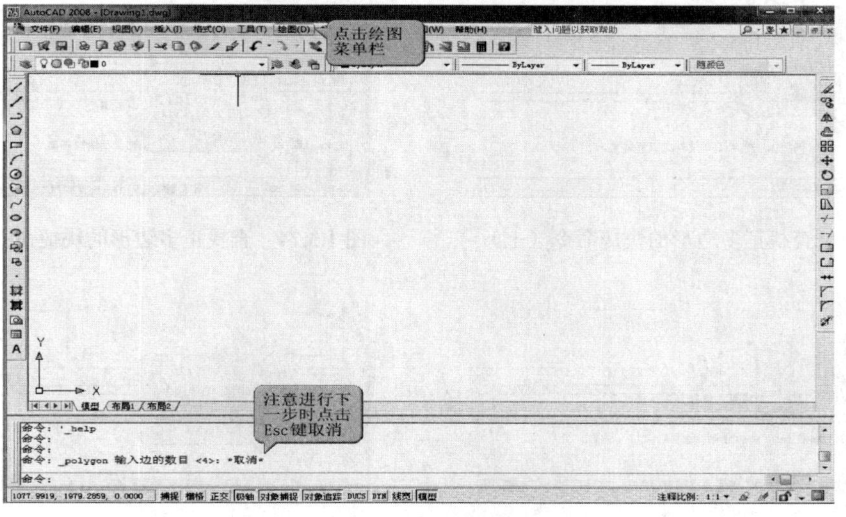

图 1.3.19　查找正多边形的快捷命令（三）

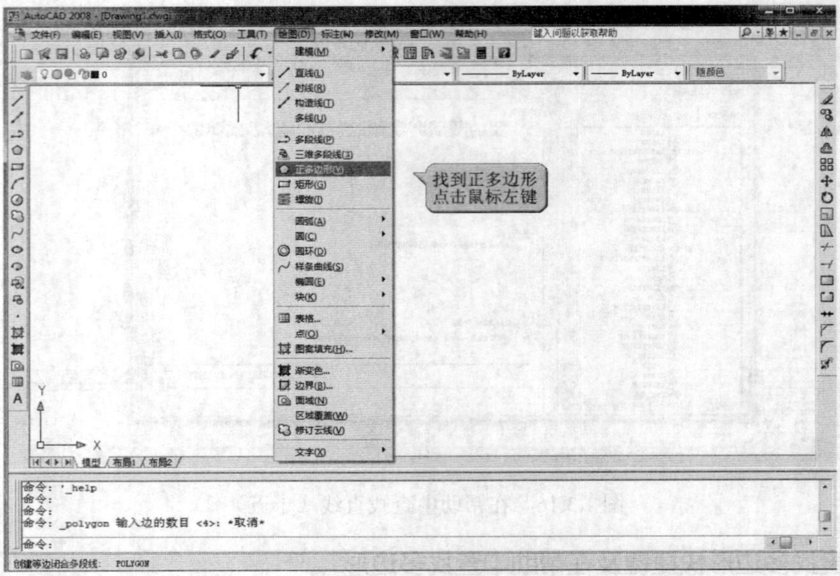

图 1.3.20 查找正多边形的快捷命令（四）

图 1.3.21 查找正多边形的快捷命令（五）

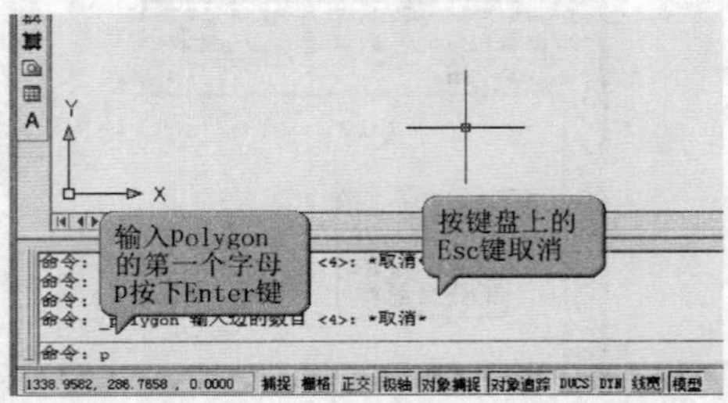

图 1.3.22 查找正多边形的快捷命令（六）

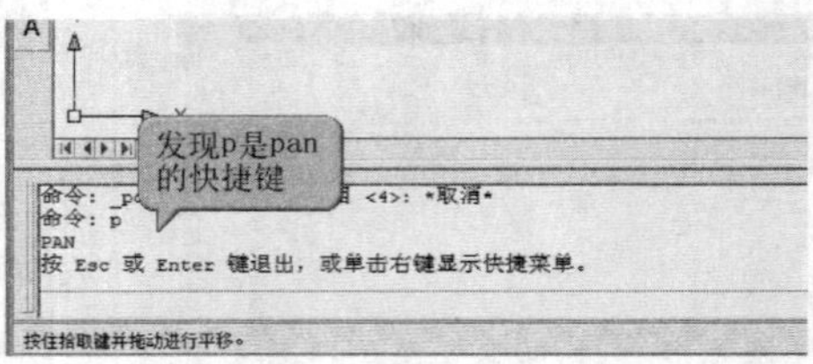

图 1.3.23 查找正多边形的快捷命令（七）

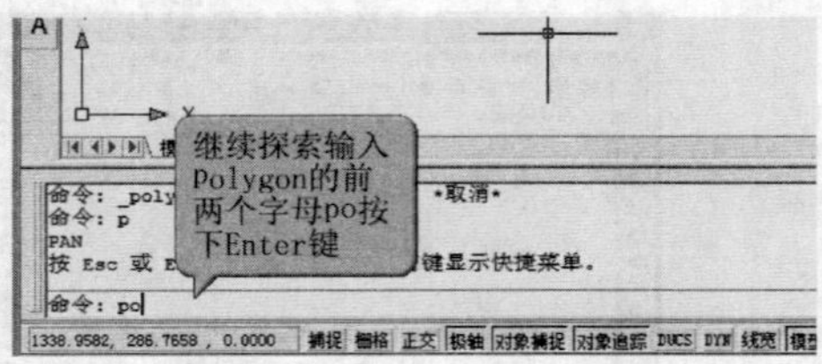

图 1.3.24 查找正多边形的快捷命令（八）

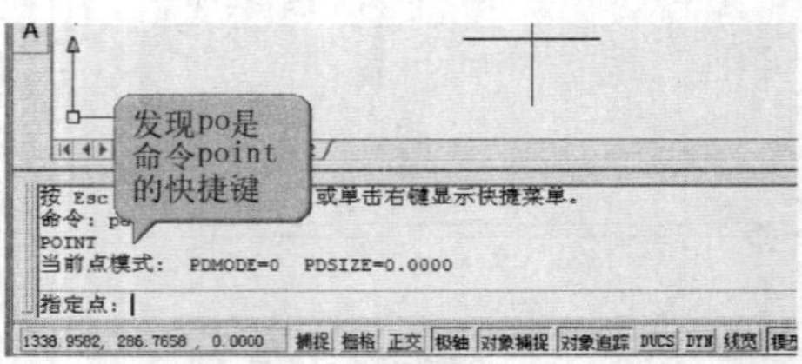

图 1.3.25 查找正多边形的快捷命令（九）

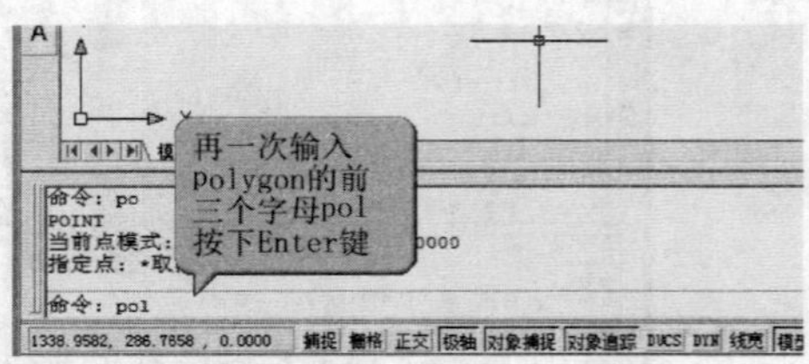

图 1.3.26 查找正多边形的快捷命令（十）

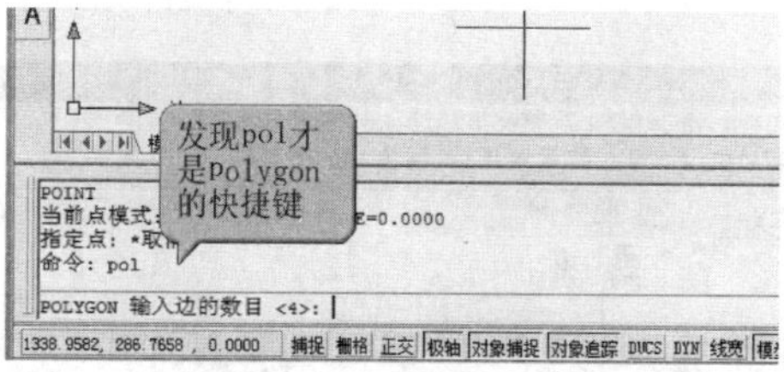

图 1.3.27 查找正多边形的快捷命令（十一）

图 1.3.28 在帮助中查找正多边形（一）

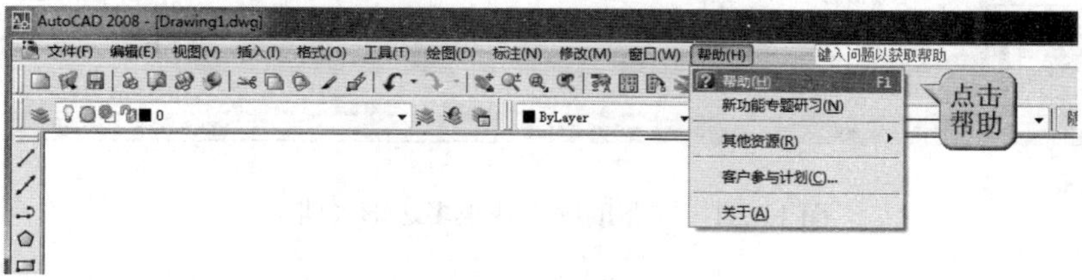

图 1.3.29 在帮助中查找正多边形（二）

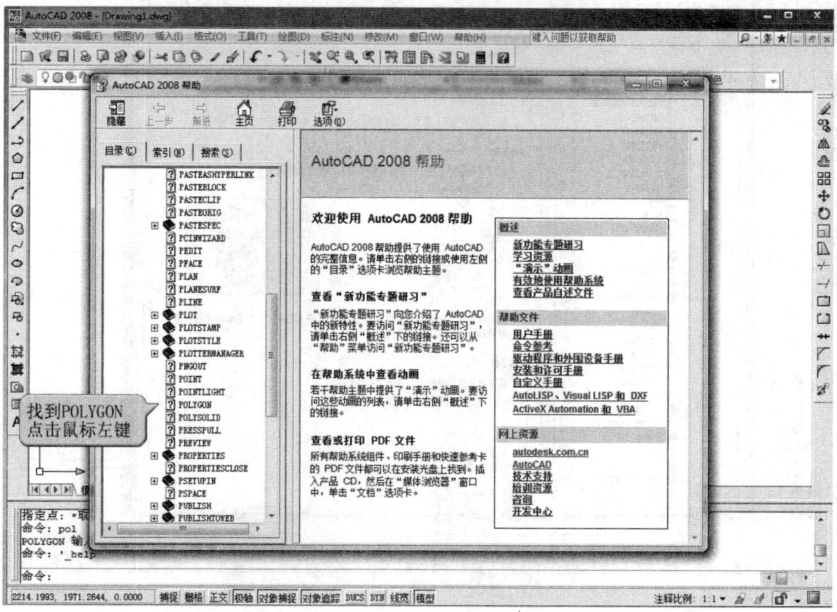

图 1.3.30 在帮助中查找正多边形（三）

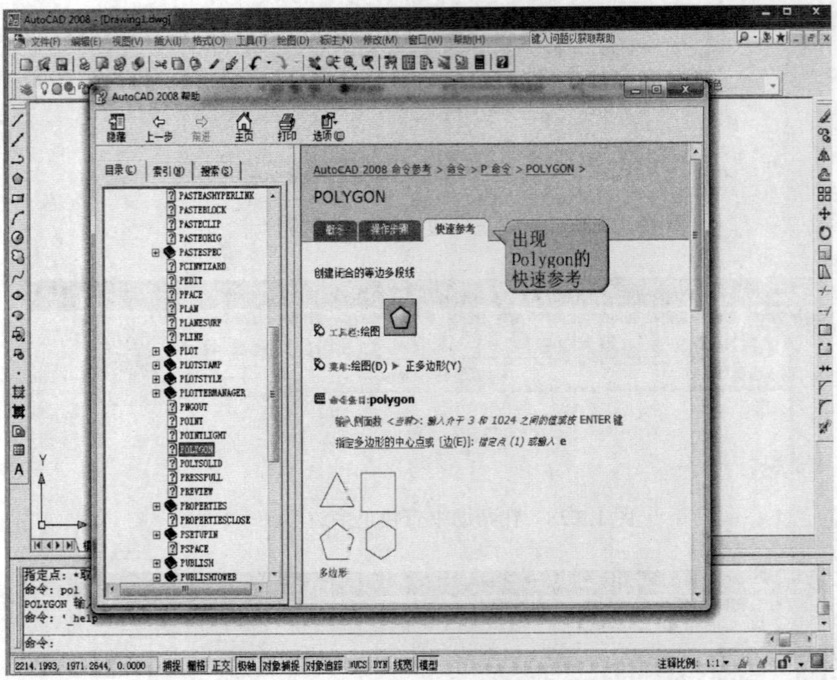

图 1.3.31 在帮助中查找正多边形（四）

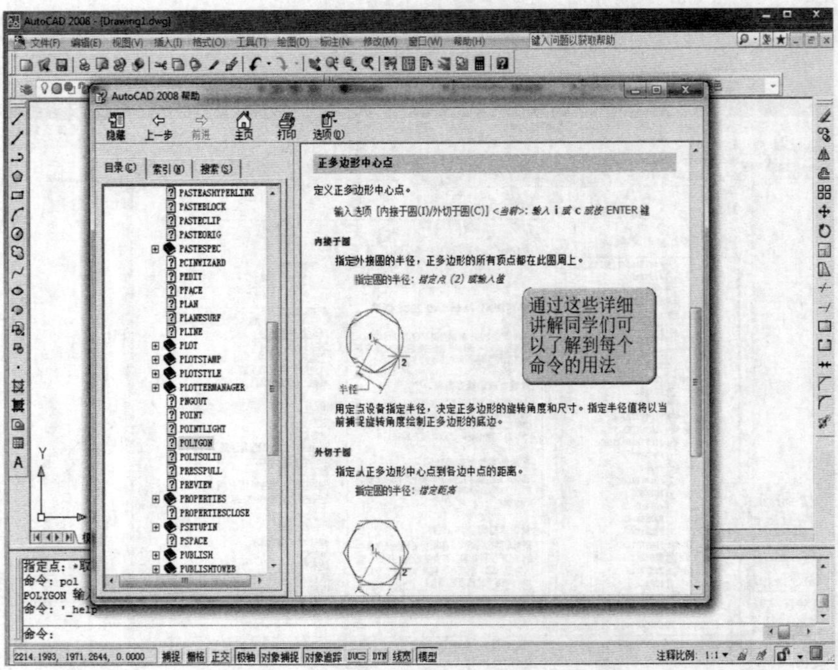

图 1.3.32 在帮助中查找正多边形（五）

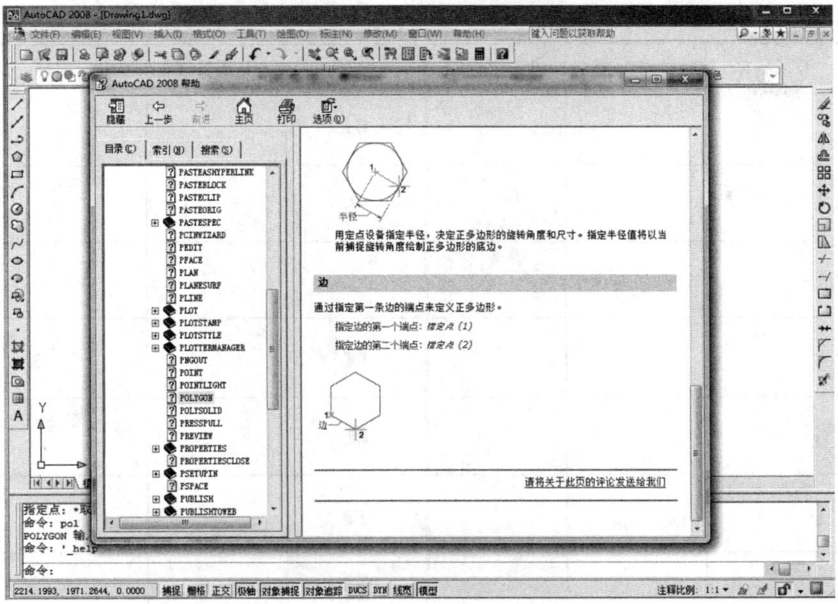

图 1.3.33 在帮助中查找正多边形（六）

通过以上步骤可以发现，图标是直线命令，命令全称是 line，命令快捷键是 l；图标是正多边形命令，命令全称是 polygon，快捷命令是 pol；请把这几项信息填入表格中，格式见表 1.3.2。

表 1.3.2 填 写 样 图

图标	中文名称	命令全称	命令快捷键	图标	中文名称	命令全称	命令快捷键
					直线	line	l
					正多边形	polygon	pol

续表

图标	中文名称	命令全称	命令快捷键	图标	中文名称	命令全称	命令快捷键
				A			

请按照以上步骤查找所有修改工具栏和所有绘图工具栏上的图标的中文名称、命令全称、命令快捷键，填入表 1.3.2 中，然后再与表 5-2 快捷命令汇总表对照看自己所填写的是否正确。

项目 1.4　绘制 36 个基本图形

图 1.4.1 中 36 个基本图形摘自《AutoCAD 2000 特训教程——基础篇》（翔虹 AutoCAD 技术中心编著，人民邮电出版社出版）。这 36 个练习题很有代表性，每一题都在练习一个或多个 AutoCAD 命令。并且这些题每题均有多种解法。按照本书要求，36 个图形必须在 1.5 小时内完成。出题者意在训练作图命令的熟悉程度，只有找到最合适的方法，才有最快的速度。

在做这 36 道题目时，要求要修改文字样式、标注样式、建图层，最后的绘成图要求标注。考核的时候 1.5 小时内绘制 20 个为及格，20 个以上每多绘制一题加 4 分。

以第 1 题为例进行设置图层样式、点样式、文字样式。首先进行图形分析，这 36 个题目都很具有代表性，图层统一分为三个图层：中心线图层、轮廓线图层、标注线。标注高度为 3.5mm，这道题会用到点样式，所以需要设置“格式”菜单栏中的点样式。其余 35 题请按照第 1 题的模式进行绘制，不再详细讲解。

第 1 题设置格式的具体过程如图 1.4.2～图 1.4.40 所示。

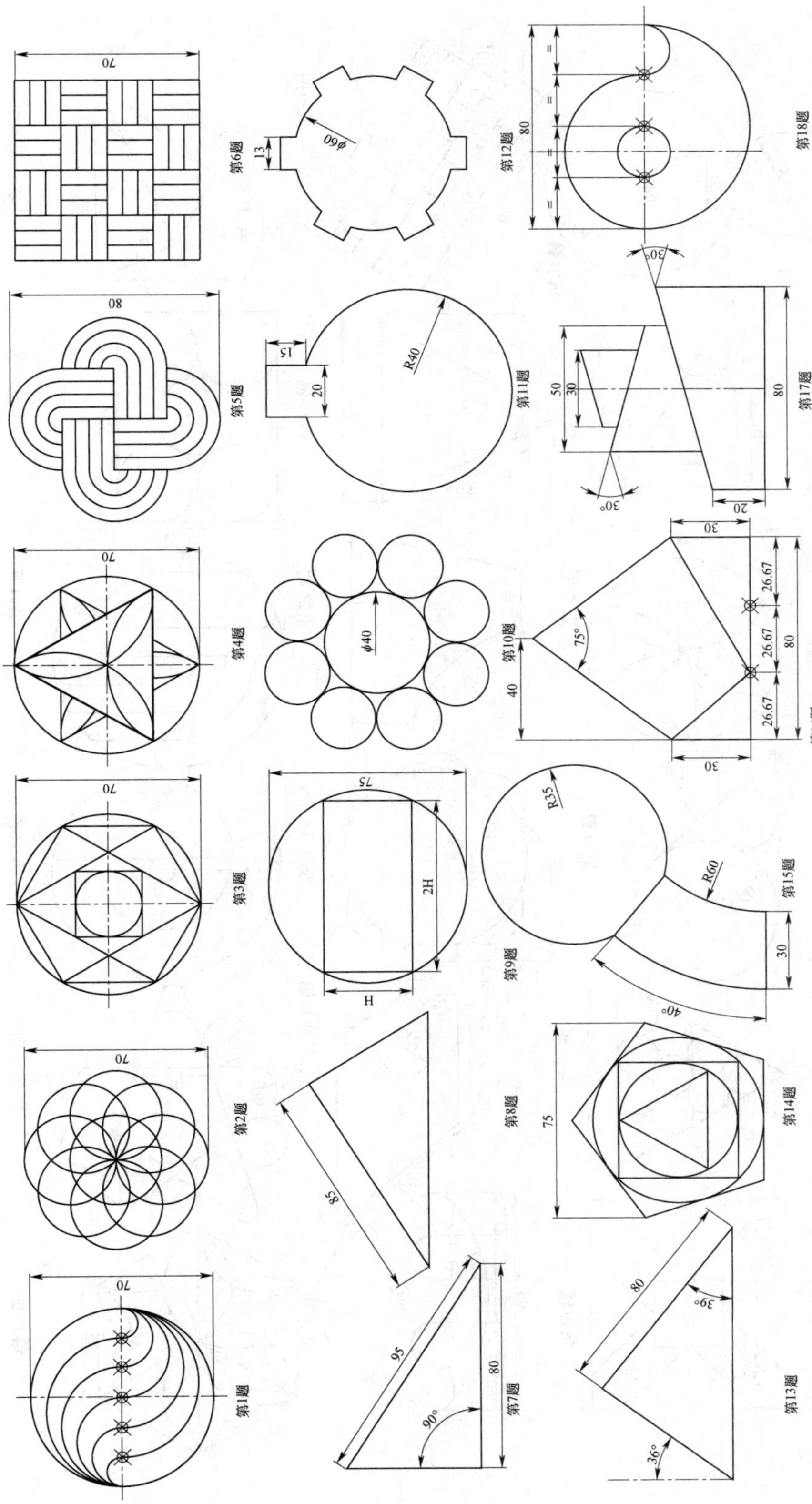

图 1.4.1（一） 基本图形的绘制（36 题）

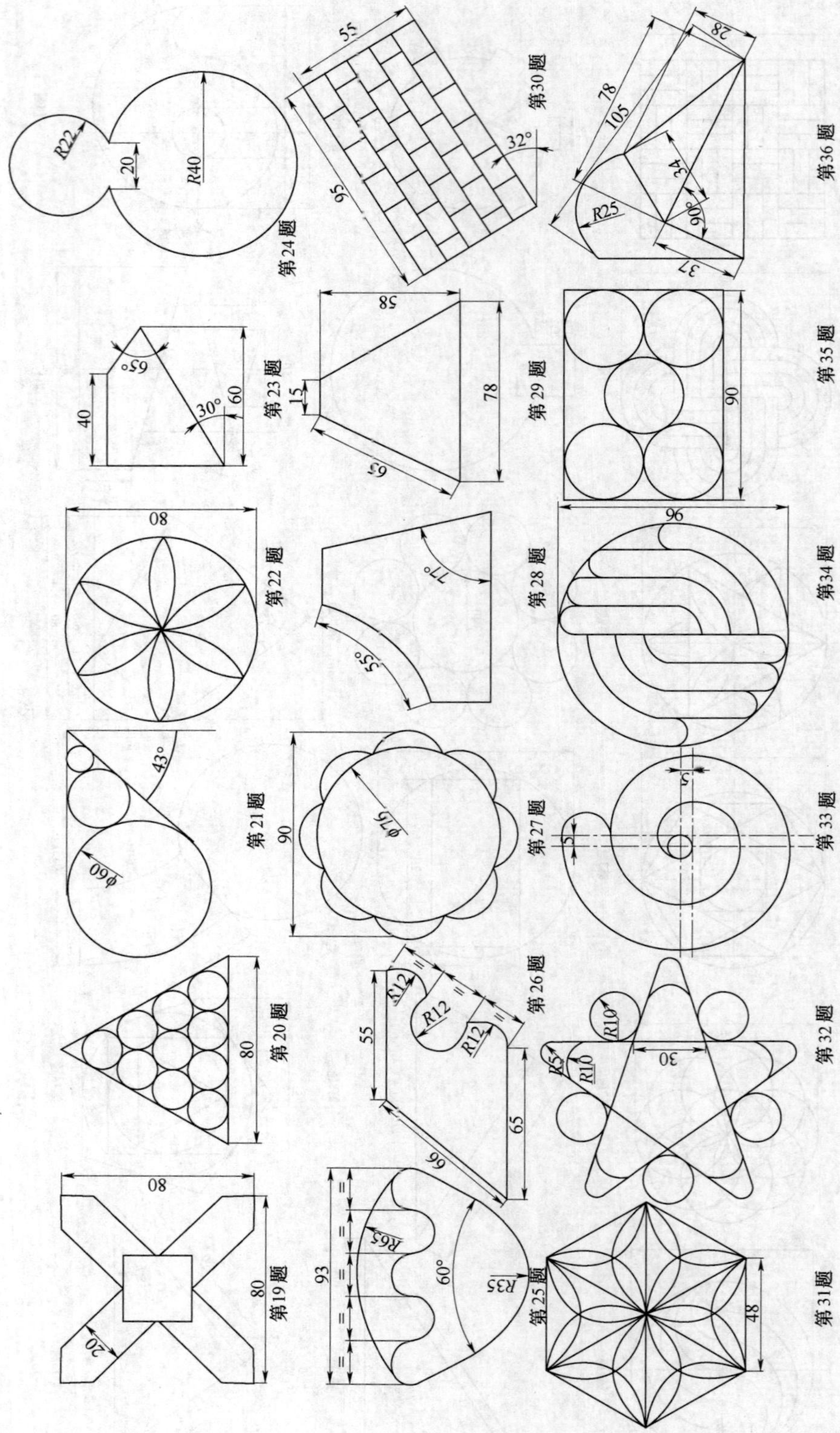

图 1.4.1（二） 基本图形的绘制（36 题）

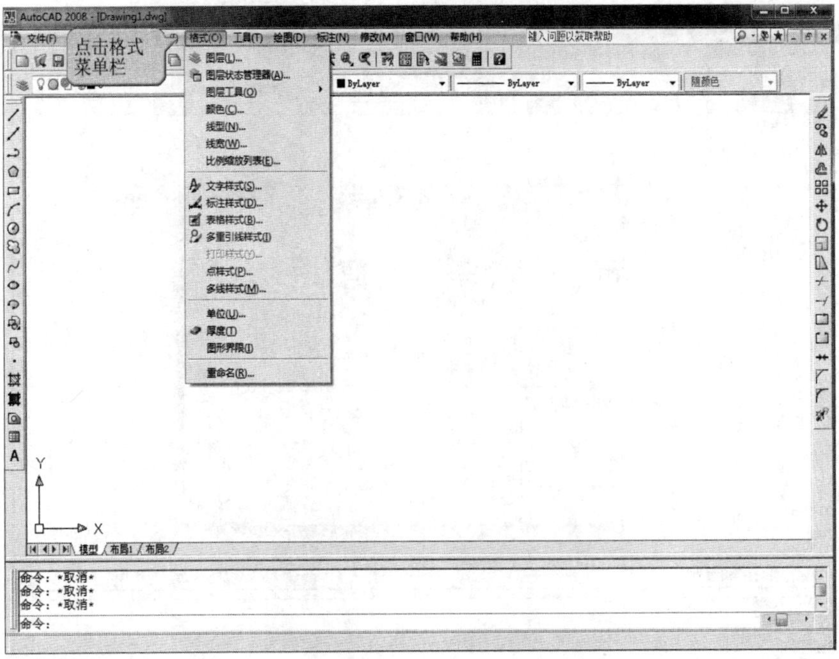

图 1.4.2 基本图形第 1 题绘制过程（一）

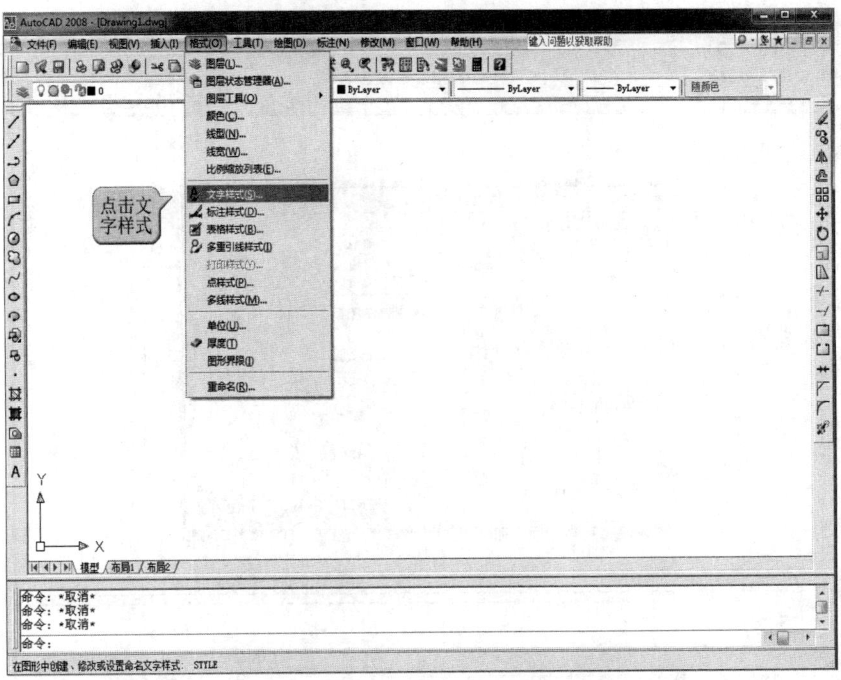

图 1.4.3 基本图形第 1 题绘制过程（二）

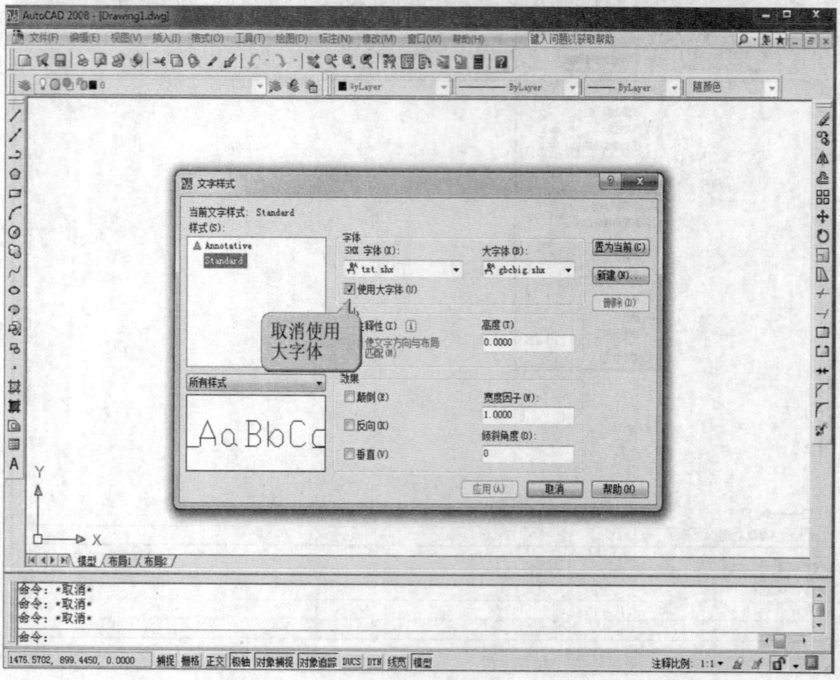

图 1.4.4 基本图形第 1 题绘制过程（三）

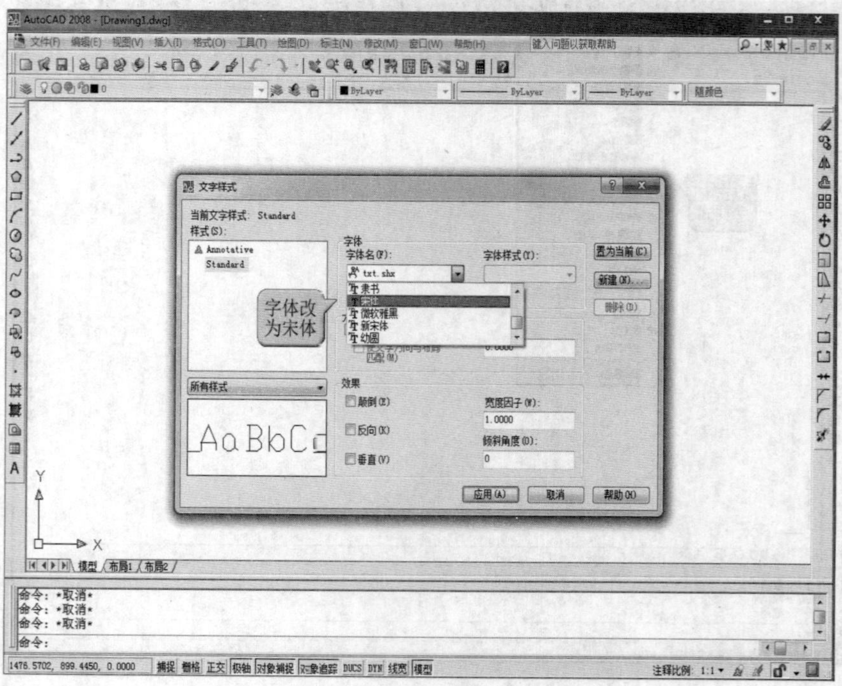

图 1.4.5 基本图形第 1 题绘制过程（四）

图 1.4.6　基本图形第 1 题绘制过程（五）

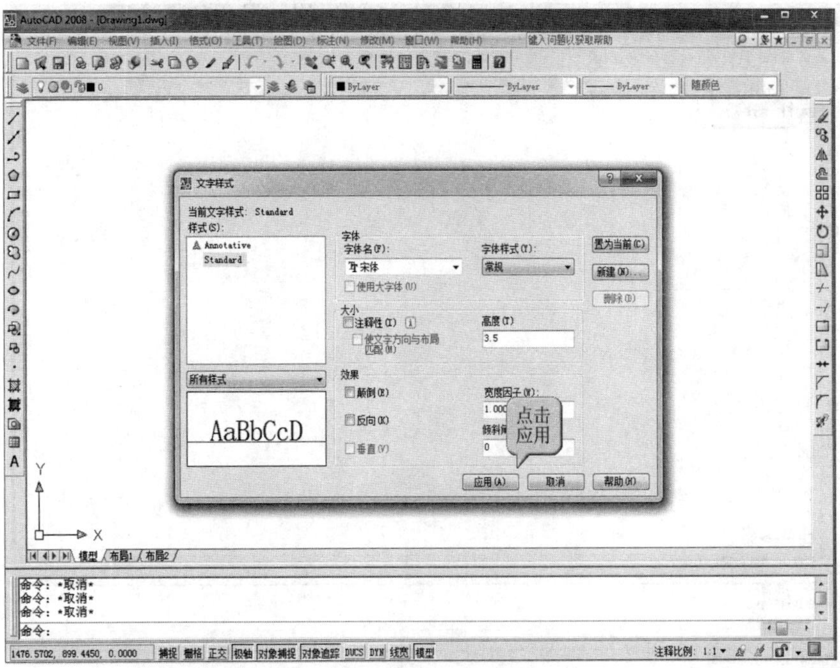

图 1.4.7　基本图形第 1 题绘制过程（六）

图 1.4.8 基本图形第 1 题绘制过程（七）

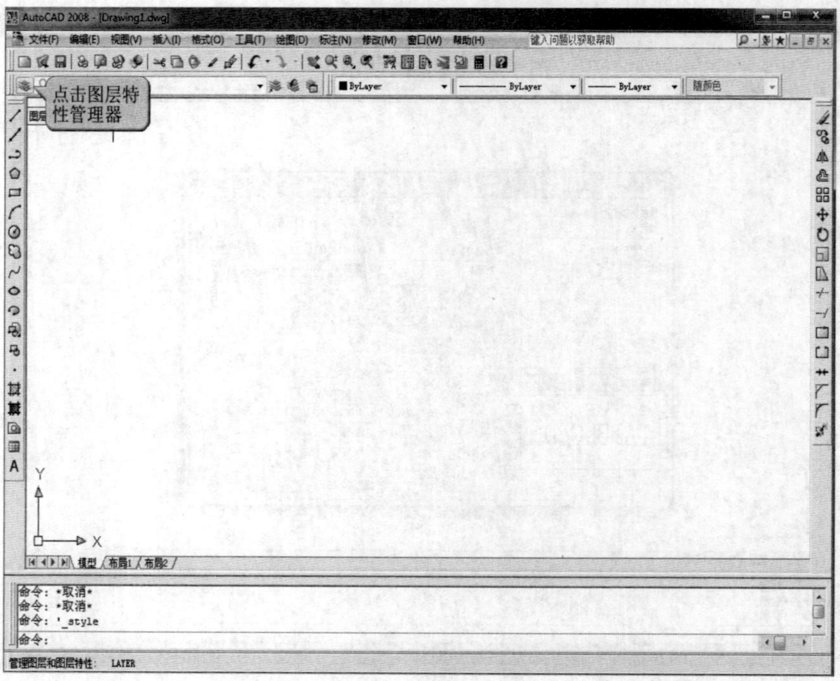

图 1.4.9 基本图形第 1 题绘制过程（八）

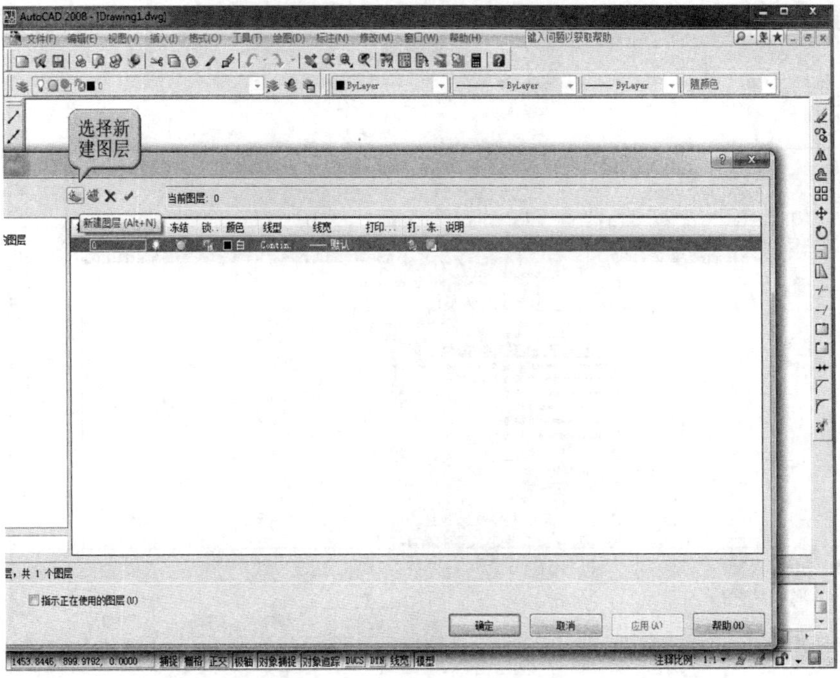

图 1.4.10　基本图形第 1 题绘制过程（九）

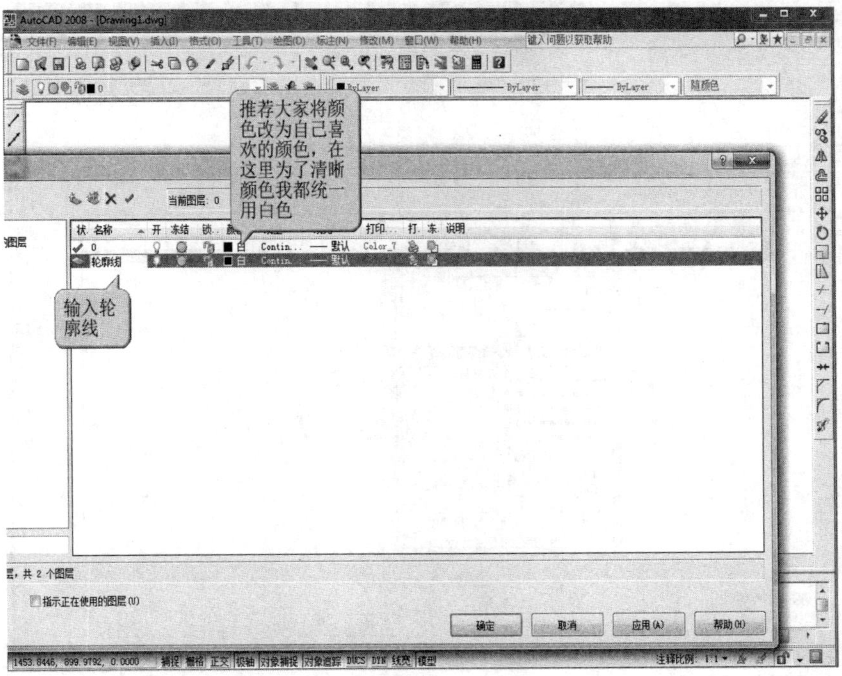

图 1.4.11　基本图形第 1 题绘制过程（十）

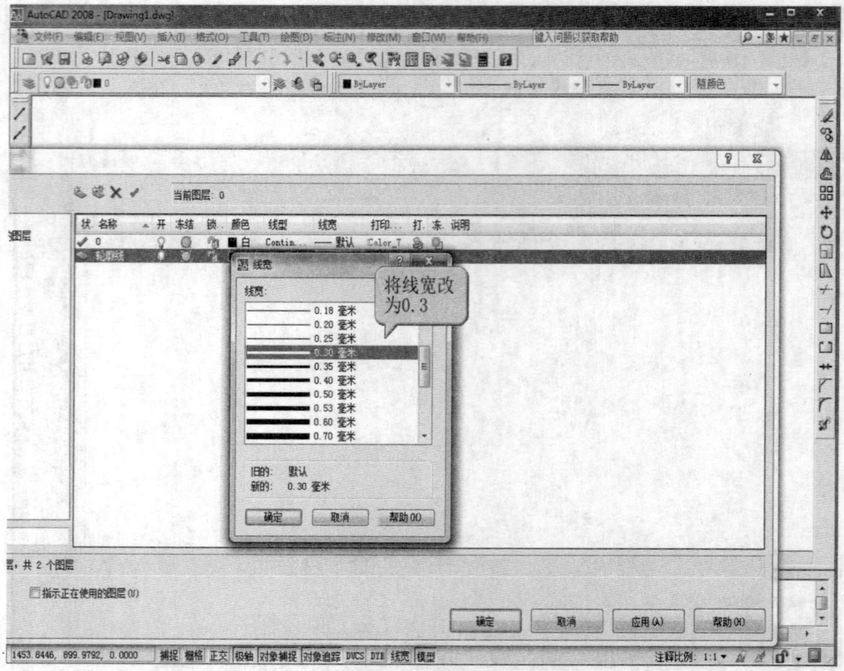

图 1.4.12 基本图形第 1 题绘制过程（十一）

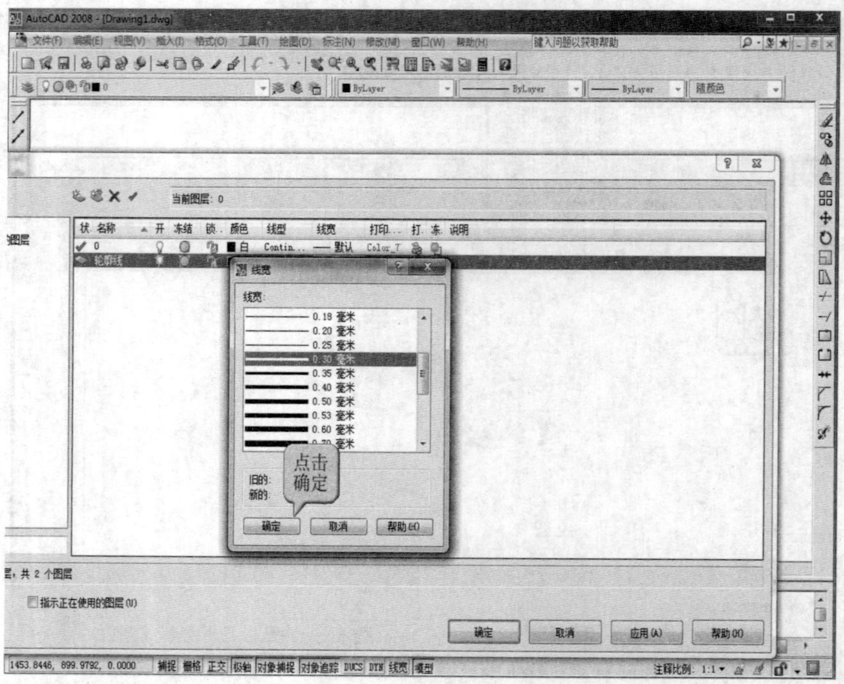

图 1.4.13 基本图形第 1 题绘制过程（十二）

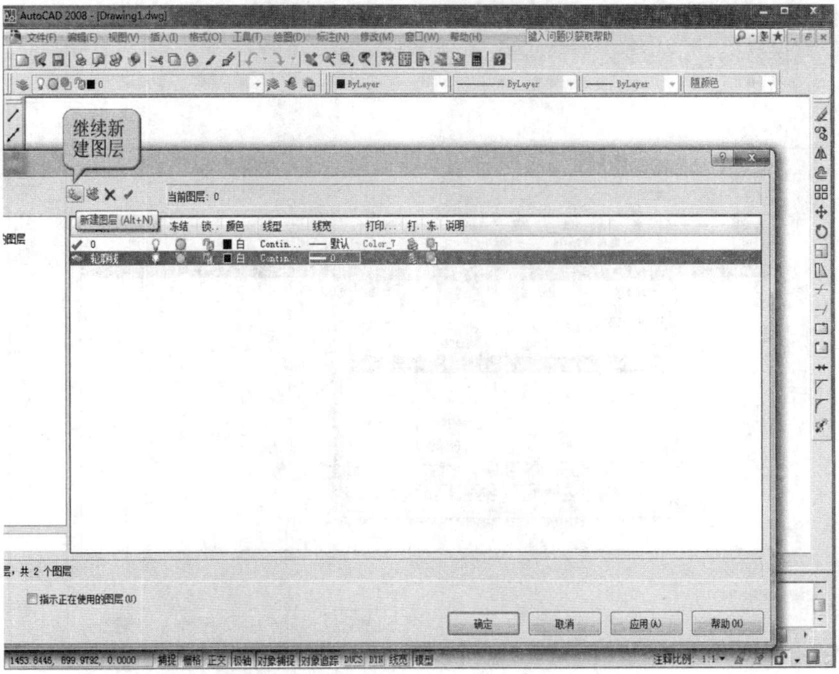

图 1.4.14 基本图形第 1 题绘制过程（十三）

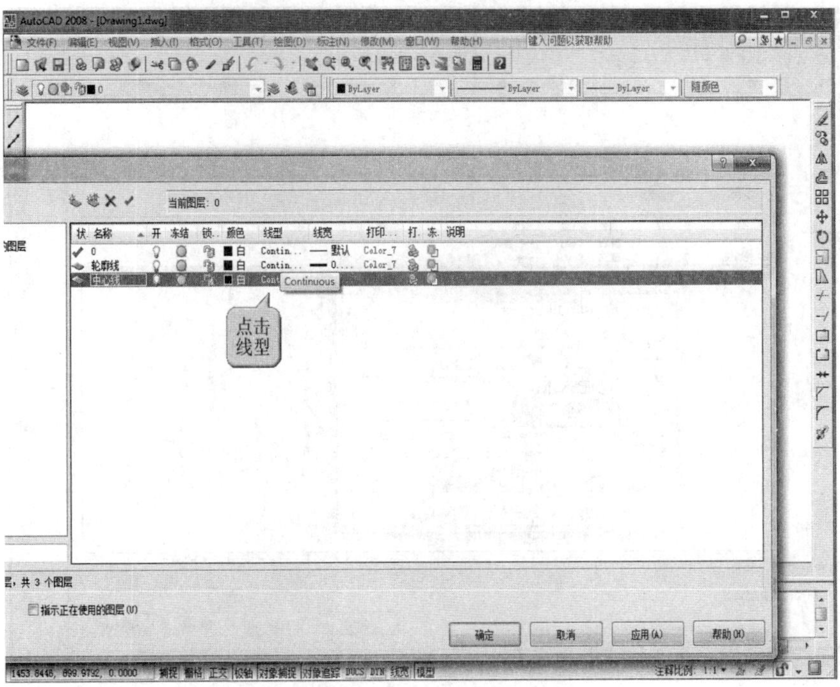

图 1.4.15 基本图形第 1 题绘制过程（十四）

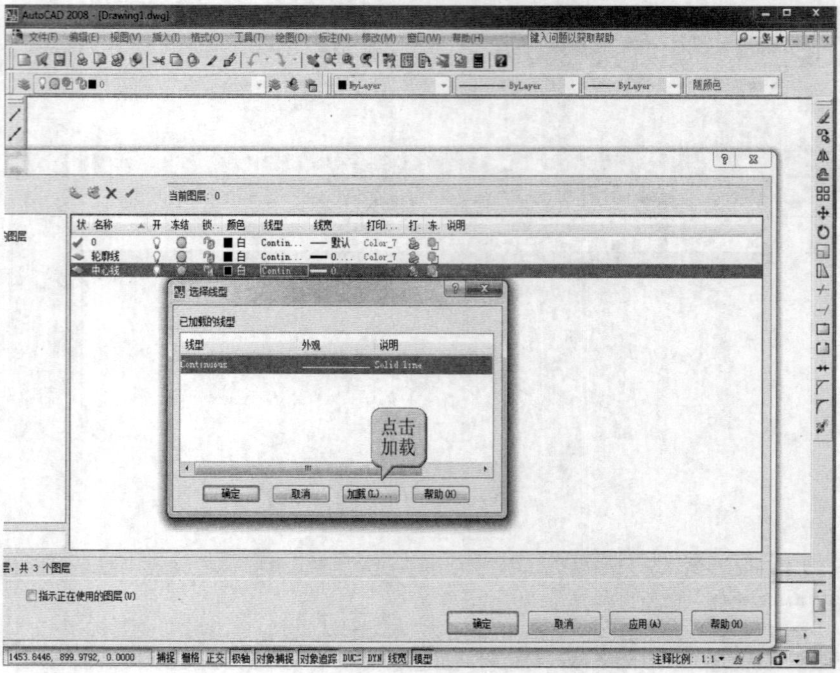

图 1.4.16 基本图形第 1 题绘制过程（十五）

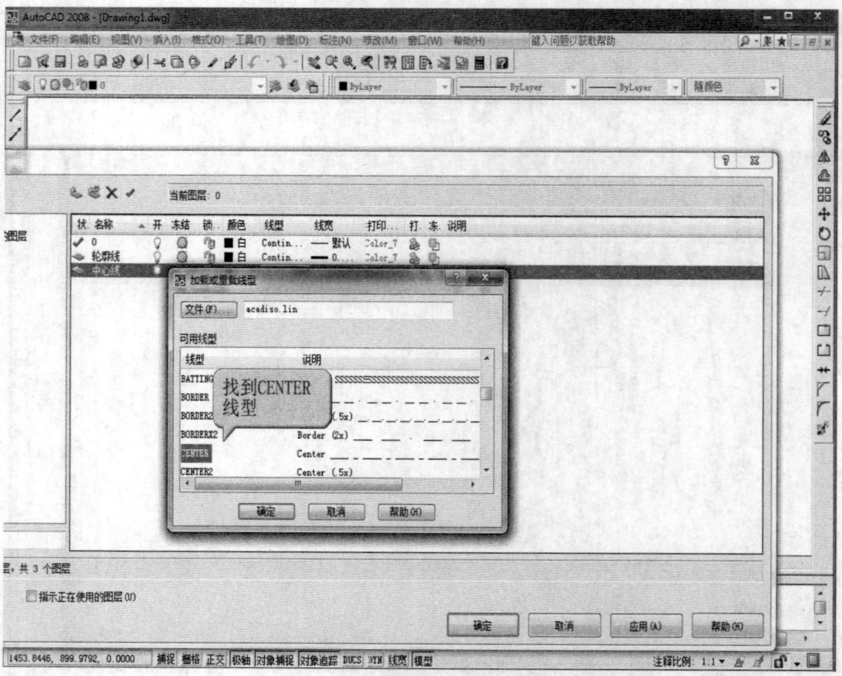

图 1.4.17 基本图形第 1 题绘制过程（十六）

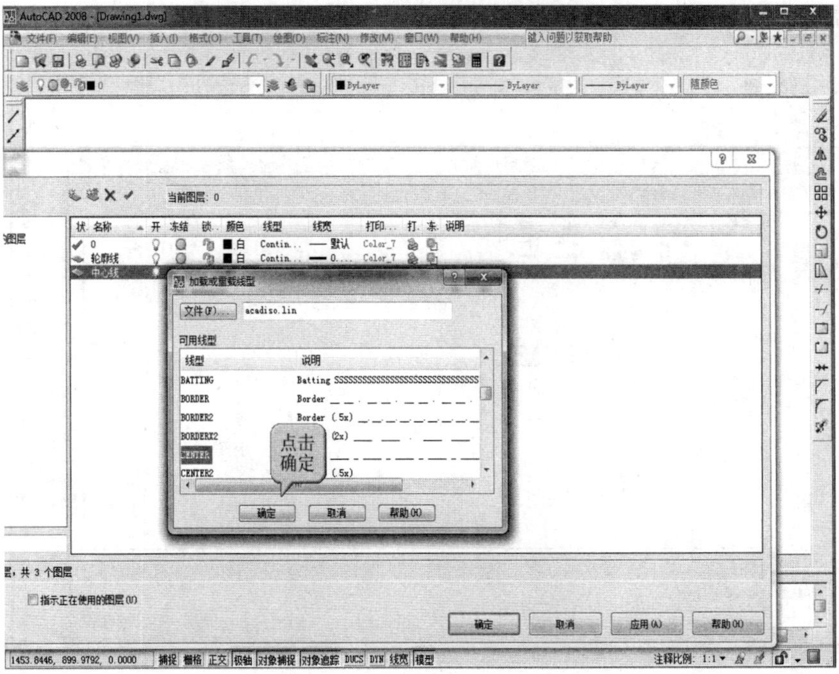

图 1.4.18　基本图形第 1 题绘制过程（十七）

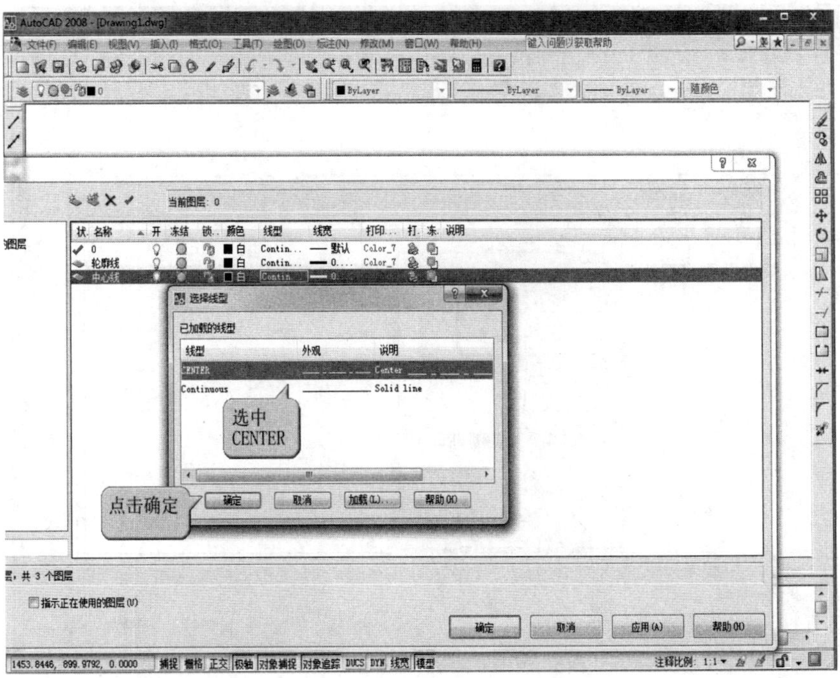

图 1.4.19　基本图形第 1 题绘制过程（十八）

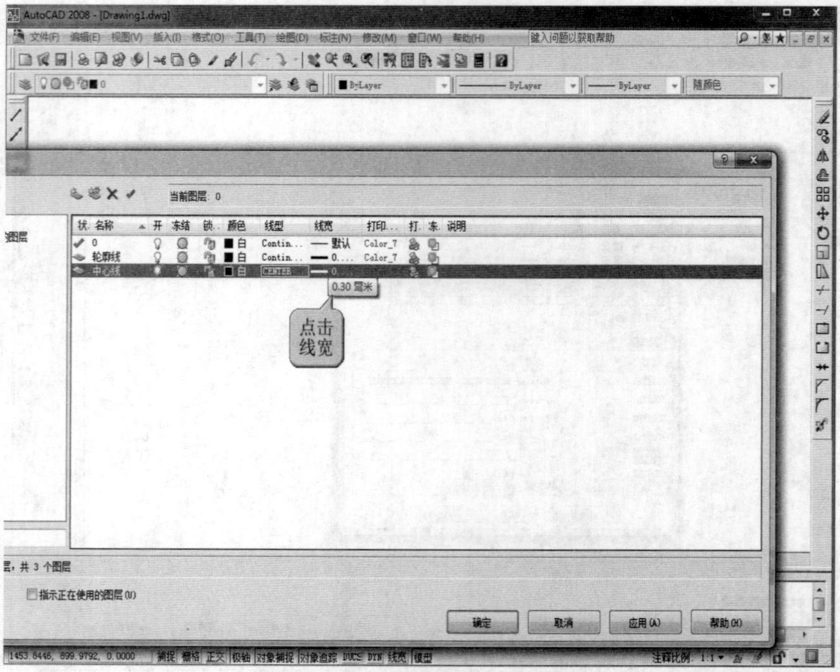

图 1.4.20 基本图形第 1 题绘制过程（十九）

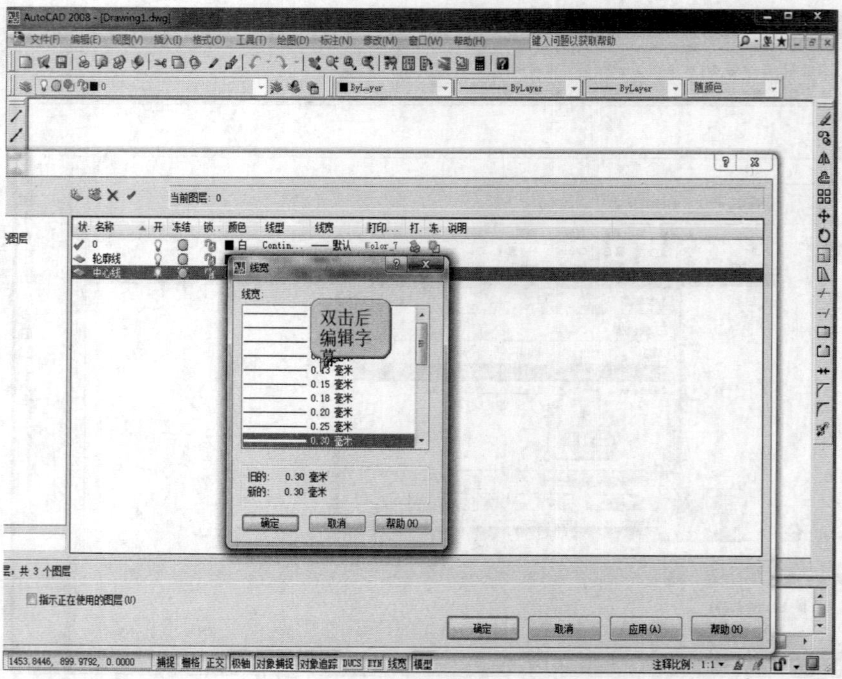

图 1.4.21 基本图形第 1 题绘制过程（二十）

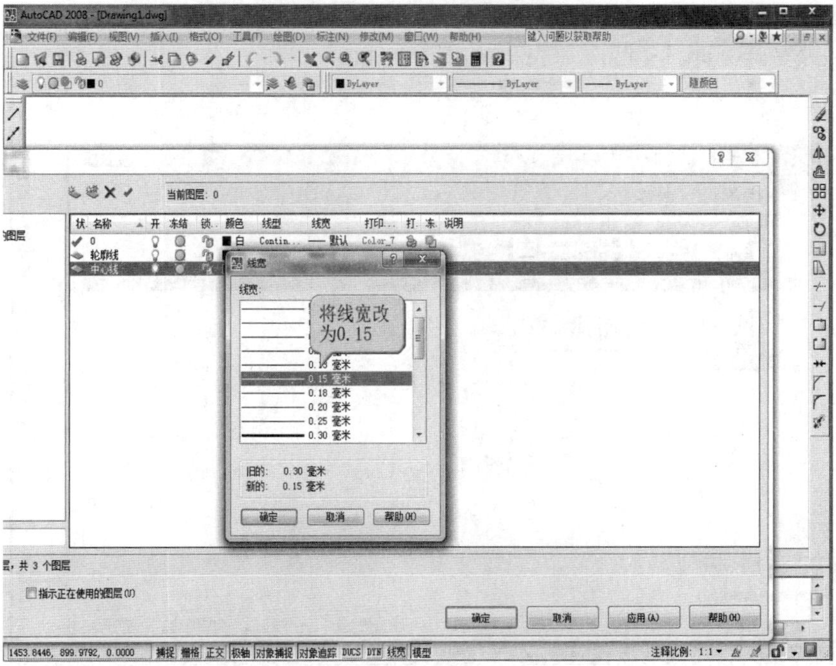

图 1.4.22 基本图形第 1 题绘制过程（二十一）

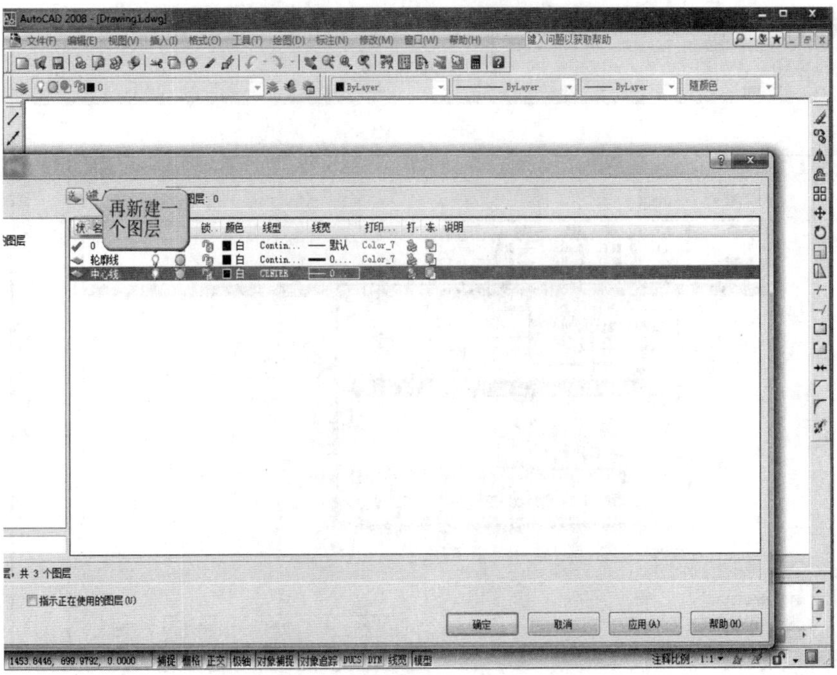

图 1.4.23 基本图形第 1 题绘制过程（二十二）

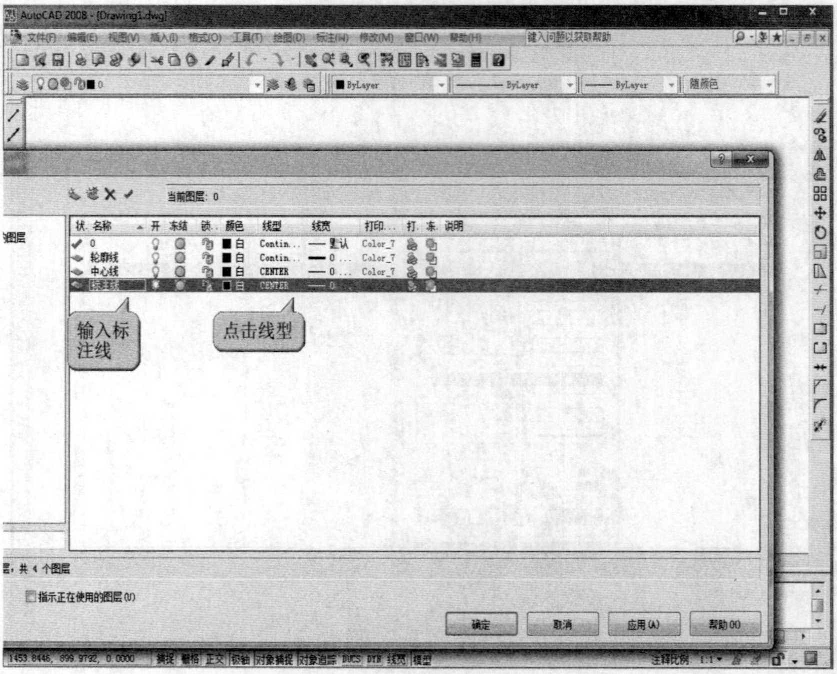

图 1.4.24　基本图形第 1 题绘制过程（二十三）

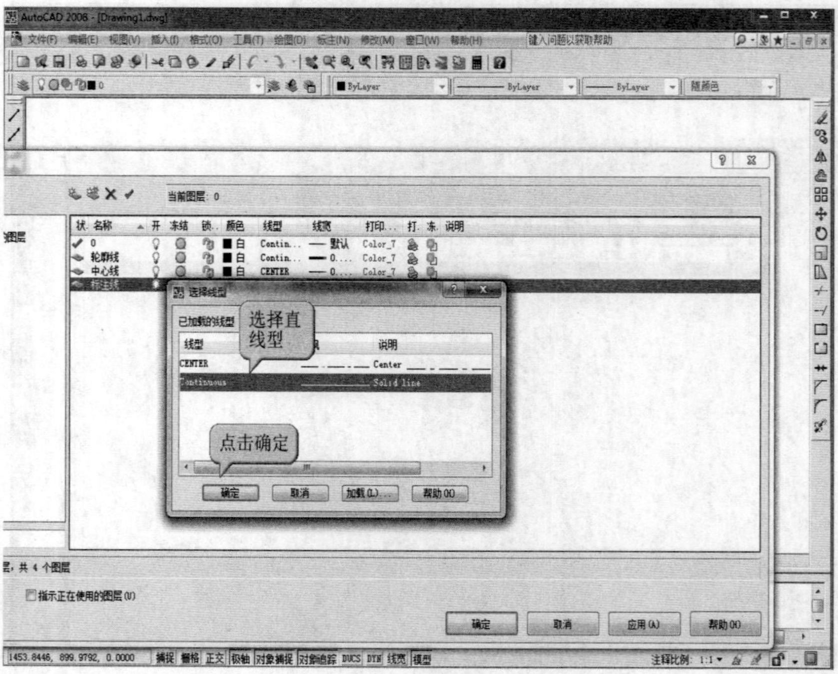

图 1.4.25　基本图形第 1 题绘制过程（二十四）

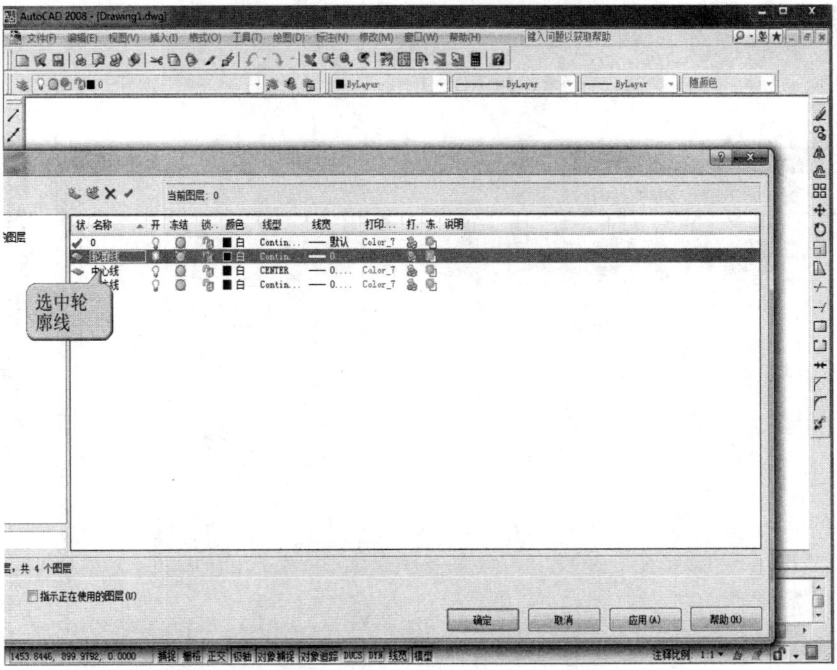

图 1.4.26　基本图形第 1 题绘制过程（二十五）

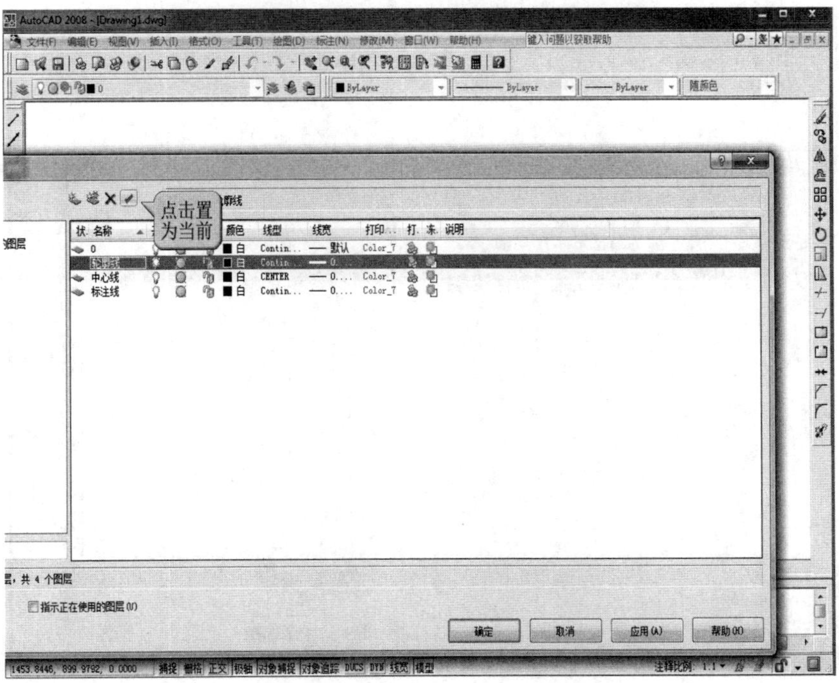

图 1.4.27　基本图形第 1 题绘制过程（二十六）

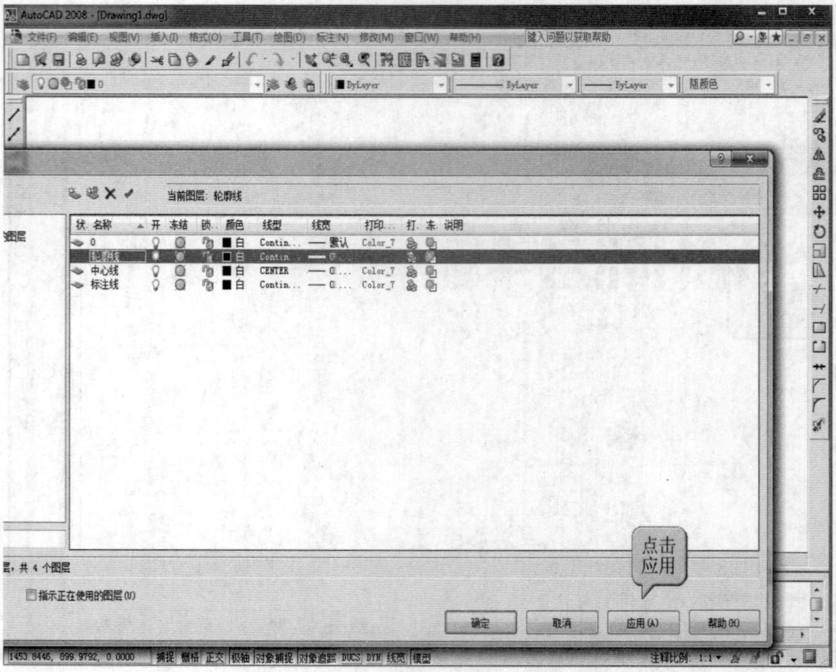

图 1.4.28 基本图形第 1 题绘制过程（二十七）

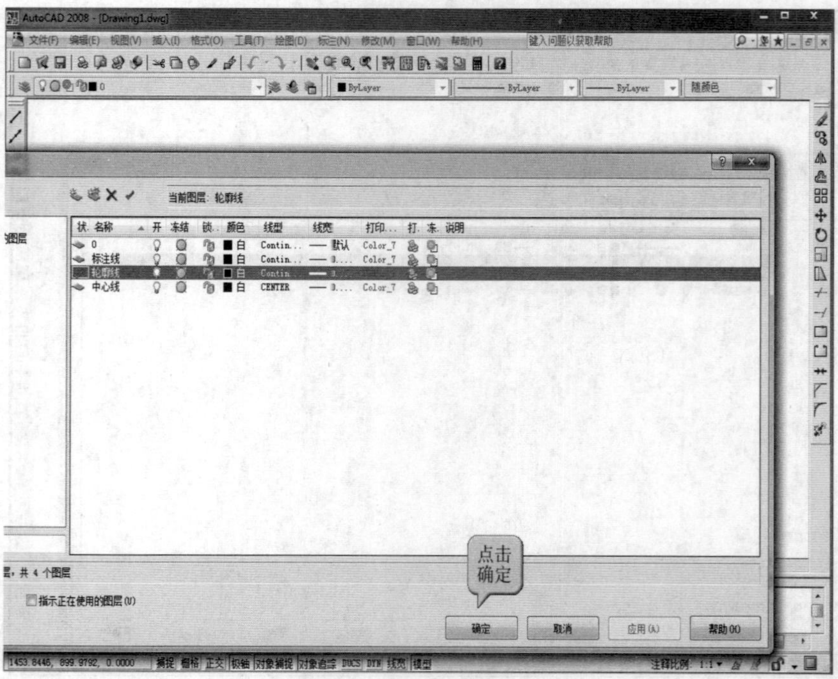

图 1.4.29 基本图形第 1 题绘制过程（二十八）

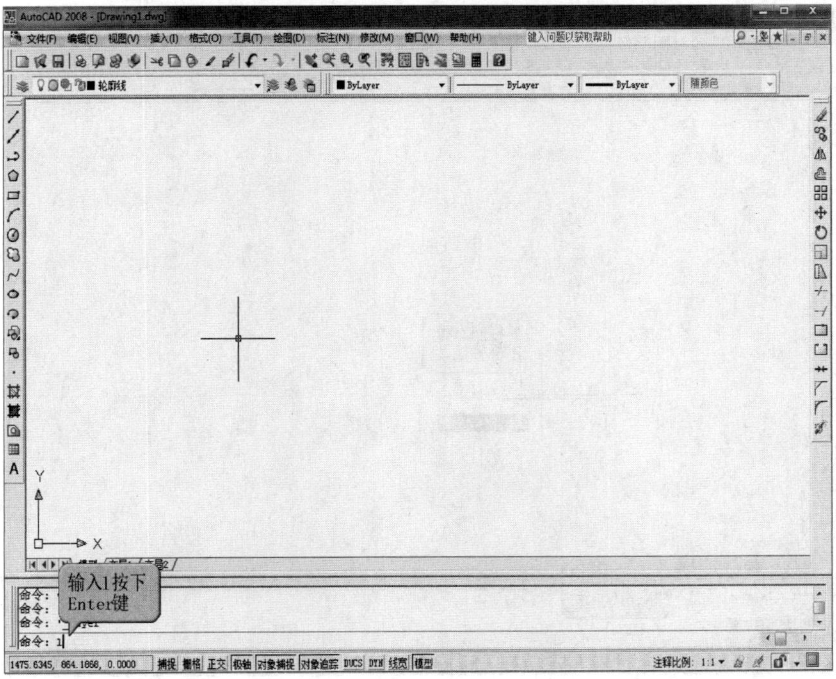

图 1.4.30　基本图形第 1 题绘制过程（二十九）

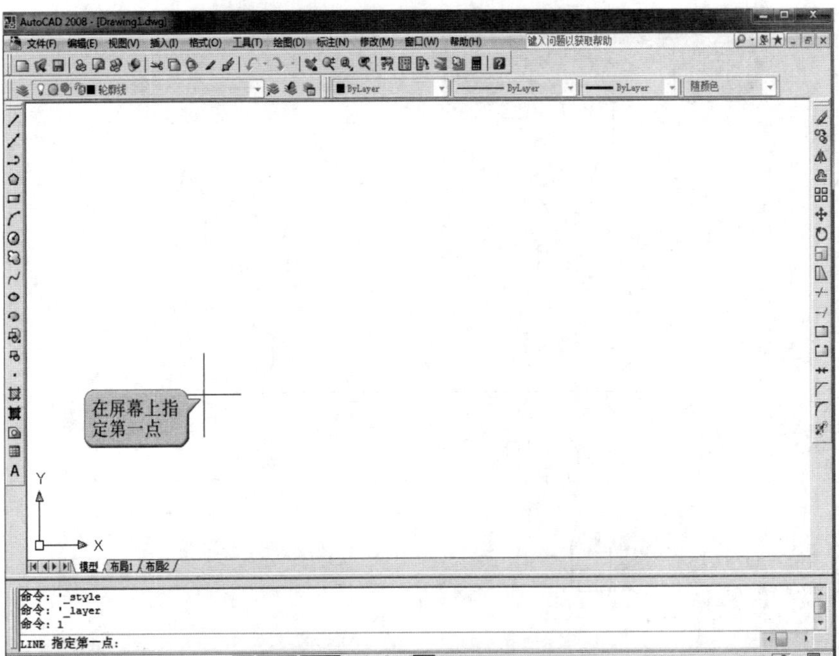

图 1.4.31　基本图形第 1 题绘制过程（三十）

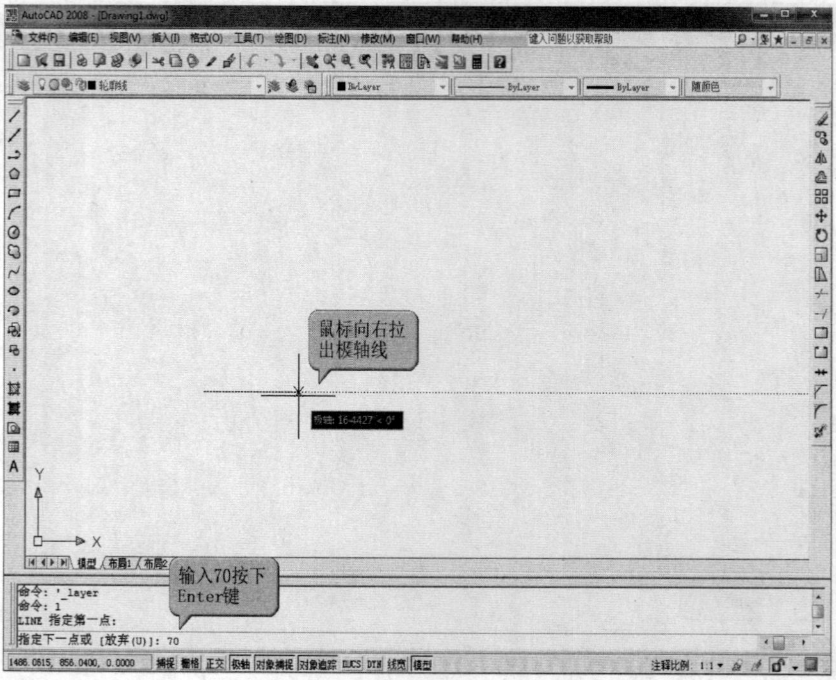

图 1.4.32　基本图形第 1 题绘制过程（三十一）

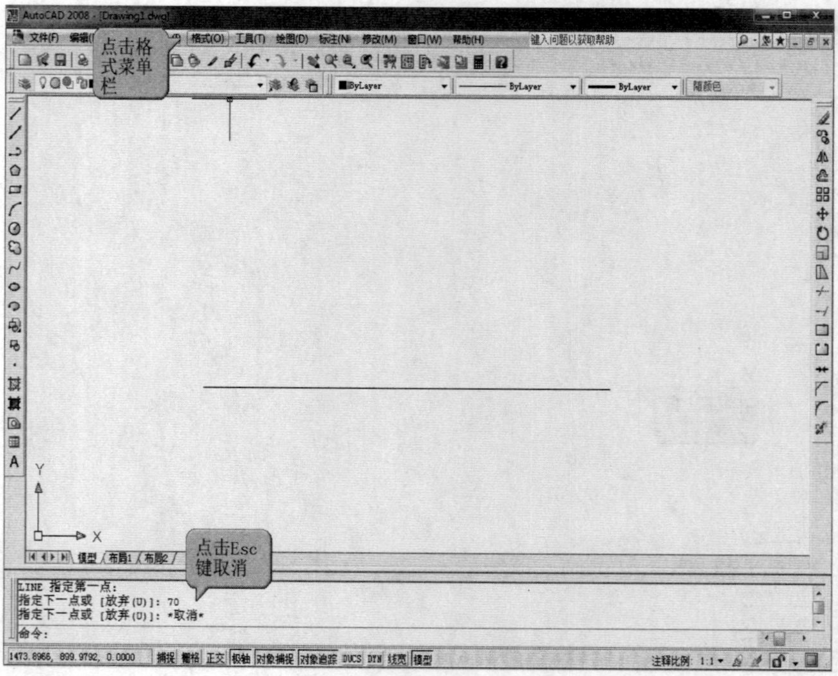

图 1.4.33　基本图形第 1 题绘制过程（三十二）

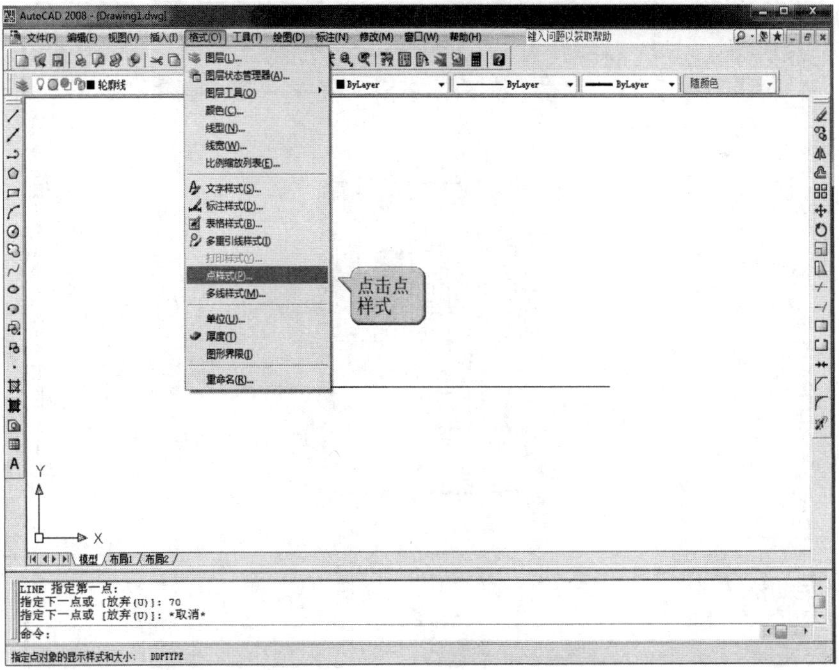

图 1.4.34 基本图形第 1 题绘制过程（三十三）

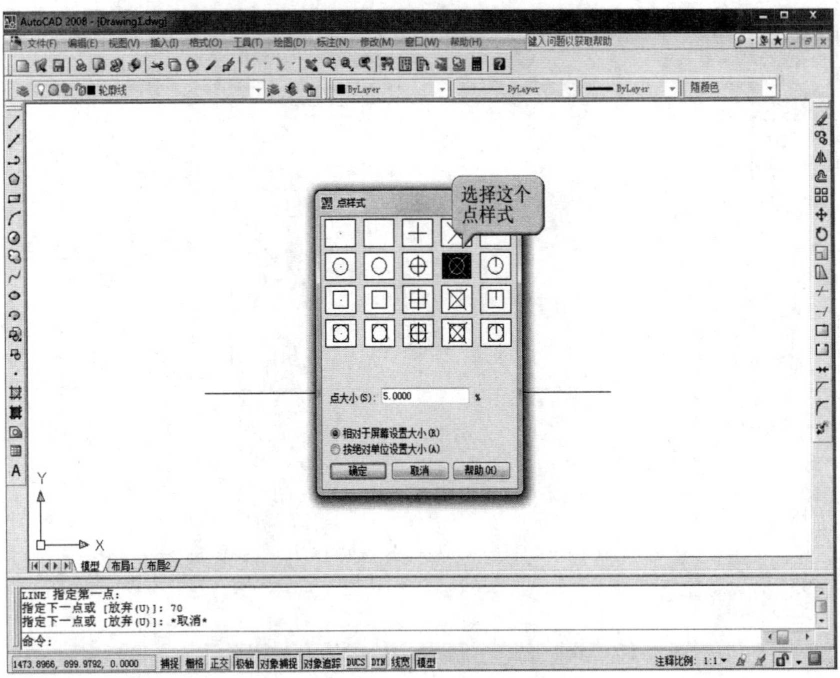

图 1.4.35 基本图形第 1 题绘制过程（三十四）

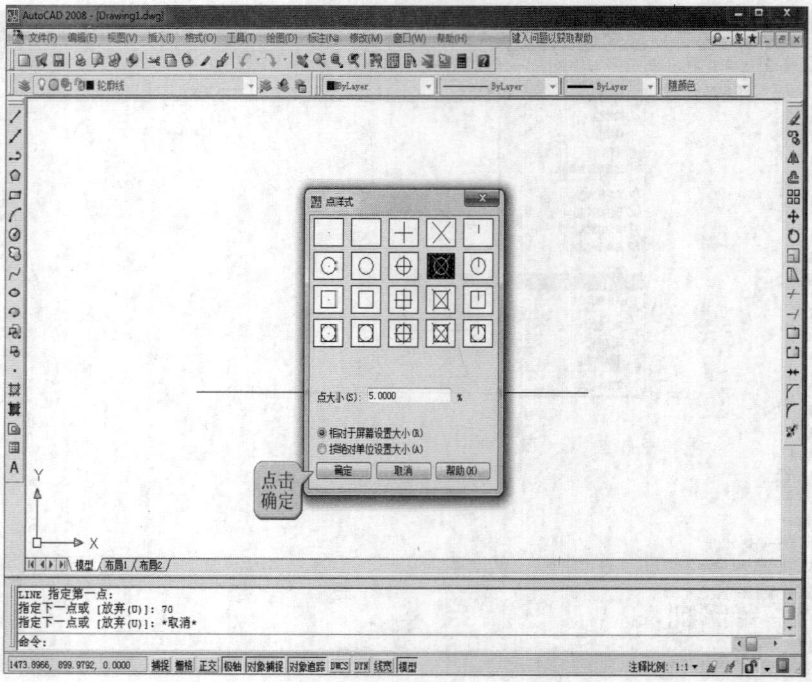

图 1.4.36　基本图形第 1 题绘制过程（三十五）

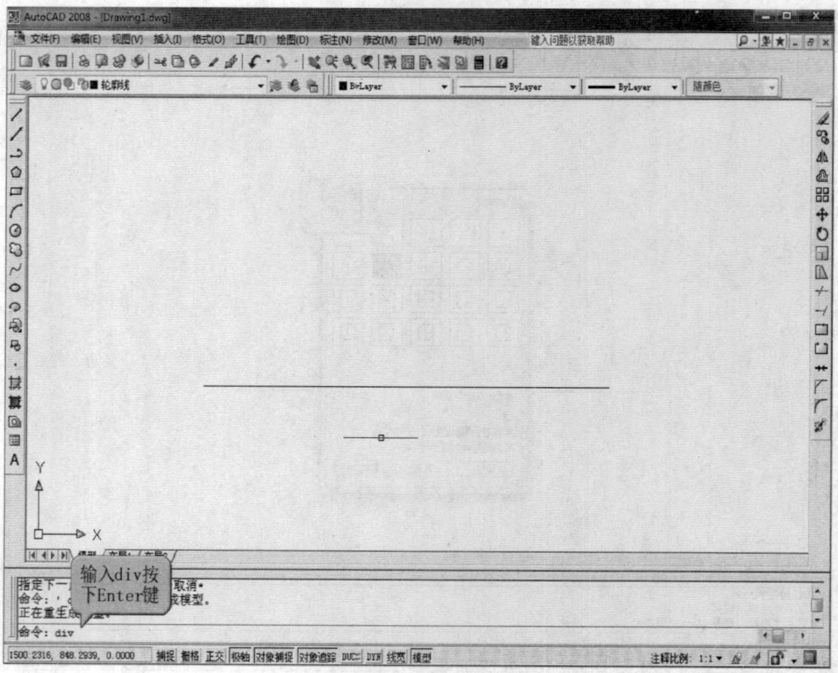

图 1.4.37　基本图形第 1 题绘制过程（三十六）

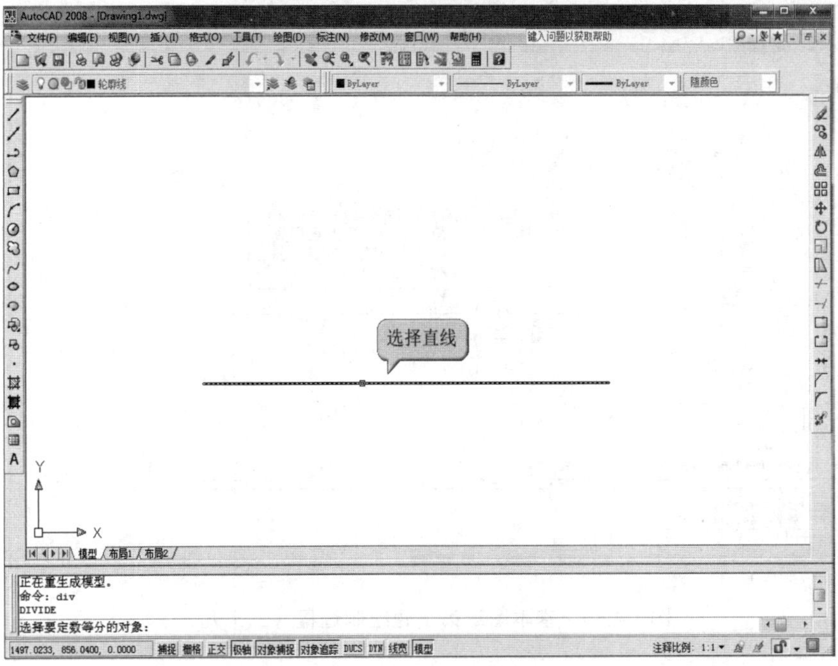

图 1.4.38 基本图形第 1 题绘制过程（三十七）

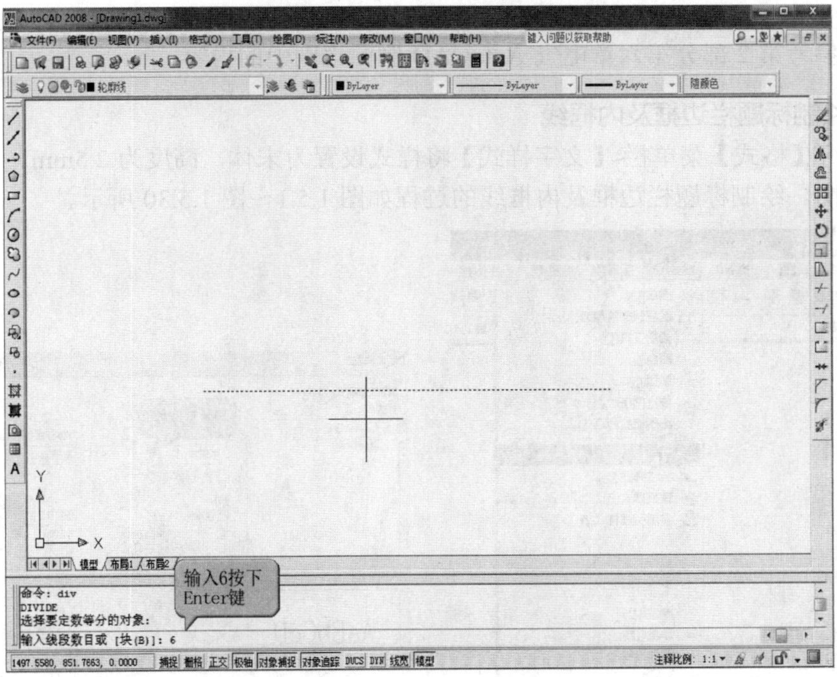

图 1.4.39 基本图形第 1 题绘制过程（三十八）

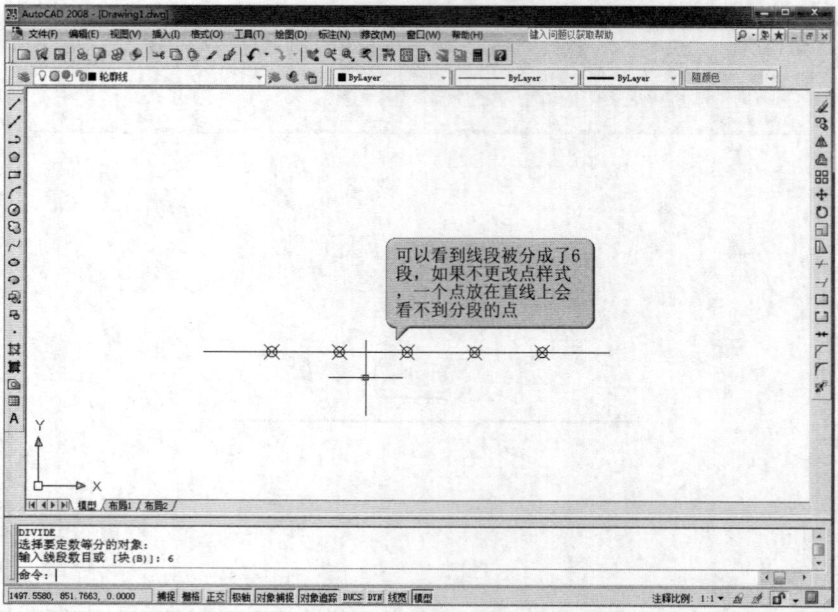

图 1.4.40　基本图形第 1 题绘制过程（三十九）

项目 1.5　绘制标题栏

此项目参考第 2 部分第六章电气 AutoCAD 制图规则中的内容。

1.5.1　绘制标题栏边框及内框线

首先打开【格式】菜单栏-【文字样式】将样式设置为宋体，高度为 2.5mm。设置好以后可以开始绘图。绘制标题栏边框及内框线的过程如图 1.5.1～图 1.5.30 所示。

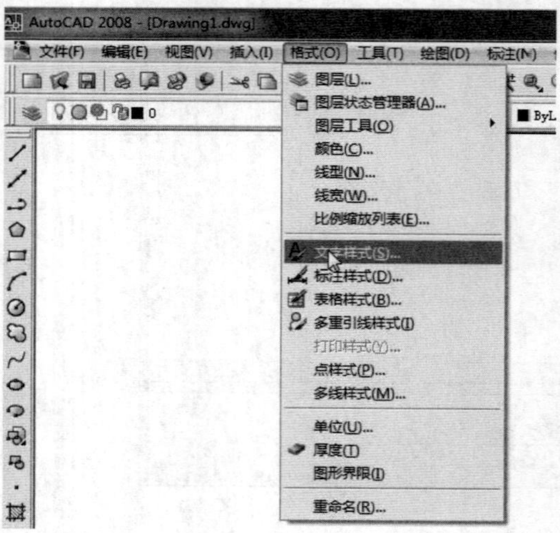

图 1.5.1　绘制标题栏过程（一）

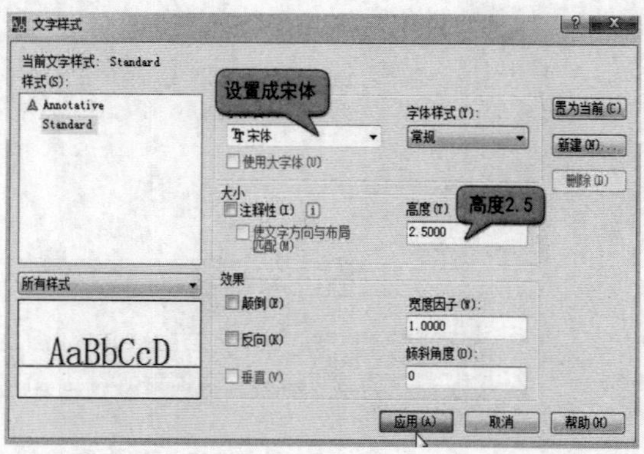

图 1.5.2　绘制标题栏过程（二）

绘制一条长为 120mm 的直线，绘制好以后按下键盘上 Esc 键取消。

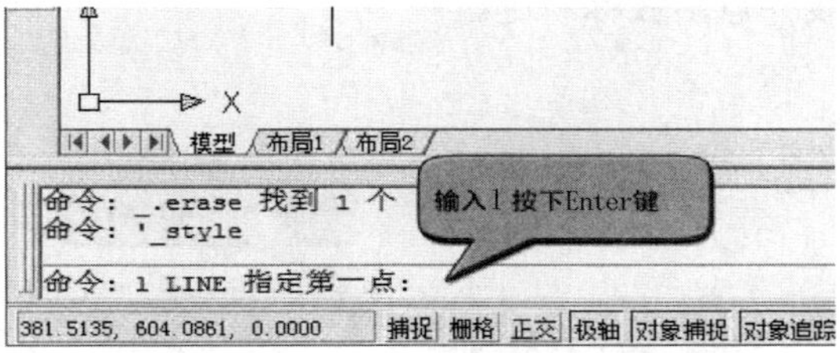

图 1.5.3　绘制标题栏过程（三）

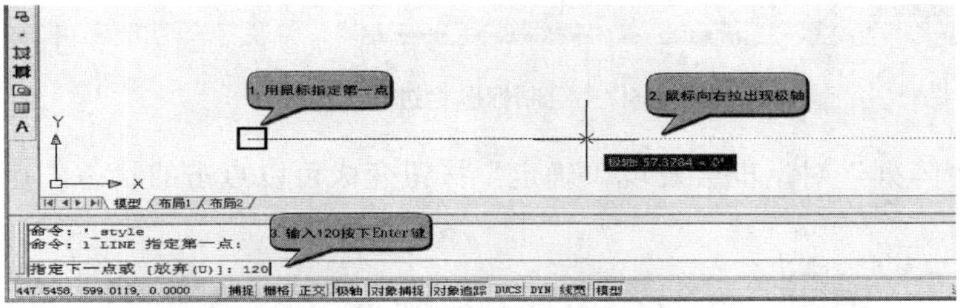

图 1.5.4　绘制标题栏过程（四）

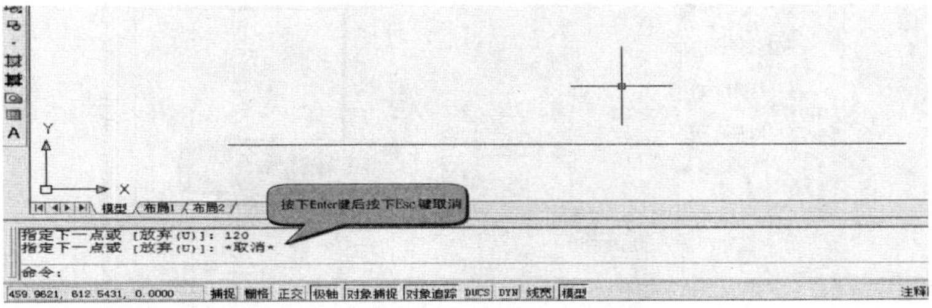

图 1.5.5　绘制标题栏过程（五）

阵列 9 条直线，间距为 6mm，输入阵列快捷命令 ar 弹出“阵列”对话框，选择“矩形阵列”，填写好数据确认。

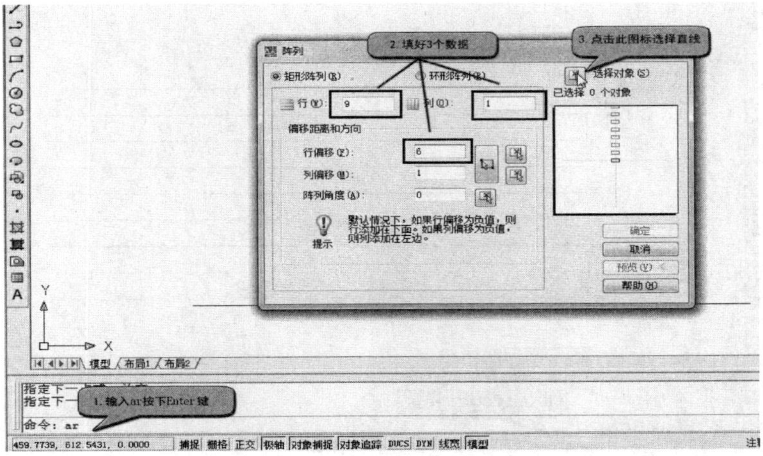

图 1.5.6　绘制标题栏过程（六）

当点击选择对象图标后“阵列”对话框会消失，出现一个选择对象的靶框，用此靶框选择长度为 120mm 的直线并点击鼠标右键。

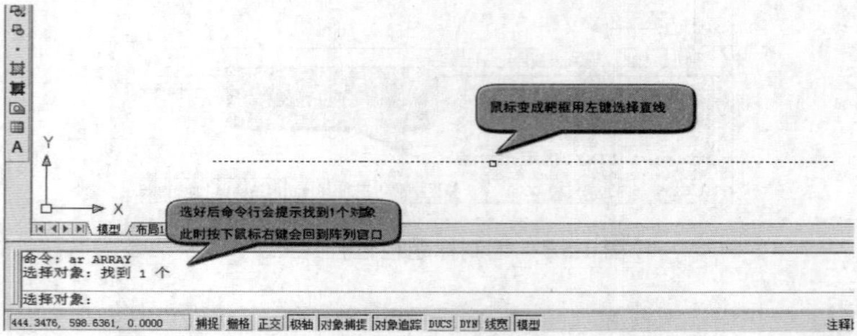

图 1.5.7　绘制标题栏过程（七）

此时回到“阵列”对话框会发现“确定”按钮变成可以点击的状态，点击“确定”按钮后阵列完成。

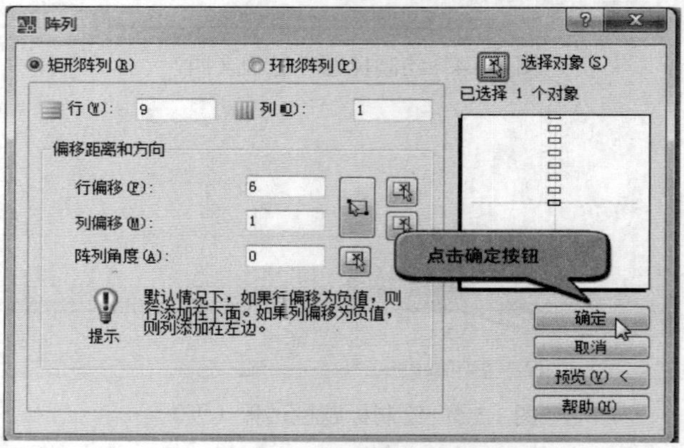

图 1.5.8　绘制标题栏过程（八）

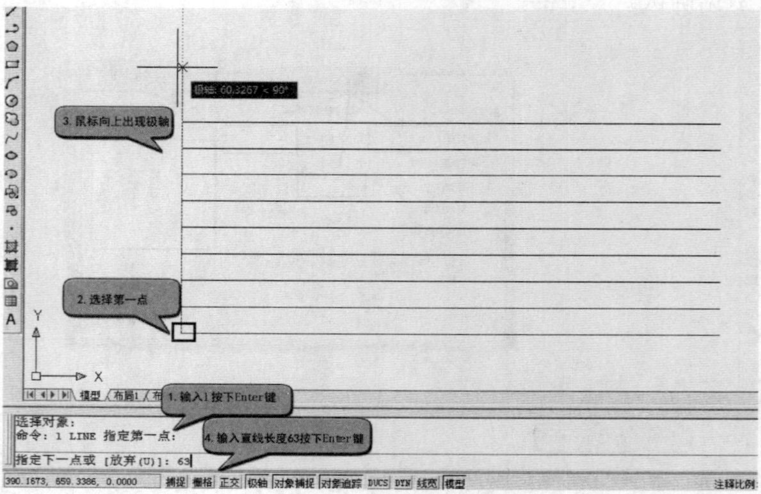

图 1.5.9　绘制标题栏过程（九）

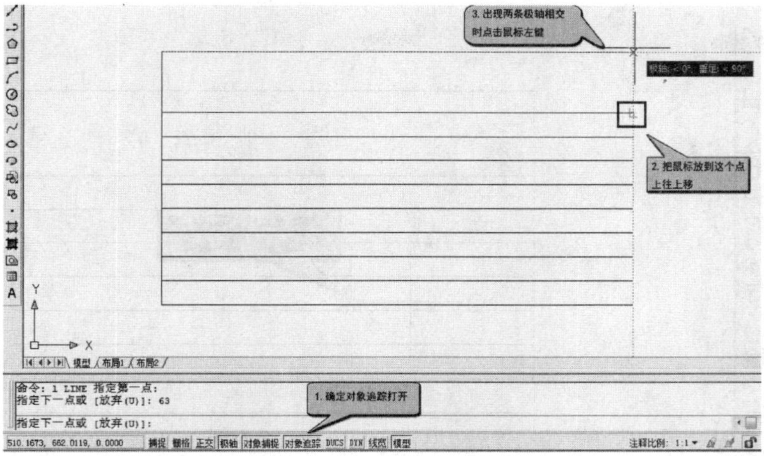

图 1.5.10　绘制标题栏过程（十）

选取最后一个点然后按键盘上 Esc 键退出，得到边框和内框线。将左边的线进行偏移。

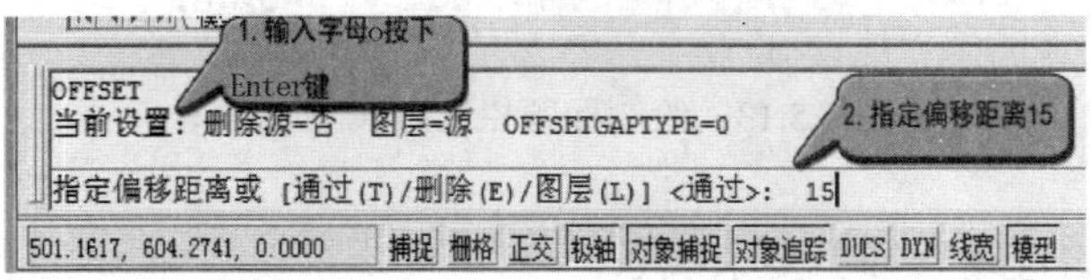

图 1.5.11　绘制标题栏过程（十一）

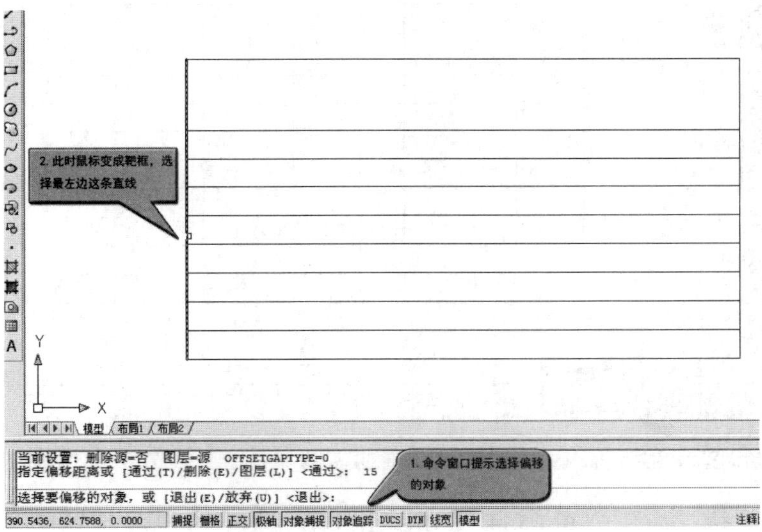

图 1.5.12　绘制标题栏过程（十二）

偏移的关键是一定要看命令窗口的提示，跟着提示来做。

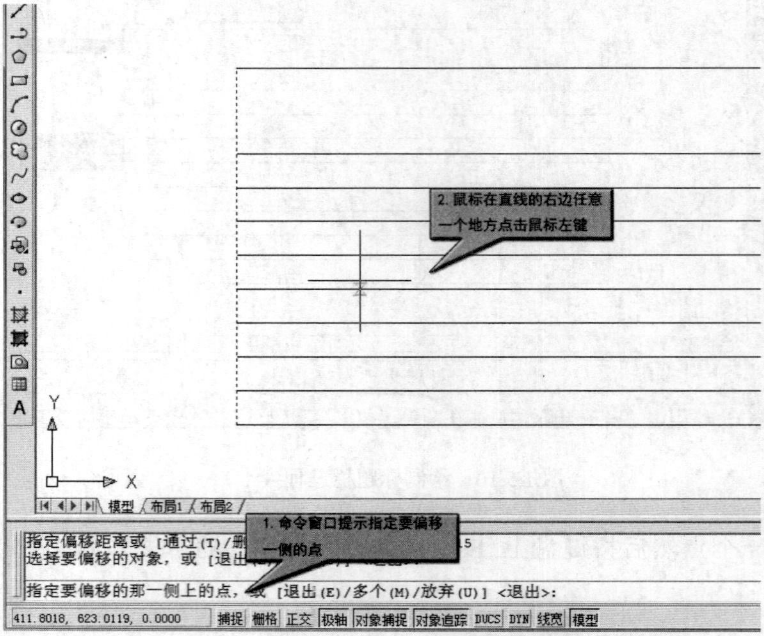

图 1.5.13　绘制标题栏过程（十三）

继续偏移出剩余的直线后修剪多余线条。

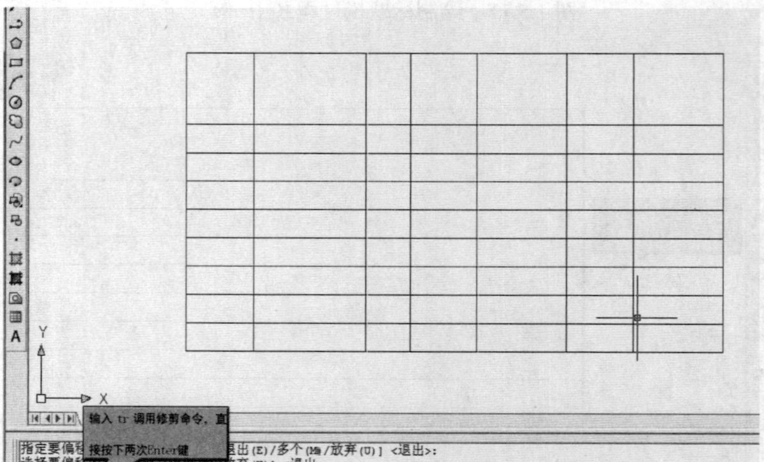

图 1.5.14　绘制标题栏过程（十四）

输入修剪命令直接按下两次 Enter 键，意味着全部选择。

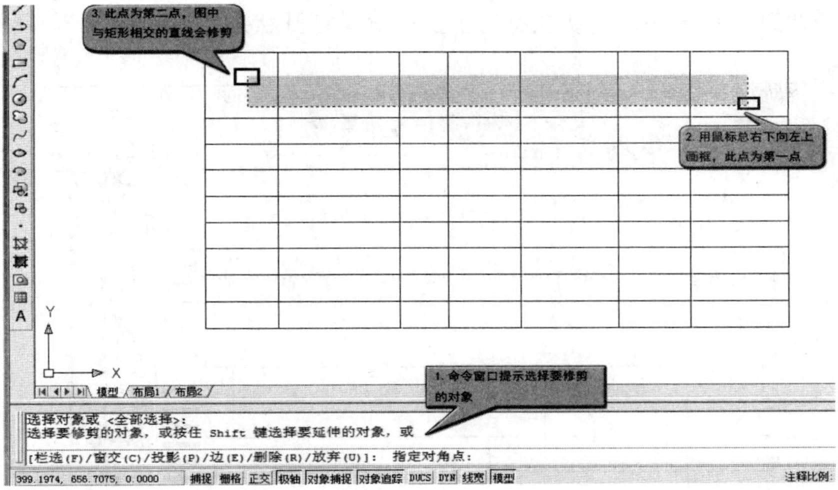

图 1.5.15 绘制标题栏过程（十五）

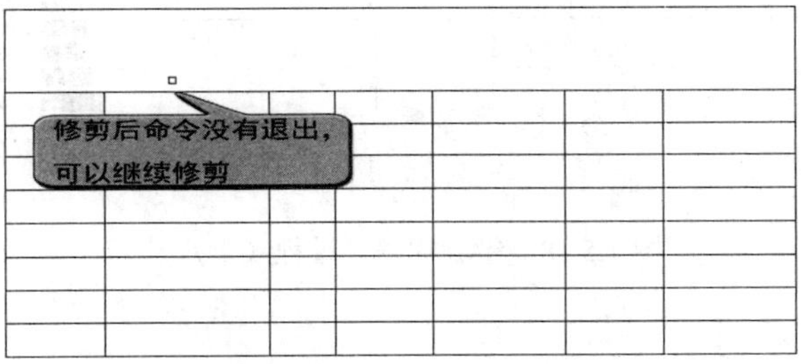

图 1.5.16 绘制标题栏过程（十六）

继续修剪并将多余的线条删除（删除可以选中直线按 Delete 键）把中间的内框线选中，将线宽改为 0.25mm。

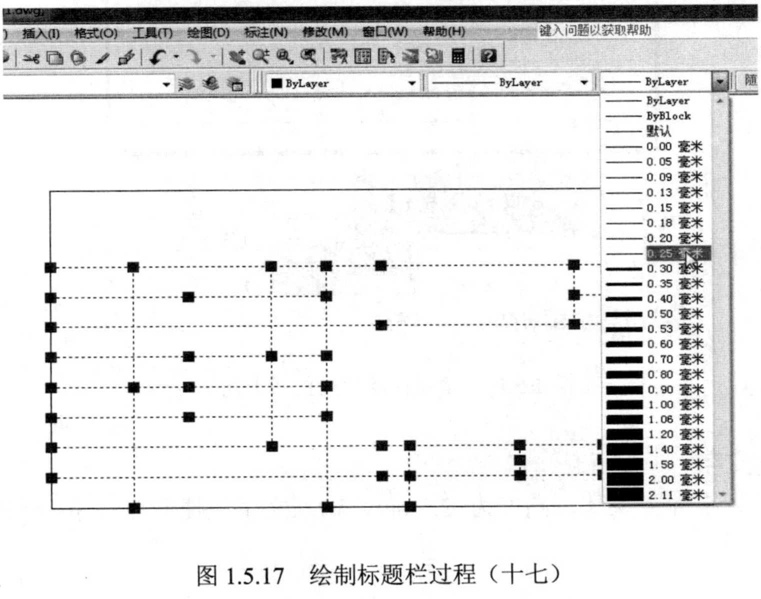

图 1.5.17 绘制标题栏过程（十七）

把外框线宽改为0.5mm，确认状态栏上的线宽呈打开状态。

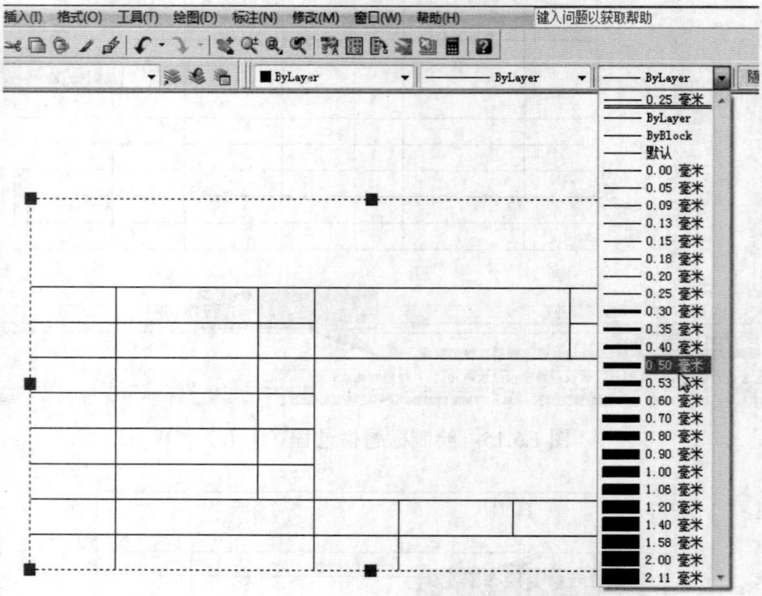

图 1.5.18　绘制标题栏过程（十八）

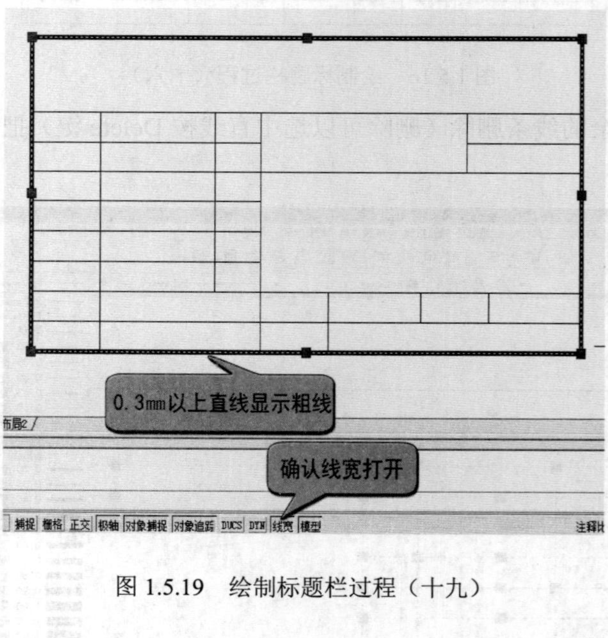

图 1.5.19　绘制标题栏过程（十九）

1.5.2　添加文字

之前已经设置字体为宋体，高度为 2.5mm，输入文字快捷命令 t 按下 Enter 键，如图 1.5.20 所示。

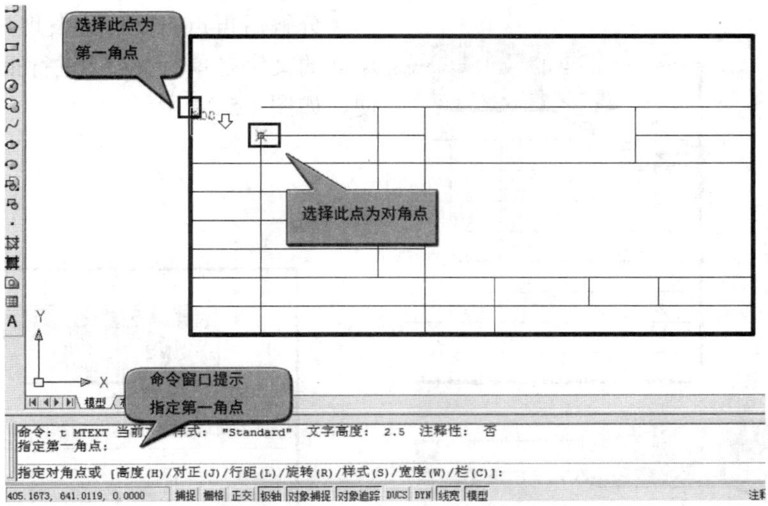

图 1.5.20　绘制标题栏过程（二十）

在弹出的文字菜单栏中选择“正中”后输入文字，如图 1.5.21、图 1.5.22 所示。

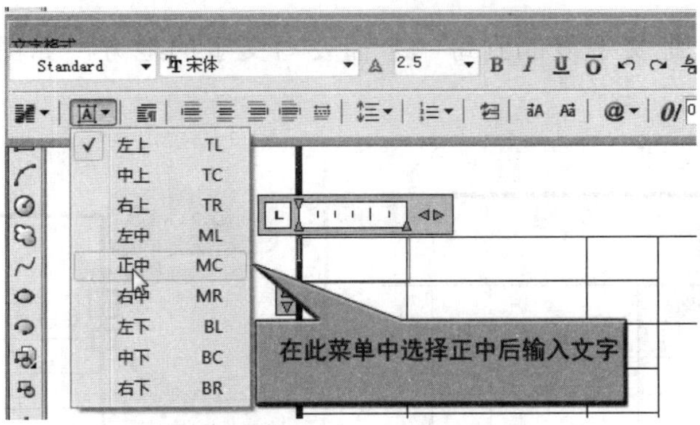

图 1.5.21　绘制标题栏过程（二十一）

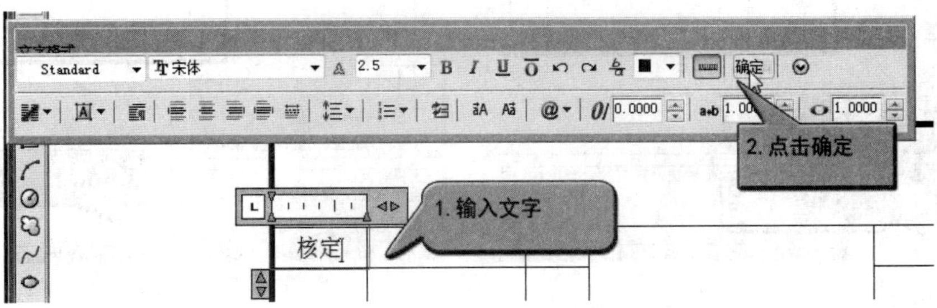

图 1.5.22　绘制标题栏过程（二十二）

输入好的文字是多行文字，为了便于进行文字编辑，先把“核定”这两个字变成单行文字，选中文字后输入分解的快捷命令 x 按下 Enter 键，如图 1.5.23 所示。

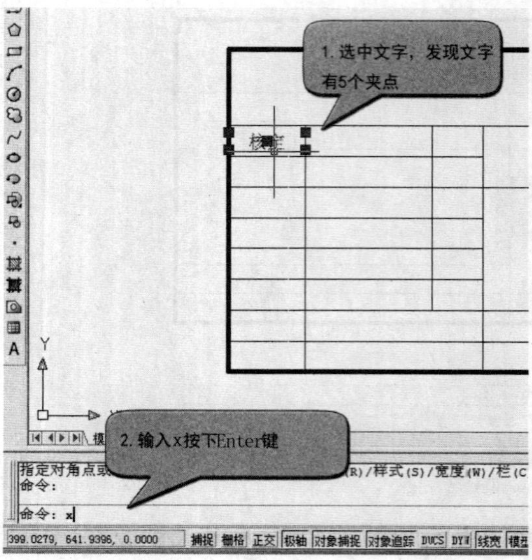

分解后再点击文字，发现只有一个夹点，这样的文字是单行文字，进行批量编辑比较方便，如图 1.5.24 所示。

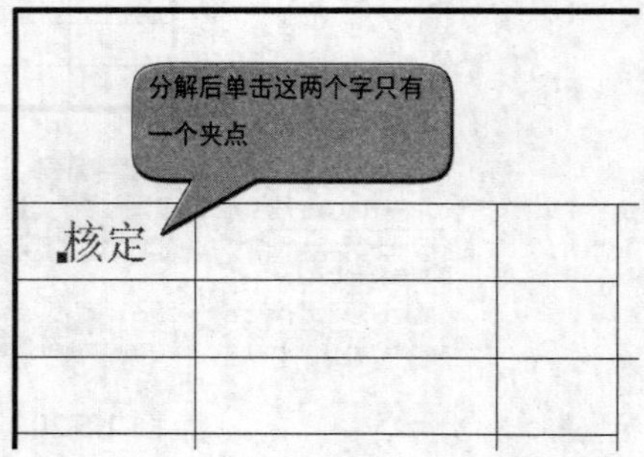

图 1.5.23　绘制标题栏过程（二十三）　　图 1.5.24　绘制标题栏过程（二十四）

用复制命令 co 把文字复制到每一个需要写文字的地方，如图 1.5.25、图 1.5.26 所示。

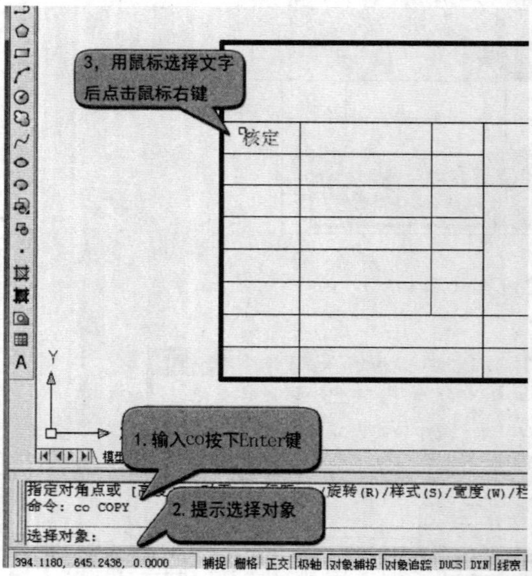

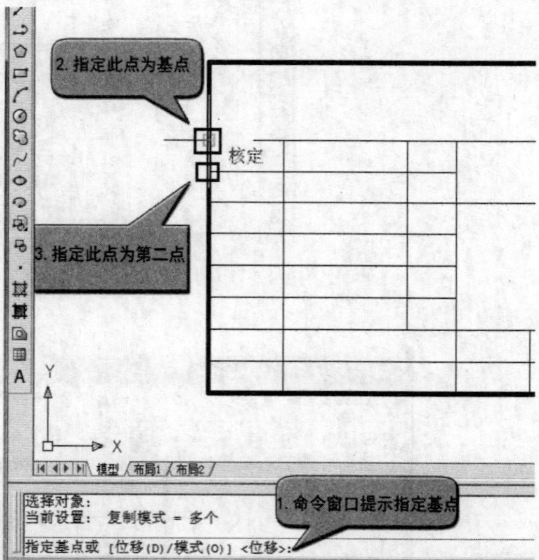

图 1.5.25　绘制标题栏过程（二十五）　　图 1.5.26　绘制标题栏过程（二十六）

继续复制直到所有需要写文字的地方都有文字，如图 1.5.27 所示。

复制好以后统一进行修改，用快捷命令 ed 进行修改，如图 1.5.28、图 1.5.29 所示。

按下 Enter 键后鼠标还是靶框形式，可以继续修改下一个文字，把所有的文字修改好调整好位置，标题栏就绘制好了，如图 1.5.30 所示。这个标题栏适用于 A2～A4 图框。

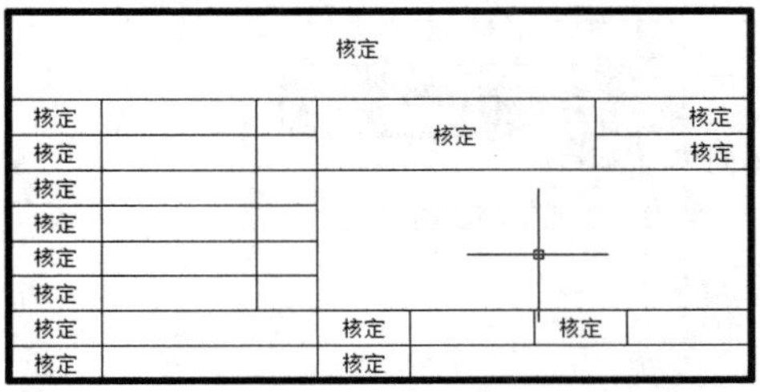

图 1.5.27　绘制标题栏过程（二十七）

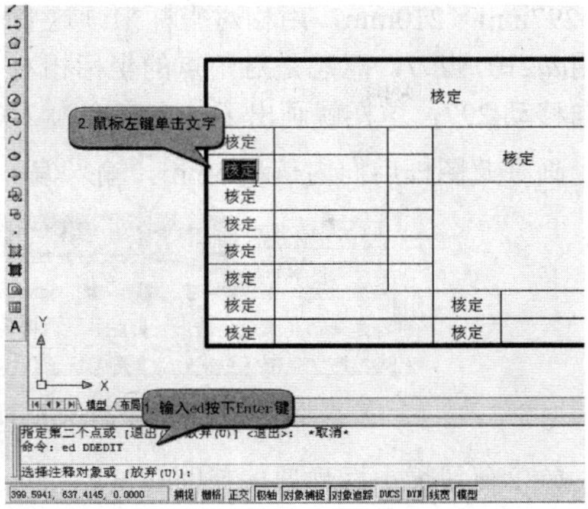

图 1.5.28　绘制标题栏过程（二十八）

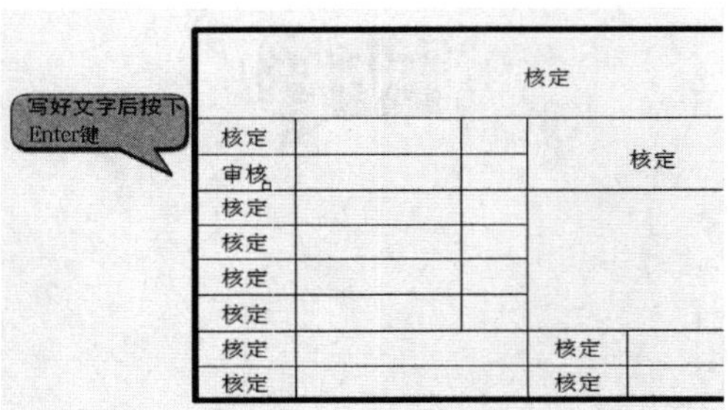

图 1.5.29　绘制标题栏过程（二十九）

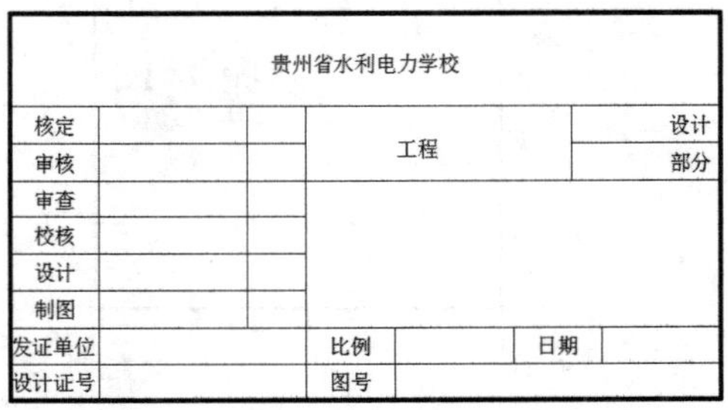

图 1.5.30　绘制标题栏过程（三十）

1.5.3　绘制 A4 图框

绘制 A4 图框的过程如图 1.5.31～图 1.5.40 所示。查询后文表 6.3 得 A4 图框的长×

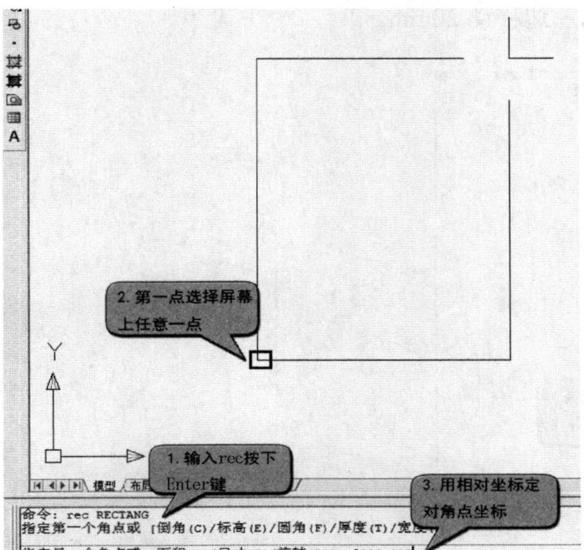

图 1.5.31　绘制标题栏过程（三十一）

宽=297mm×210mm，用相对坐标来画这个矩形，当第一点在屏幕上随意指定时，第二点如果用@210，297，意思是对角点的坐标相对于第一点 X 方向向正方向移动 210，Y 方向向正方向移动 297，这样就画出了一个宽度为 210、长度为 297 的矩形。

画好此图框后向内偏移 5mm，输入偏移的快捷命令 o。

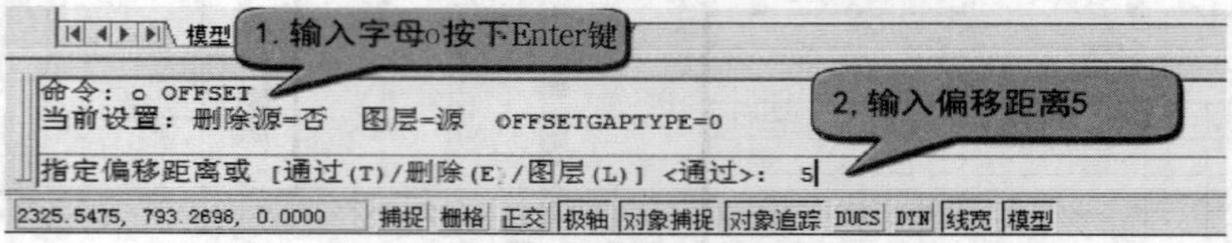

图 1.5.32 绘制标题栏过程（三十二）

命令窗口提示选择要偏移的对象。

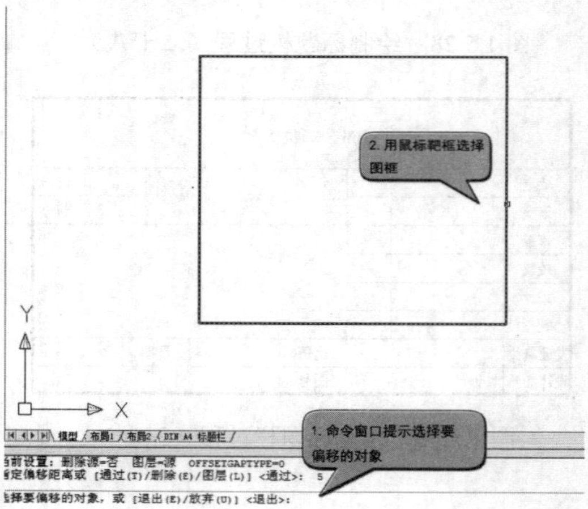

图 1.5.33 绘制标题栏过程（三十三）

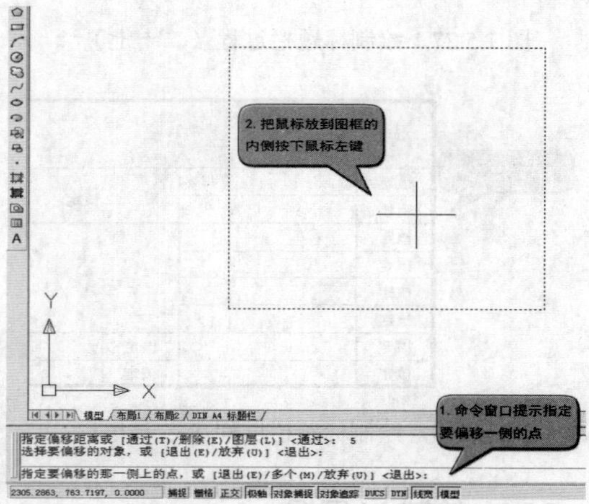

图 1.5.34 绘制标题栏过程（三十四）

把左下角的点再向左边移动 20mm。

图 1.5.35 绘制标题栏过程（三十五）

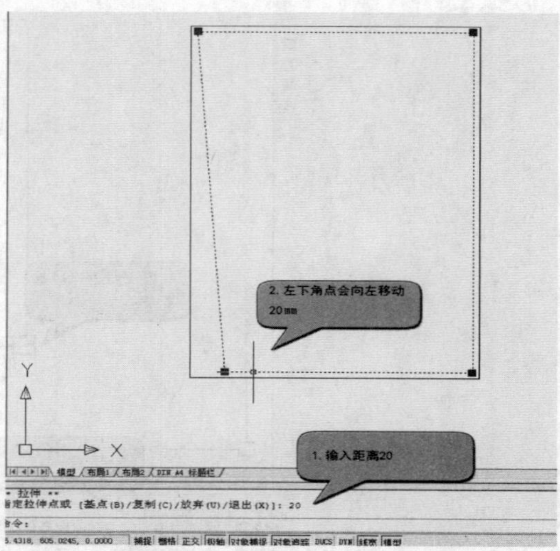

图 1.5.36 绘制标题栏过程（三十六）

同样的方法使左上角的点向左移动 20mm，然后把内框线线宽改为 0.25mm，外框线线宽改为 0.5mm。

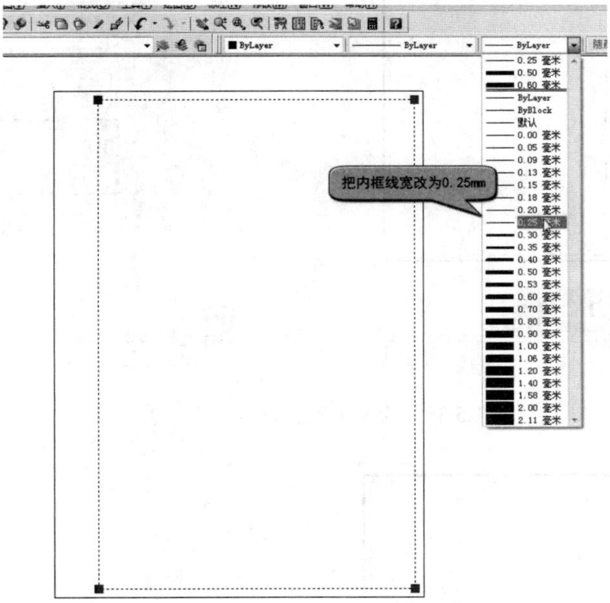

图 1.5.37　绘制标题栏过程（三十七）

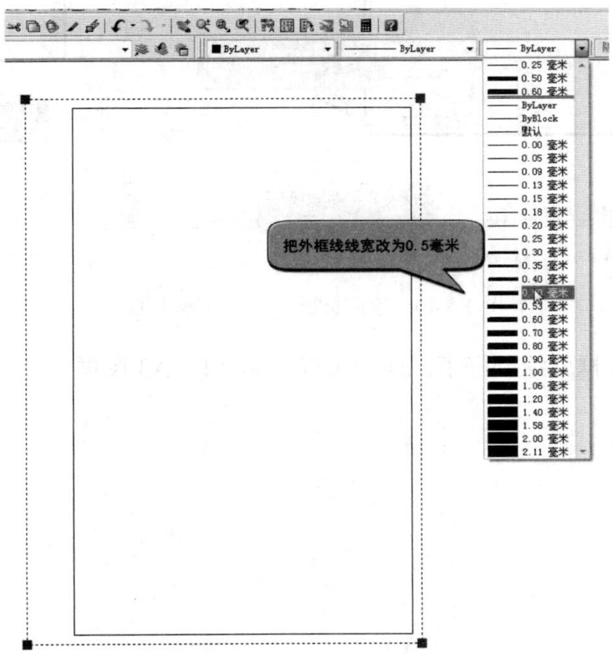

图 1.5.38　绘制标题栏过程（三十八）

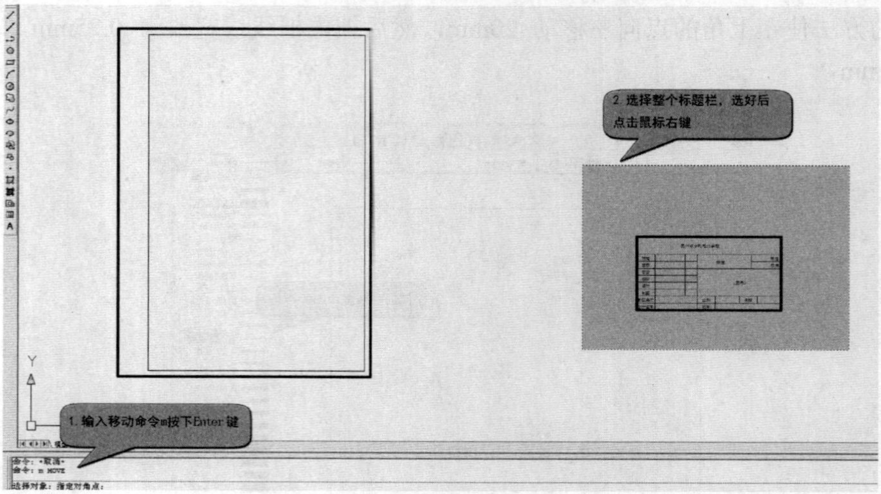

图 1.5.39 绘制标题栏过程（三十九）

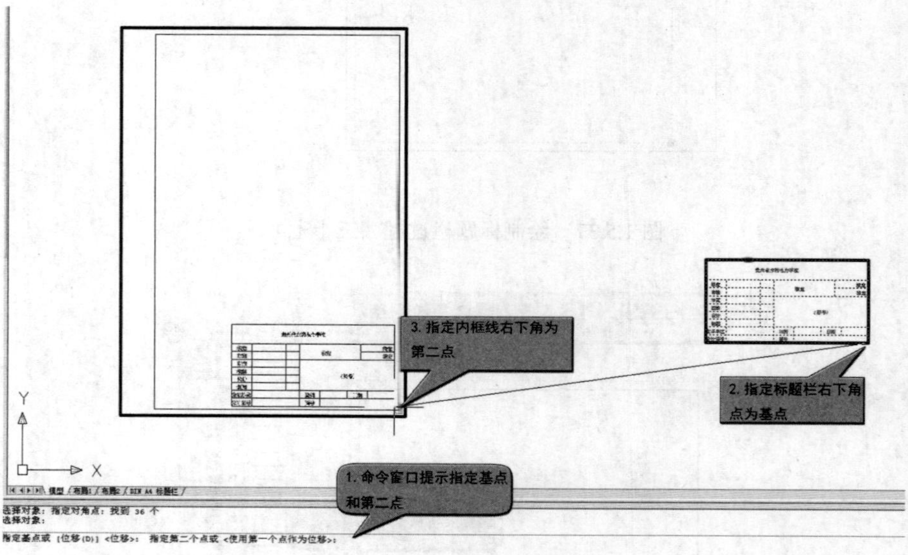

图 1.5.40 绘制标题栏过程（四十）

这样，一个 A4 图框就绘制好了。同理可以绘制 A1～A3 图框。

任务 2　电动机正反转控制图绘制

电动机是工厂中使用最多的拖动设备，有多种启动和控制方式，本任务选择具有非常常见的电气互锁的电动机正反转控制图为例，介绍电动机电气控制电路图的画法。图 2.1 同样具有一般电气控制图没有比例尺寸的特点，画出的图美观、整齐。

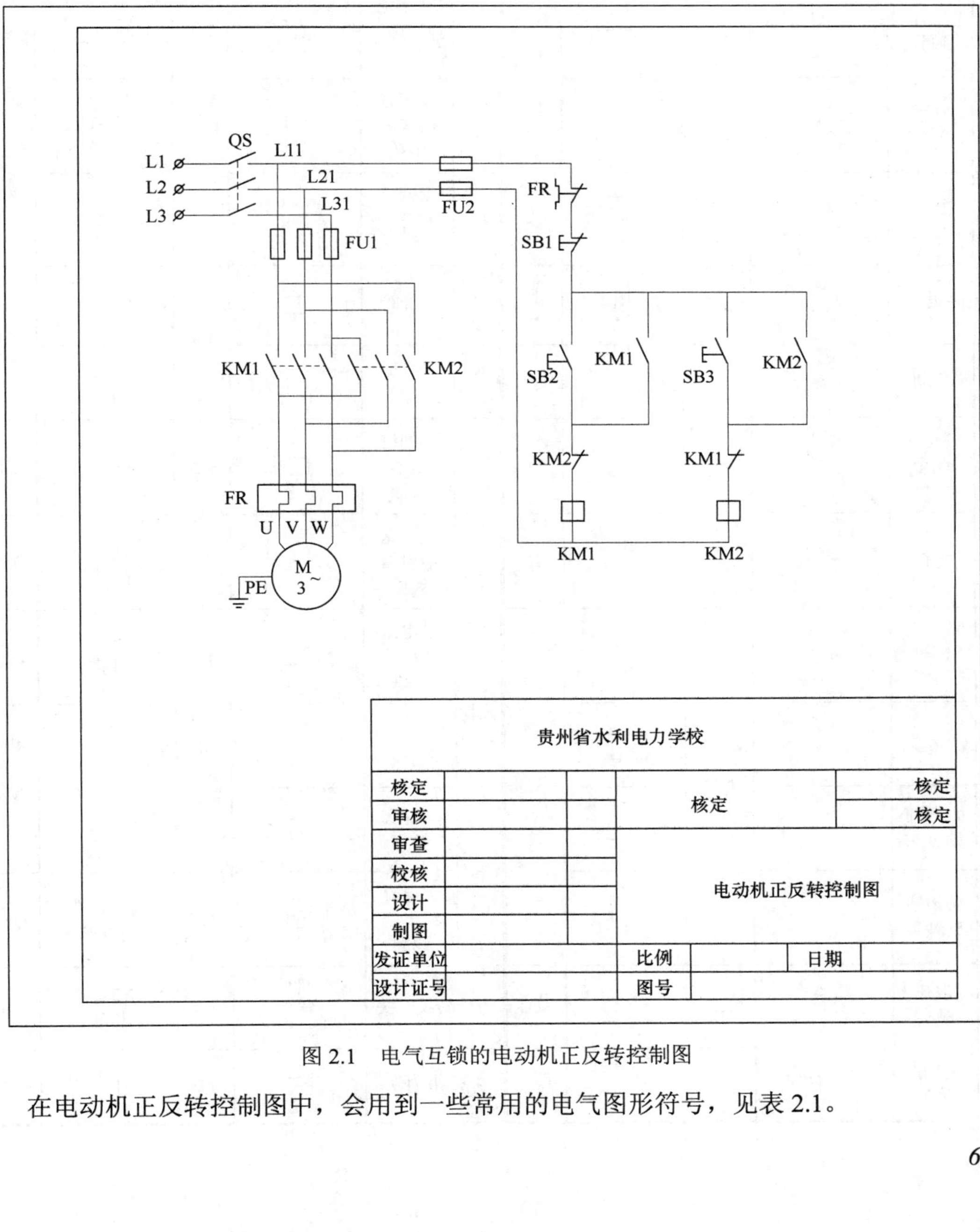

图 2.1　电气互锁的电动机正反转控制图

在电动机正反转控制图中，会用到一些常用的电气图形符号，见表 2.1。

表 2.1 常用电气图形符号和文字符号新旧对照表

名称		新标准 图形符号	新标准 文字符号	旧标准 图形符号	旧标准 文字符号
一般三极电源开关			QS		K
低压断路器			QF		UZ
位置开关	常开触头		SQ		XK
	常闭触头				
	复合触头				
熔断器			FU		RD
按钮	启动		SB		QA
	停止				TA
	复合				AN
接触器	线圈		KM		C
	主触头				
	常开辅助触头				
	常闭辅助触头				
速度继电器	常开触头		KS		SDJ
	常闭触头				

名称		新标准 图形符号	新标准 文字符号	旧标准 图形符号	旧标准 文字符号
时间继电器	线圈		KT		SJ
	常开延时闭合触头				
	常闭延时打开触头				
	常闭延时闭合触头				
	常开延时打开触头				
热继电器	热元件		FR		RJ
	常闭触头				
中间继电器线圈			KA		ZJ
继电器	欠电压继电器线圈		KV		QYJ
	过电流继电器线圈		KI		GLJ
	常开触头		相应继电器符号		相应继电器符号
	常闭触头				
	欠电流继电器线圈		KI	与新标准相同	QLJ
万能转换开关			SA	与新标准相同	HK
制动电磁铁			YB		DT

续表

名称	新标准		旧标准		名称	新标准		旧标准	
	图形符号	文字符号	图形符号	文字符号		图形符号	文字符号	图形符号	文字符号
电磁离合器	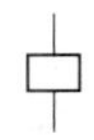	YC	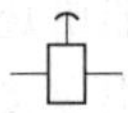	CH	电磁吸盘	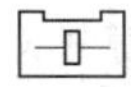	YH	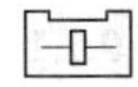	DX
电位器	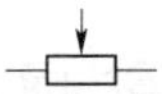	RP	与新标准相同	W	串励直流电动机		M	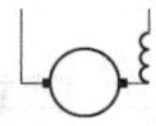	ZD
桥式整流装置	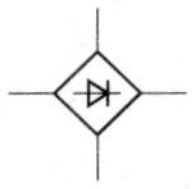	VC	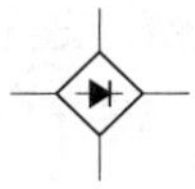	ZL	并励直流电动机	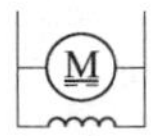		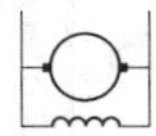	
照明灯	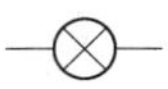	EL	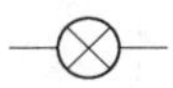	ZD	他励直流电动机	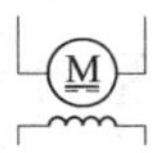		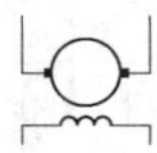	
信号灯		HL		XD	复励直流发电机			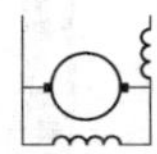	
电阻器	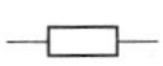	R	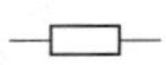	R	直流发电机		G		ZF
接插器	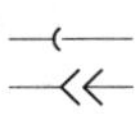	X		CZ	三相鼠笼式异步电动机		M		D
电磁铁	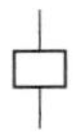	YA	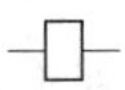	DT					

先把表 2.1 所用到的元件分别制作成块，最后再用插入块的方式组装到一张 A4 图框中然后打印出来。

绘制的过程如下：①设置格式、图层；②绘制电气元件并制作块；③绘制定位线并插入块；④修改图形；⑤写文字；⑥调用图框；⑦打印。

先从第②步开始绘制电气元件并制作块。

项目 2.1　绘制一般三极电源开关、热继电器

2.1.1　绘制一般三极电源开关

（1）绘制一条垂直的长度为 16mm 的直线。

（2）在合适的位置绘制一条角度为 120°，长度为 6mm 的斜线。

（3）在斜线的末端接着绘制一条垂直于直线的水平线，如图 2.1.1（a）所示。

（4）修剪多余的线条并删除水平线，如图 2.1.1（b）所示。

（5）复制回路，距离分别为 7mm 和 14mm，如图 2.1.1（c）所示。

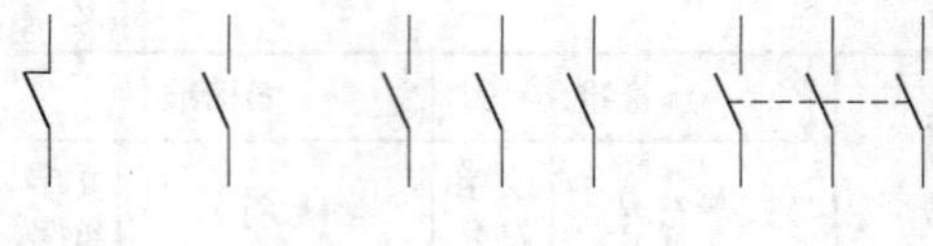

(a) (b) (c) (d)

图 2.1.1 一般三极电源开关

（6）在斜线的中点绘制连接线，并设置连接线的线型，如图 2.1.1（d）所示。

（7）将此三极电源开关设置为块。

注意：后面所绘制的电气符号制作块的过程参照比例，不再详细讲述。

三极电源开关绘制过程如图 2.1.2～图 2.1.37 所示。

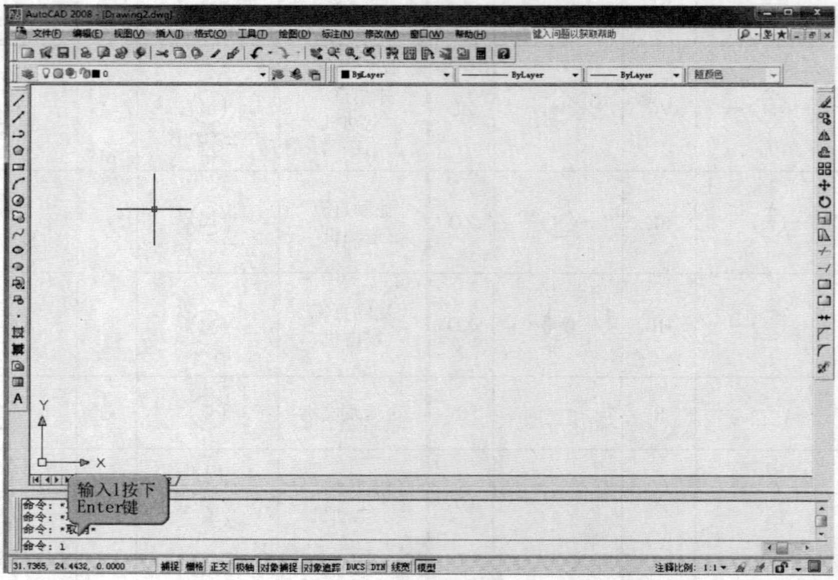

图 2.1.2 三极电源开关绘制过程（一）

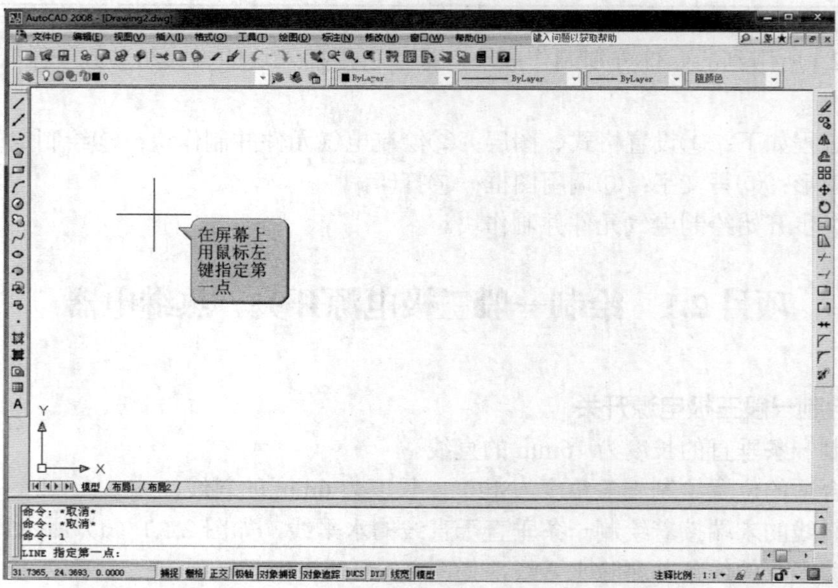

图 2.1.3 三极电源开关绘制过程（二）

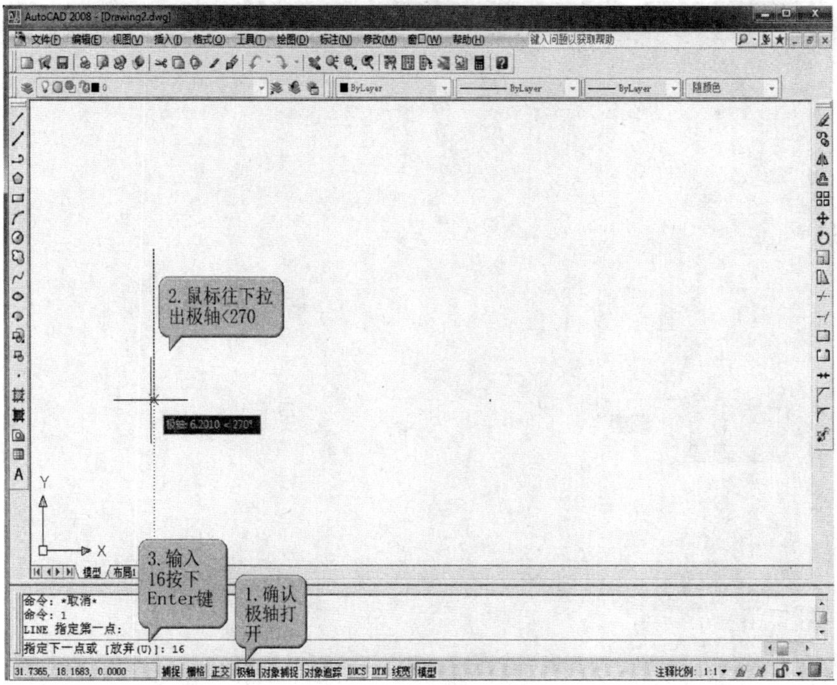

图 2.1.4　三极电源开关绘制过程（三）

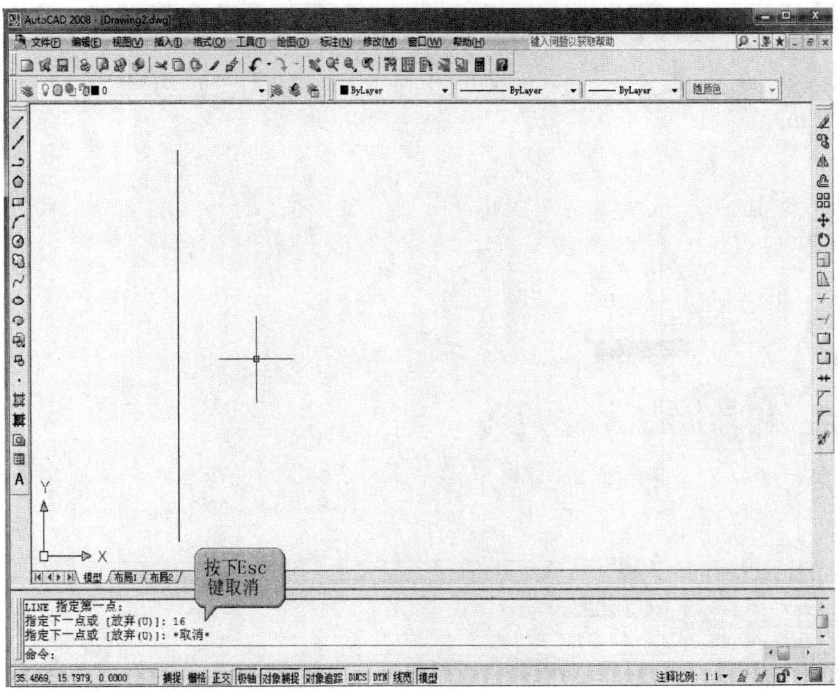

图 2.1.5　三极电源开关绘制过程（四）

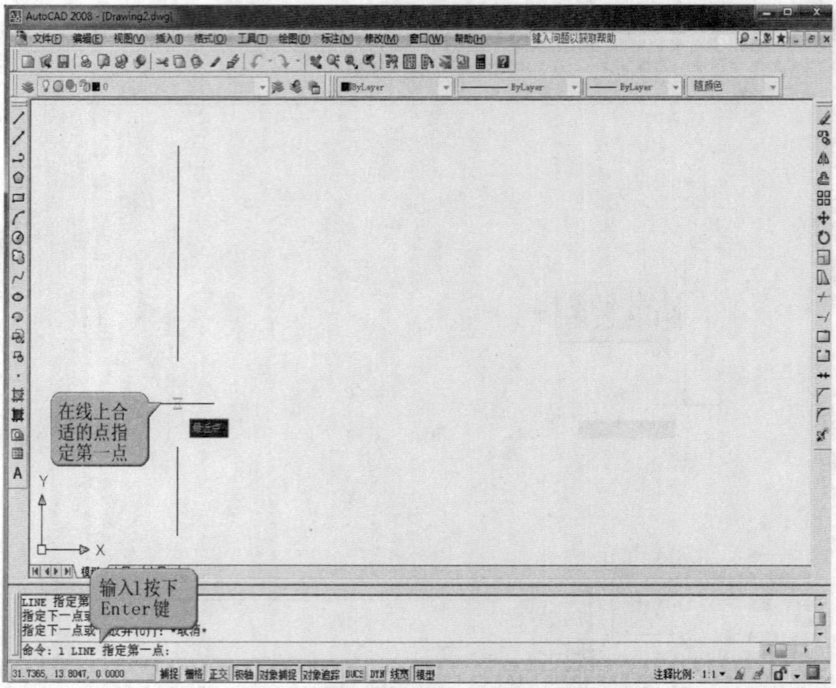

图 2.1.6 三极电源开关绘制过程（五）

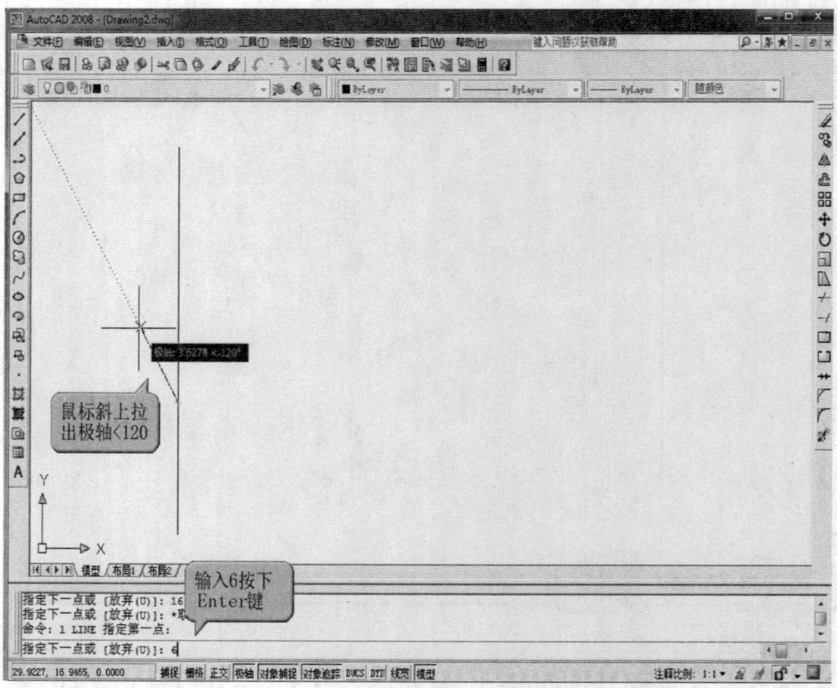

图 2.1.7 三极电源开关绘制过程（六）

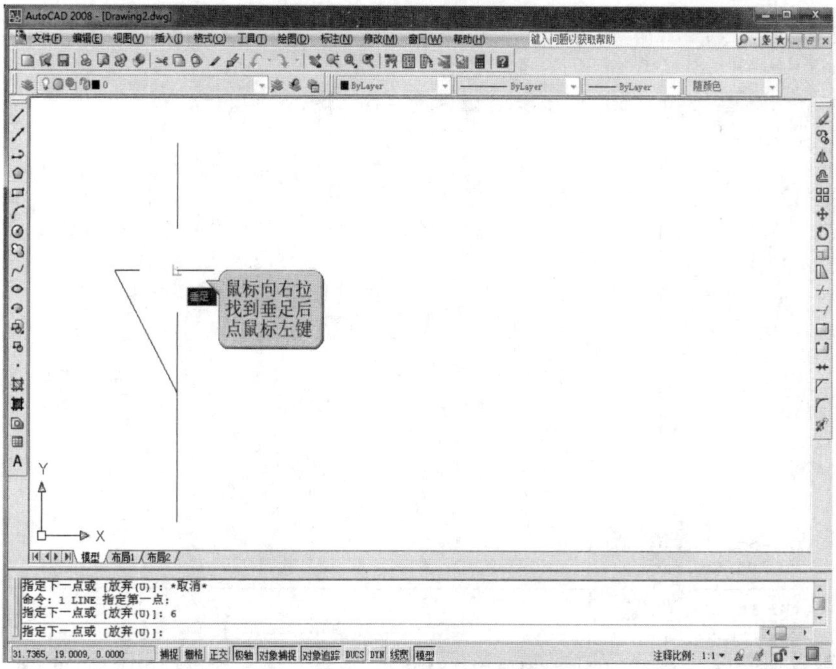

图 2.1.8　三极电源开关绘制过程（七）

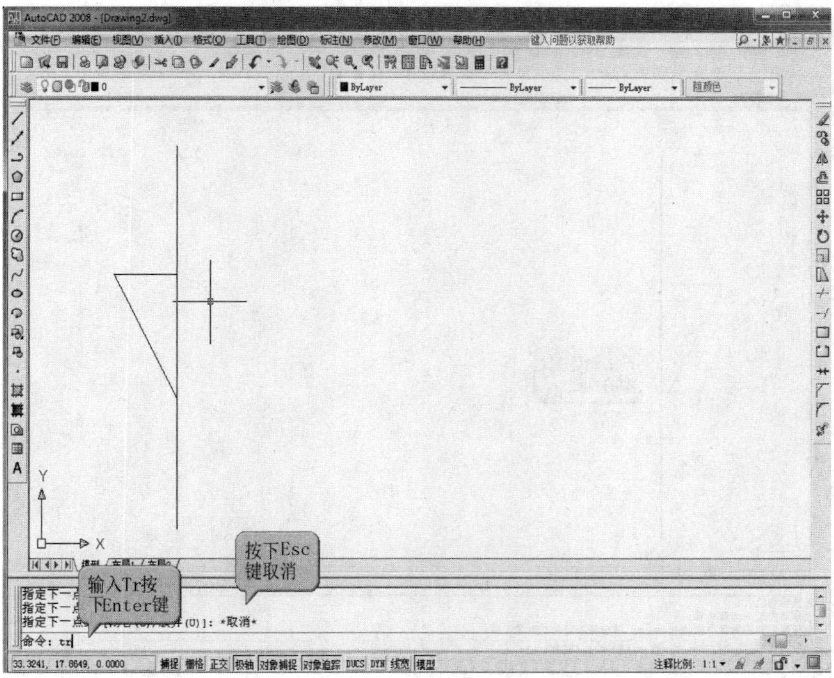

图 2.1.9　三极电源开关绘制过程（八）

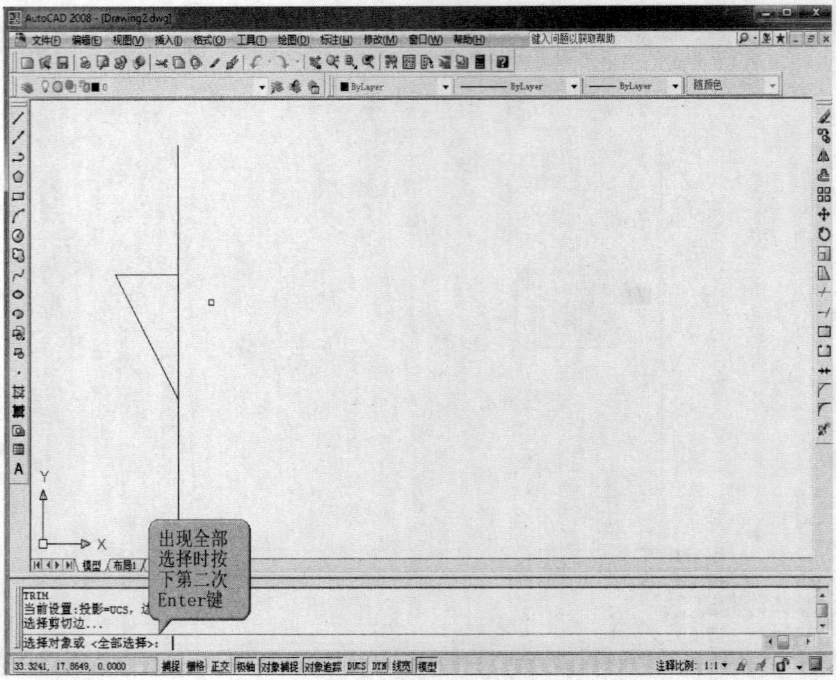

图 2.1.10 三极电源开关绘制过程（九）

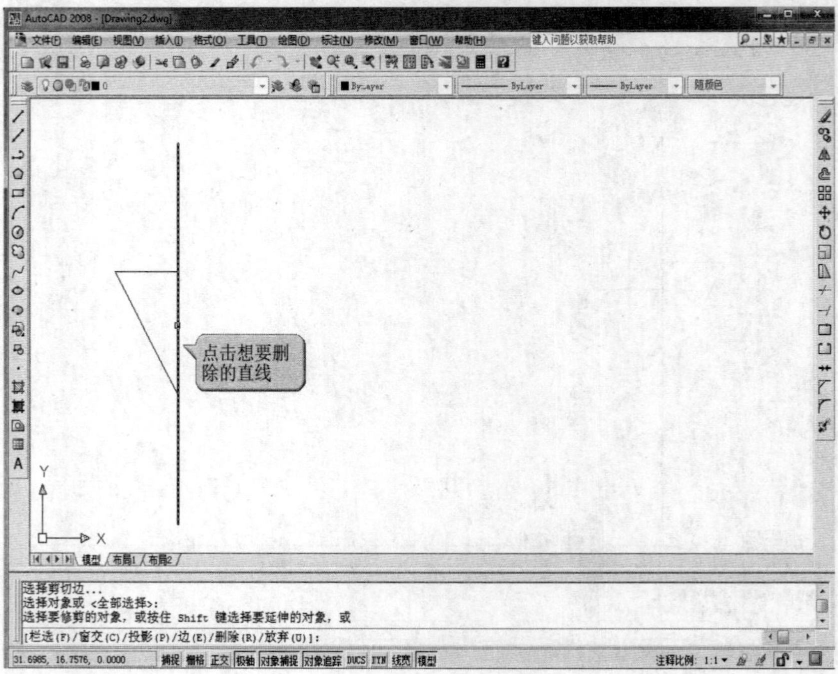

图 2.1.11 三极电源开关绘制过程（十）

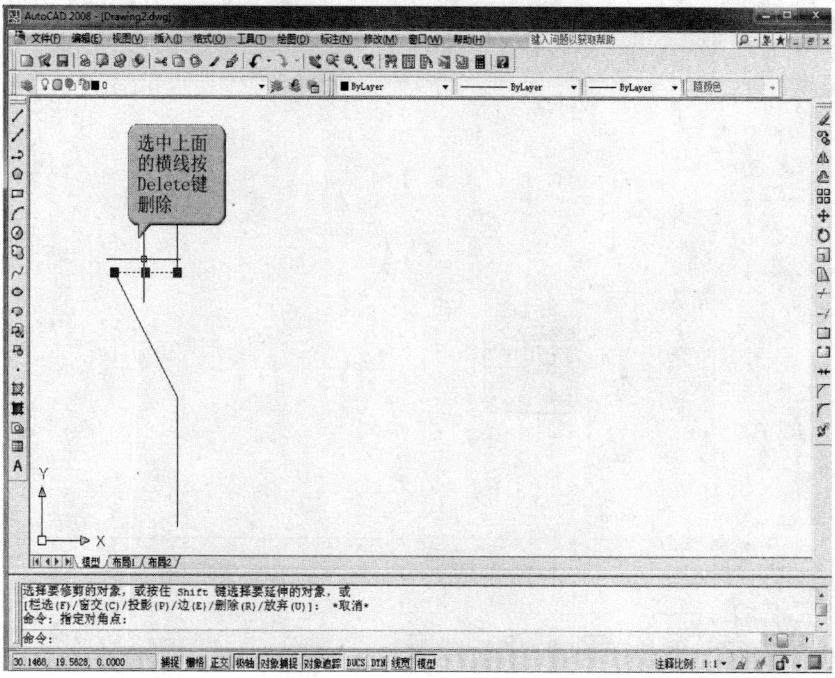

图 2.1.12　三极电源开关绘制过程（十一）

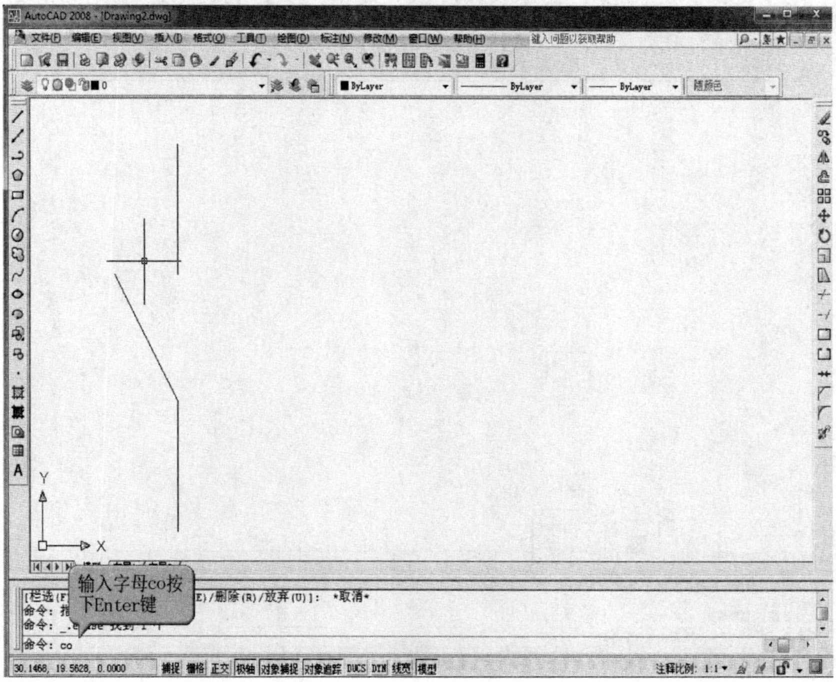

图 2.1.13　三极电源开关绘制过程（十二）

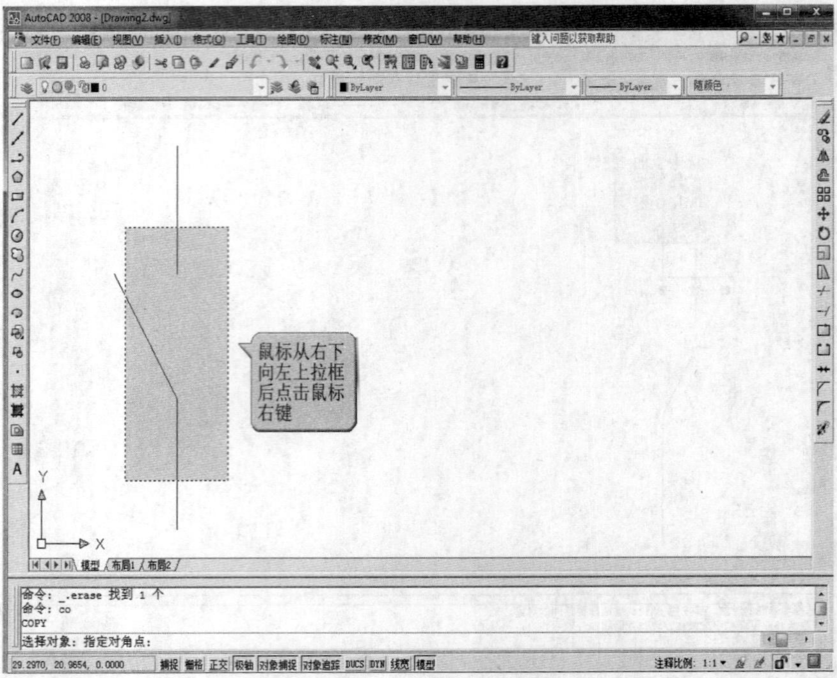

图 2.1.14　三极电源开关绘制过程（十三）

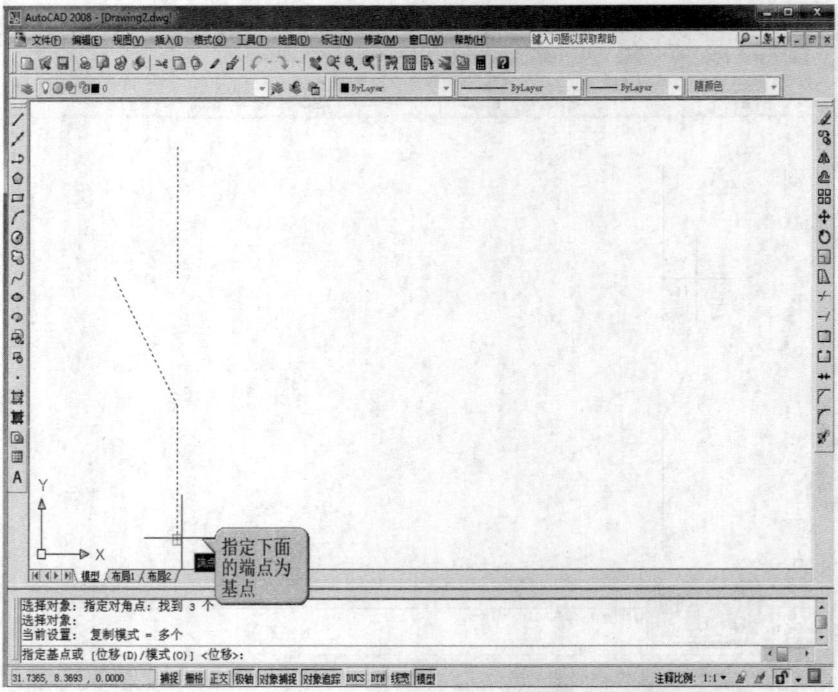

图 2.1.15　三极电源开关绘制过程（十四）

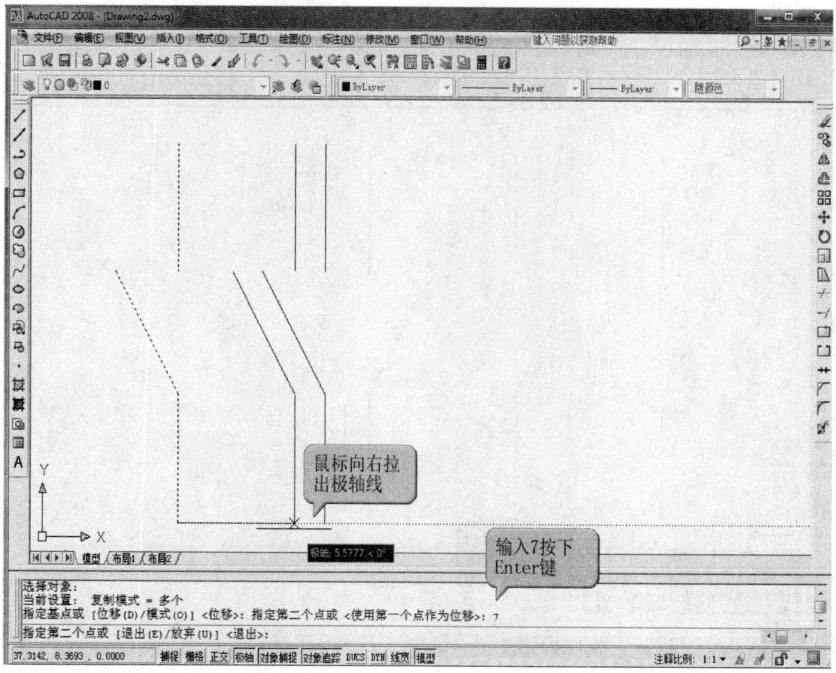

图 2.1.16　三极电源开关绘制过程（十五）

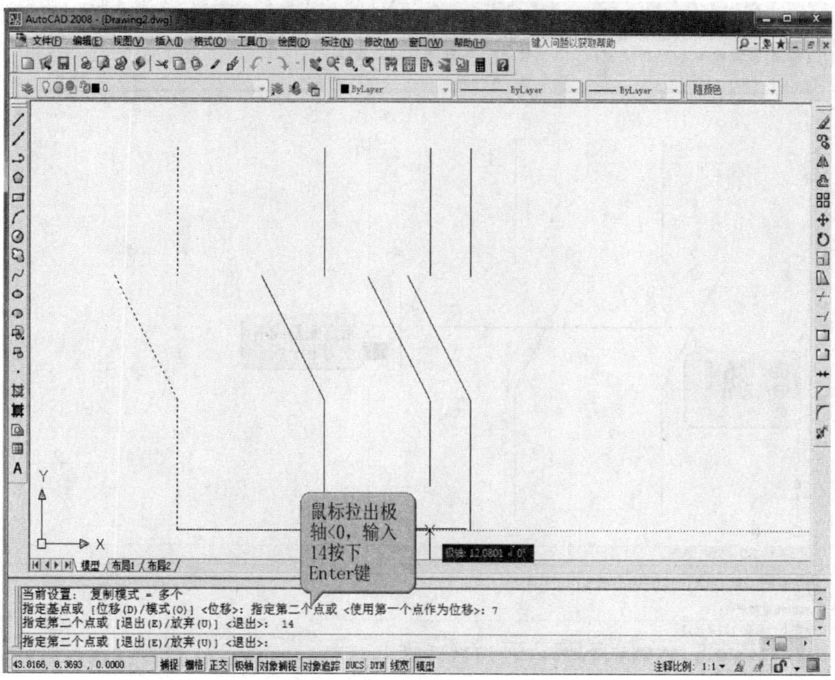

图 2.1.17　三极电源开关绘制过程（十六）

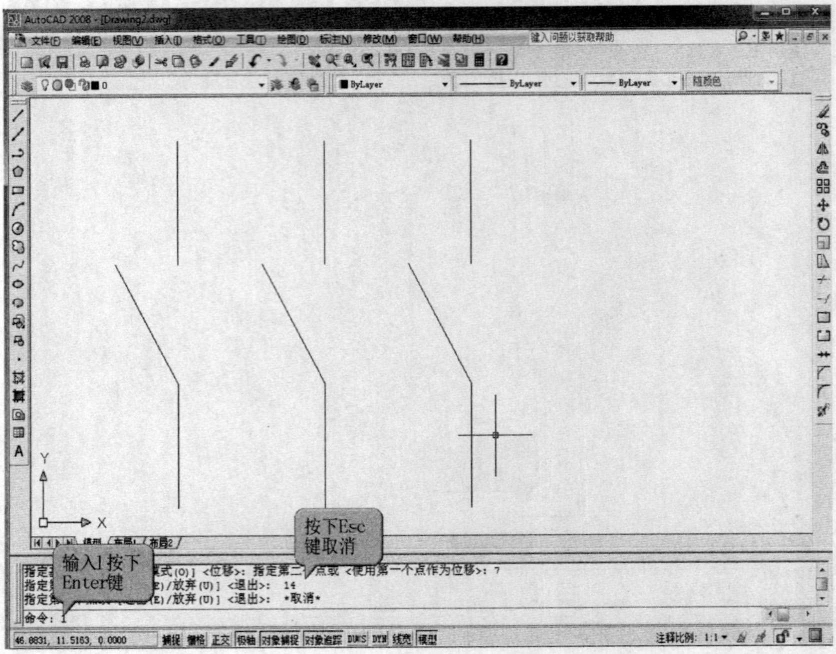

图 2.1.18 三极电源开关绘制过程（十七）

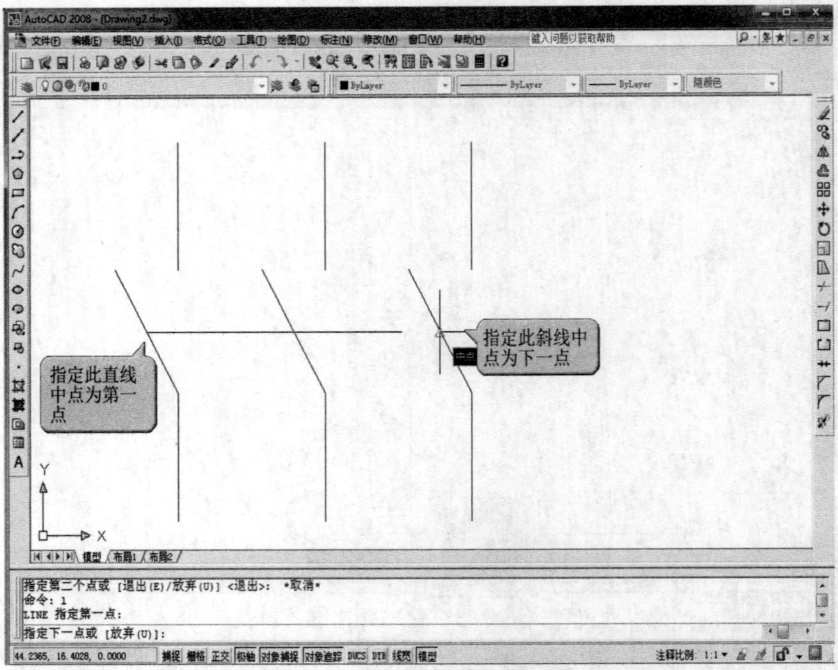

图 2.1.19 三极电源开关绘制过程（十八）

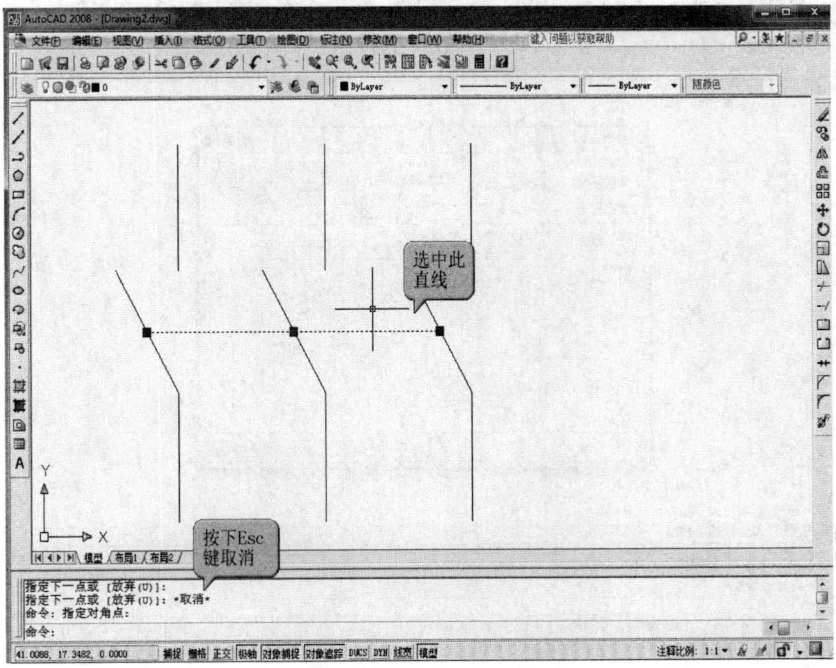

图 2.1.20 三极电源开关绘制过程（十九）

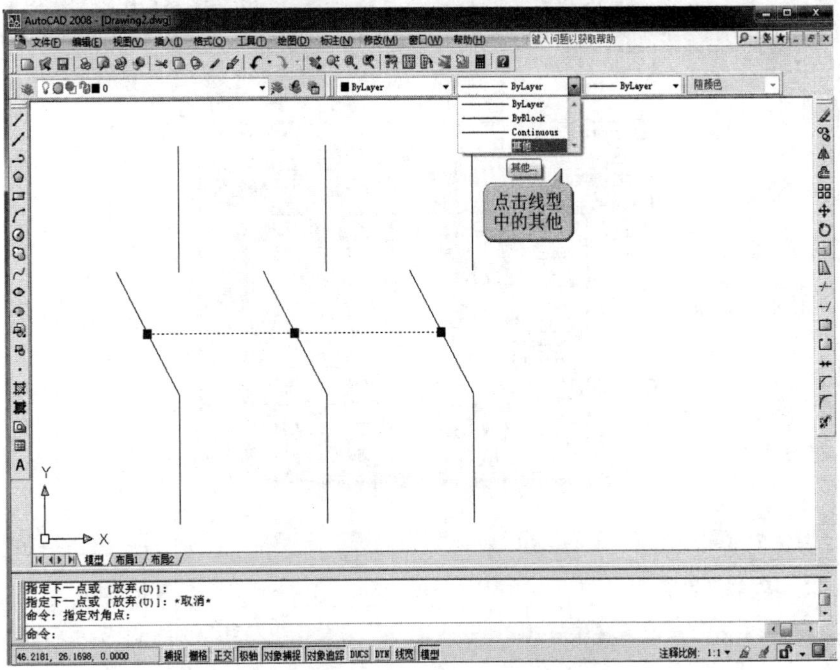

图 2.1.21 三极电源开关绘制过程（二十）

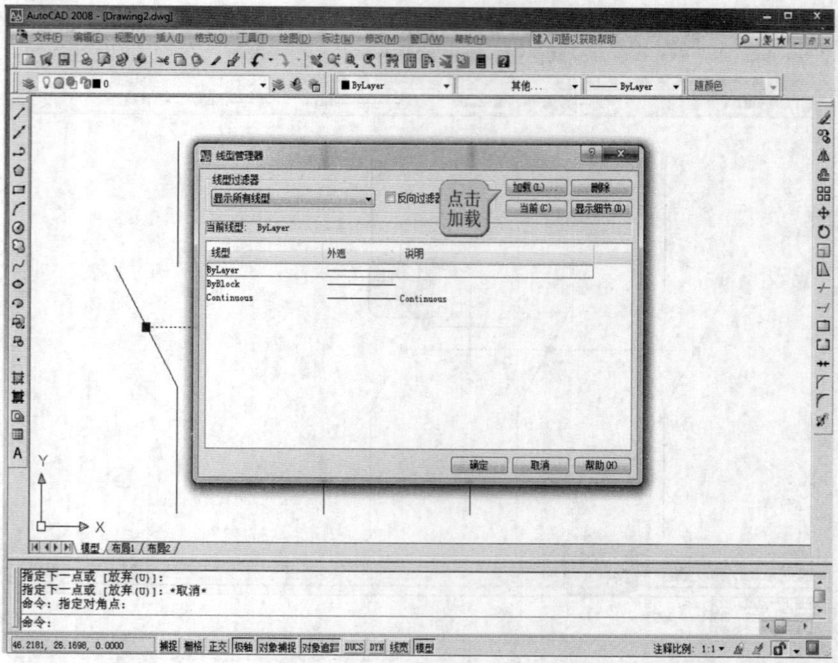

图 2.1.22 三极电源开关绘制过程（二十一）

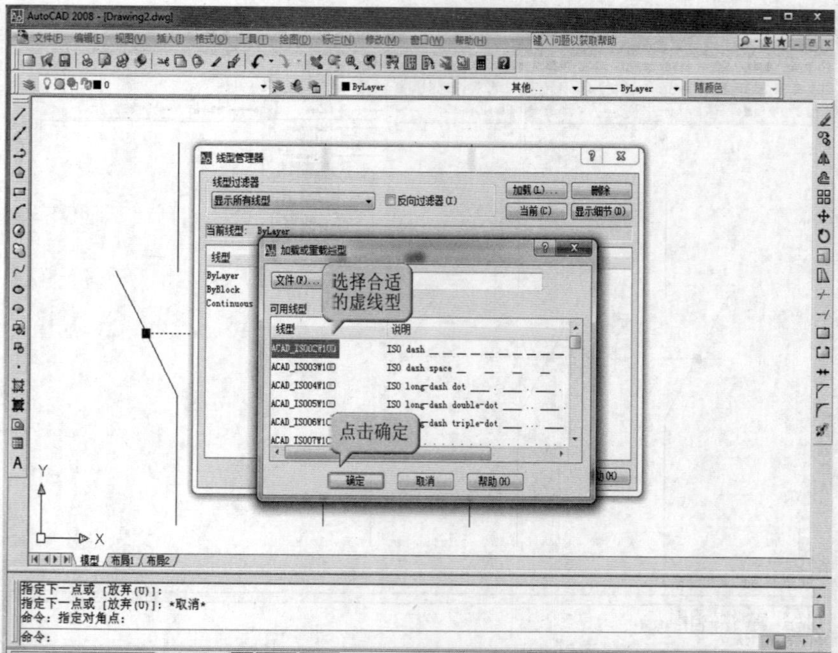

图 2.1.23 三极电源开关绘制过程（二十二）

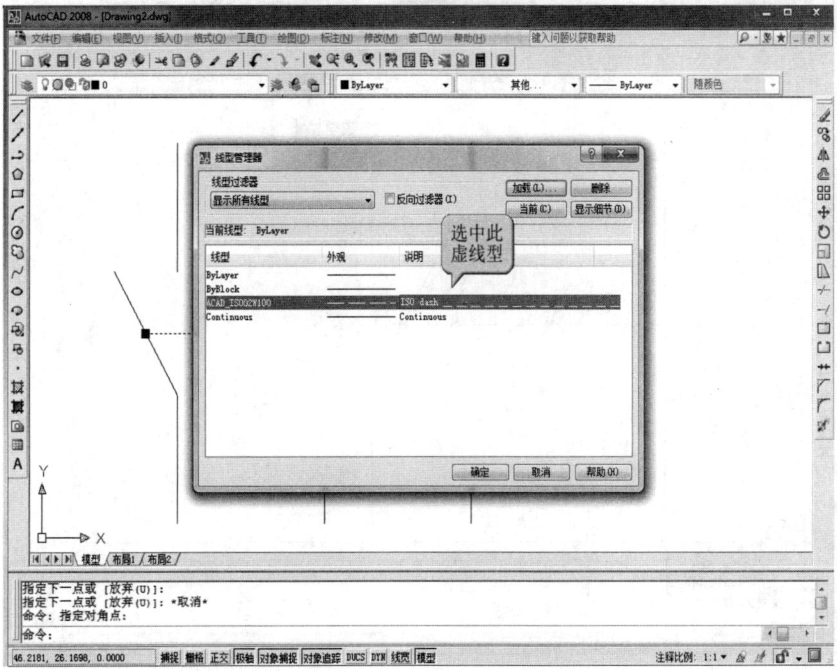

图 2.1.24　三极电源开关绘制过程（二十三）

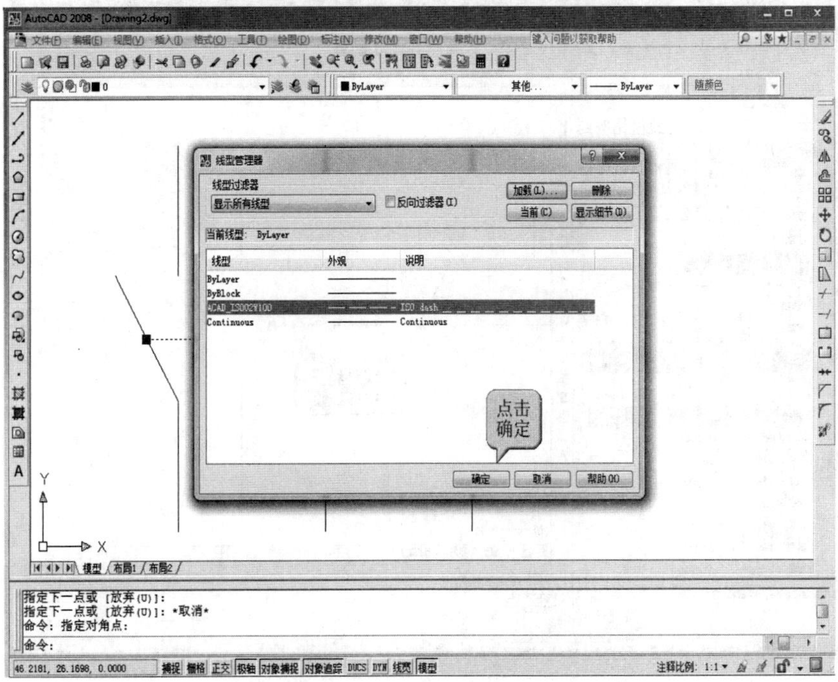

图 2.1.25　三极电源开关绘制过程（二十四）

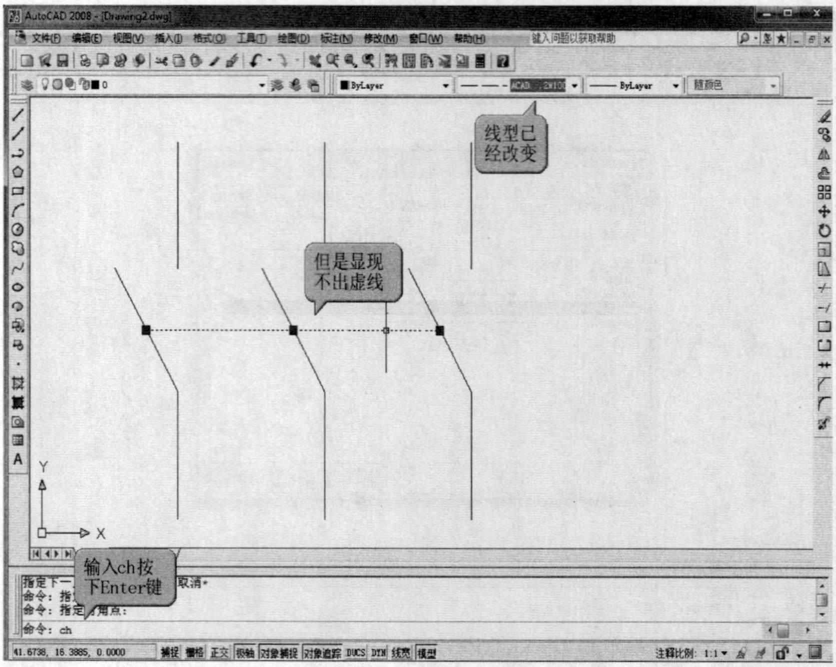

图 2.1.26　三极电源开关绘制过程（二十五）

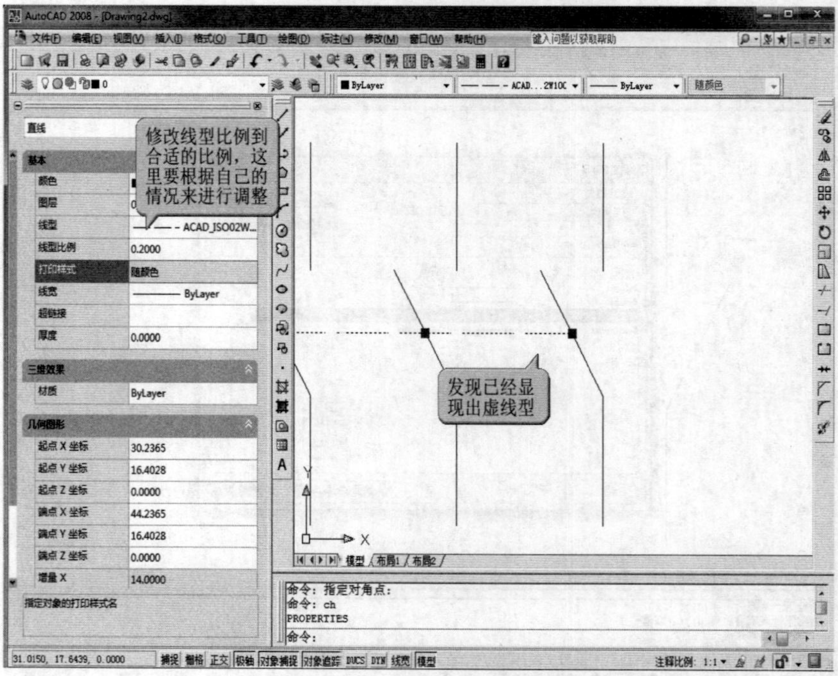

图 2.1.27　三极电源开关绘制过程（二十六）

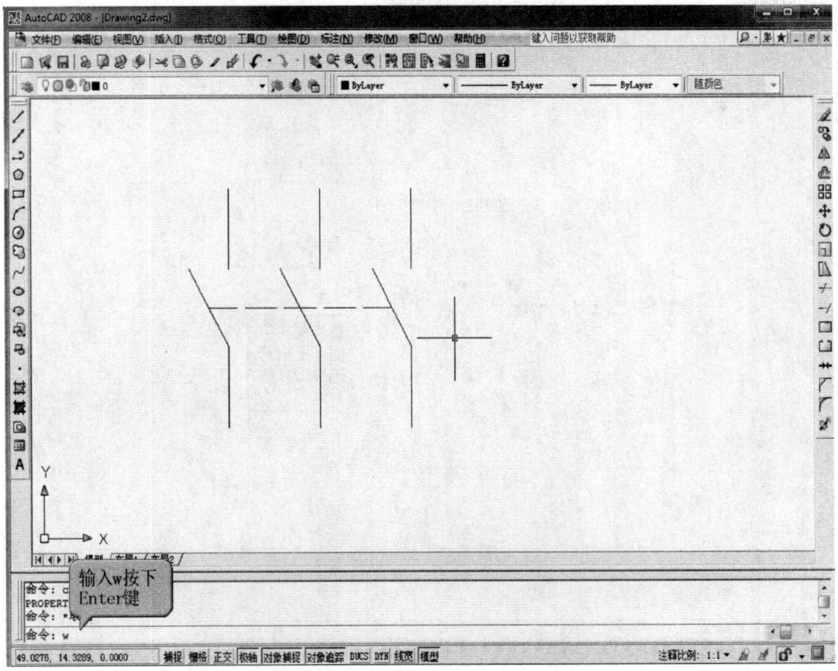

图 2.1.28　三极电源开关制作块（一）

图 2.1.29　三极电源开关制作块（二）

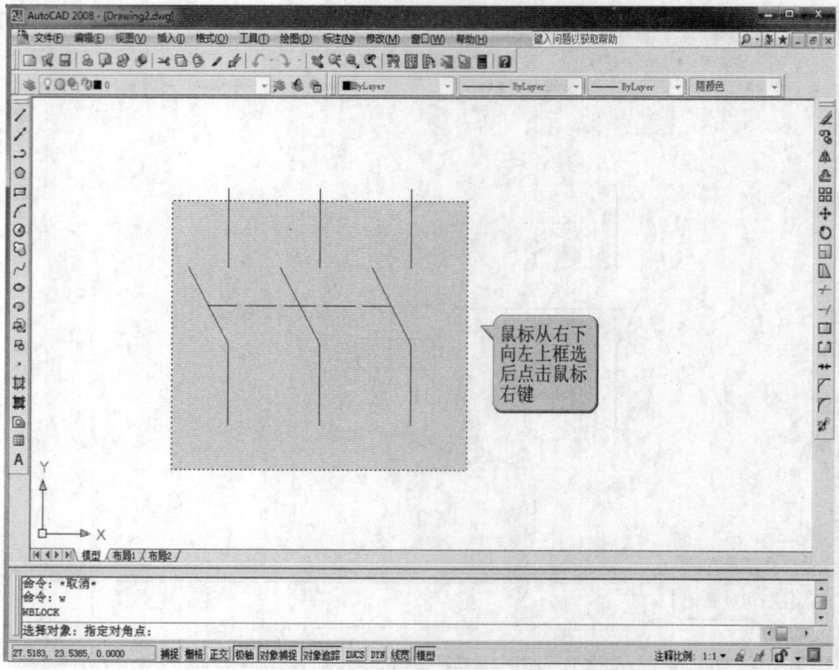

图 2.1.30 三极电源开关制作块（三）

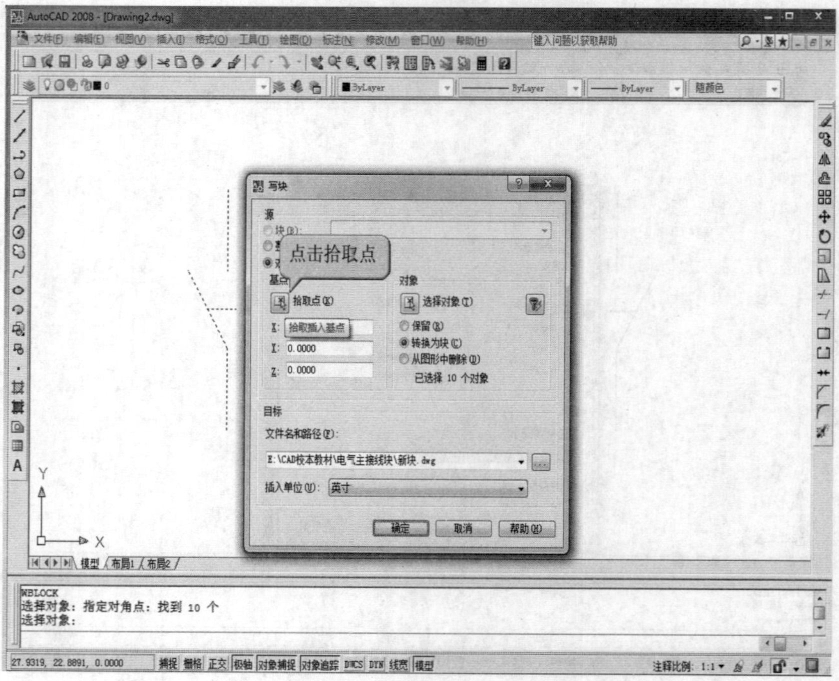

图 2.1.31 三极电源开关制作块（四）

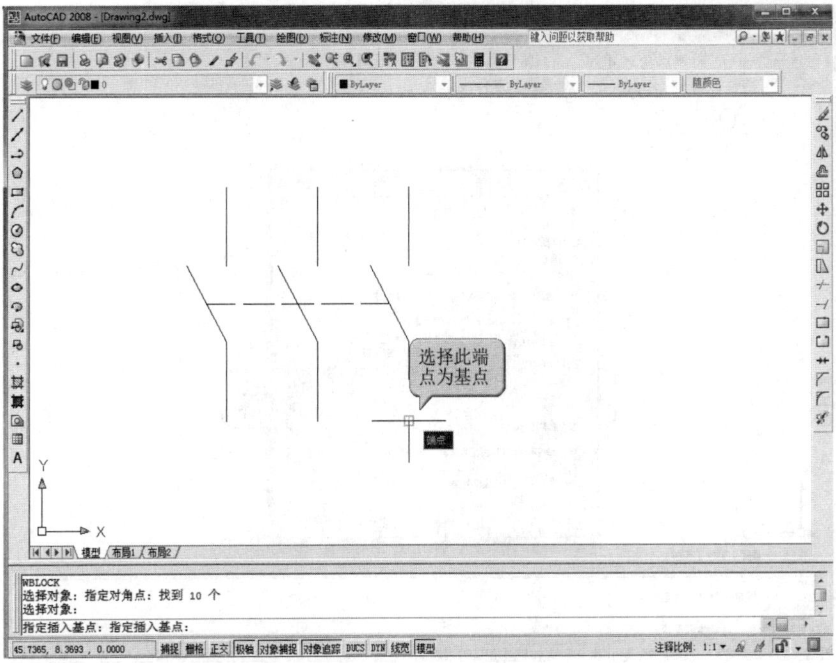

图 2.1.32　三极电源开关制作块（五）

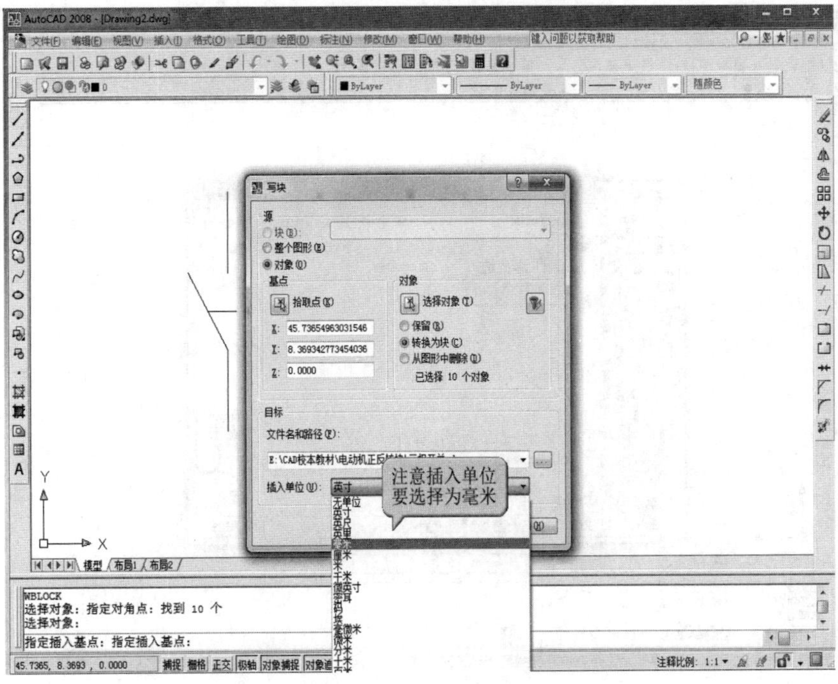

图 2.1.33　三极电源开关制作块（六）

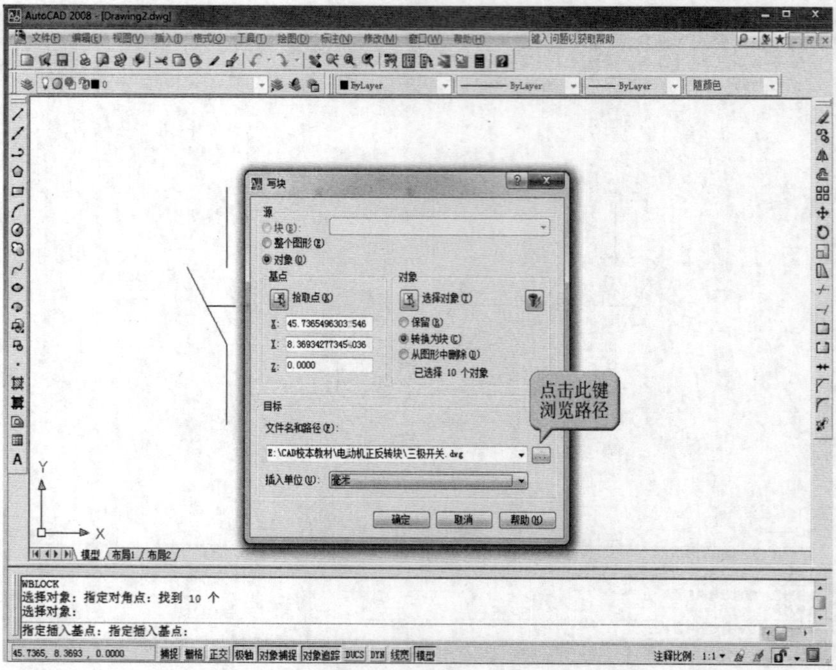

图 2.1.34　三极电源开关制作块（七）

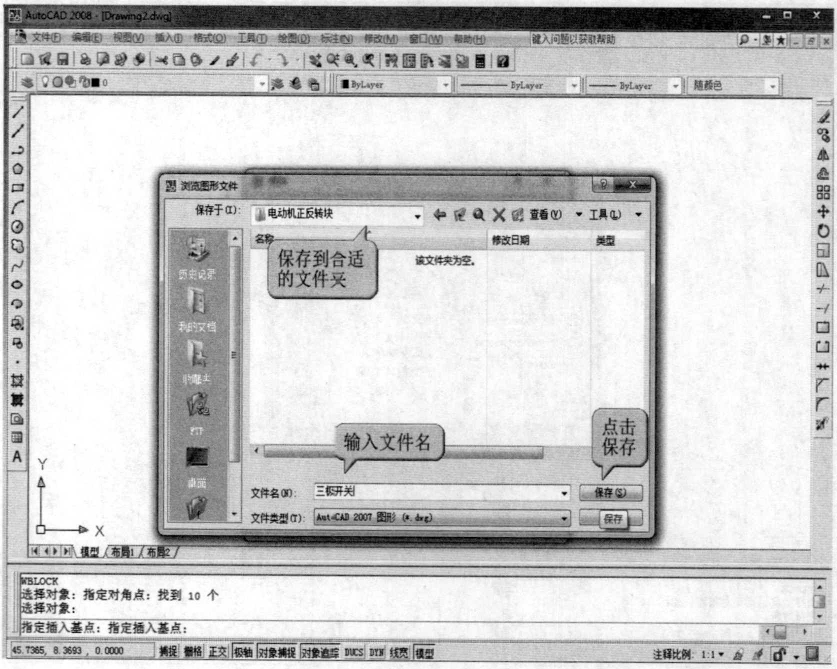

图 2.1.35　三极电源开关制作块（八）

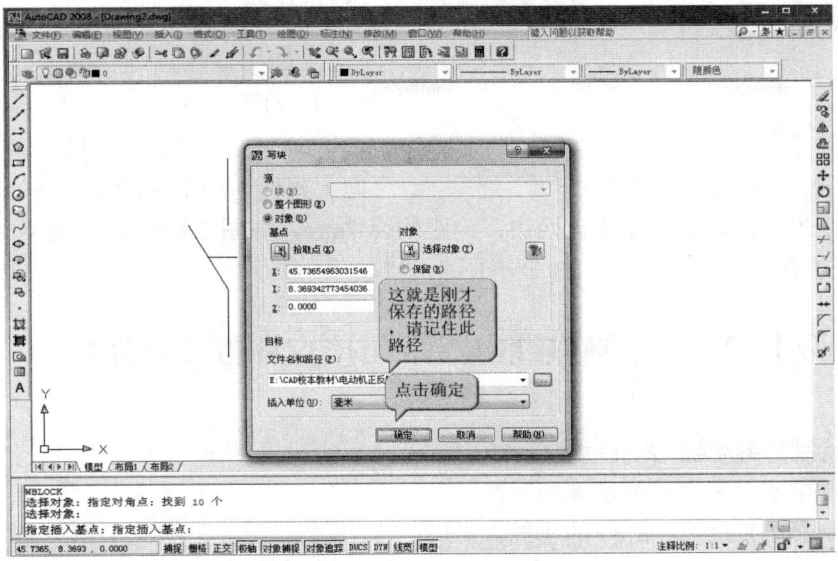

图 2.1.36　三极电源开关制作块（九）

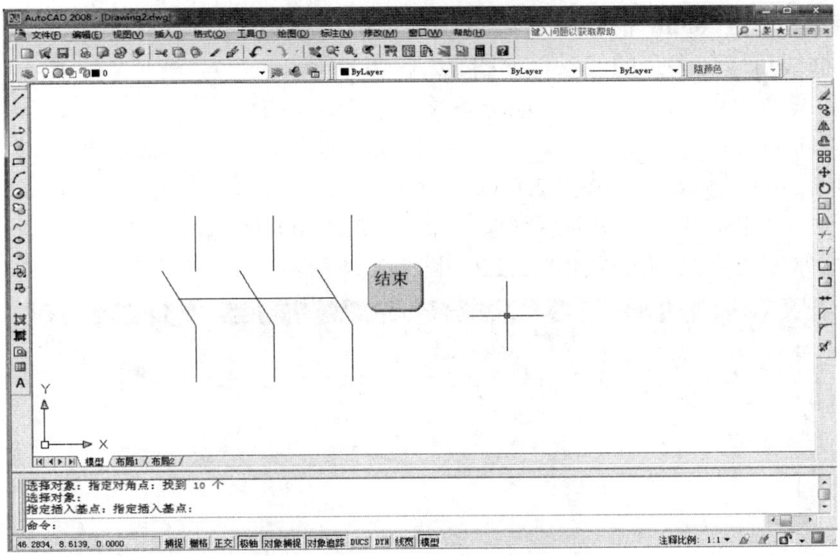

图 2.1.37　三极电源开关制作块（十）

2.1.2　绘制热继电器

热继电器是由流入热元件的电流产生热量，使有不同膨胀系数的双金属片发生形变，当形变达到一定距离时，就推动连杆动作，使控制电路断开，从而使接触器失电，主电路断开，实现电动机的过载保护。继电器作为电动机的过载保护元件，以其体积小、结构简单、成本低等优点在生产中得到了广泛应用。

绘制热继电器的步骤如下：

（1）绘制一个宽 25mm、高 7mm 的矩形。

（2）从矩形宽边中点垂直向下到下边中点绘制一条辅助直线，如图 2.1.38（a）所示。

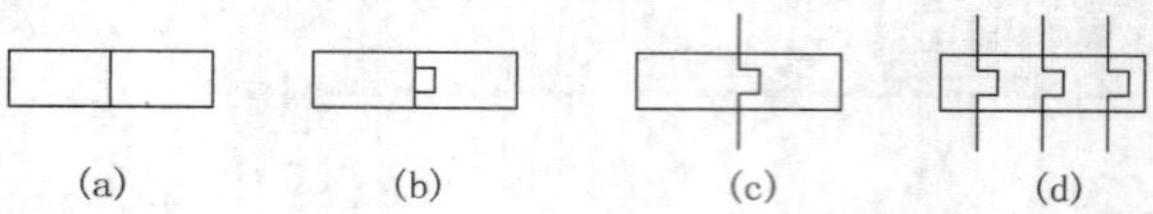

(a) (b) (c) (d)

图 2.1.38 热继电器

（3）绘制一个宽度 2.5mm、高度为 3mm 的矩形移动到辅助直线中点，如图 2.1.38（b）所示。

（4）修剪多余的直线，两端夹点编辑向上延伸 5mm，如图 2.1.38（c）所示。

（5）将矩形中间的支路复制向两边，间距均为 7mm，如图 2.1.38（d）所示。

制作块的过程略，可参照图 2.1.28～图 2.1.37。

项目 2.2 绘制热继电器常闭接点和按钮常闭接点

2.2.1 绘制热继电器常闭接点

绘制热继电器常闭接点的步骤如下：

（1）绘制一条长度为 14mm 的垂线。

（2）以离下端点 4mm 的位置为起点绘制一条角度为 60°、长度为 6mm 的斜线，如图 2.2.1（a）所示。

（3）以离下端点 8mm 的位置为起点绘制一条长度为 4mm 的水平横线后修剪多余的线条，如图 2.2.1（b）所示。

（4）以斜线的中点为起点向左绘制一条长度为 5mm 的水平横线，再向上绘制 2mm 的垂线，向左绘制 1mm 的水平线再向上绘制 2mm 的垂线，如图 2.2.1（c）所示。

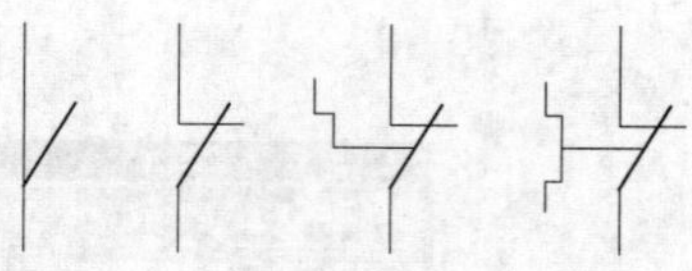

(a) (b) (c) (d)

图 2.2.1 热继电器常闭接点

（5）绘制热继电器的一半图形后镜像，如图 2.2.1（d）所示。

热继电器常闭接点绘制过程如图 2.2.2～图 2.2.34 所示。

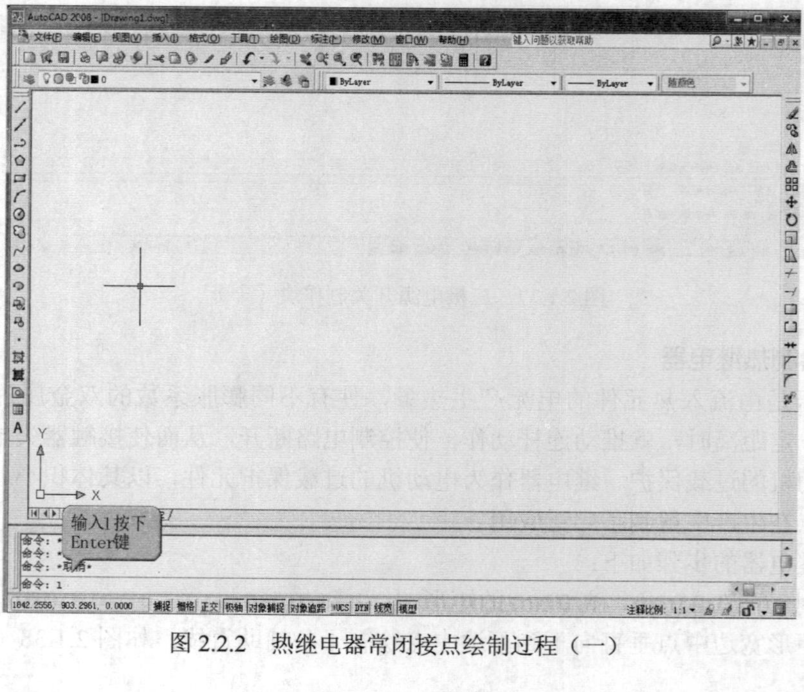

图 2.2.2 热继电器常闭接点绘制过程（一）

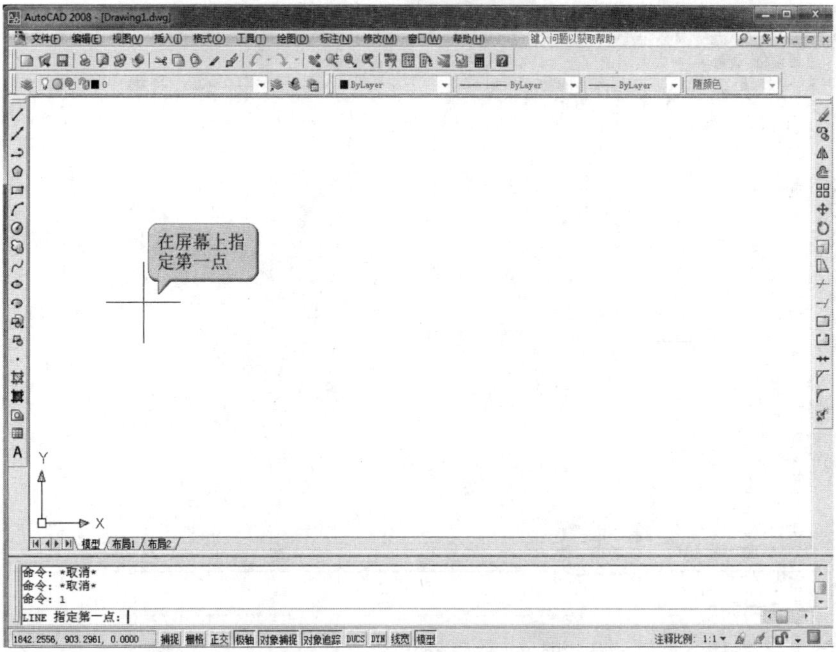

图 2.2.3　热继电器常闭接点绘制过程（二）

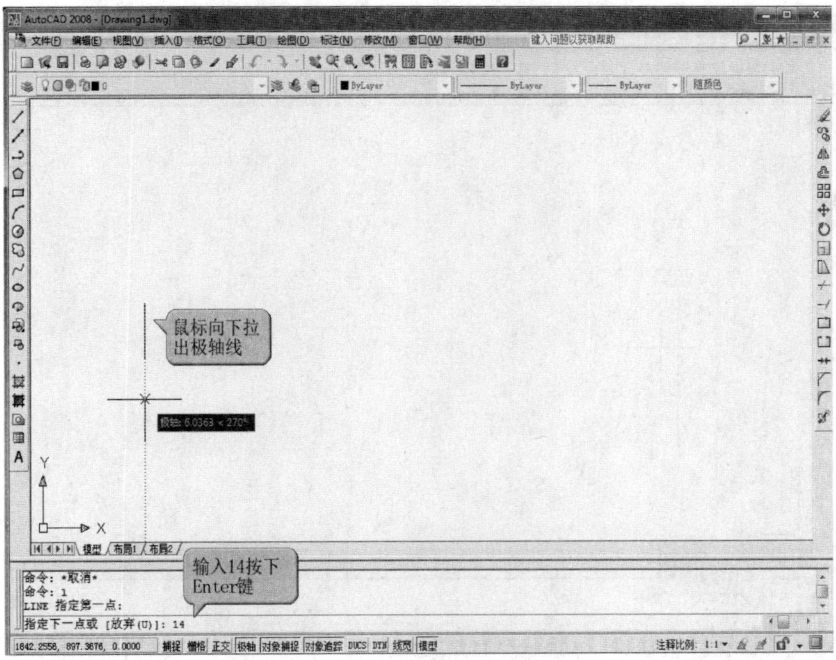

图 2.2.4　热继电器常闭接点绘制过程（三）

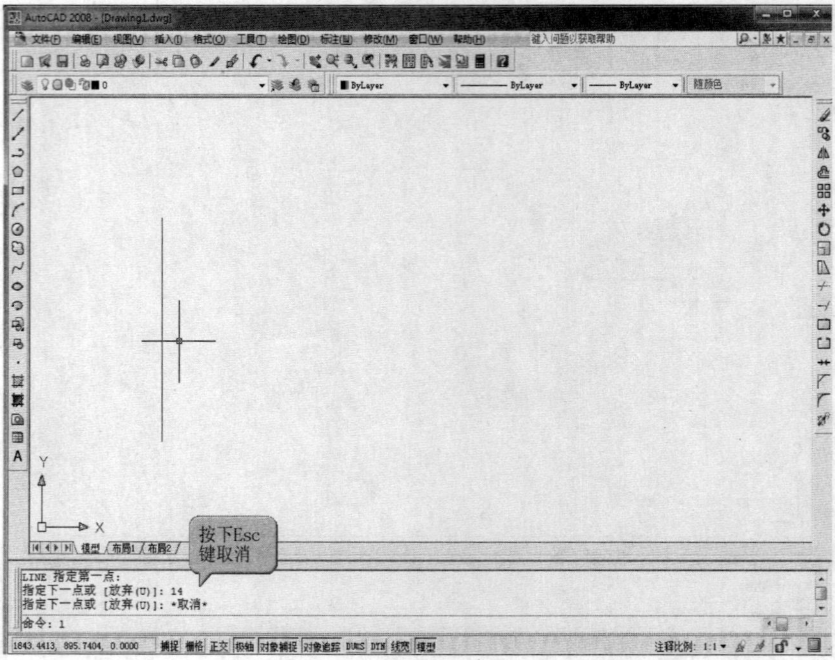

图 2.2.5　热继电器常闭接点绘制过程（四）

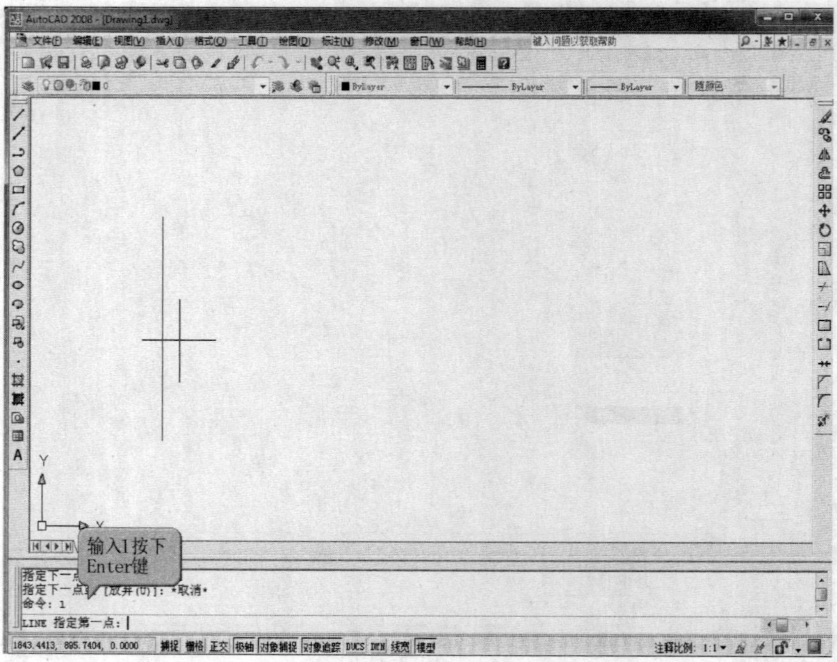

图 2.2.6　热继电器常闭接点绘制过程（五）

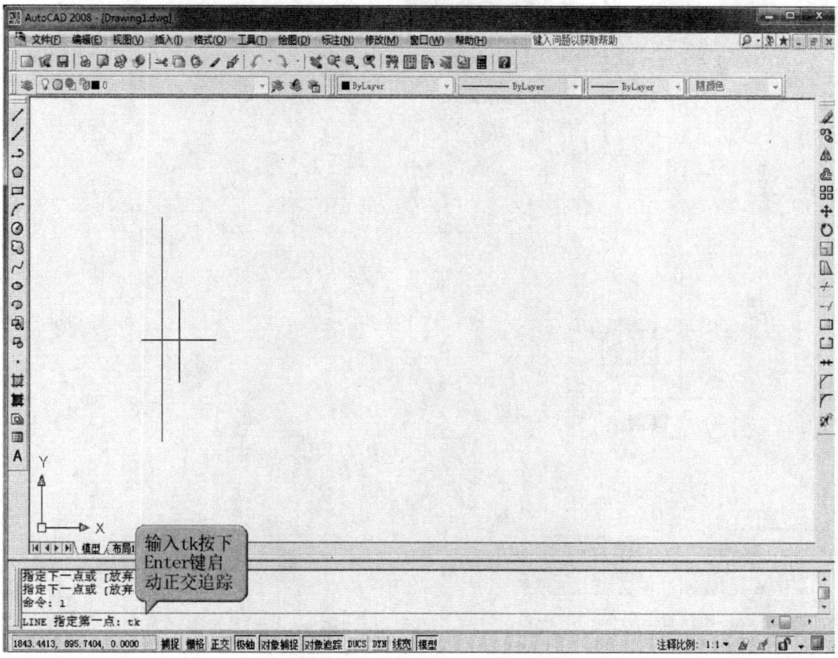

图 2.2.7　热继电器常闭接点绘制过程（六）

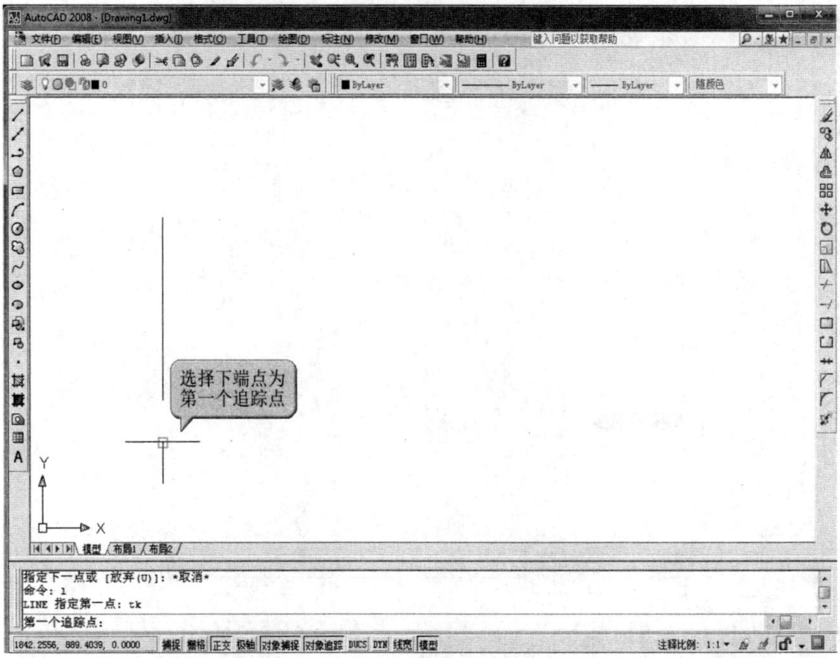

图 2.2.8　热继电器常闭接点绘制过程（七）

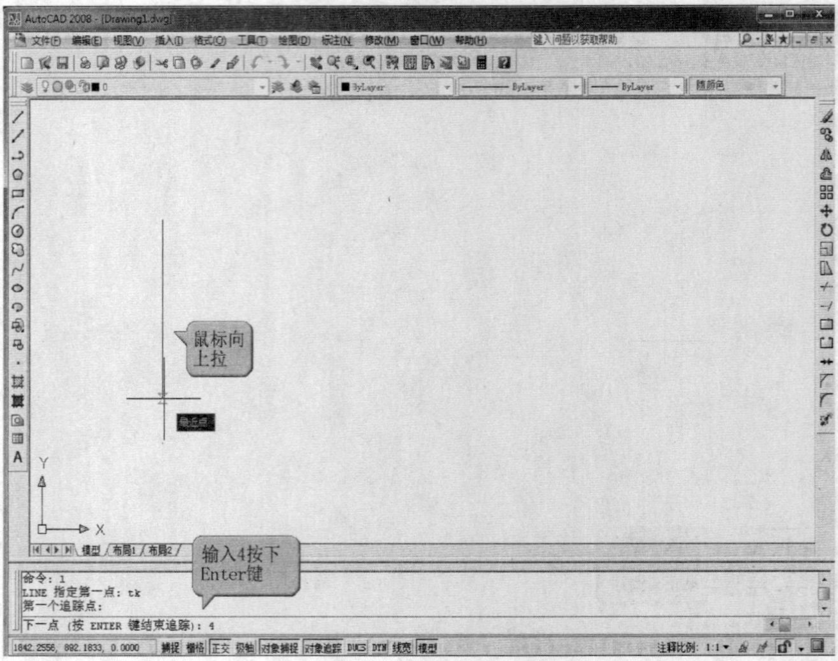

图 2.2.9 热继电器常闭接点绘制过程（八）

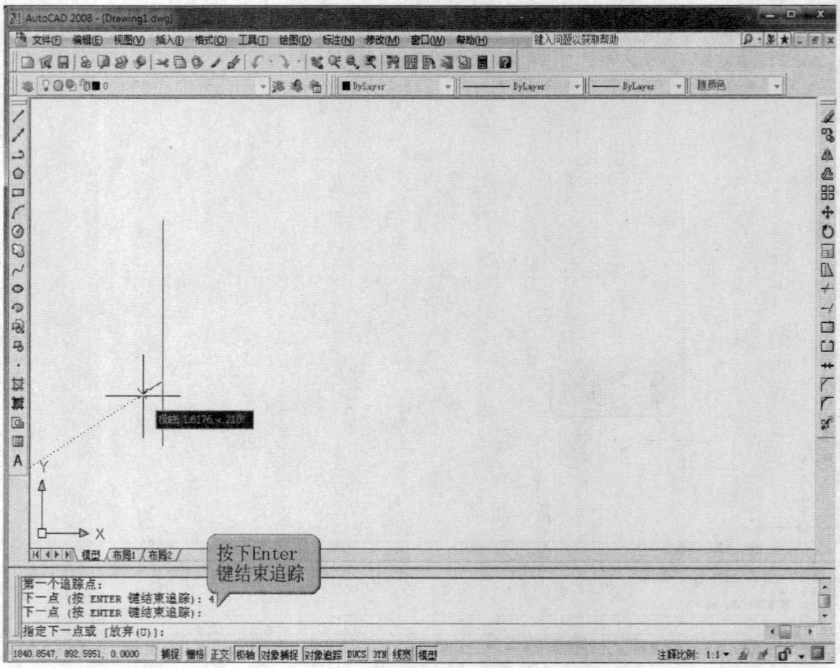

图 2.2.10 热继电器常闭接点绘制过程（九）

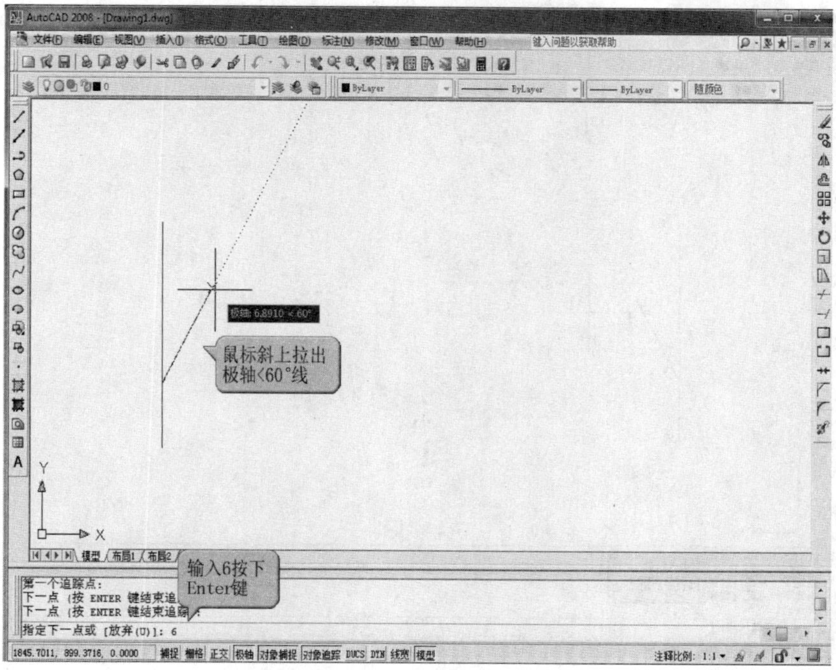

图 2.2.11 热继电器常闭接点绘制过程（十）

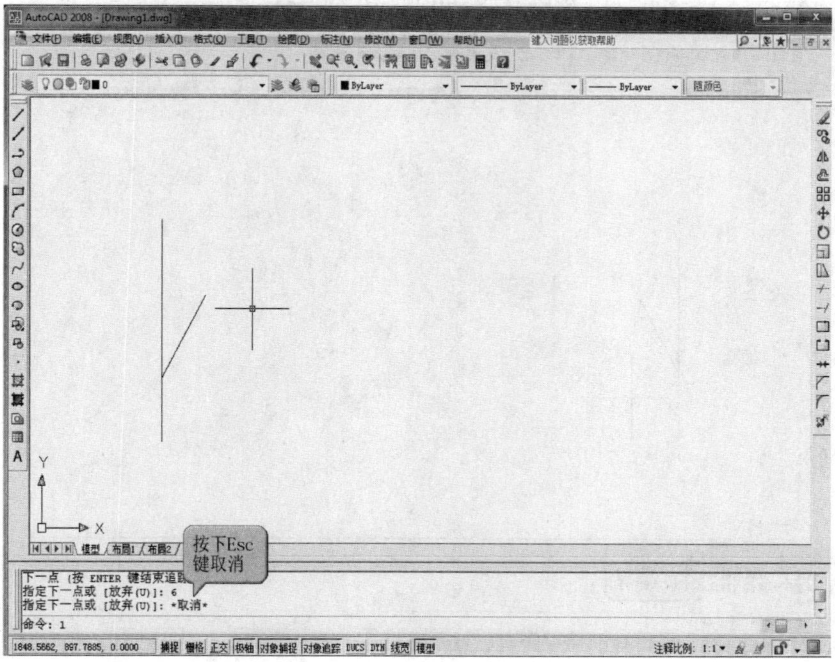

图 2.2.12 热继电器常闭接点绘制过程（十一）

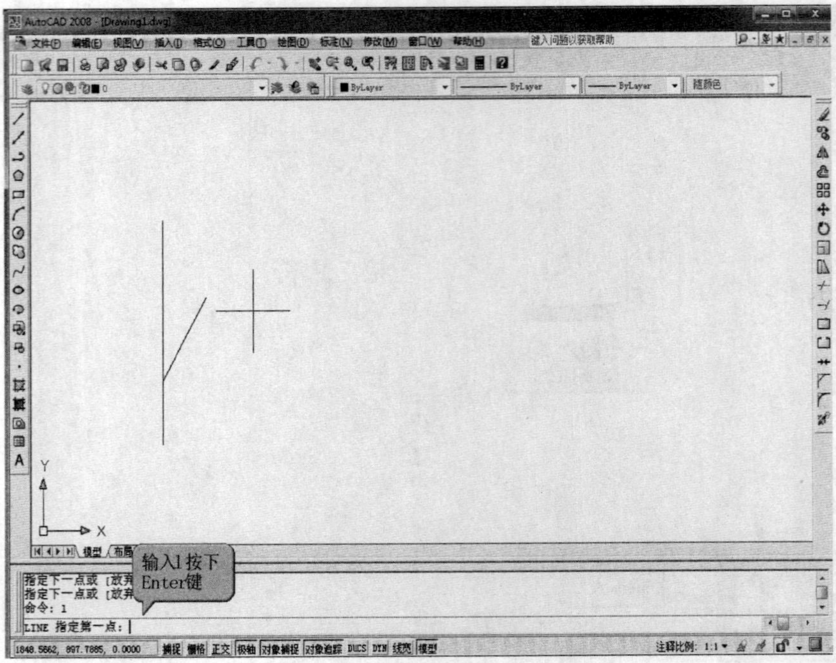

图 2.2.13 热继电器常闭接点绘制过程（十二）

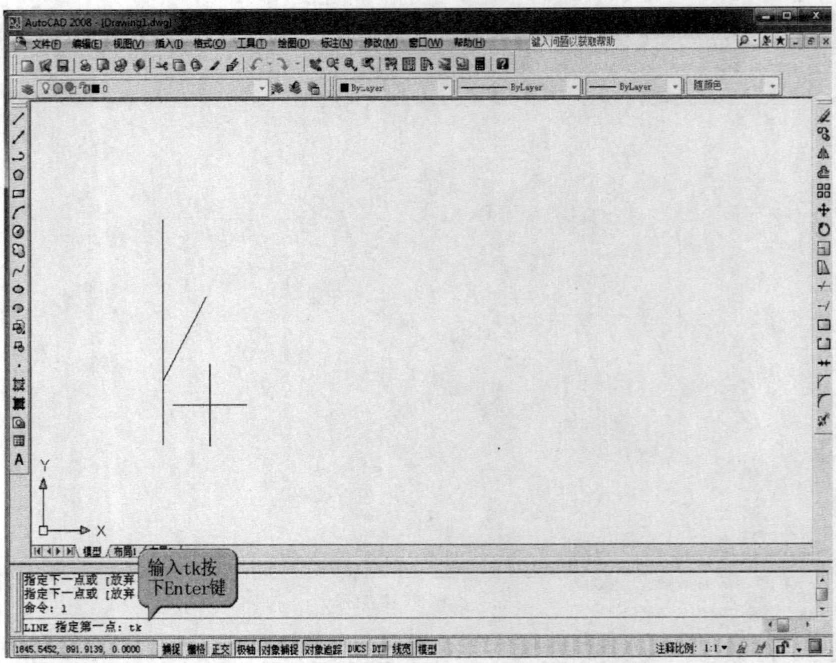

图 2.2.14 热继电器常闭接点绘制过程（十三）

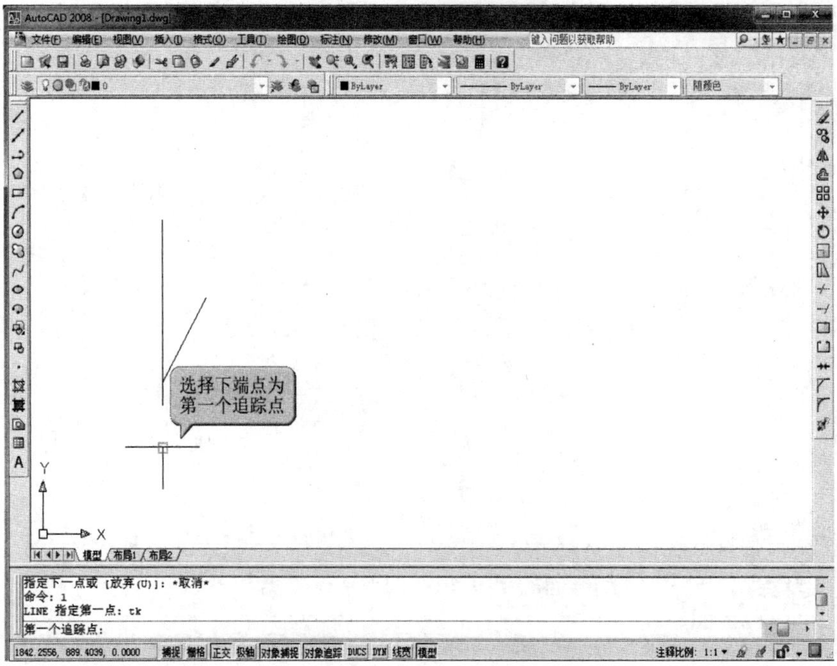

图 2.2.15　热继电器常闭接点绘制过程（十四）

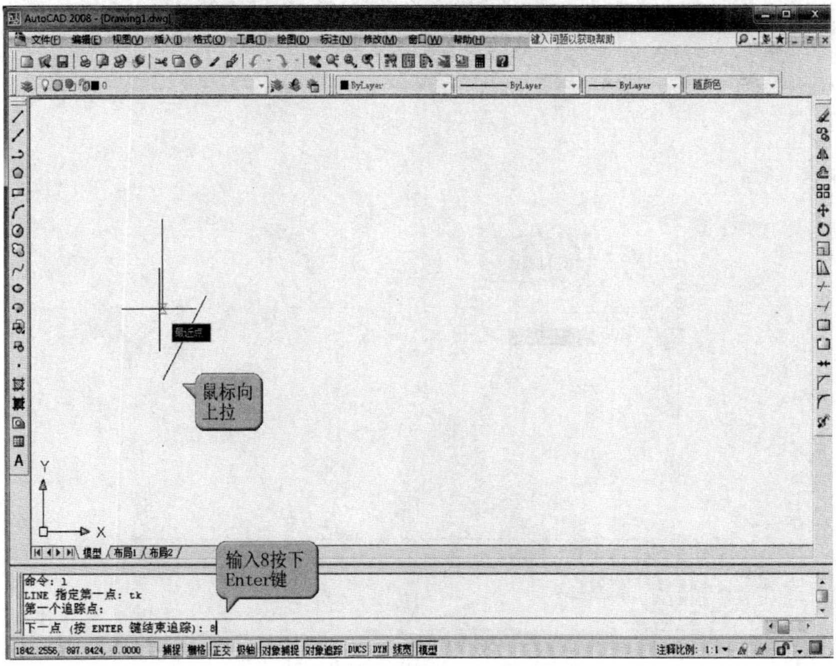

图 2.2.16　热继电器常闭接点绘制过程（十五）

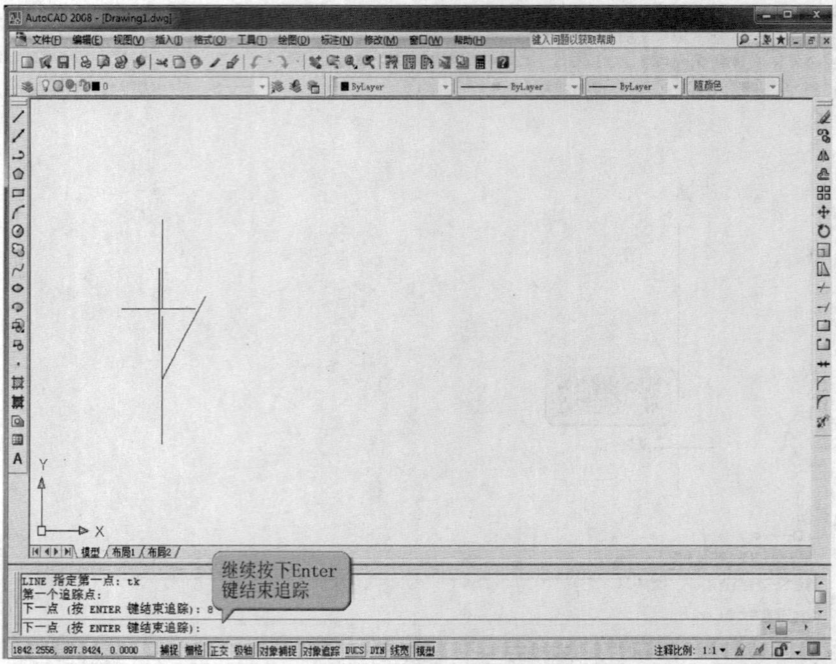

图 2.2.17　热继电器常闭接点绘制过程（十六）

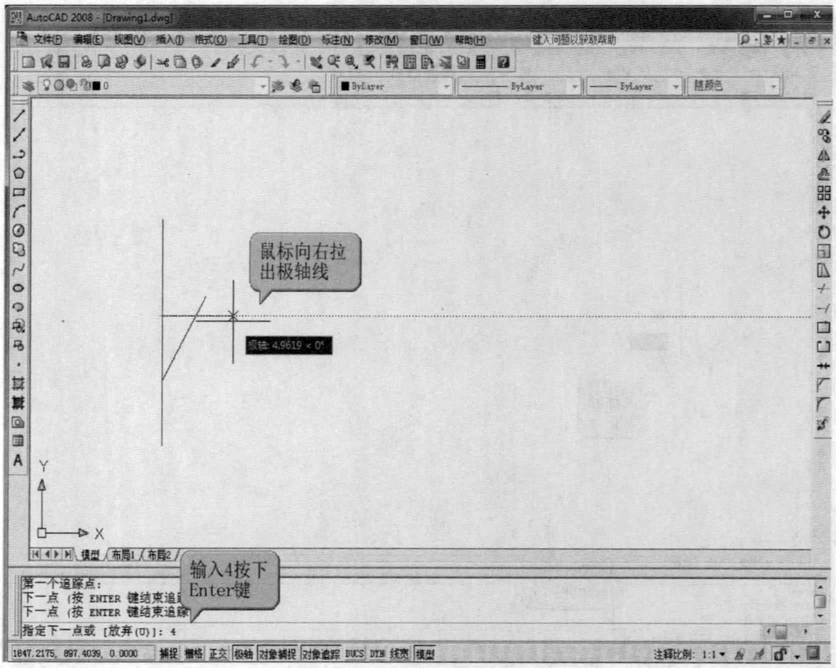

图 2.2.18　热继电器常闭接点绘制过程（十七）

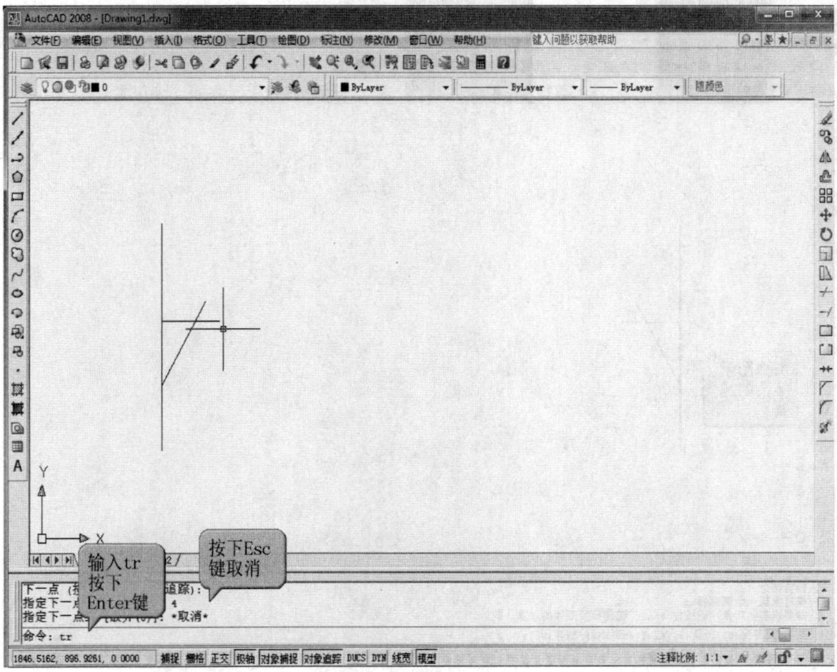

图 2.2.19　热继电器常闭接点绘制过程（十八）

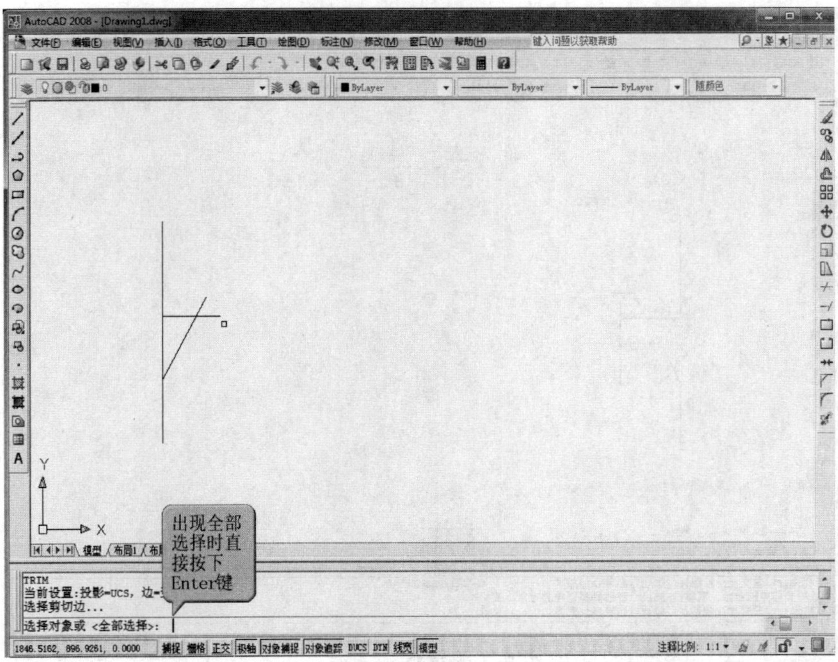

图 2.2.20　热继电器常闭接点绘制过程（十九）

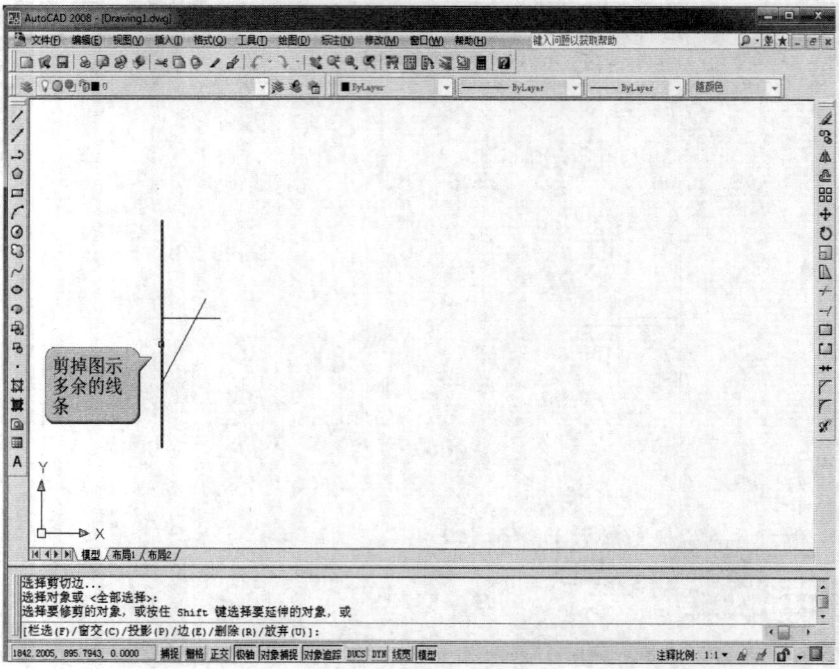

图 2.2.21 热继电器常闭接点绘制过程（二十）

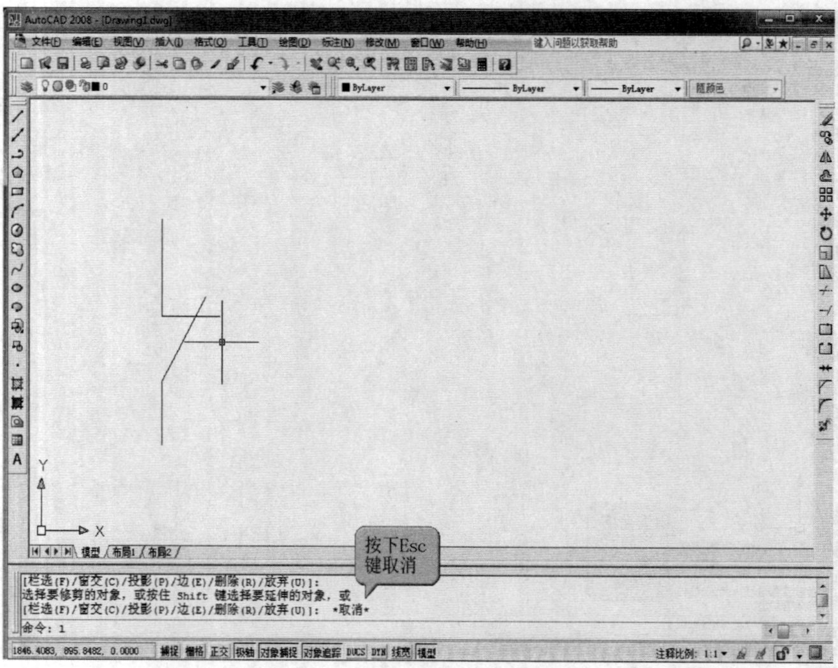

图 2.2.22 热继电器常闭接点绘制过程（二十一）

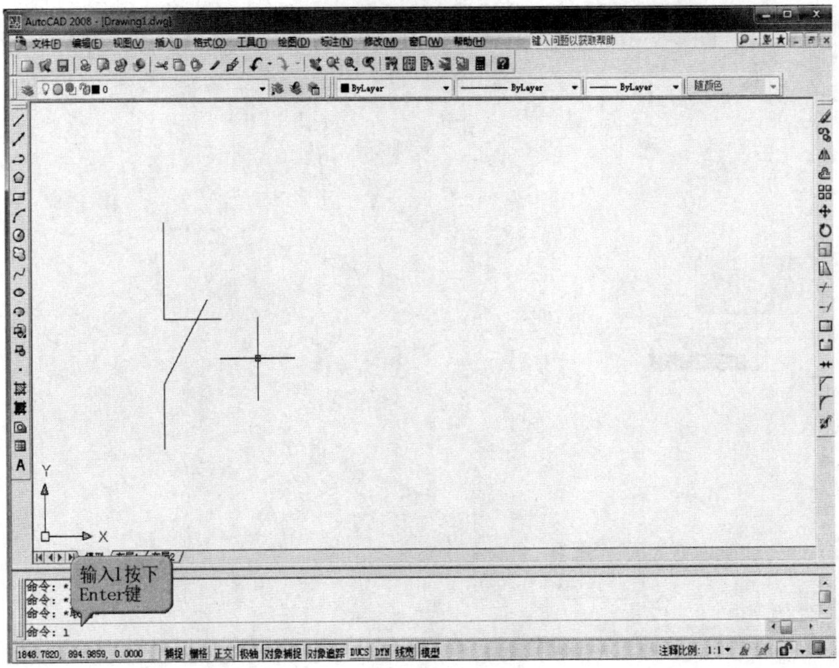

图 2.2.23　热继电器常闭接点绘制过程（二十二）

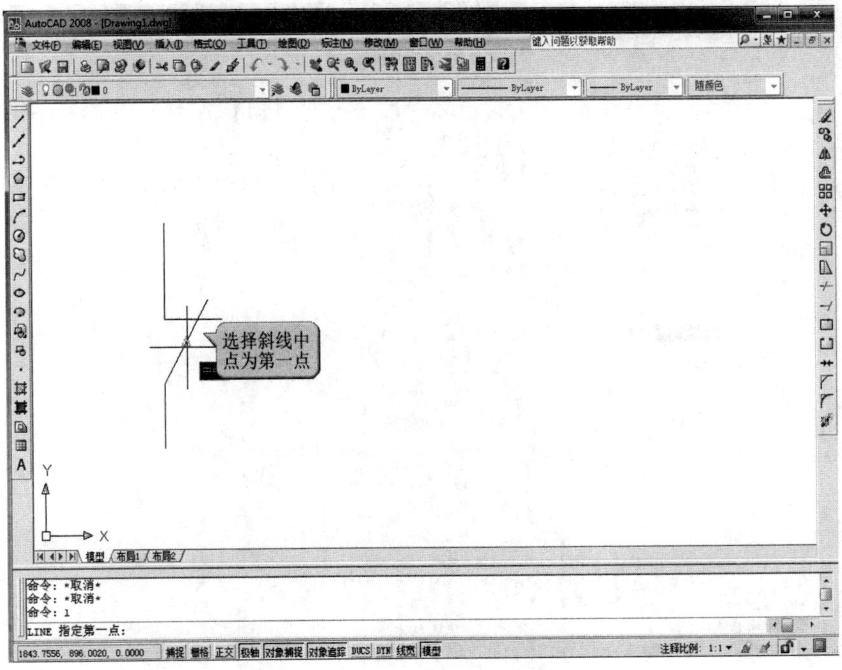

图 2.2.24　热继电器常闭接点绘制过程（二十三）

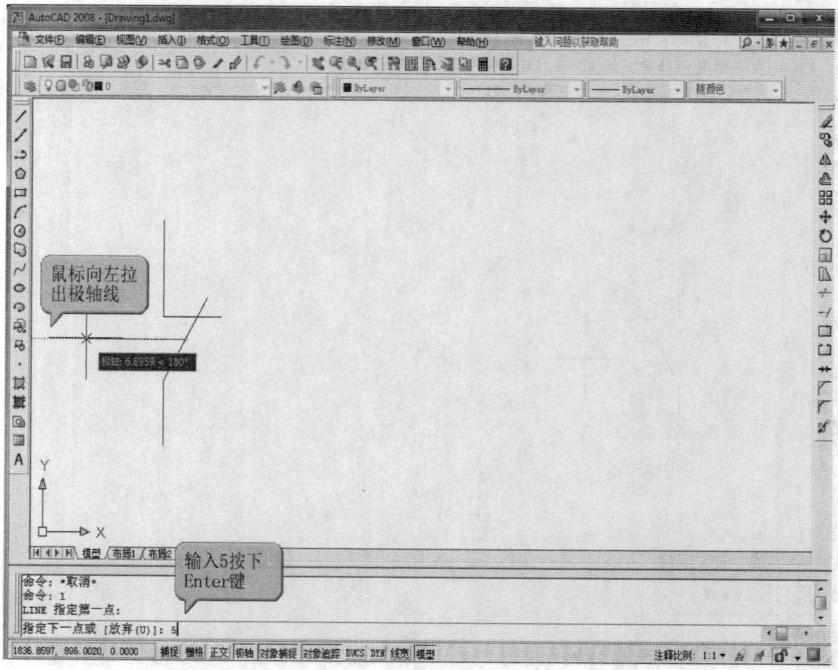

图 2.2.25 热继电器常闭接点绘制过程（二十四）

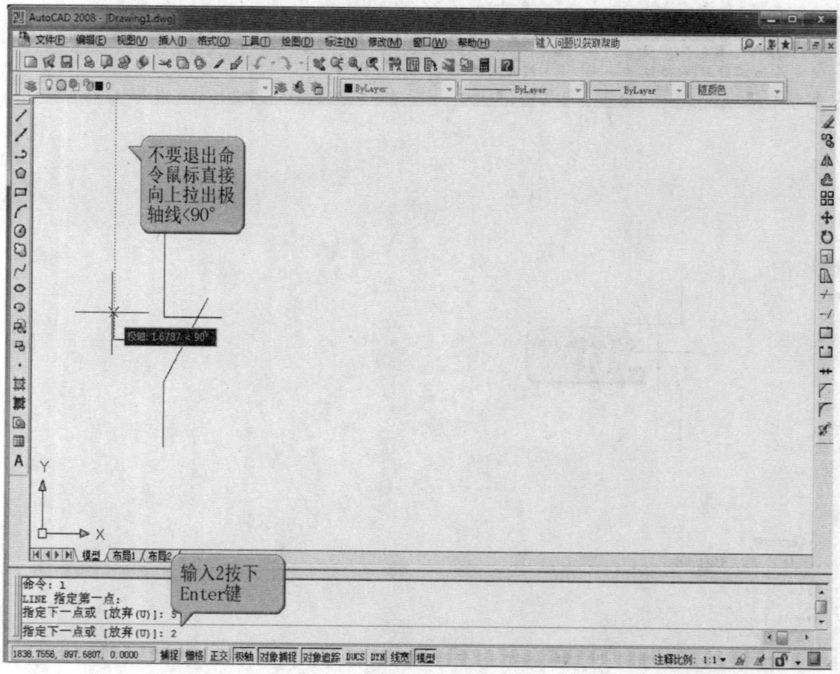

图 2.2.26 热继电器常闭接点绘制过程（二十五）

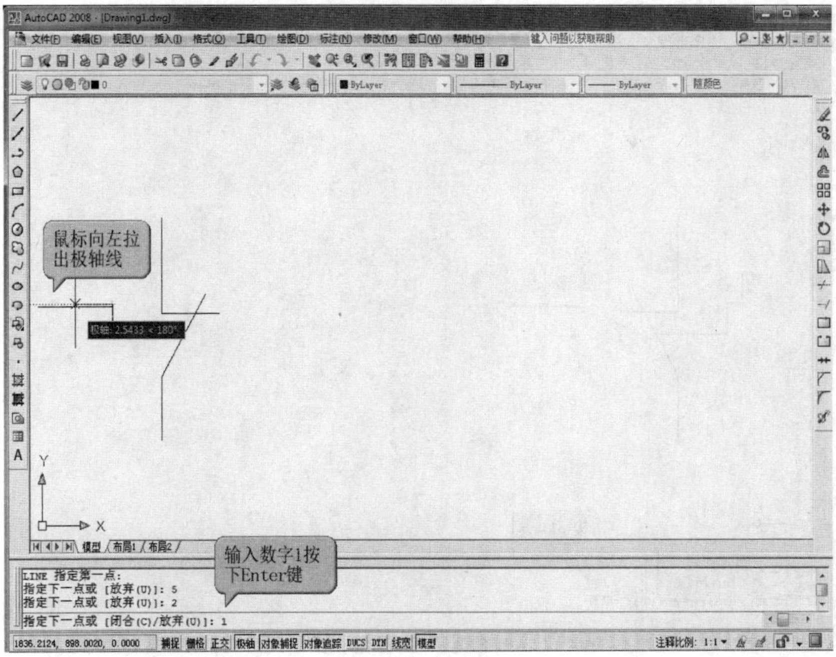

图 2.2.27　热继电器常闭接点绘制过程（二十六）

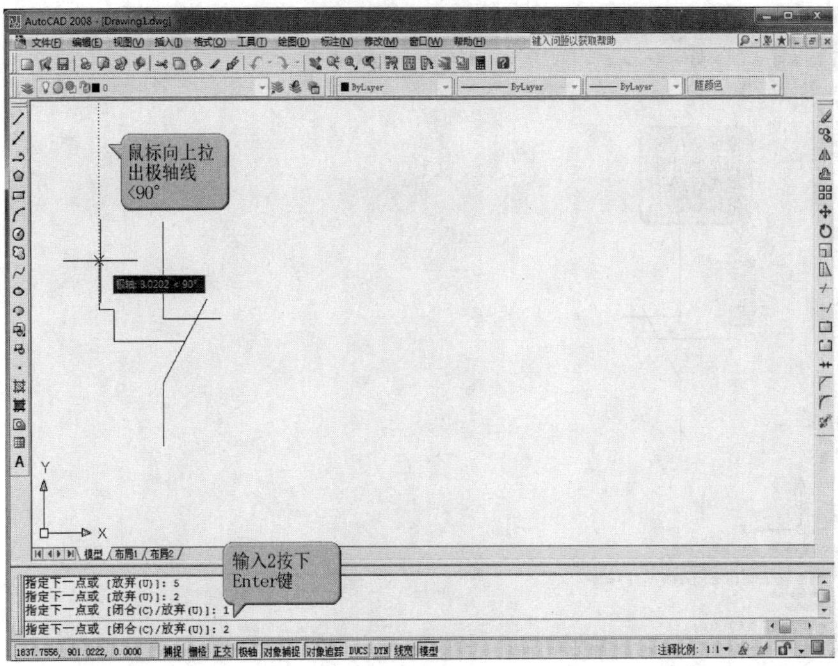

图 2.2.28　热继电器常闭接点绘制过程（二十七）

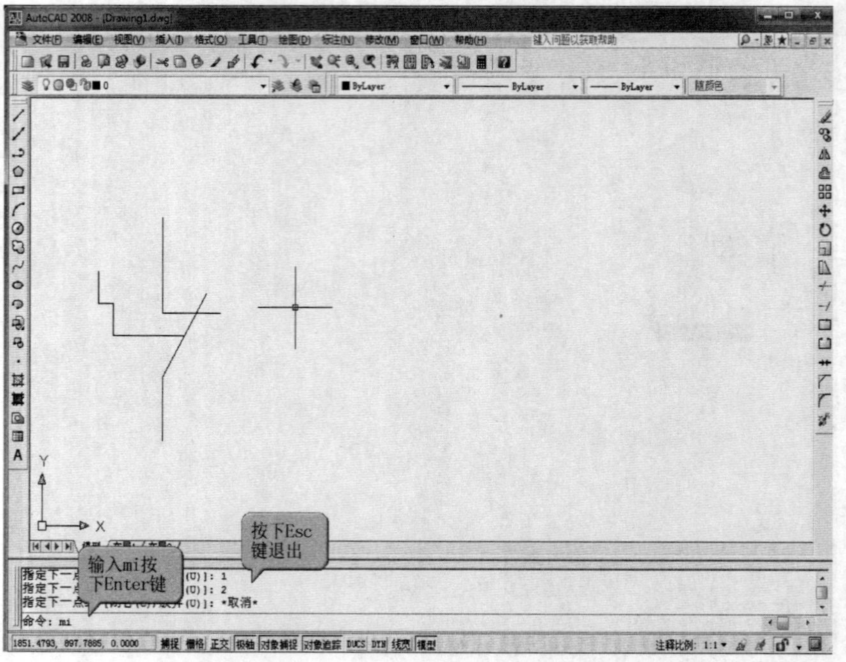

图 2.2.29 热继电器常闭接点绘制过程（二十八）

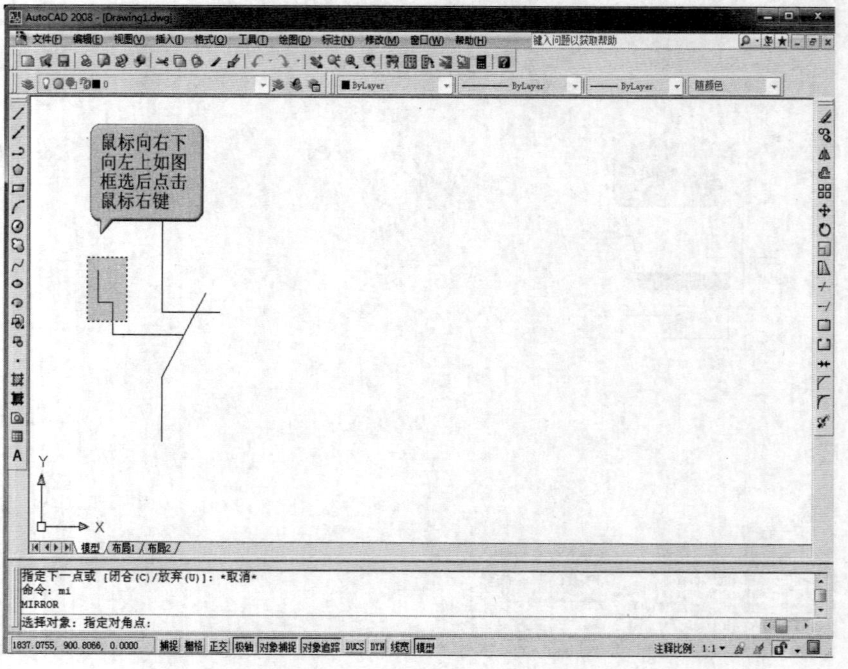

图 2.2.30 热继电器常闭接点绘制过程（二十九）

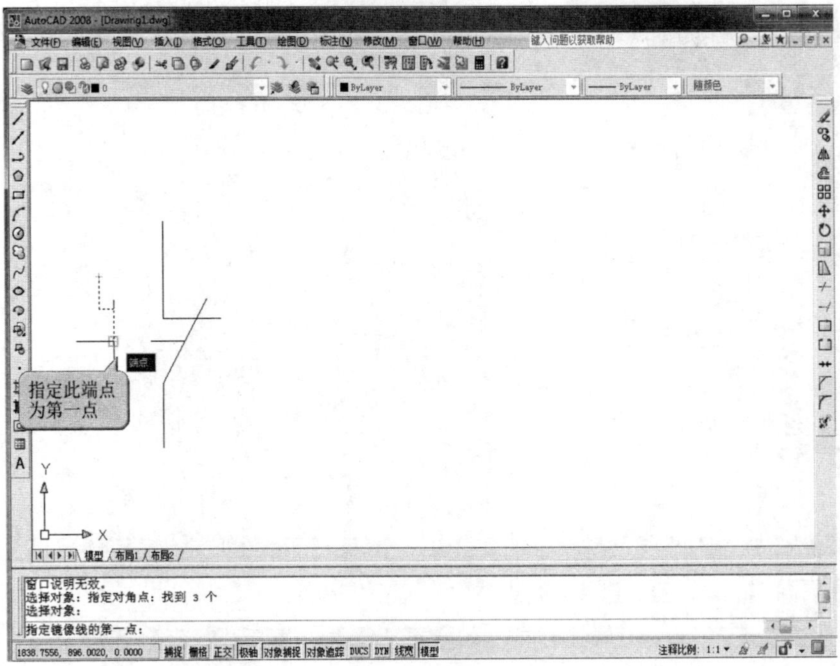

图 2.2.31　热继电器常闭接点绘制过程（三十）

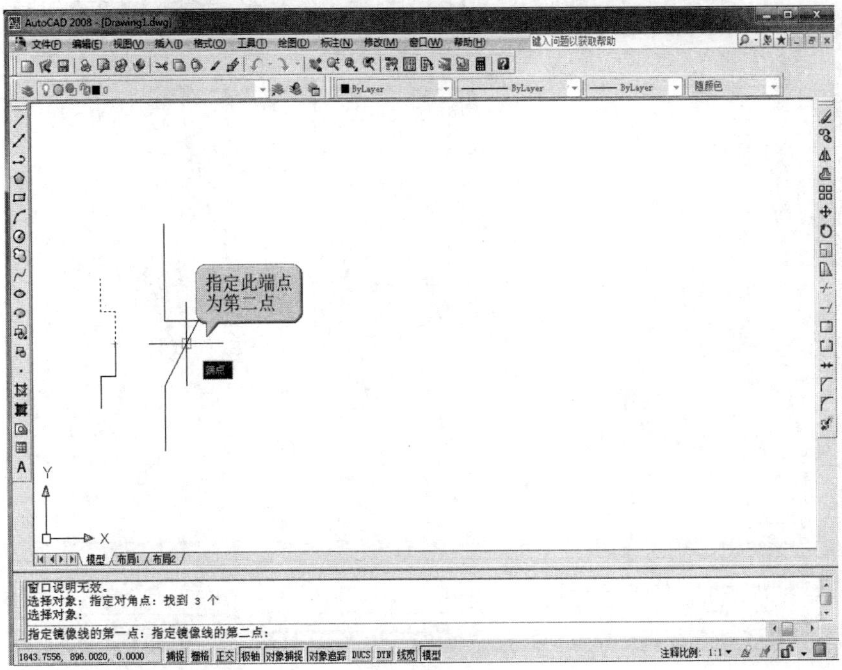

图 2.2.32　热继电器常闭接点绘制过程（三十一）

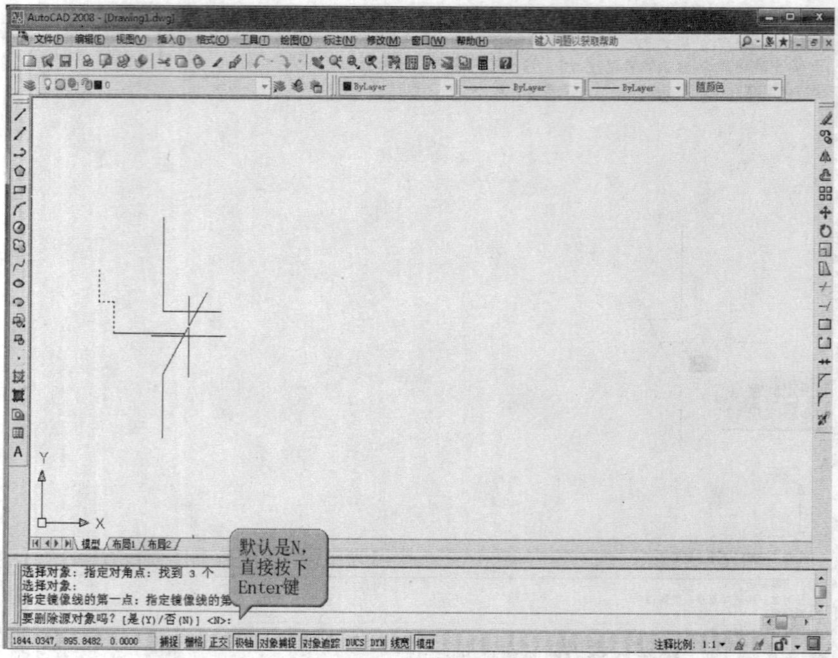

图 2.2.33　热继电器常闭接点绘制过程（三十二）

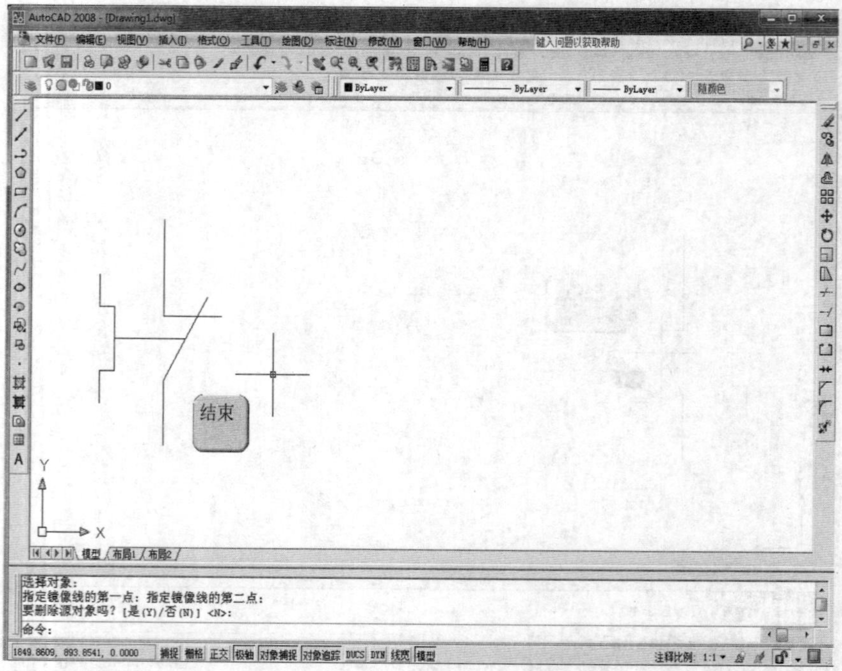

图 2.2.34　热继电器常闭接点绘制过程（三十三）

2.2.2　绘制按钮常闭接点

按钮的常闭接点可以在热继电器常闭接点的基础上进行修改：

（1）打开热继电器常闭接点，如图 2.2.35（a）所示。

（2）删掉两条垂直线，如图 2.2.35（b）所示。

（3）镜像两条水平线，如图 2.2.35（c）所示。

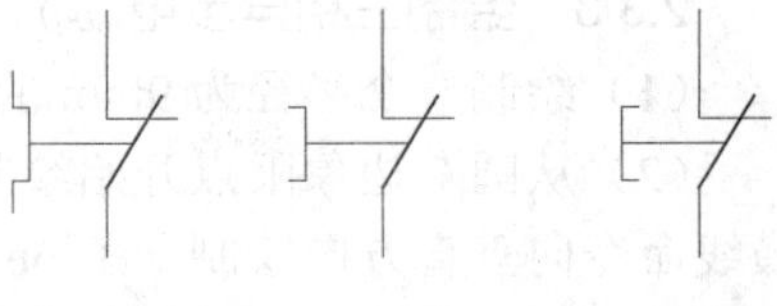

(a)　(b)　(c)

图 2.2.35　按钮常闭接点

按钮的常闭接点绘制方法在热继电器常闭接点的基础上，绘制完毕后仍然将按钮的常闭接点制作成块。

项目 2.3　绘制接触器常开接点、按钮常开接点、接触器常闭接点、接触器、熔断器、三相异步电动机

2.3.1　绘制继电器常开接点、按钮常开接点

（1）打开三极电源开关，　如图 2.3.1（a）所示。

（2）复制三极电源开关的左边常开接点部分，如图 2.3.1（b）所示，此常开接点即是接触器常开接点，将此接点制作成块。

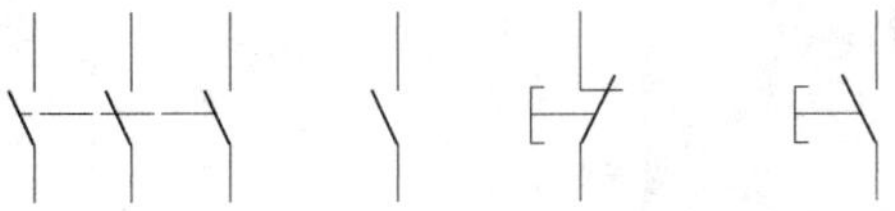

(a)　(b)　(c)　(d)

图 2.3.1　接触器常开接点、按钮常开接点

（3）打开按钮常闭接点，如图 2.3.1（c）所示。

（4）将按钮常闭接点的按钮图标复制到图 2.3.1（b）合适的位置，效果如图 2.3.1（d）所示。此接点即是按钮常开接点，将此接点制作成块。

这两个接点的绘制都是基本的操作，绘制方法很简单，此处不再详细展开。

2.3.2　绘制接触器常闭接点、接触器、熔断器

（1）打开按钮常闭接点，如图 2.3.2（a）所示。

（2）删除按钮常闭接点中按钮图标，如图 2.3.2（b）所示，此接点即是接触器常闭接点，将此接点制作成块。

（3）绘制一个长度为 6mm、高度为 5mm 的矩形，如图 2.3.2（c）所示，此矩形即是接触器，将此接触器制作成块。

（4）绘制一个长度为 7mm、高度为 3mm 的矩形，如图 2.3.2（d）所示，此矩形即是熔断器，将此熔断器制作成块。

(a)　(b)　(c)　(d)

图 2.3.2　接触器常闭接点、接触器、熔断器

2.3.3 绘制三相异步电动机

（1）绘制一个半径为 9mm 的圆，如图 2.3.3（a）所示。

（2）从圆左边象限点开始绘制接地符号，先水平向左绘制一条 3mm 的横线，不要退出横线命令向垂直方向绘制一条 6mm 长的垂线，不要退出命令继续向左绘制一条长度为 2mm 的横线，阵列最后绘制的这条横线，间距为 1mm，在合适的位置绘制斜线，如图 2.3.3（b）所示。

（3）修剪多余的直线并删掉一条斜线，然后镜像三条横线，效果如图 2.3.3（c）所示。

（4）添加三相交流电动机的文字，文字高度为 3.5mm。

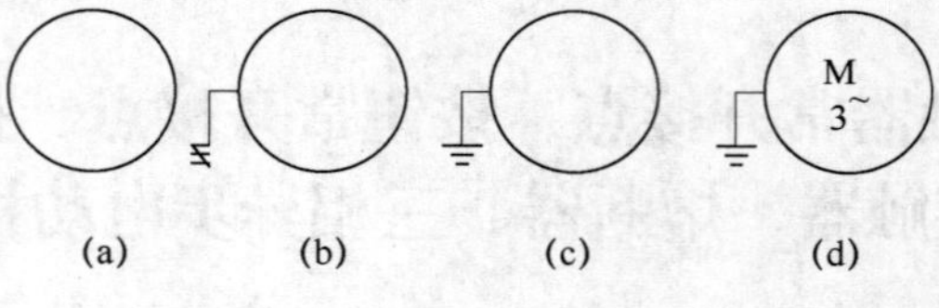

图 2.3.3 三相异步电动机

任务 3　绘制完整的电动机正反转控制图

本任务中要绘制的电动机正反转图内容比较简单，因此不单独设置图层，所有元素都放到 AutoCAD 自带的 0 层中，但是这样的绘图是不规范的，绘制图形还是要根据图形的需要分图层。分图层的示例请参考任务 5 绘制一张完整的主接线图的内容。

要把绘制的图放到 A4 图框中，可参考表 6.1 基本幅面尺寸表（mm），得知 A4 图框的尺寸为 210mm×297mm。所以在绘制如图 3.1.1 所示框线时，框线的总宽度大约为 160mm，框线的总高度为 100mm，这样绘制好图形后放入 A4 图框大小是合适的。

项目 3.1　电动机正反转框线

（1）绘制一条长度为 100mm 的水平横线并阵列两条，间距为 7mm。

（2）复制旋转这三条直线到垂直方向，移动到合适的位置并进行修改。

（3）其余框线按照图 3.1.1 所示尺寸进行绘制。

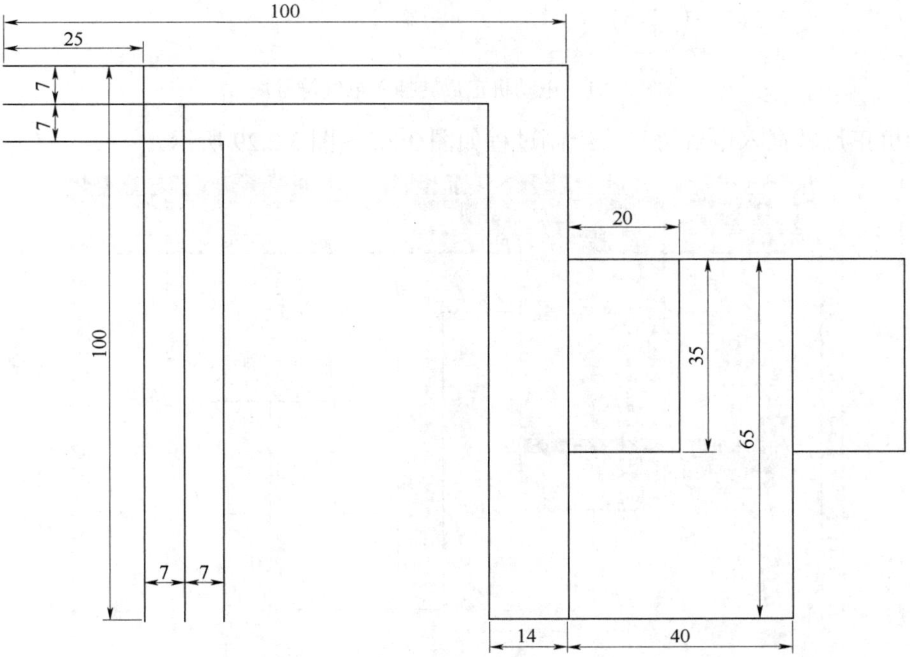

图 3.1.1　电动机正反转框线

电动机正反转框线绘制都是直线的绘制及编辑，较简单，详细过程略。

项目 3.2　电动机正反转插入电气符号块

（1）在图示合适的位置插入块。

（2）有些块需要在插入的时候旋转，旋转的方向顺时针为正，逆时针为负。

（3）插入块时不要选择分解，因为选择分解后插入块时没有预览，可以在全部块插入后全部选择图形用快捷命令 *x* 来集体分解。

（4）分解后将图线改为 0.3mm，在 AutoCAD 中 0.3mm 以上的线会显示为粗线。

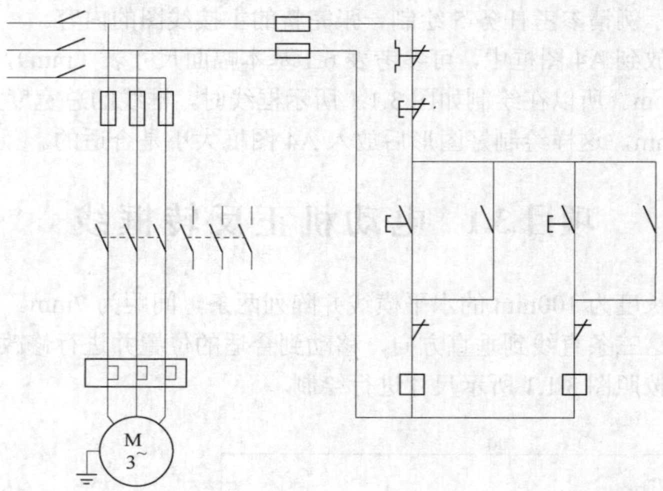

图 3.2.1　电动机正反转插入电气符号块

电动机正反转插入电气符号块绘制过程如图 3.2.2～图 3.2.29 所示。

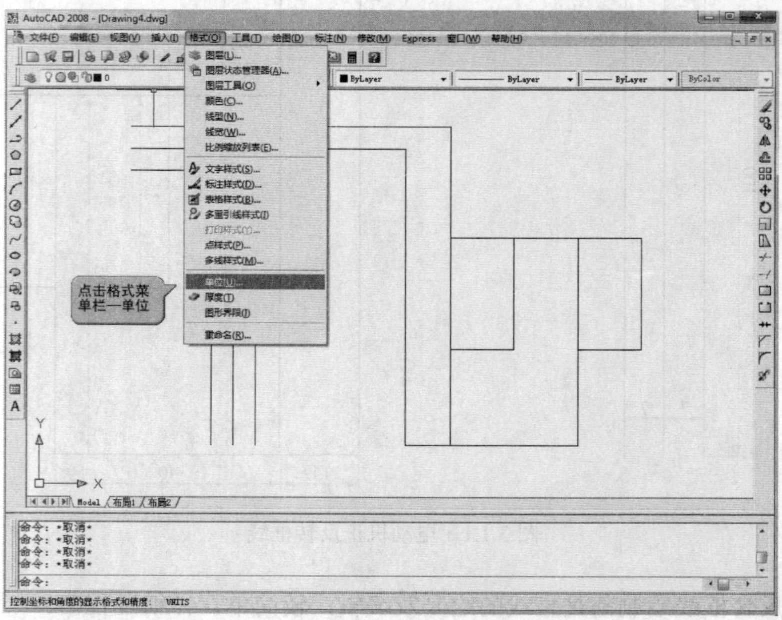

图 3.2.2　电动机正反转插入电气符号块绘制（一）

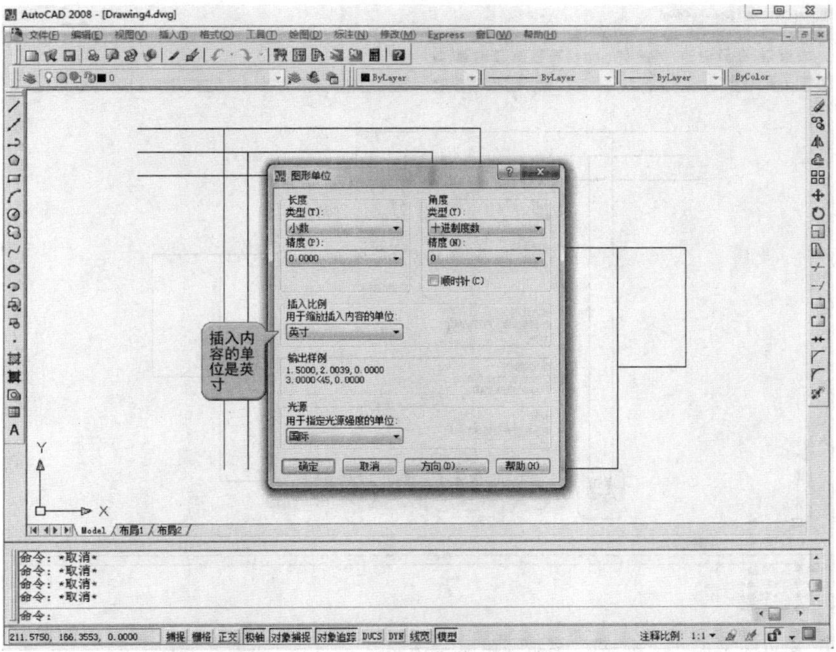

图 3.2.3　电动机正反转插入电气符号块绘制（二）

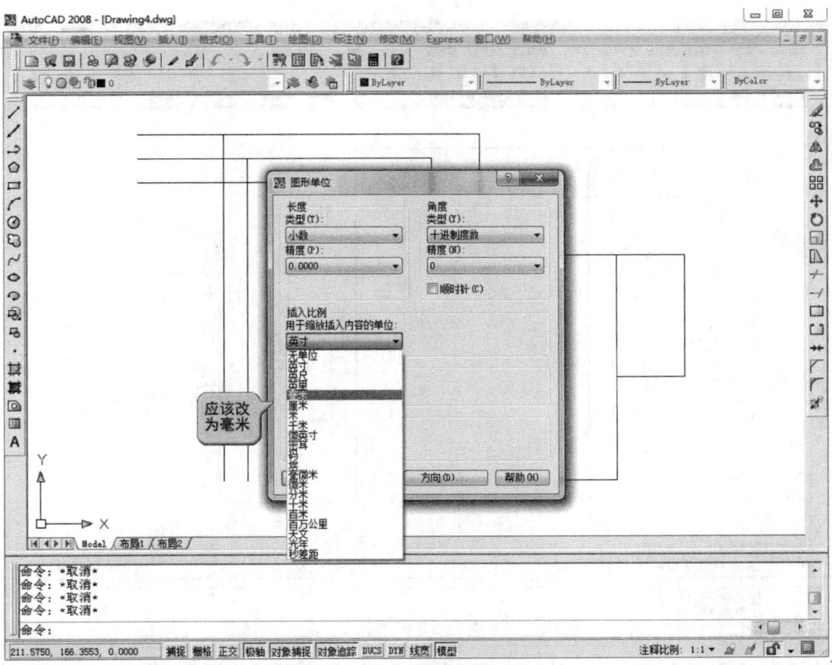

图 3.2.4　电动机正反转插入电气符号块绘制（三）

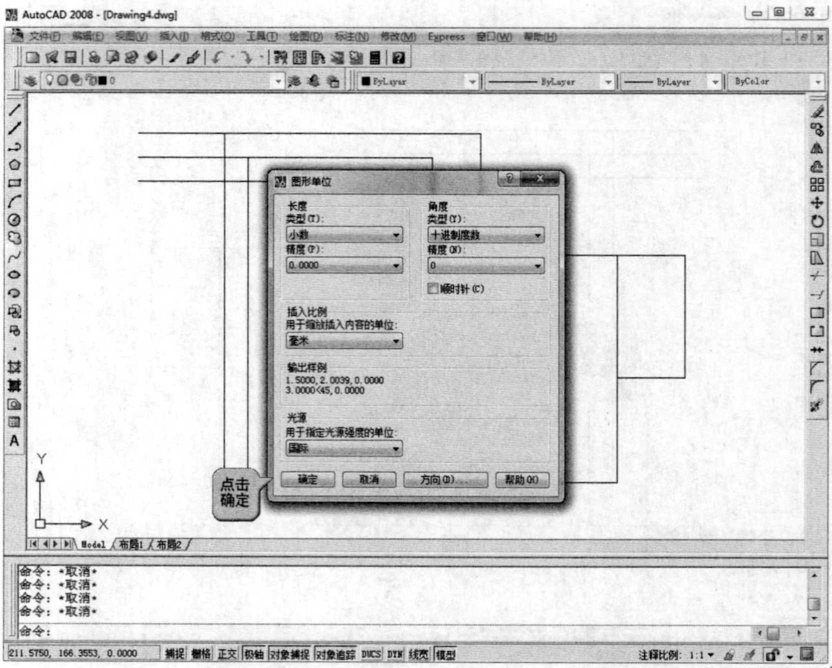

图 3.2.5　电动机正反转插入电气符号块绘制（四）

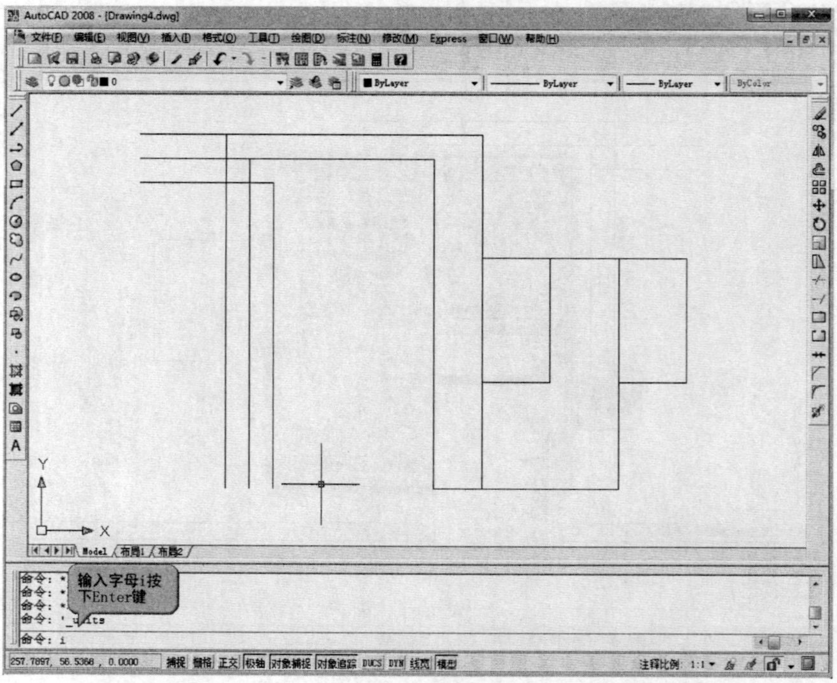

图 3.2.6　电动机正反转插入电气符号块绘制（五）

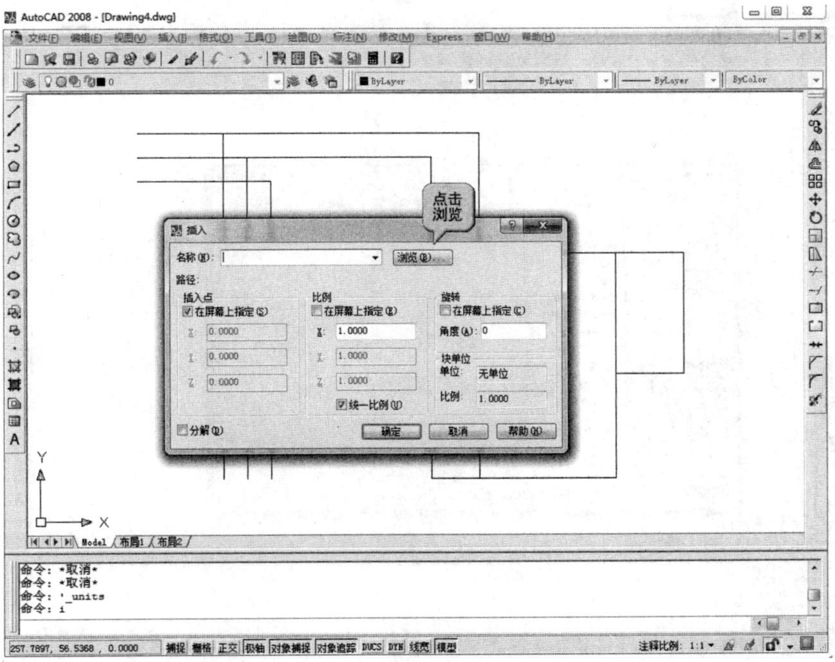

图 3.2.7　电动机正反转插入电气符号块绘制（六）

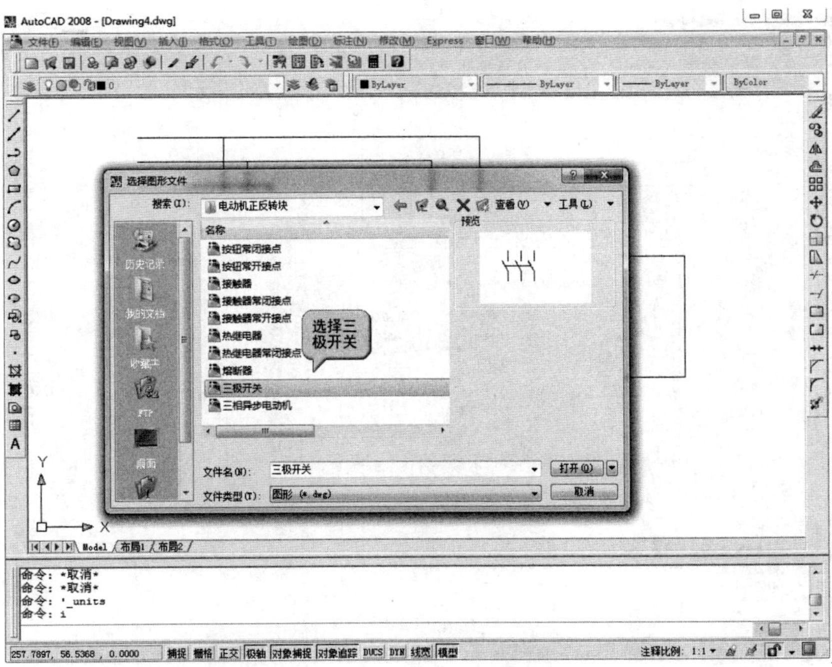

图 3.2.8　电动机正反转插入电气符号块绘制（七）

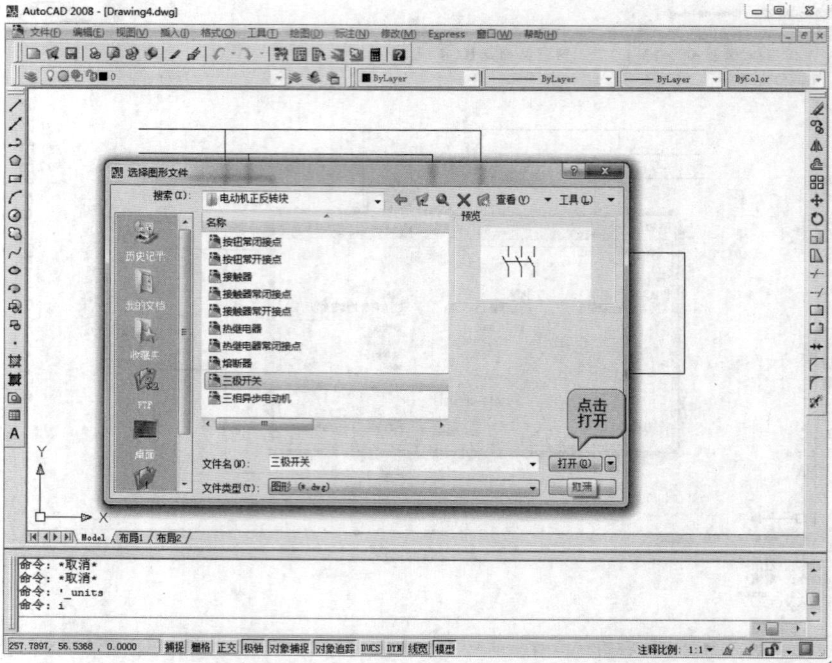

图 3.2.9　电动机正反转插入电气符号块绘制（八）

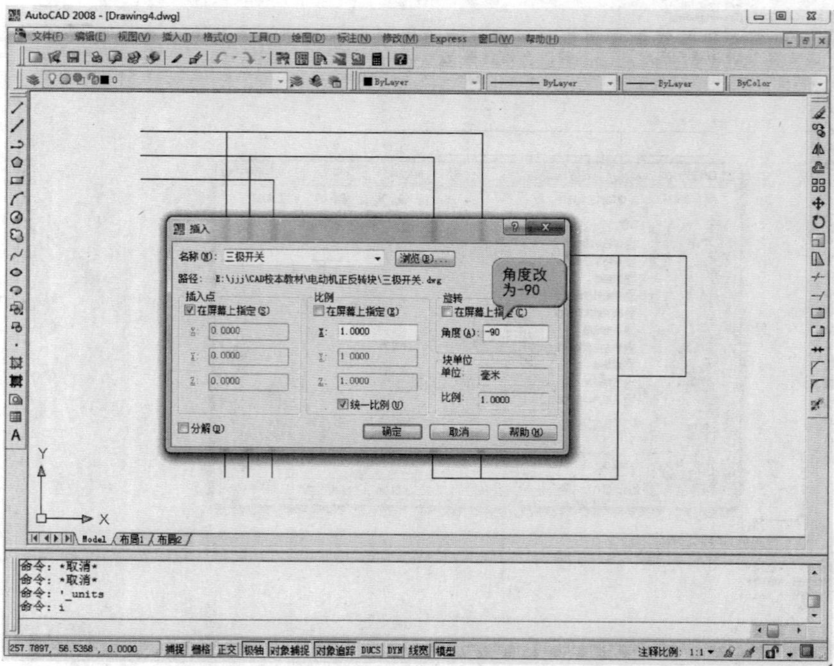

图 3.2.10　电动机正反转插入电气符号块绘制（九）

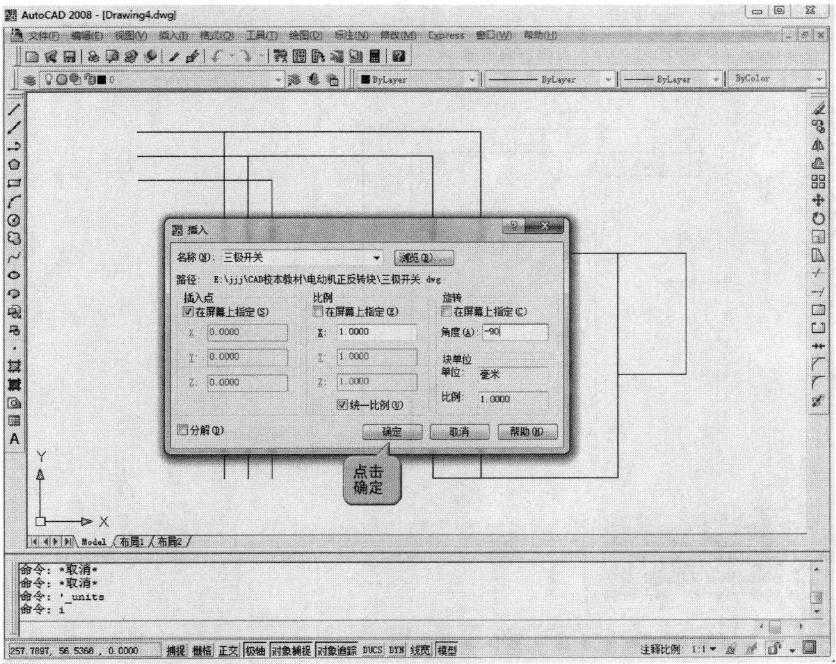

图 3.2.11　电动机正反转插入电气符号块绘制（十）

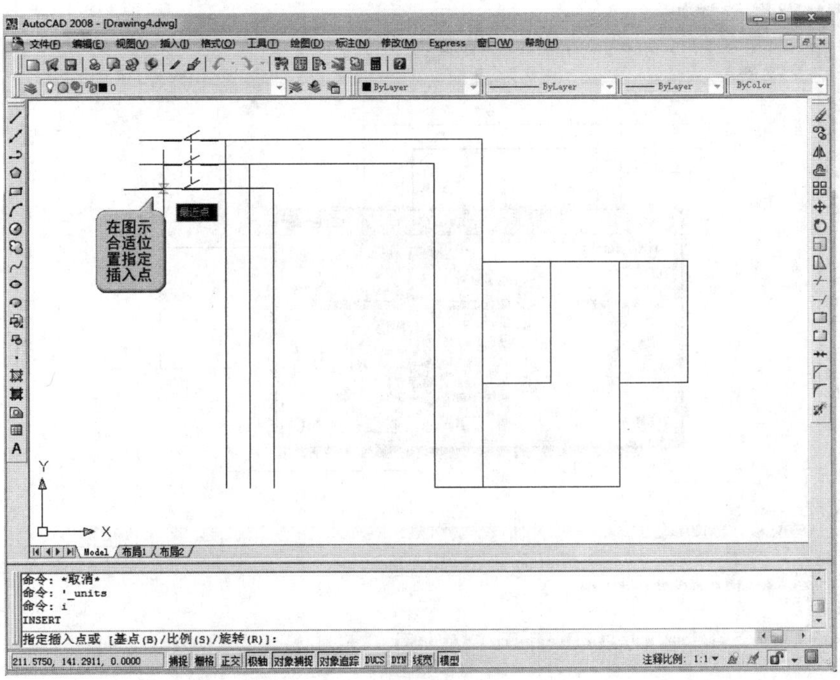

图 3.2.12　电动机正反转插入电气符号块绘制（十一）

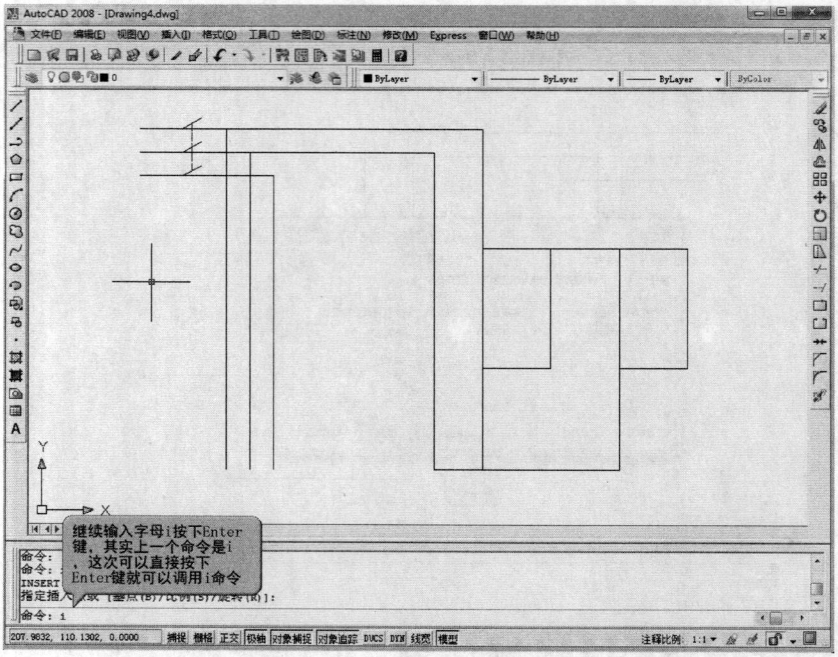

图 3.2.13　电动机正反转插入电气符号块绘制（十二）

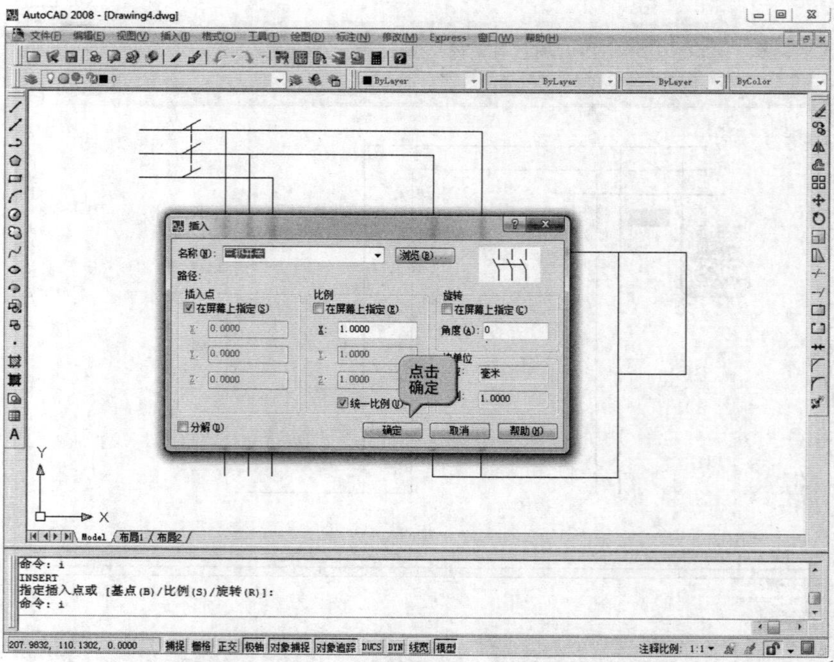

图 3.2.14　电动机正反转插入电气符号块绘制（十三）

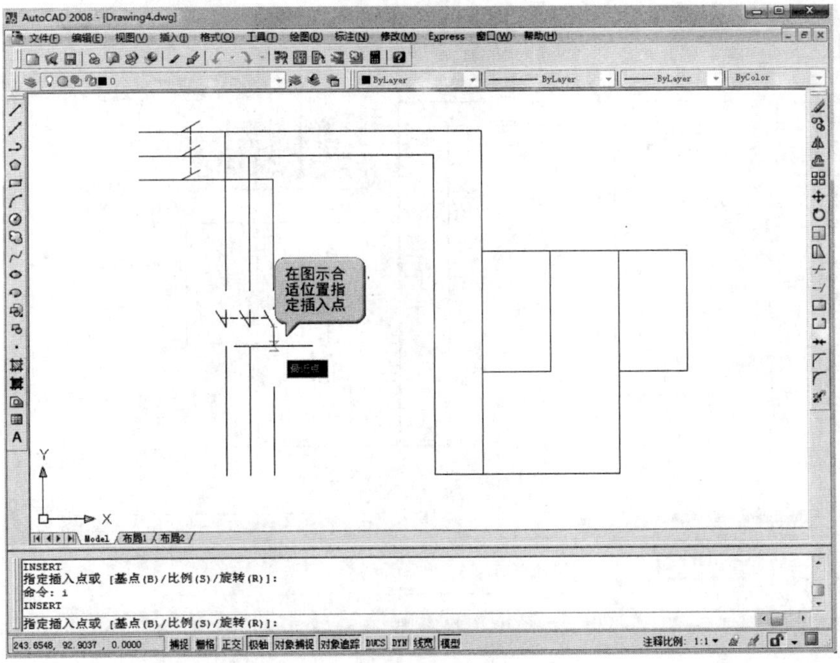

图 3.2.15　电动机正反转插入电气符号块绘制（十四）

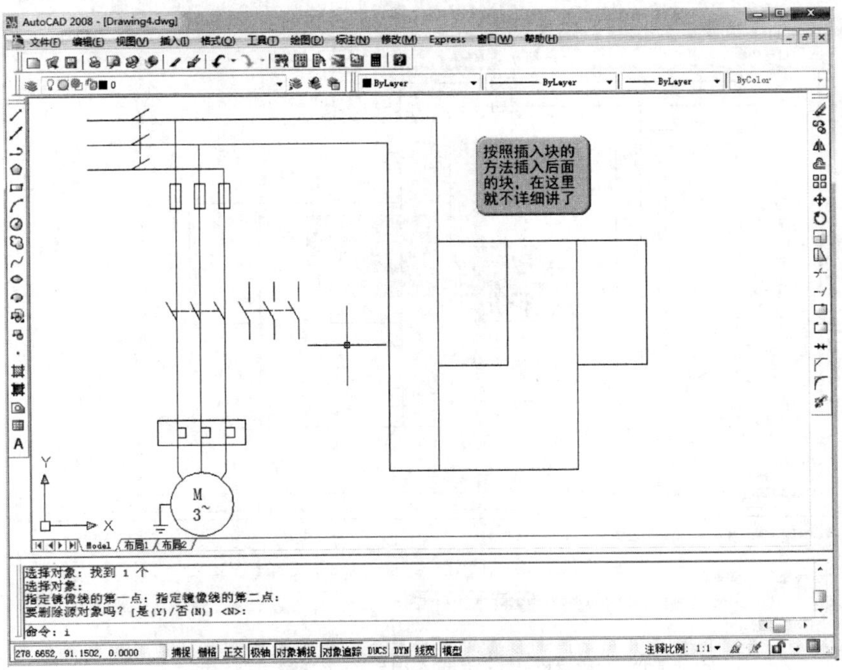

图 3.2.16　电动机正反转插入电气符号块绘制（十五）

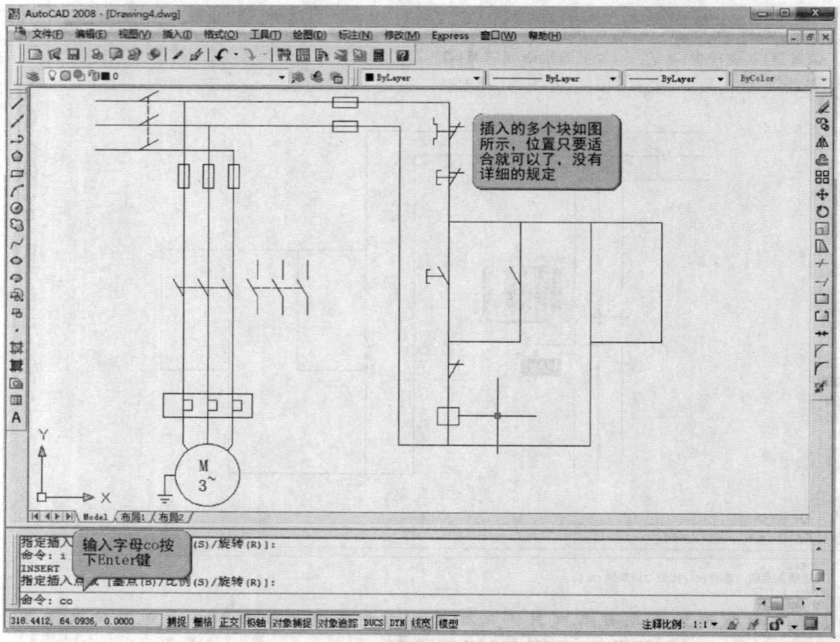

图 3.2.17　电动机正反转插入电气符号块绘制（十六）

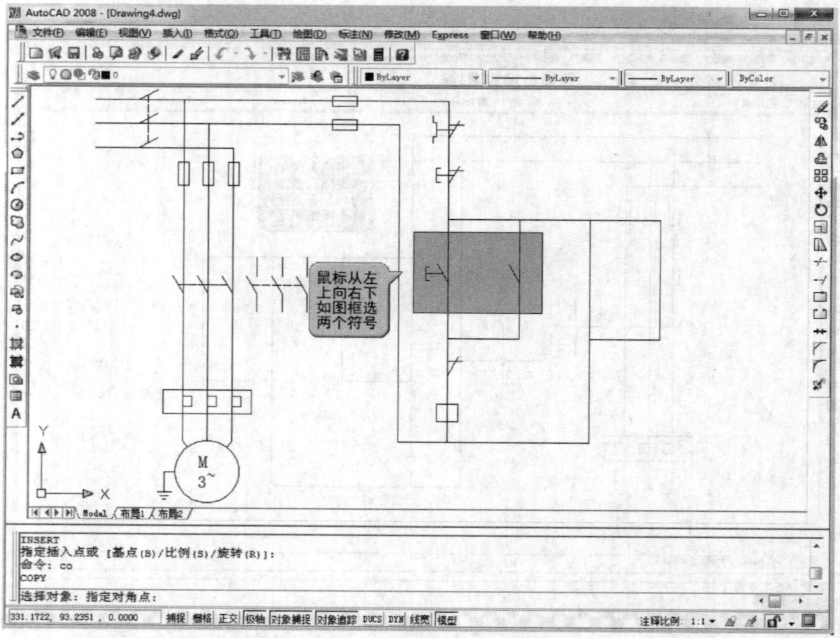

图 3.2.18　电动机正反转插入电气符号块绘制（十七）

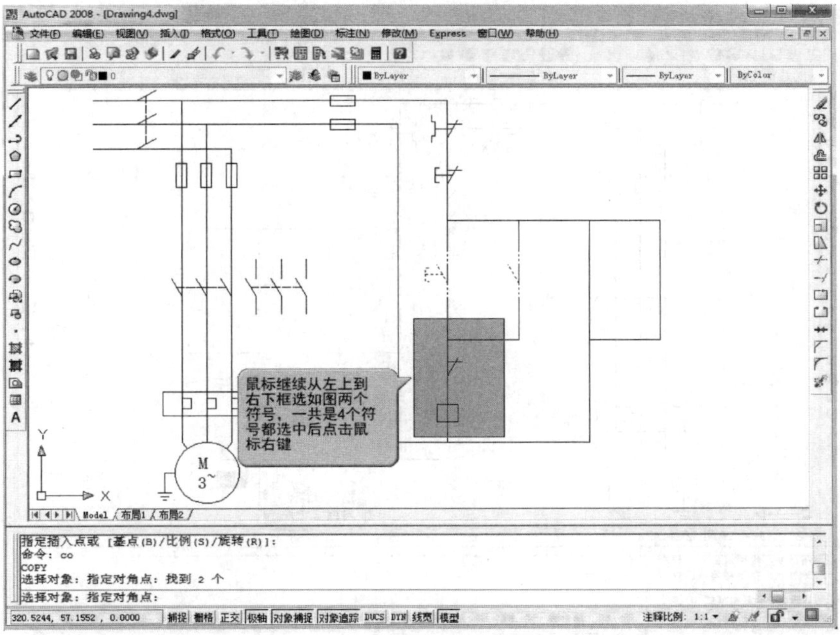

图 3.2.19　电动机正反转插入电气符号块绘制（十八）

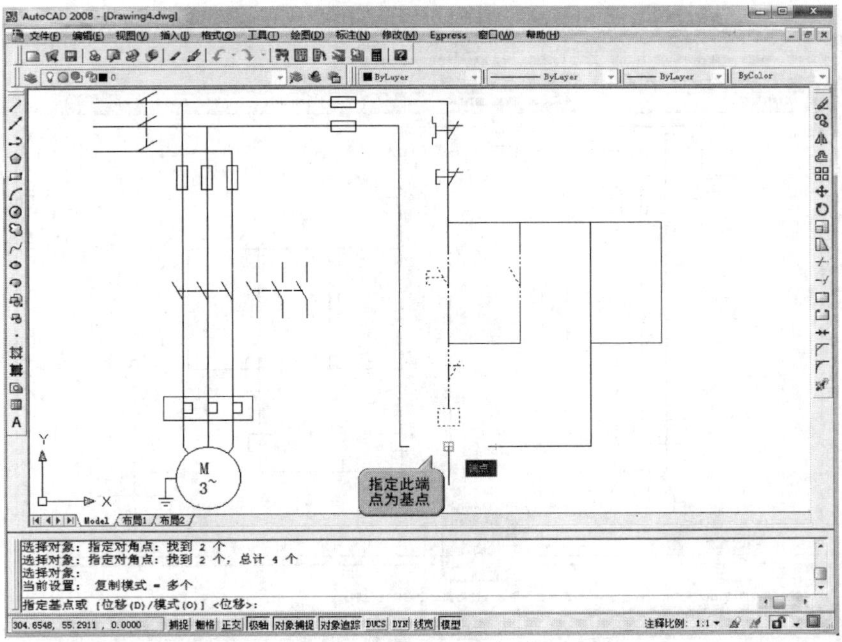

图 3.2.20　电动机正反转插入电气符号块绘制（十九）

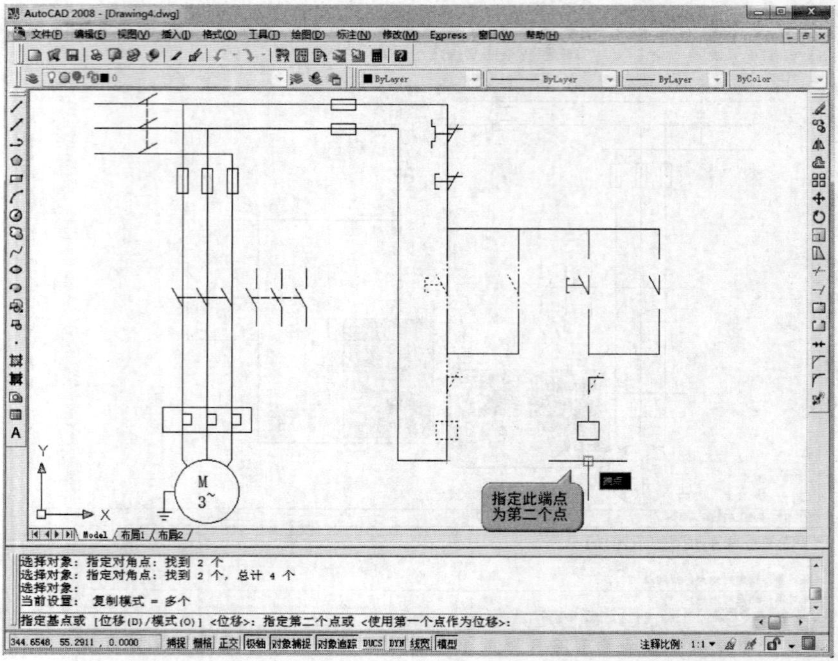

图 3.2.21 电动机正反转插入电气符号块绘制（二十）

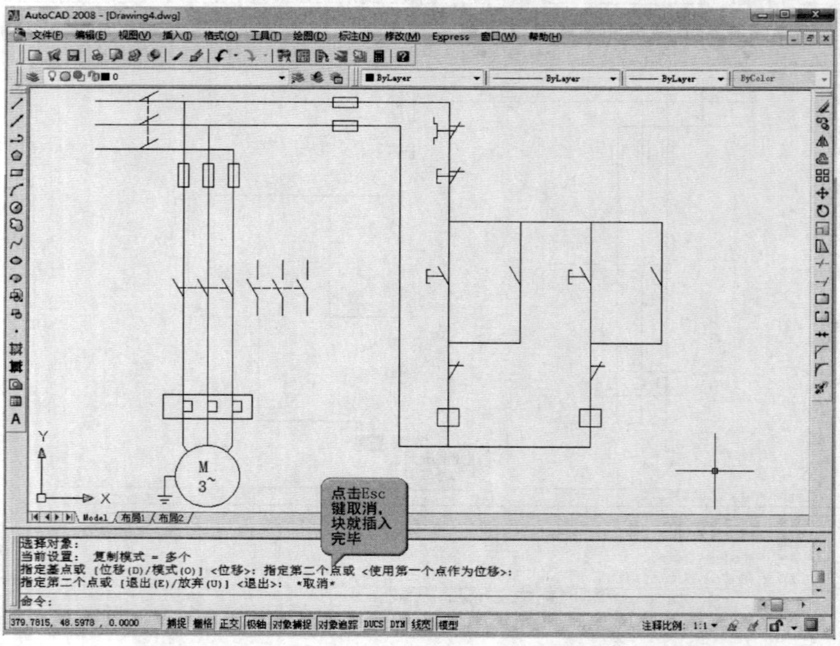

图 3.2.22 电动机正反转插入电气符号块绘制（二十一）

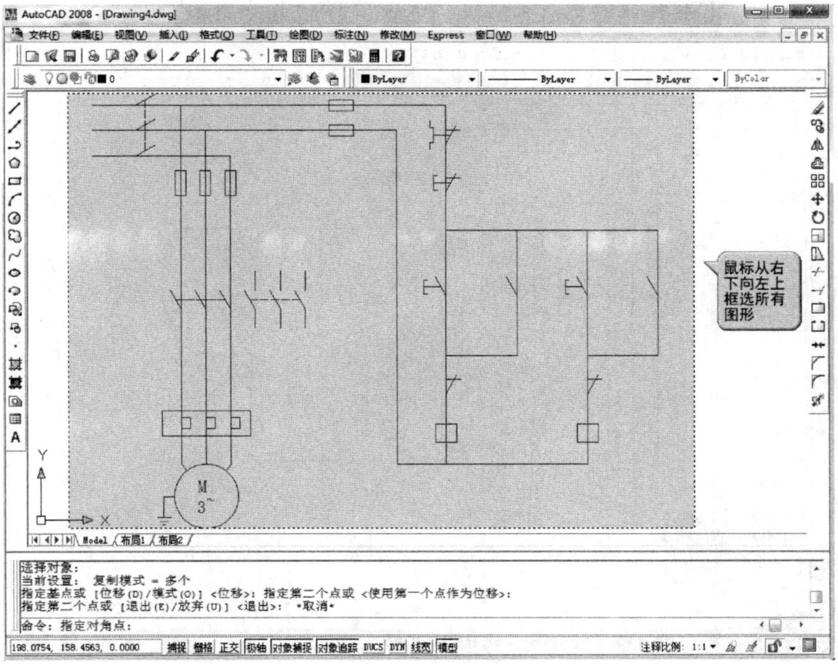

图 3.2.23　电动机正反转插入电气符号块绘制（二十二）

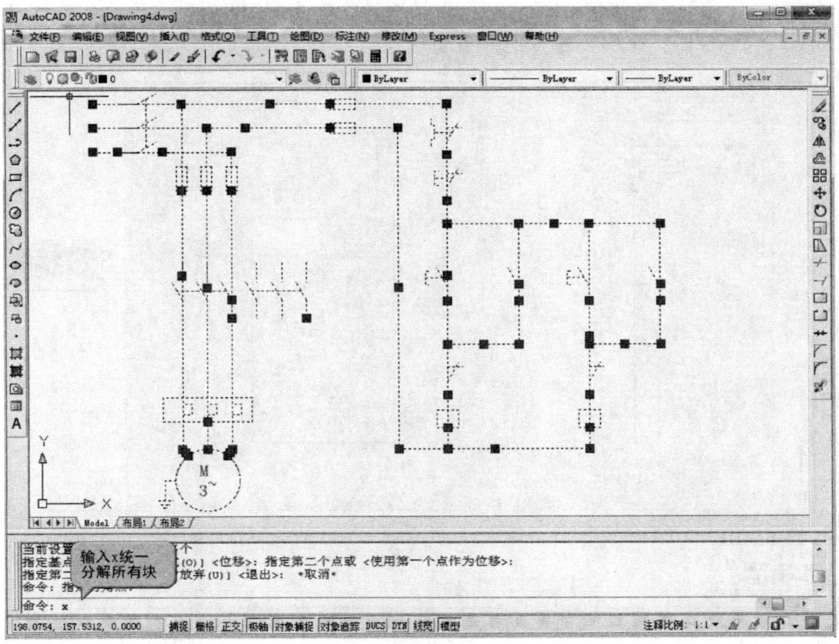

图 3.2.24　电动机正反转插入电气符号块绘制（二十三）

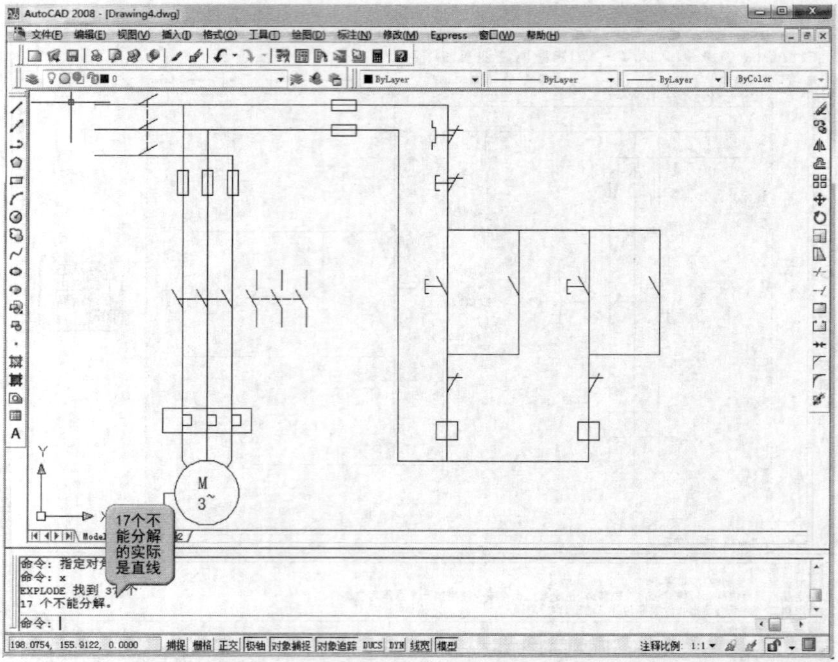

图 3.2.25　电动机正反转插入电气符号块绘制（二十四）

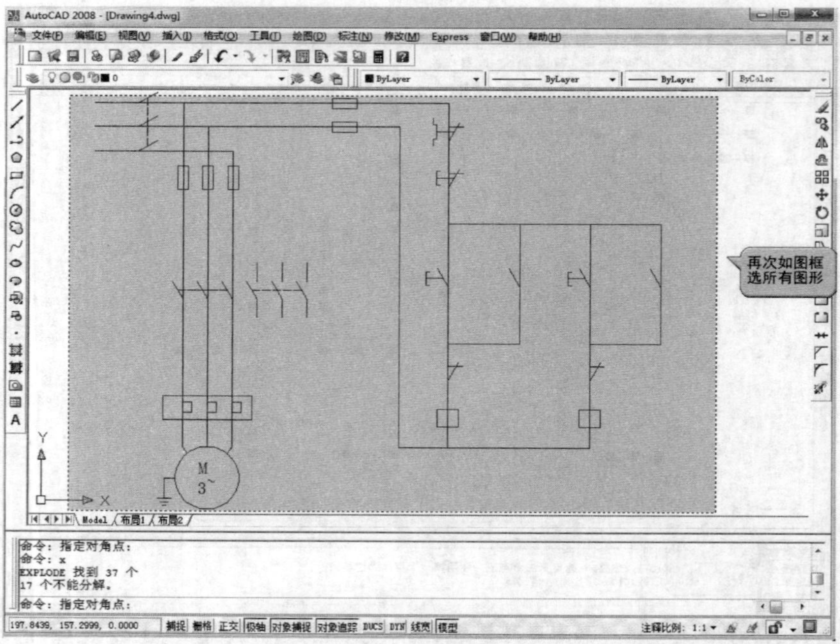

图 3.2.26　电动机正反转插入电气符号块绘制（二十五）

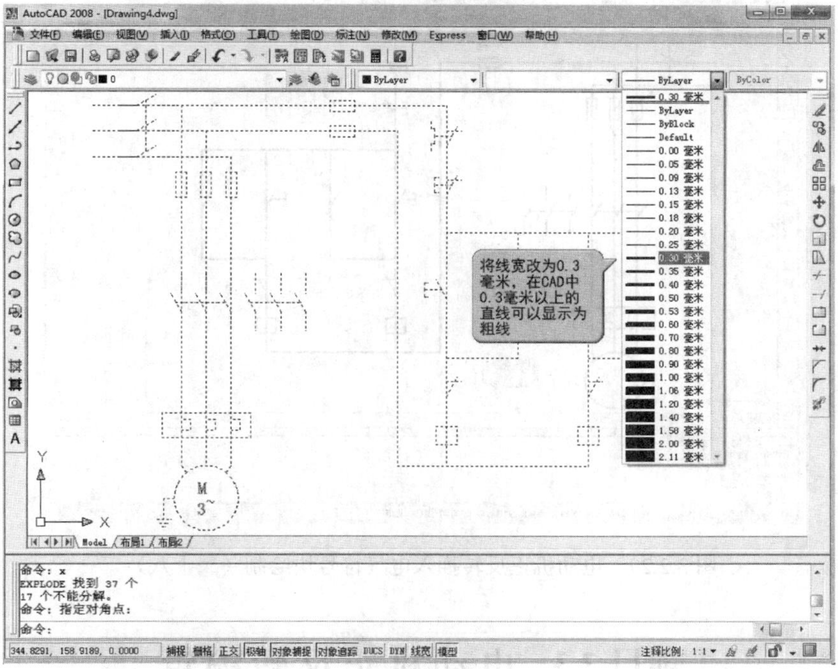

图 3.2.27　电动机正反转插入电气符号块绘制（二十六）

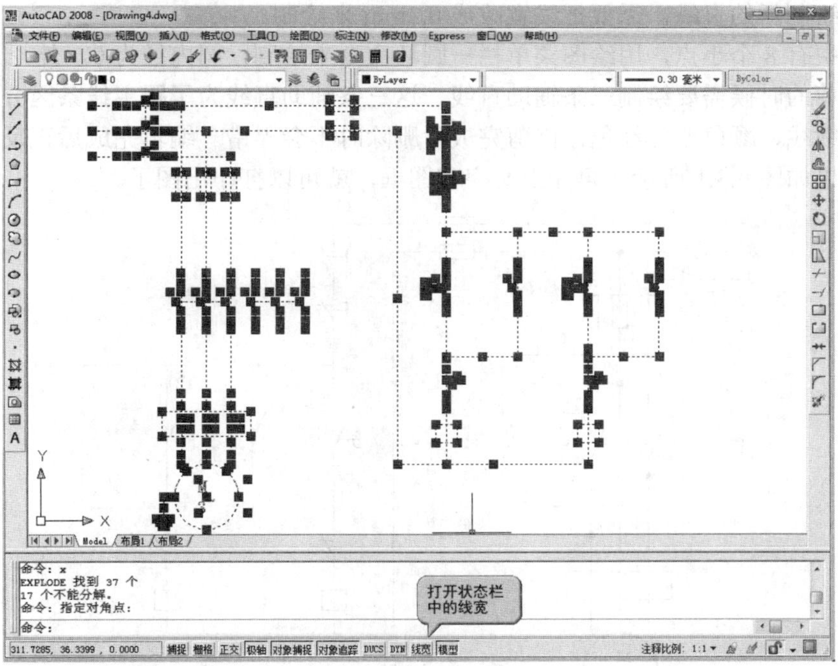

图 3.2.28　电动机正反转插入电气符号块绘制（二十七）

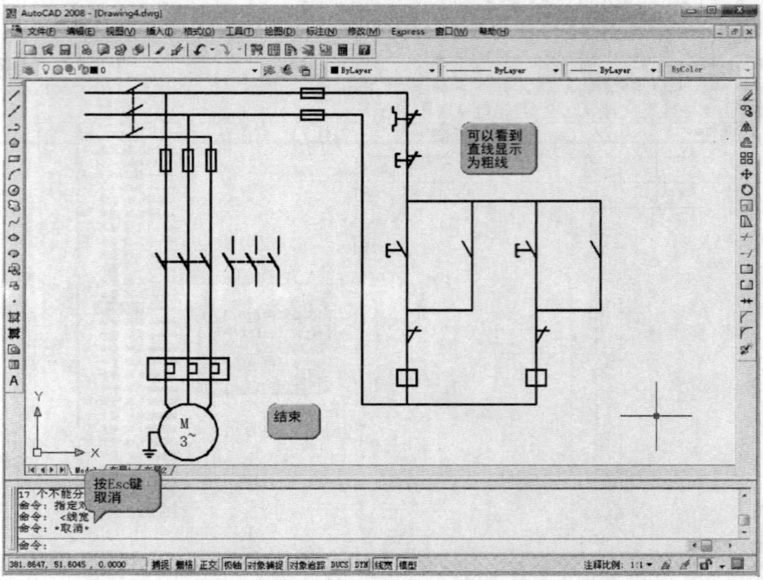

图 3.2.29 电动机正反转插入电气符号块绘制（二十八）

项目 3.3 电动机正反转编辑

（1）在项目 3.2 中插入的块已经全部分解了，并且图线改成了 0.3mm，因此在这次编辑中如果需要绘制新的直线，需要把线宽改成 0.3mm 来绘制。

（2）图中有 8 个小点，用绘图菜单栏—圆环命令来绘制，圆内径为 0，外径为 2mm。

（3）修剪的时候需要绘制三条辅助直线，这三条辅助直线为了跟主线条区分开，把线宽设置成随层细线，颜色改为红色，修剪完成后删除时不会弄错。编辑完成后正反转图就绘制完毕了，效果如图 3.3.1 所示，再加上文字和图框，就可以打印出图了。

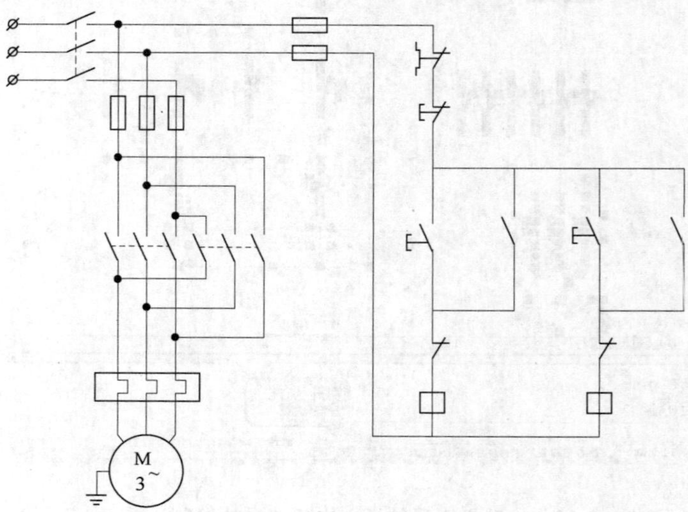

图 3.3.1 电动机正反转编辑

电动机正反转编辑过程如图 3.3.2～图 3.3.22 所示。

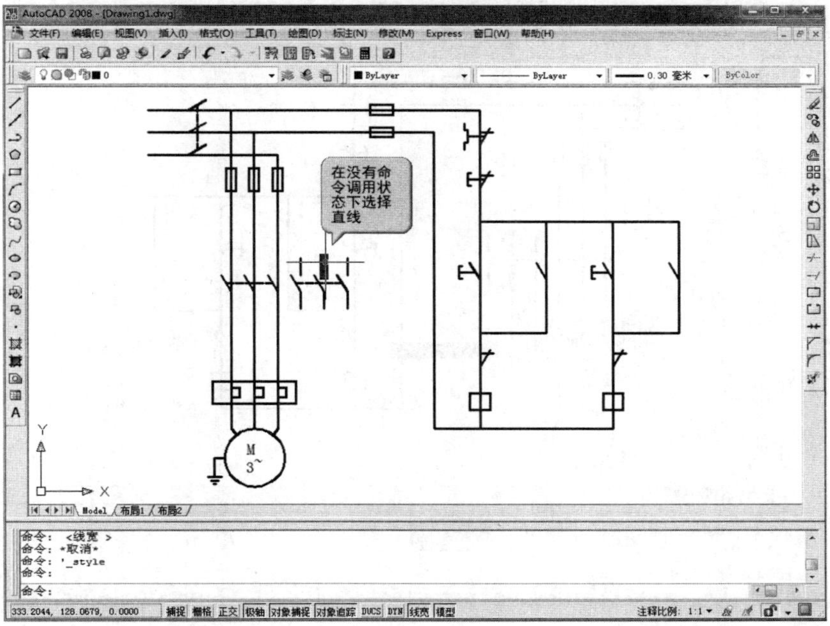

图 3.3.2　电动机正反转编辑过程（一）

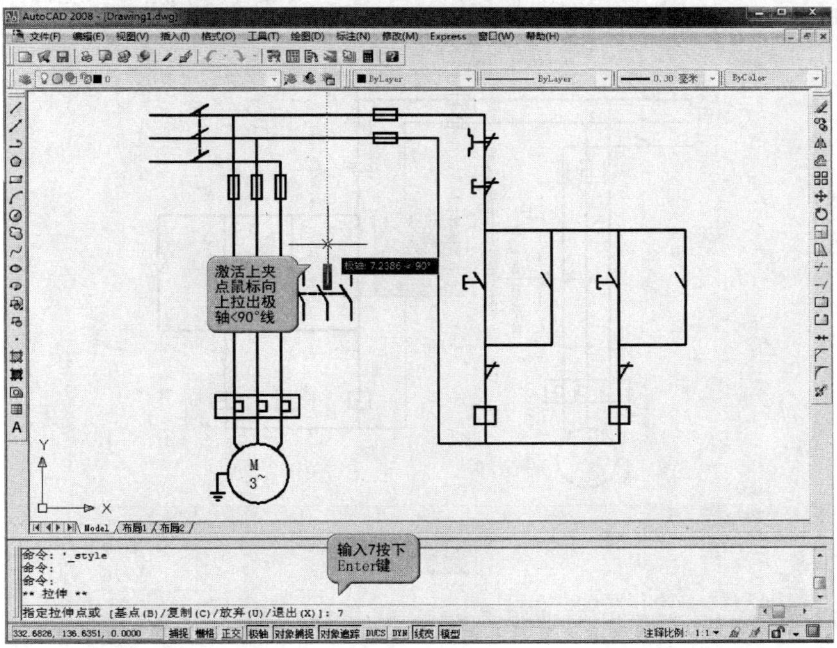

图 3.3.3　电动机正反转编辑过程（二）

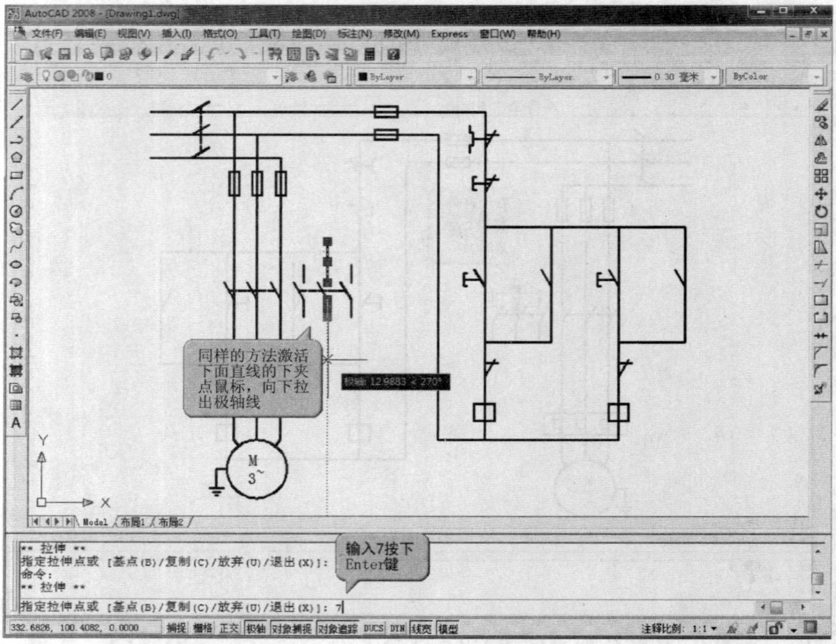

图 3.3.4 电动机正反转编辑过程（三）

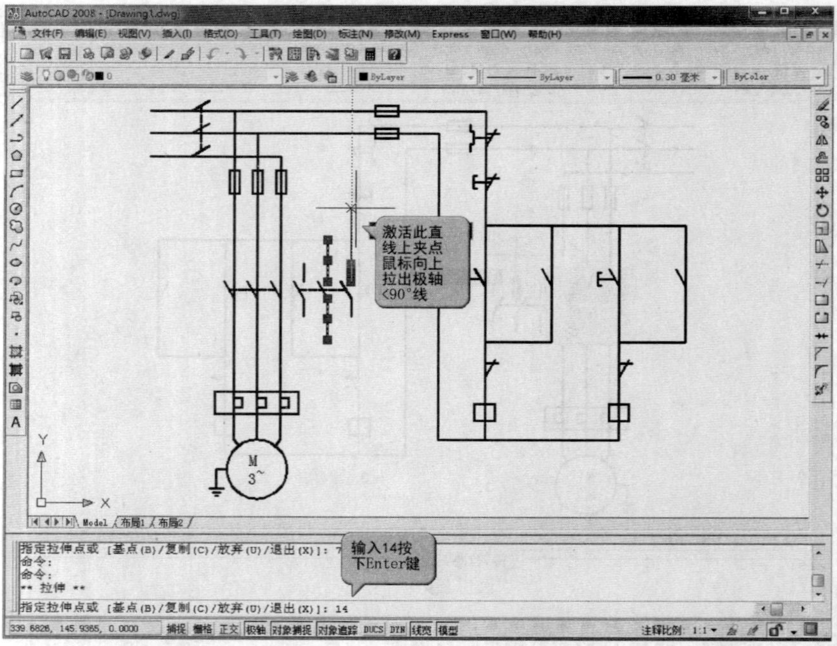

图 3.3.5 电动机正反转编辑过程（四）

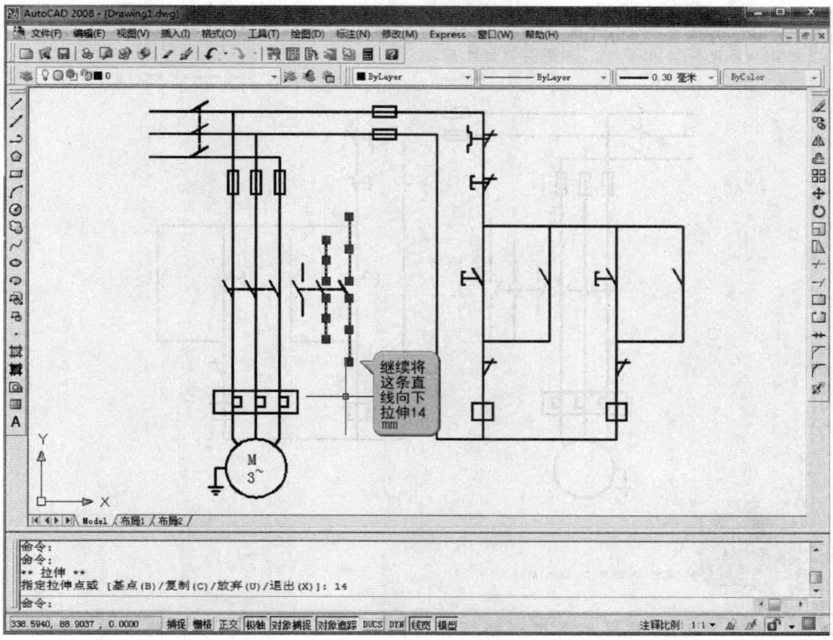

图 3.3.6　电动机正反转编辑过程（五）

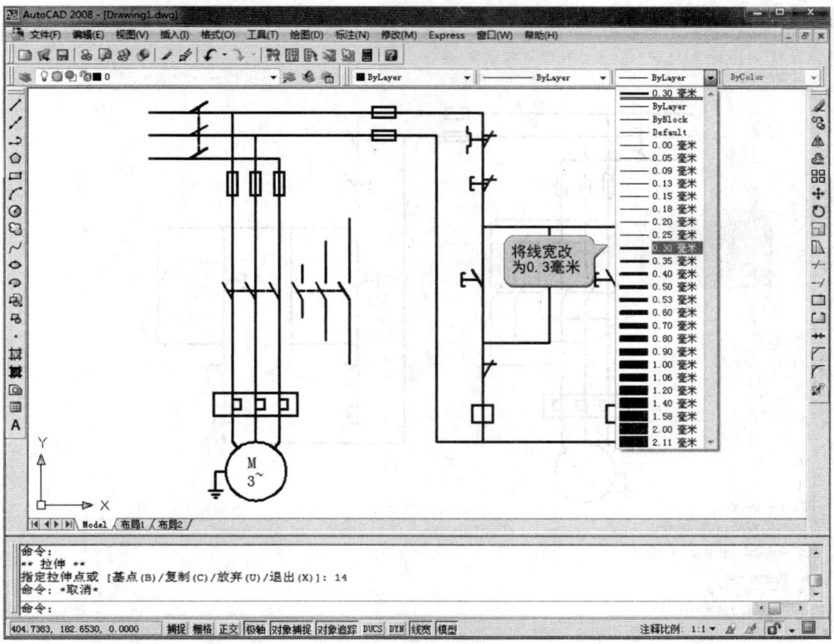

图 3.3.7　电动机正反转编辑过程（六）

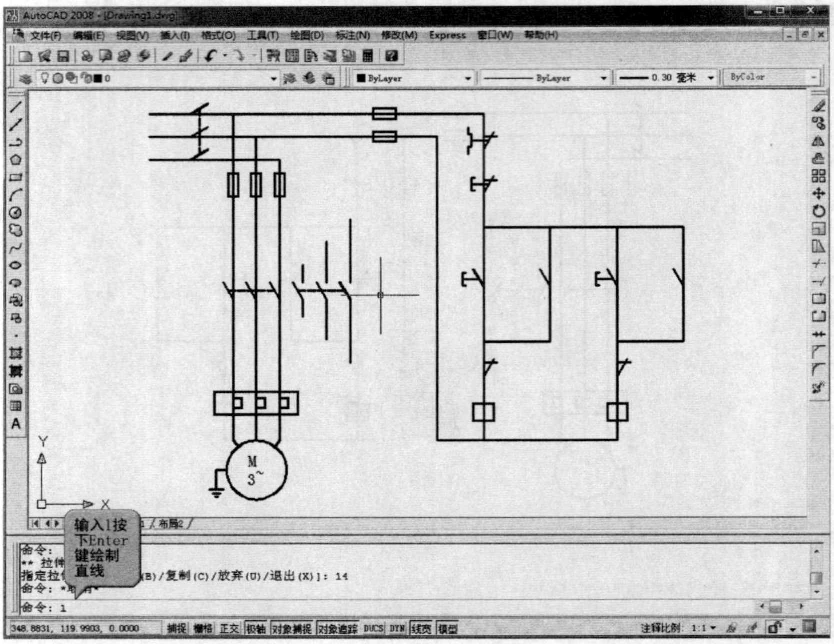

图 3.3.8 电动机正反转编辑过程（七）

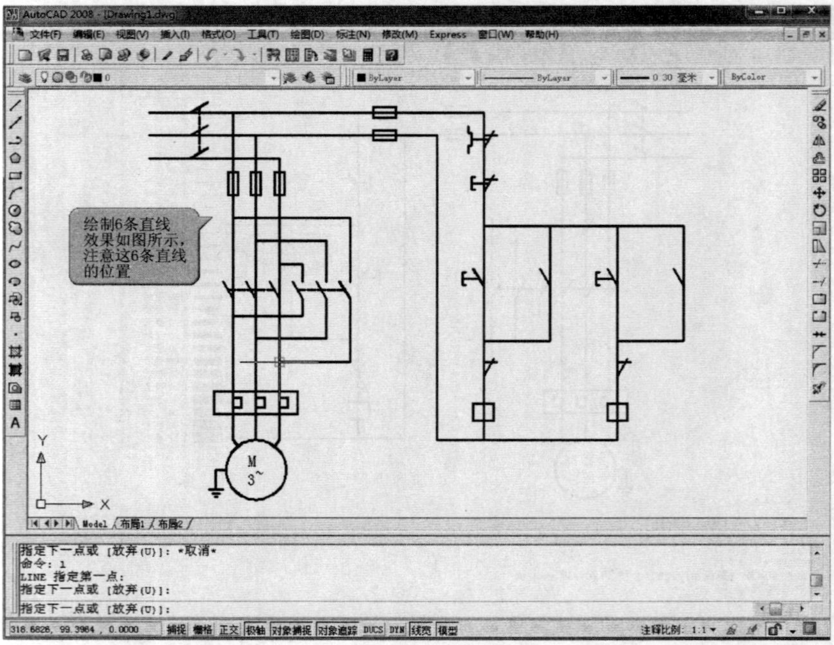

图 3.3.9 电动机正反转编辑过程（八）

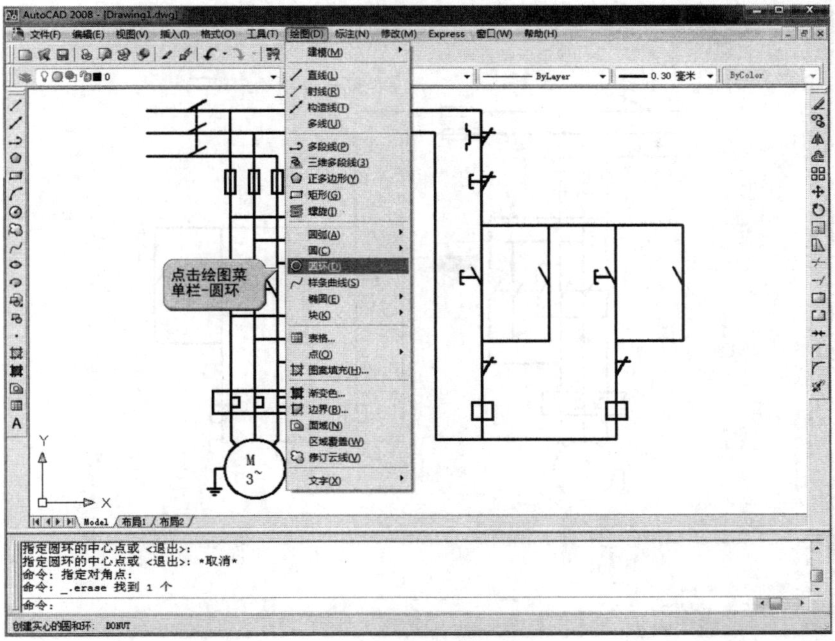

图 3.3.10　电动机正反转编辑过程（九）

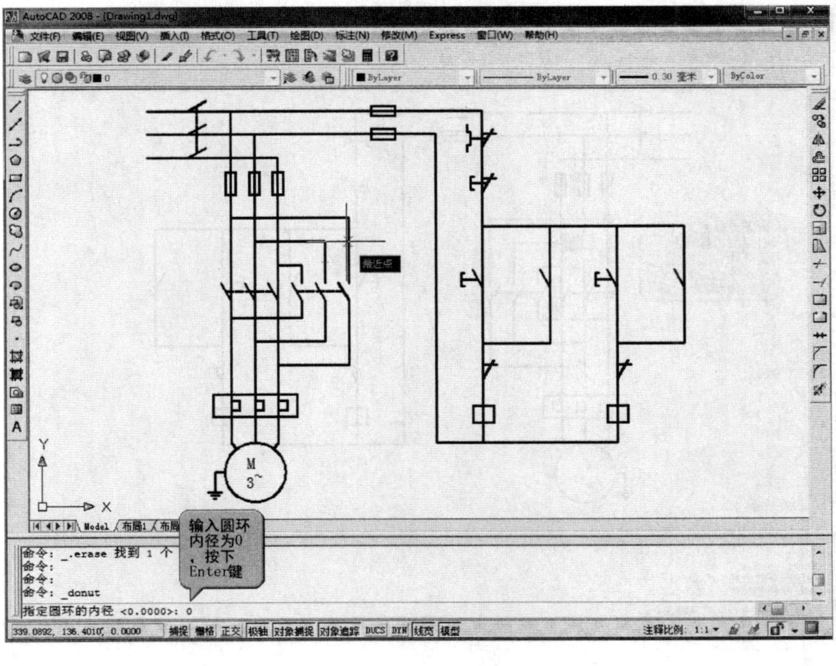

图 3.3.11　电动机正反转编辑过程（十）

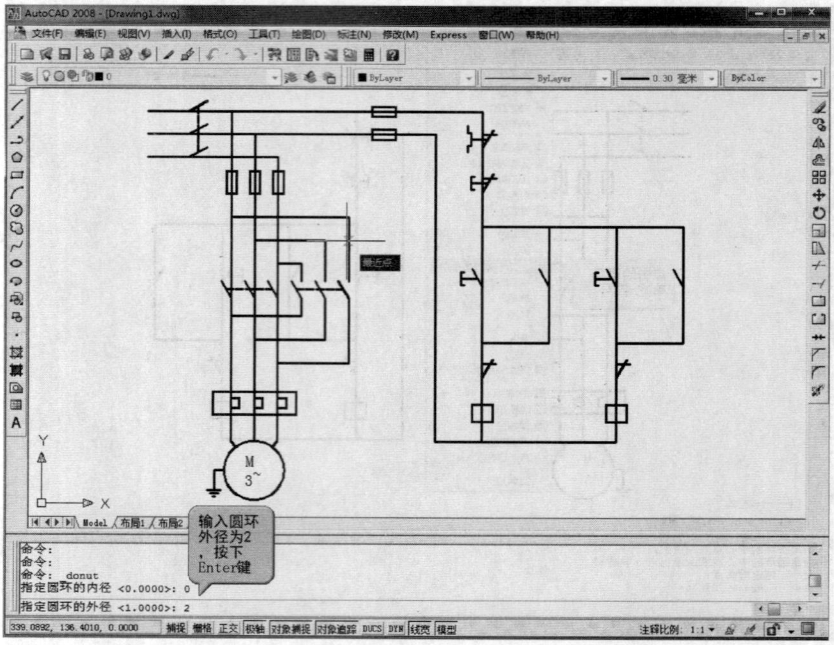

图 3.3.12 电动机正反转编辑过程（十一）

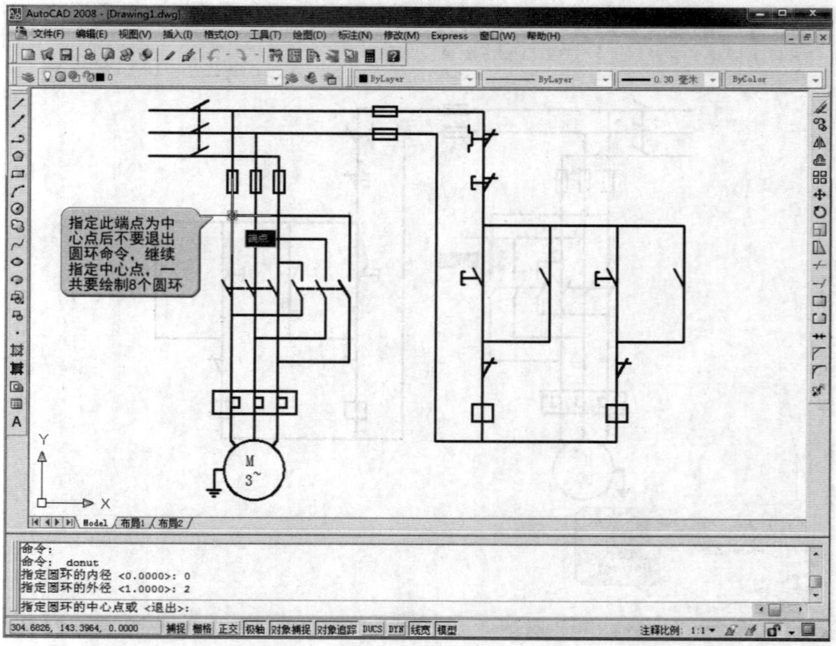

图 3.3.13 电动机正反转编辑过程（十二）

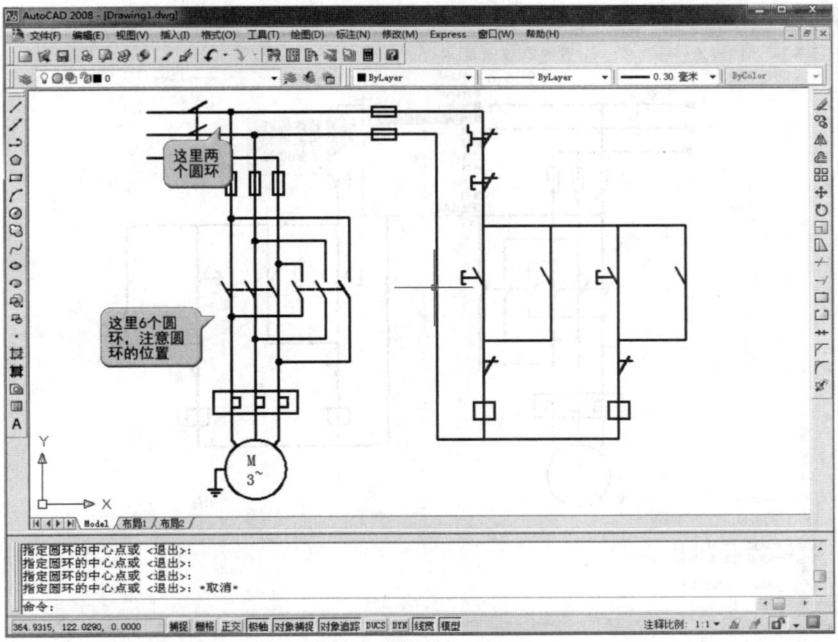

图 3.3.14　电动机正反转编辑过程（十三）

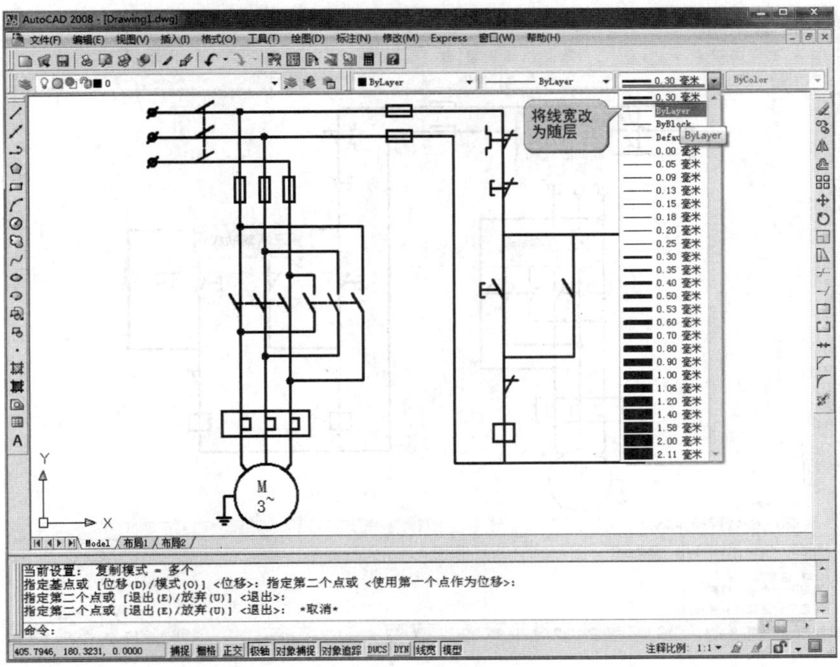

图 3.3.15　电动机正反转编辑过程（十四）

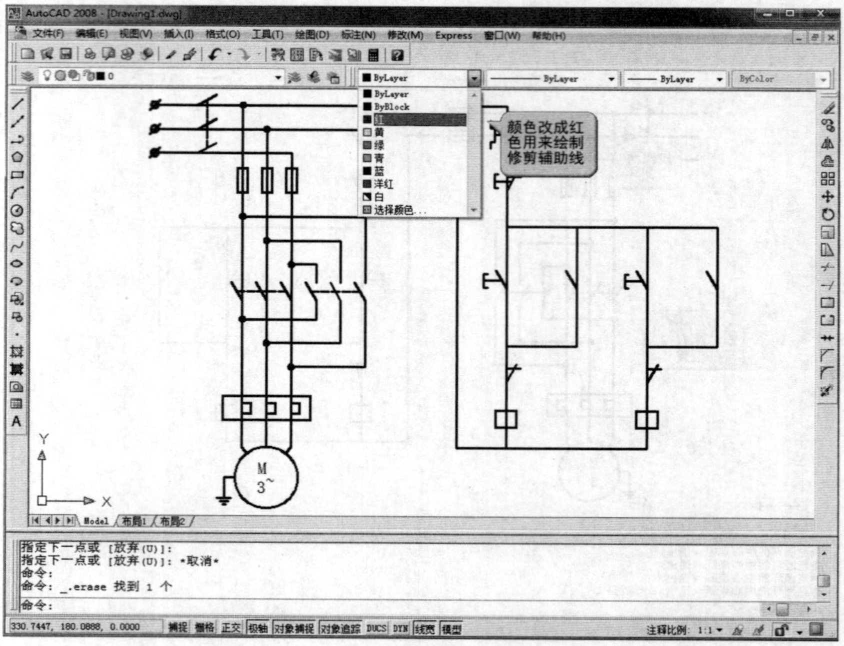

图 3.3.16 电动机正反转编辑过程（十五）

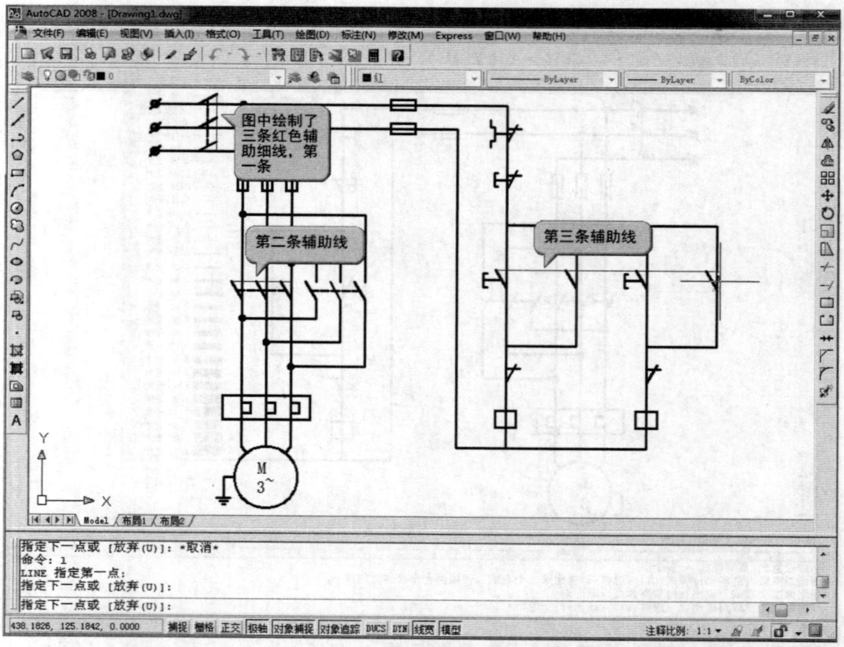

图 3.3.17 电动机正反转编辑过程（十六）

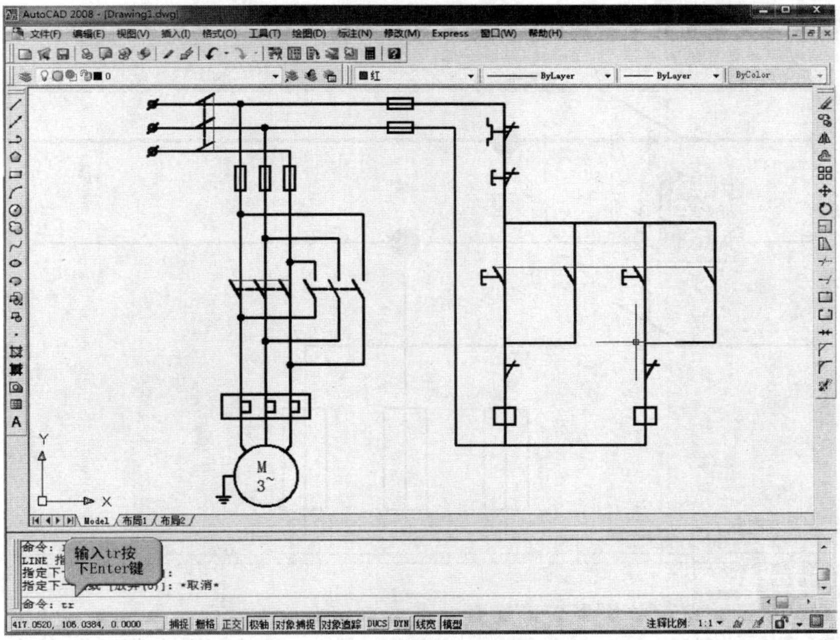

图 3.3.18　电动机正反转编辑过程（十七）

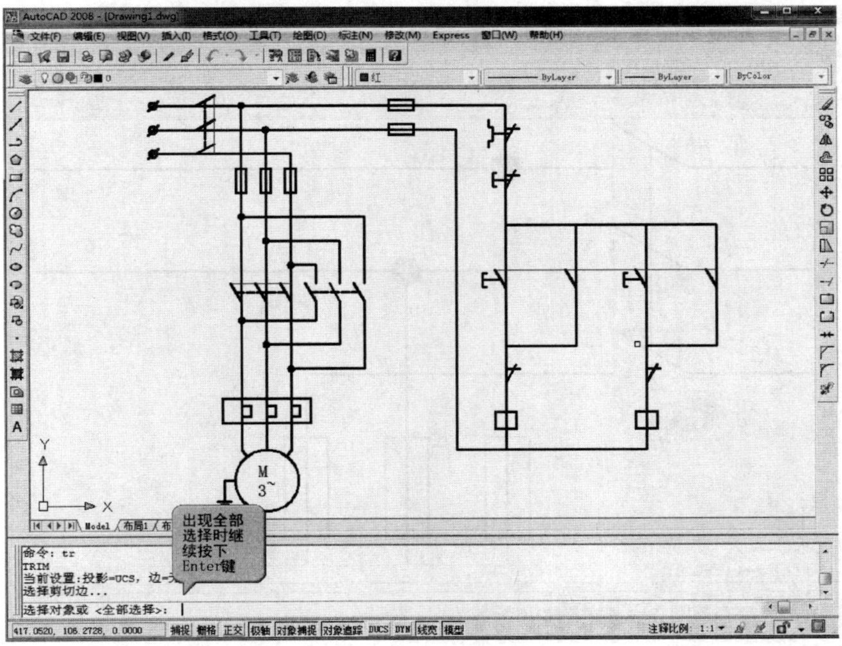

图 3.3.19　电动机正反转编辑过程（十八）

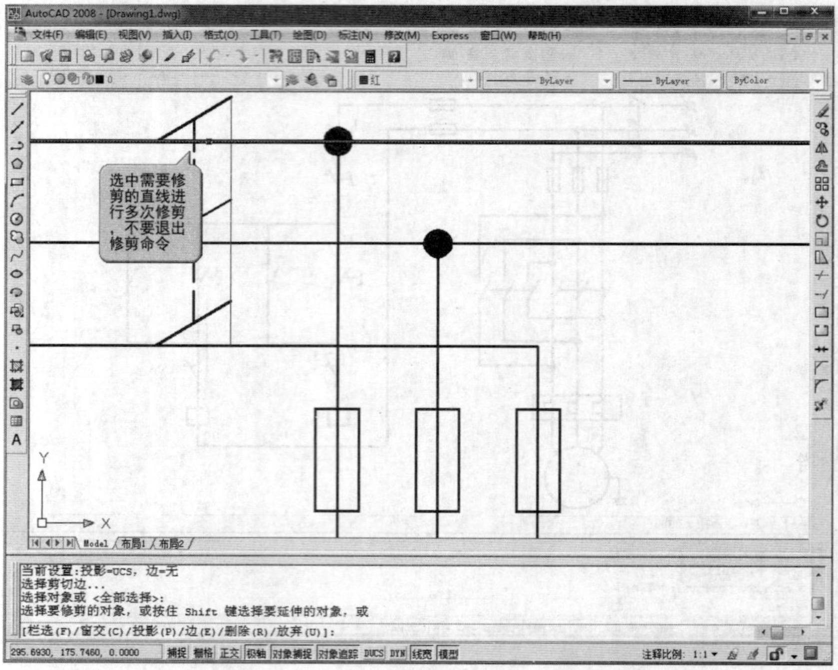

图 3.3.20　电动机正反转编辑过程（十九）

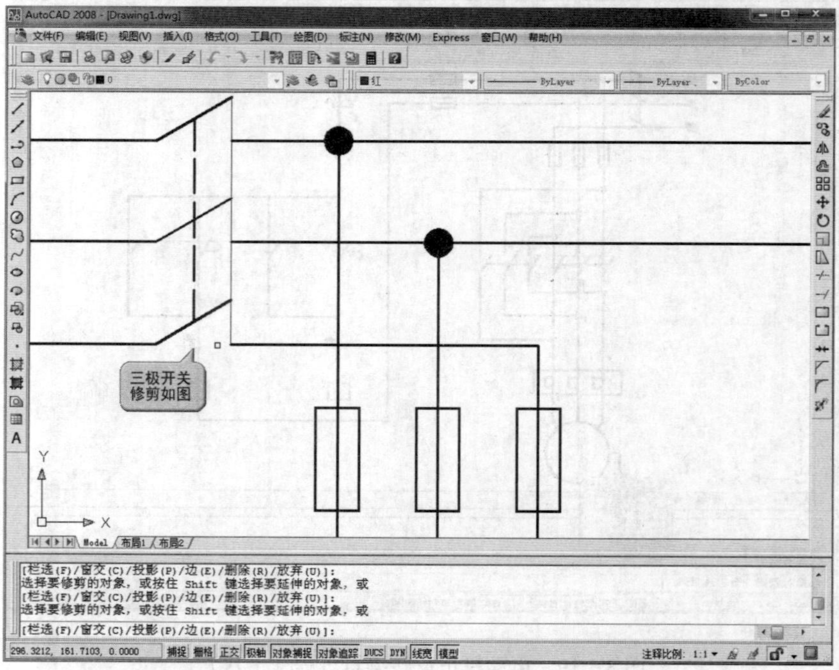

图 3.3.21　电动机正反转编辑过程（二十）

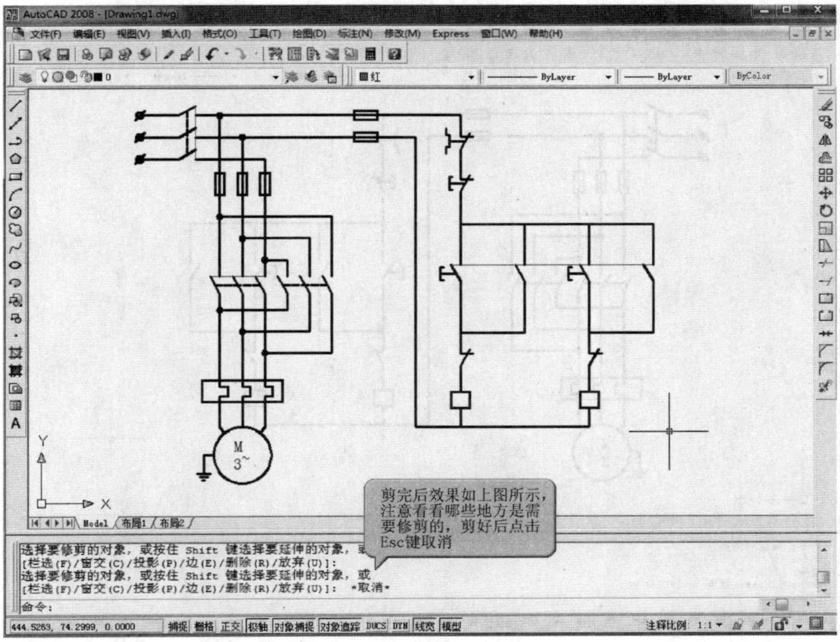

图 3.3.22　电动机正反转编辑过程（二十一）

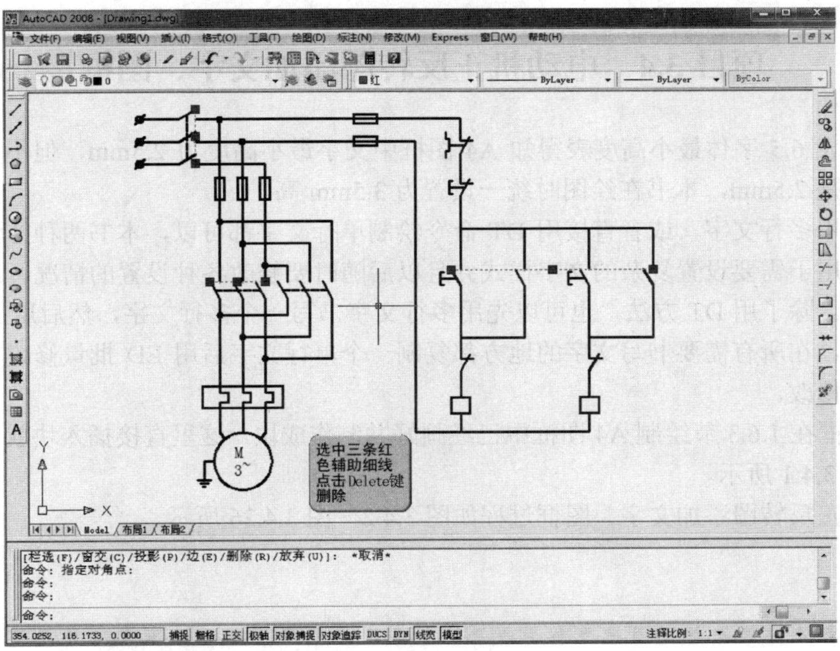

图 3.3.23　电动机正反转编辑过程（二十二）

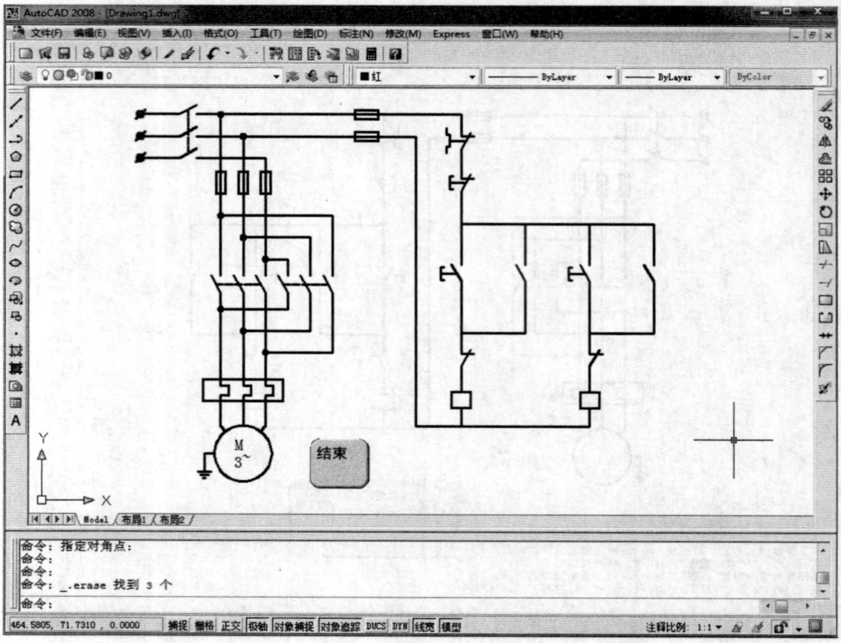

图 3.3.24 电动机正反转编辑过程（二十三）

项目 3.4 电动机正反转图添加文字、图框

（1）查表 6.5 字体最小高度表得知 A4 图框中文字最小高度为 2.5mm，但不是说所有文字高度只能是 2.5mm，本书在绘图时统一设置为 3.5mm 高。

（2）使用多行文字，或者直接用 DT 命令绘制单行文字都可以，本书两种方法都演示。多行文字适用于需要设置复杂的文字样式并且以后随时要修改各种设置的情况。用单行文字要简便一点。除了用 DT 方法，也可以先用多行文字书写一个多行文字，然后用 X 命令分解成单行文字，在所有需要书写文字的地方都复制一个单行文字后用 ED 批量修改单行文字命令进行批量修改。

（3）图框在 1.6.3 节绘制 A4 图框中已经画好并制作成块，这里直接插入块就可以，完成的效果如图 3.4.1 所示。

电动机正反转图添加文字、图框过程如图 3.4.2～图 3.4.26 所示。

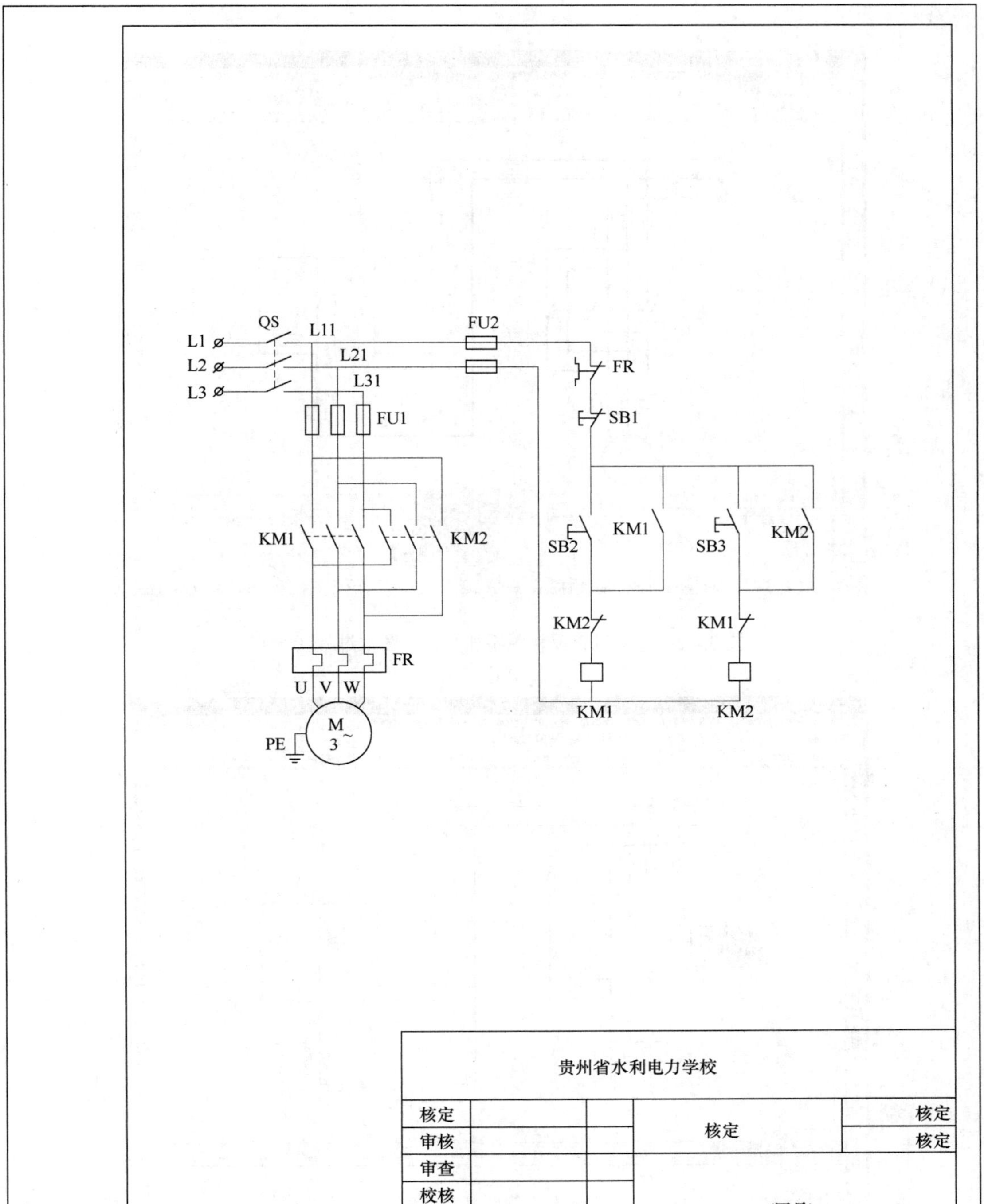

图 3.4.1　电动机正反转完成图

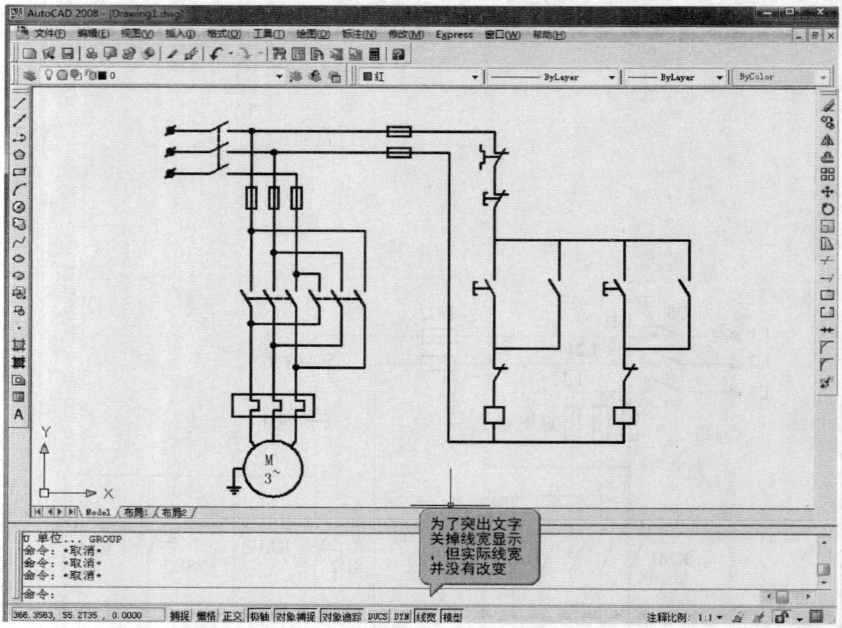

图 3.4.2 电动机正反转图添加文字、图框过程（一）

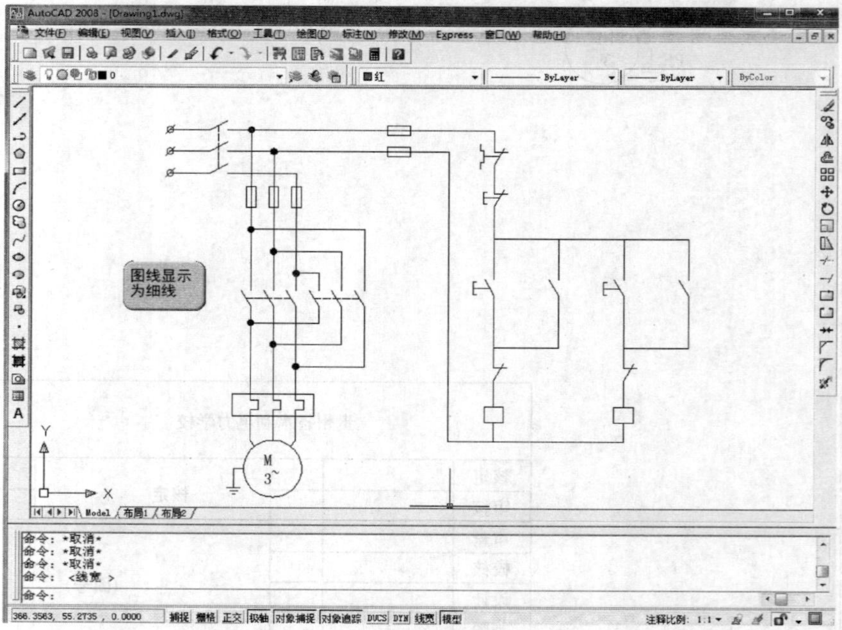

图 3.4.3 电动机正反转图添加文字、图框过程（二）

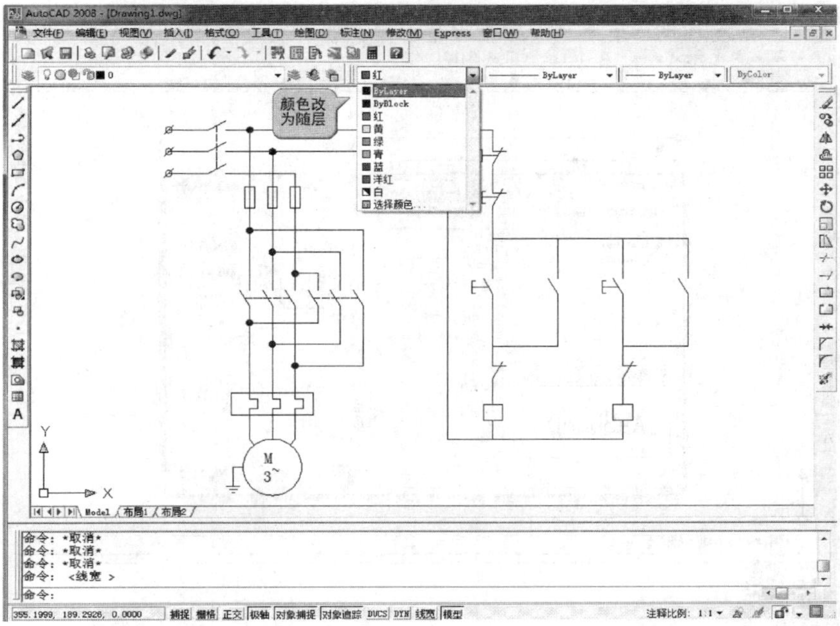

图 3.4.4　电动机正反转图添加文字、图框过程（三）

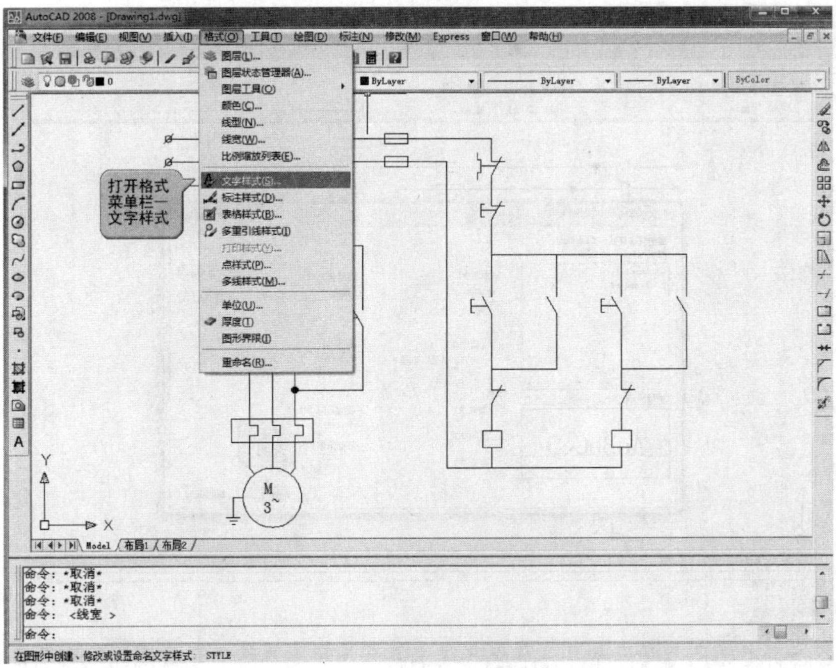

图 3.4.5　电动机正反转图添加文字、图框过程（四）

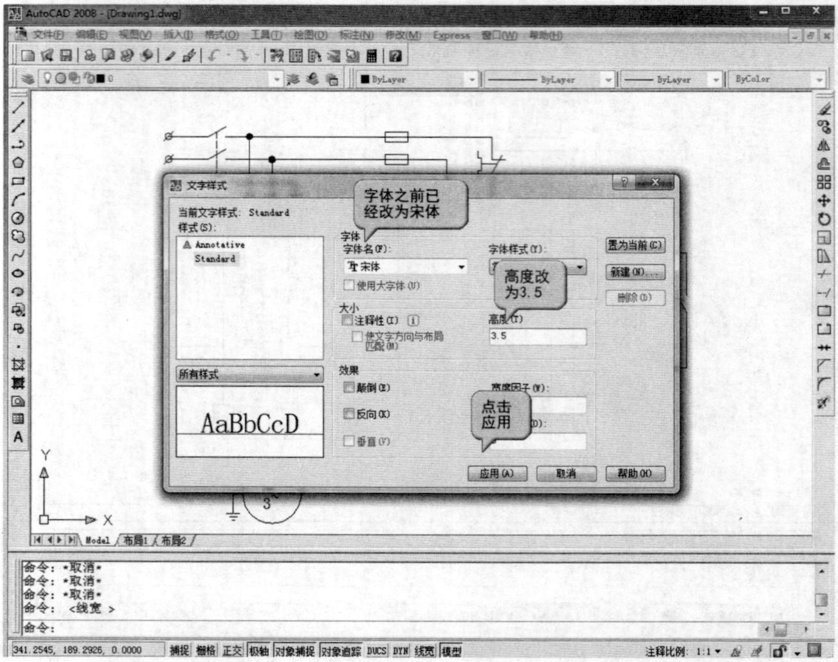

图 3.4.6 电动机正反转图添加文字、图框过程（五）

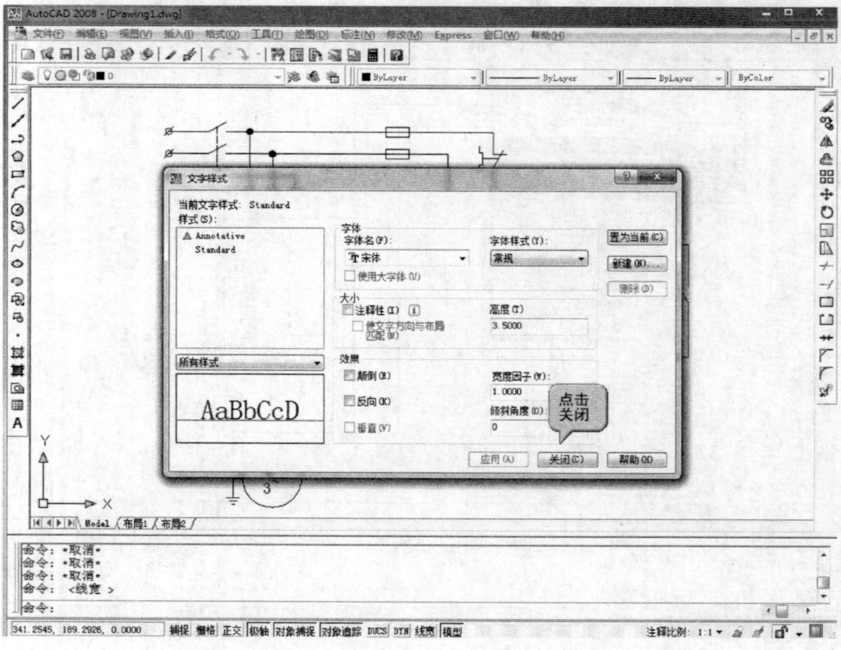

图 3.4.7 电动机正反转图添加文字、图框过程（六）

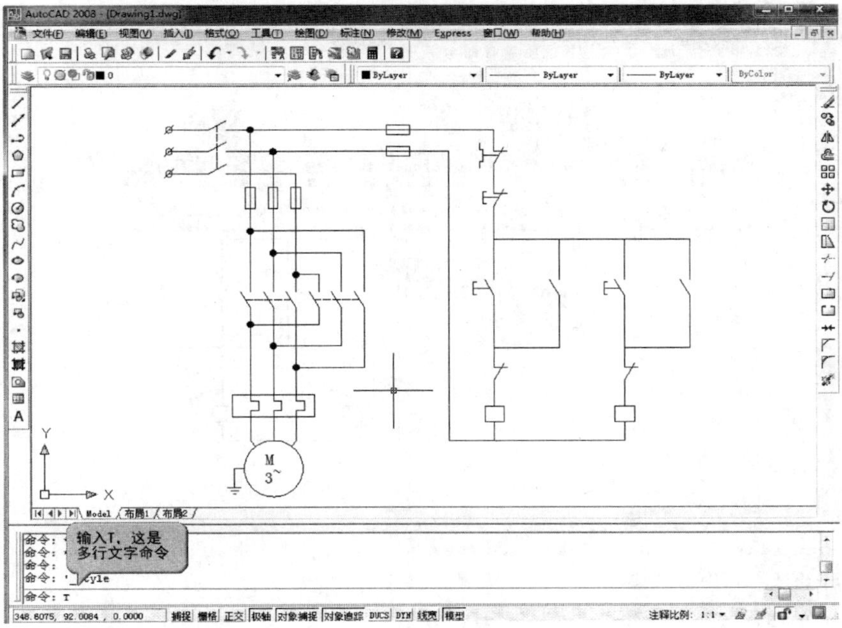

图 3.4.8　电动机正反转图添加文字、图框过程（七）

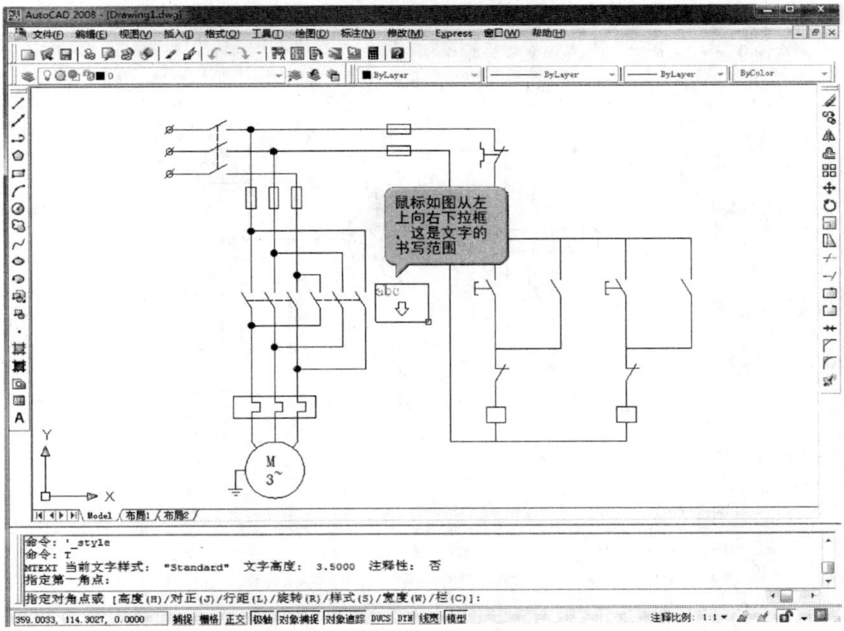

图 3.4.9　电动机正反转图添加文字、图框过程（八）

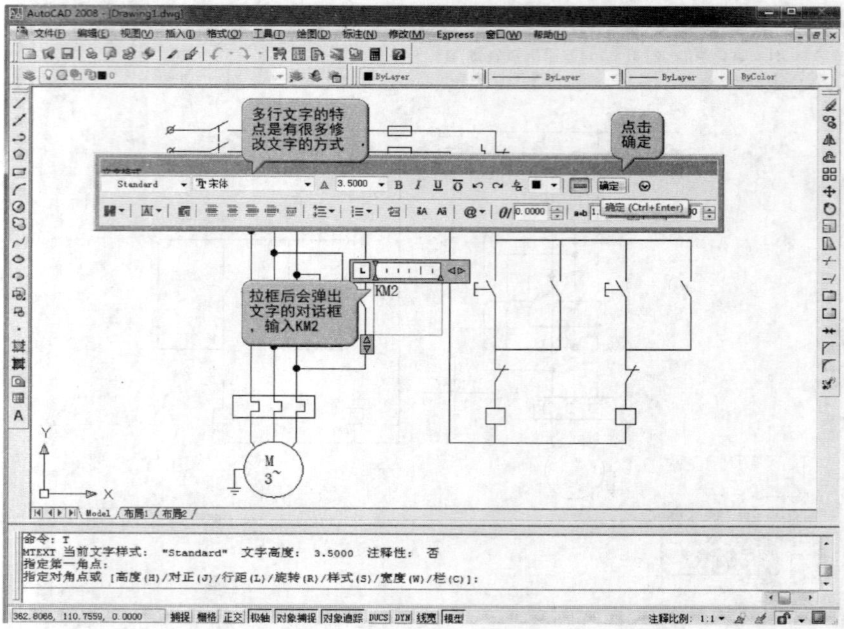

图 3.4.10 电动机正反转图添加文字、图框过程（九）

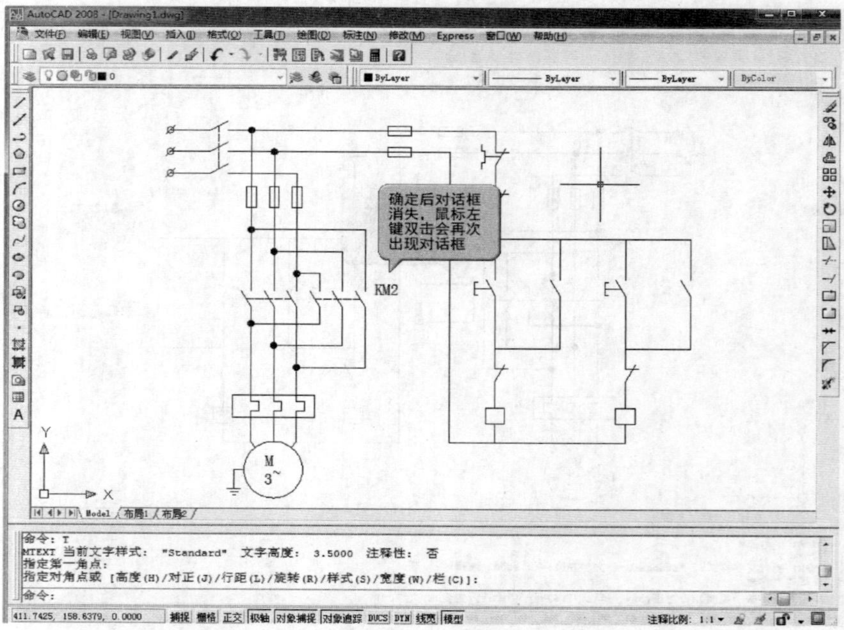

图 3.4.11 电动机正反转图添加文字、图框过程（十）

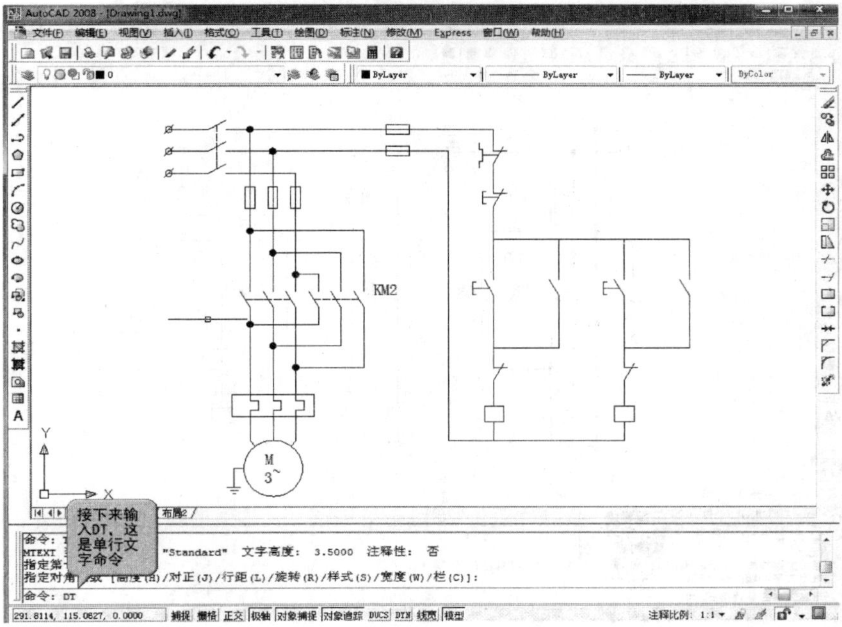

图 3.4.12　电动机正反转图添加文字、图框过程（十一）

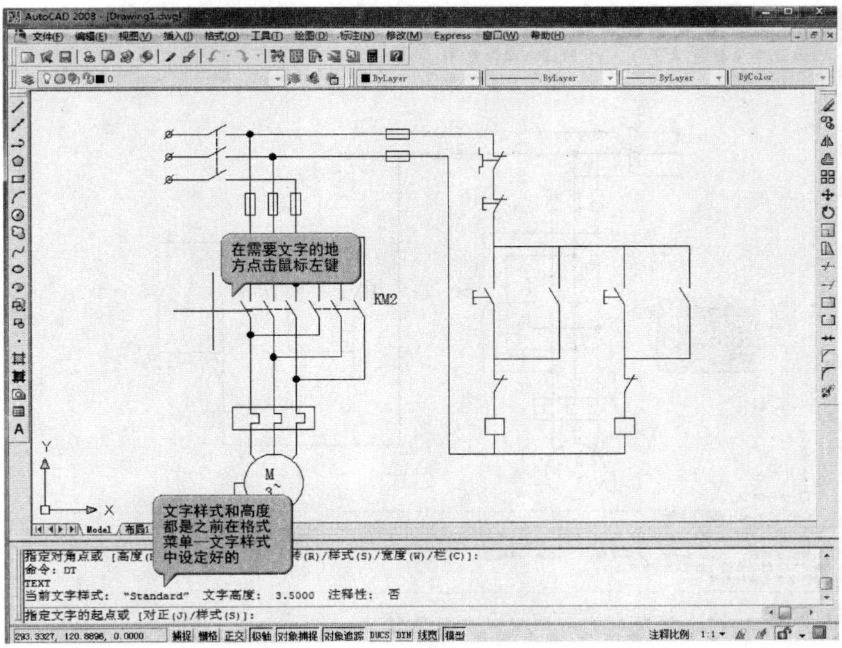

图 3.4.13　电动机正反转图添加文字、图框过程（十二）

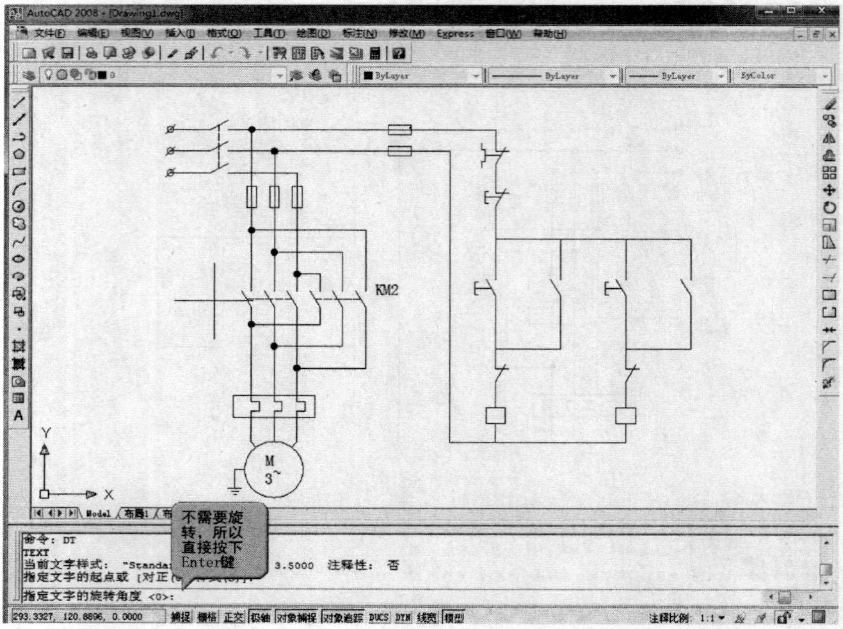

图 3.4.14 电动机正反转图添加文字、图框过程（十三）

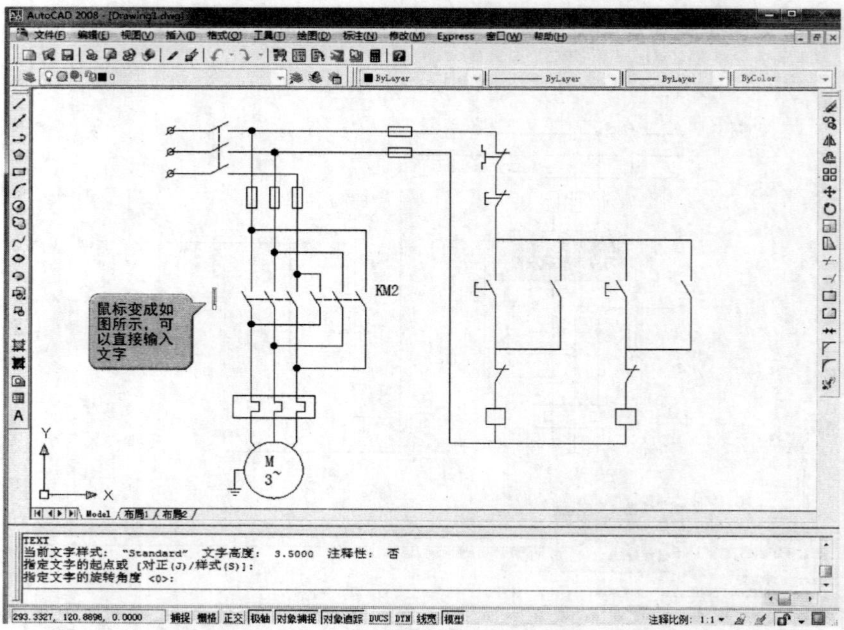

图 3.4.15 电动机正反转图添加文字、图框过程（十四）

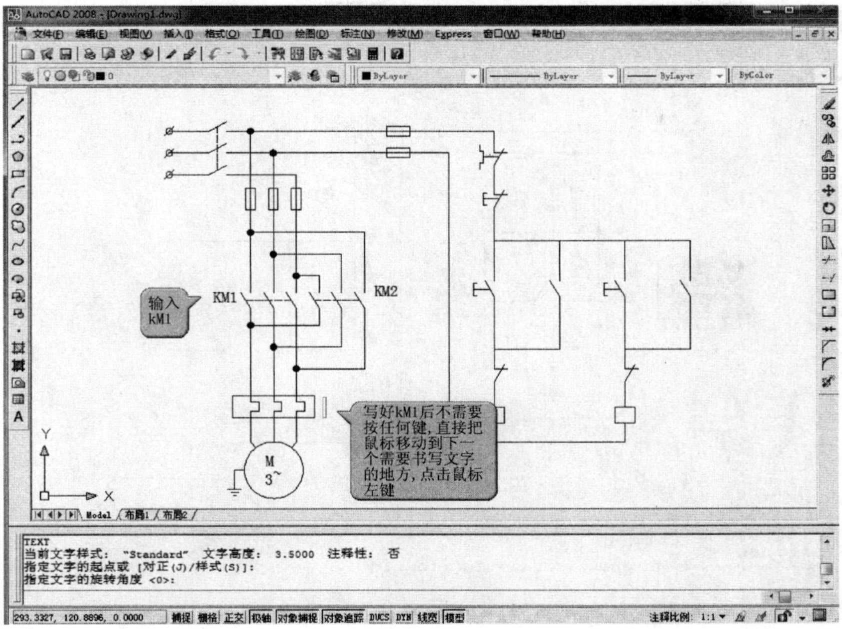

图 3.4.16　电动机正反转图添加文字、图框过程（十五）

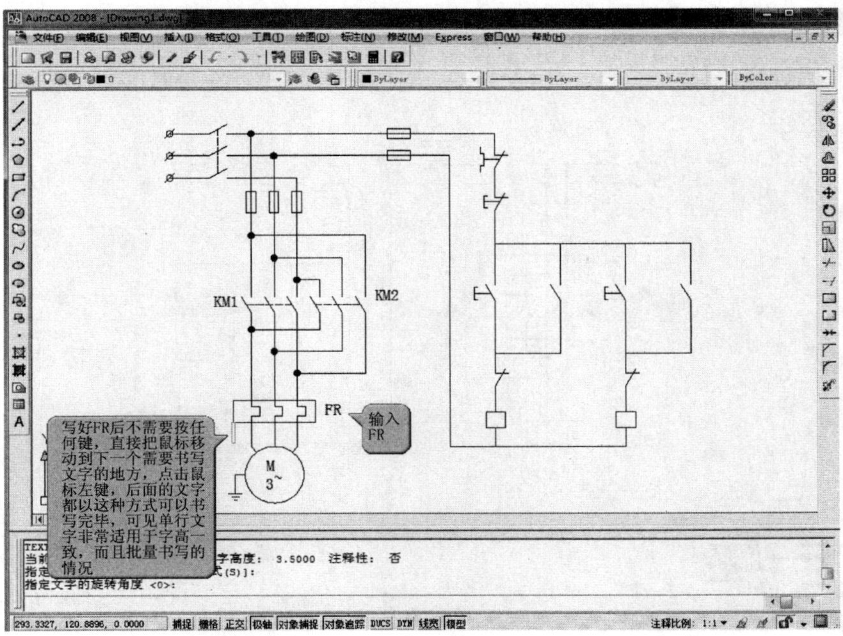

图 3.4.17　电动机正反转图添加文字、图框过程（十六）

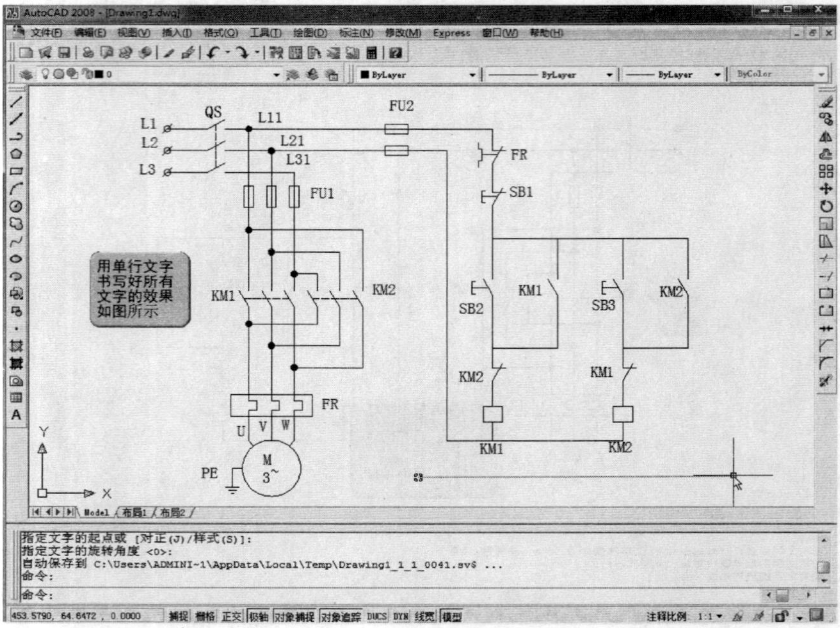

图 3.4.18 电动机正反转图添加文字、图框过程（十七）

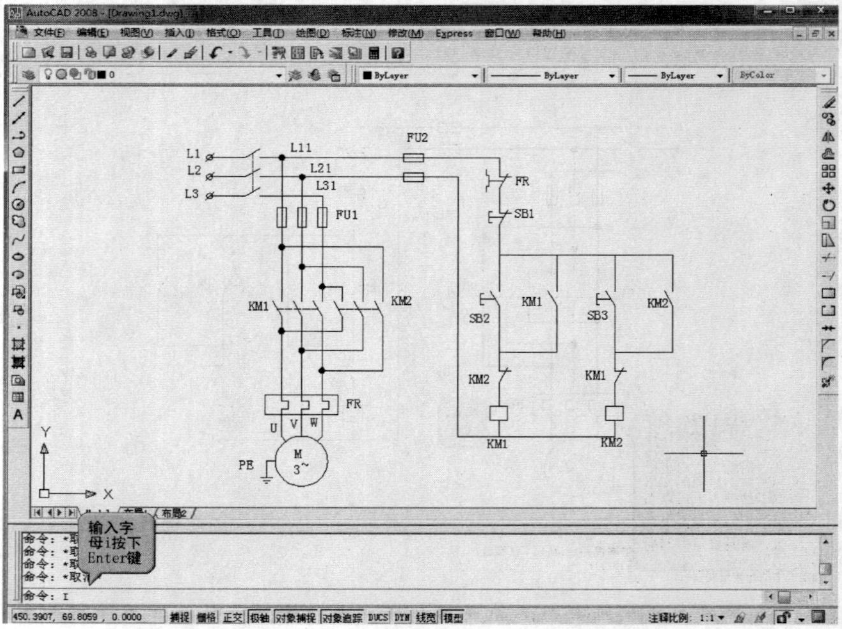

图 3.4.19 电动机正反转图添加文字、图框过程（十八）

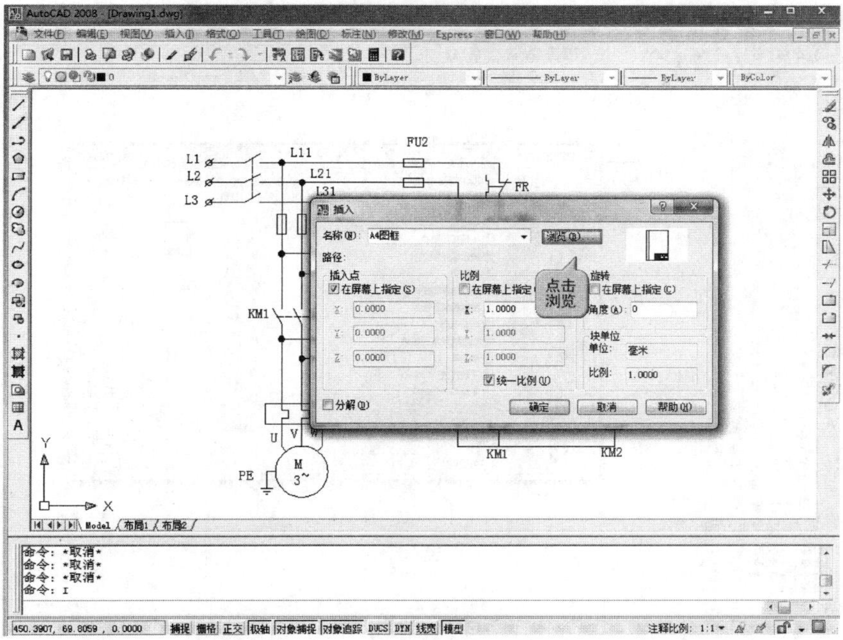

图 3.4.20　电动机正反转图添加文字、图框过程（十九）

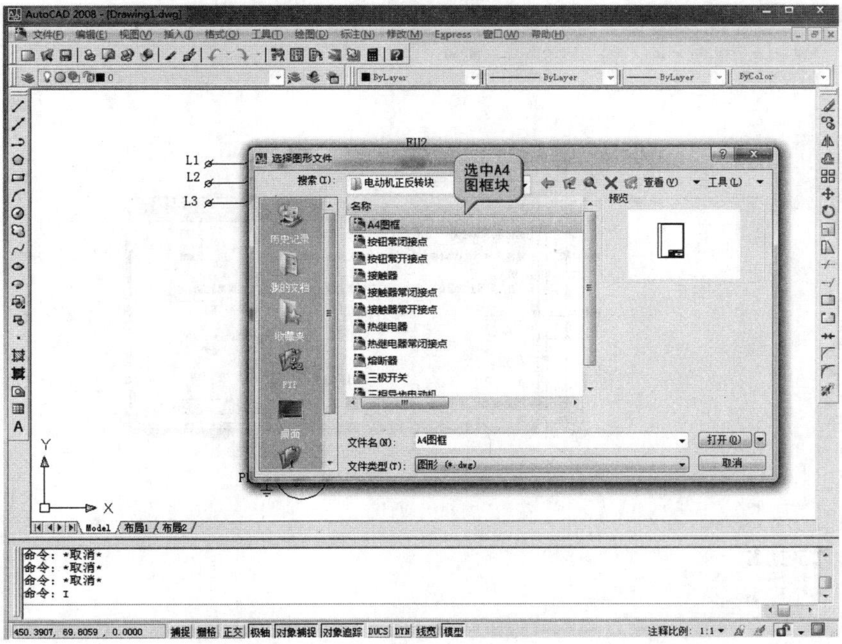

图 3.4.21　电动机正反转图添加文字、图框过程（二十）

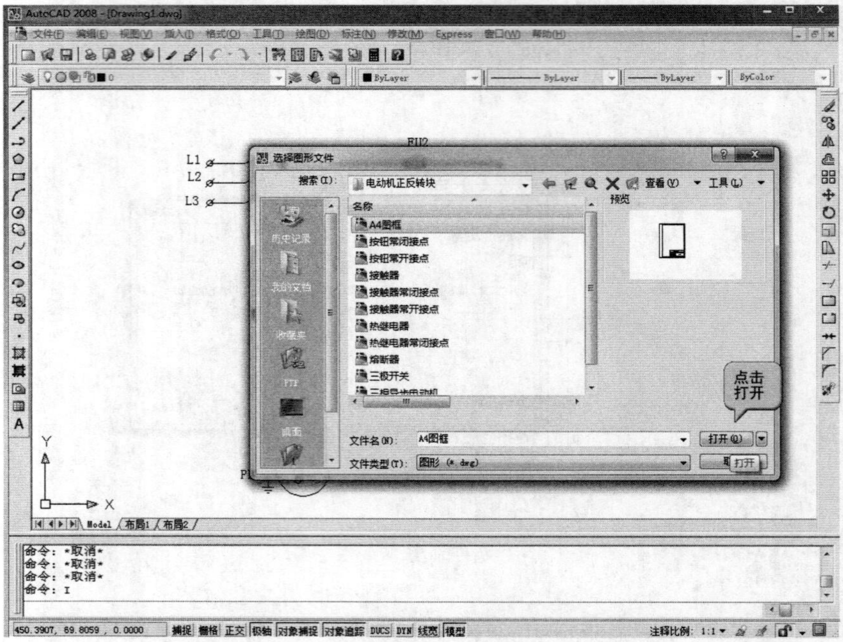

图 3.4.22 电动机正反转图添加文字、图框过程（二十一）

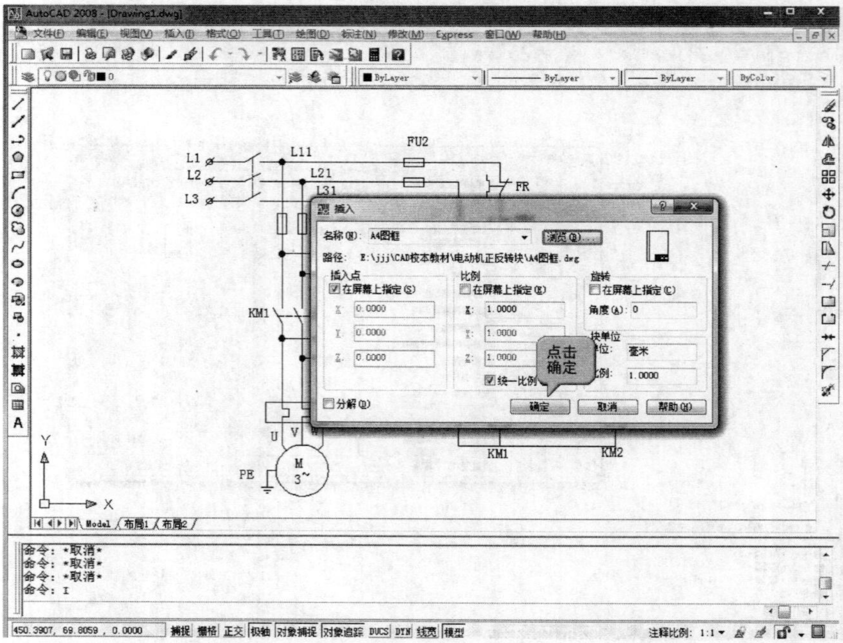

图 3.4.23 电动机正反转图添加文字、图框过程（二十二）

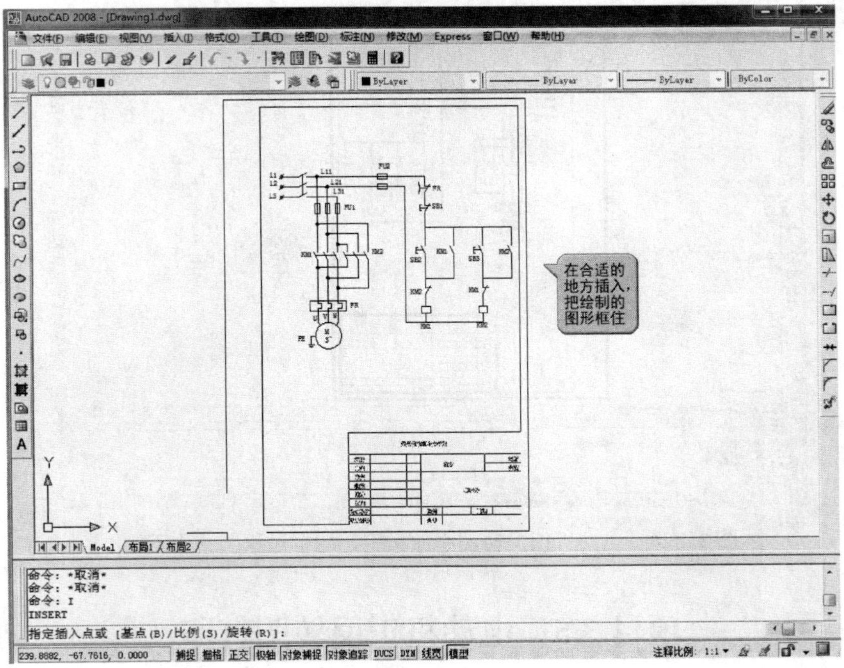

图 3.4.24　电动机正反转图添加文字、图框过程（二十三）

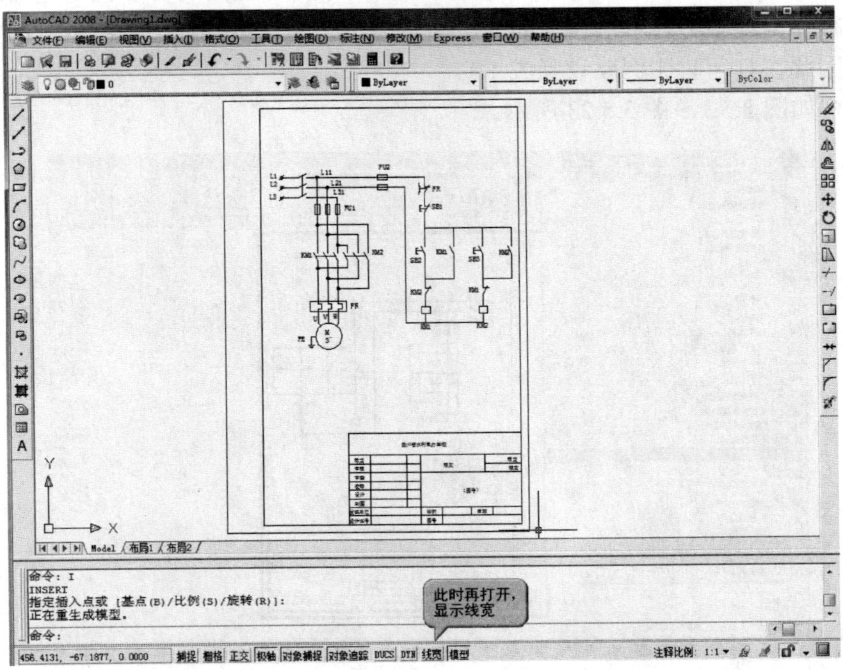

图 3.4.25　电动机正反转图添加文字、图框过程（二十四）

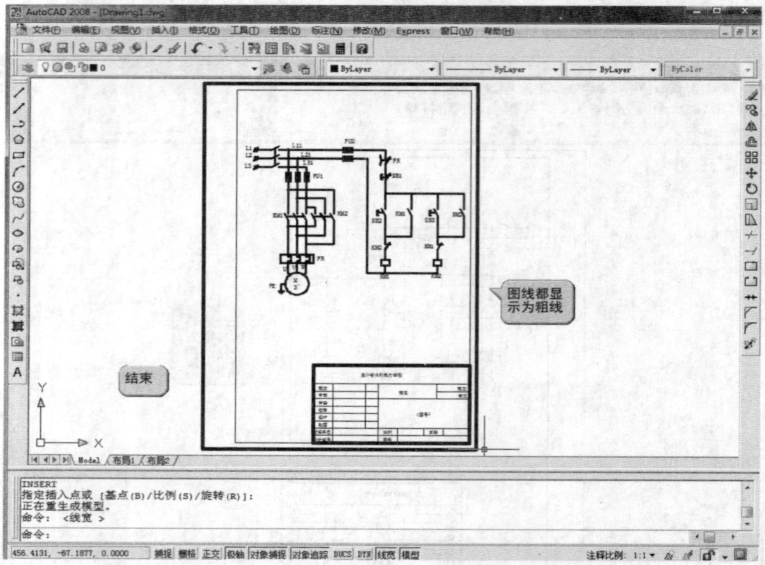

图 3.4.26　电动机正反转图添加文字、图框过程（二十五）

项目 3.5　电动机正反转图打印

到打印这一步，基本上就完成了 80%，但是如果绘制的图形不会打印，那么学习 AutoCAD 就没有意义。如果电气主接线图中没有尺寸，对绘图的要求就是里面的电气元件大小合适、布置合理即可。本书设置的文字高度为 3.5mm，希望打印到图纸上的文字高度也是 3.5mm，因此在打印时比例要设置成 1:1。

打印过程如图 3.5.1～图 3.5.23 所示。

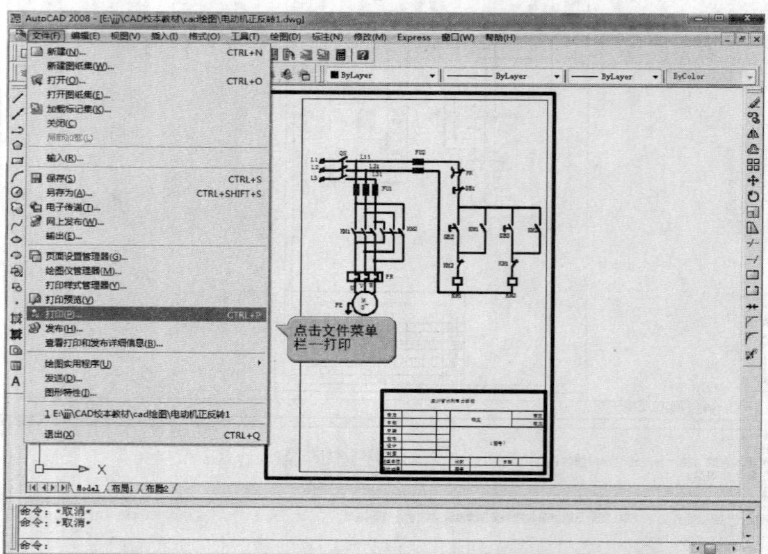

图 3.5.1　电动机正反转图打印过程（一）

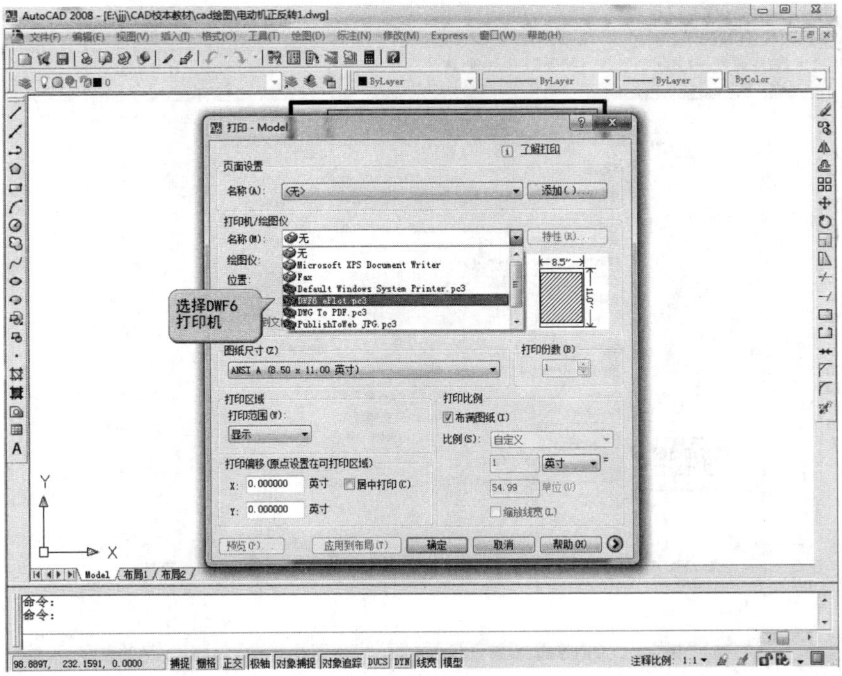

图 3.5.2　电动机正反转图打印过程（二）

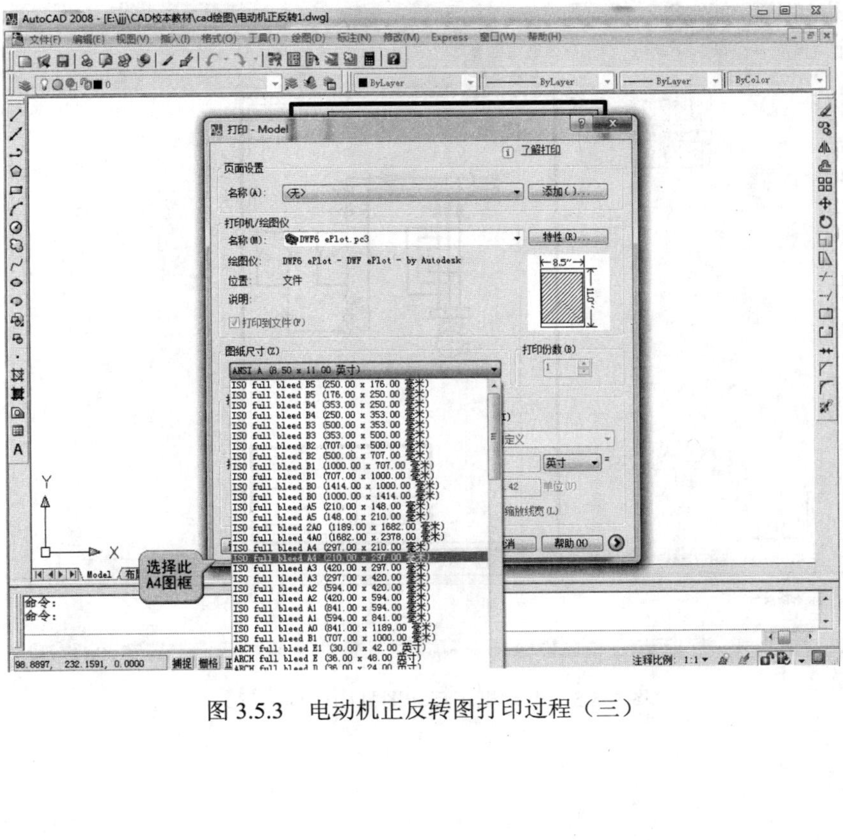

图 3.5.3　电动机正反转图打印过程（三）

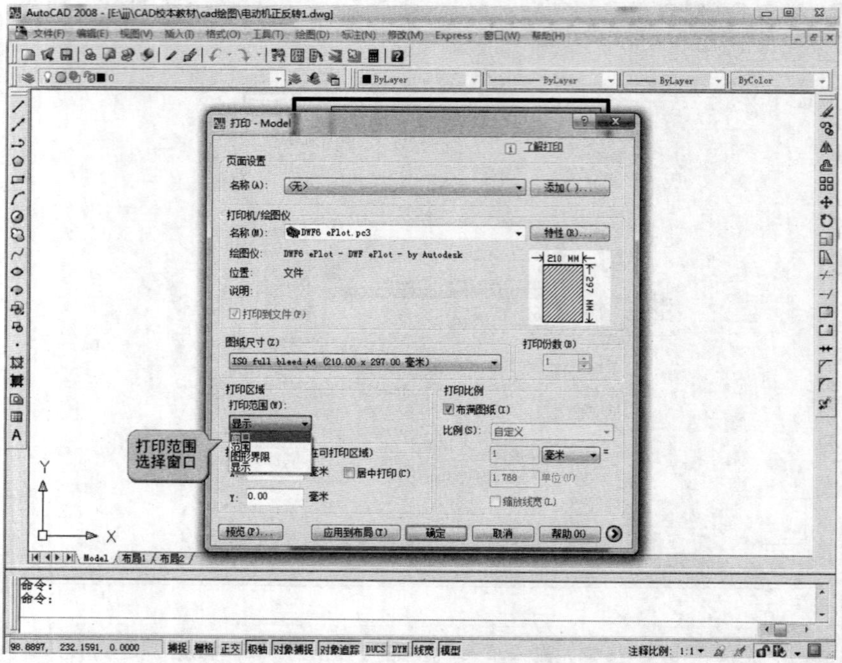

图 3.5.4 电动机正反转图打印过程（四）

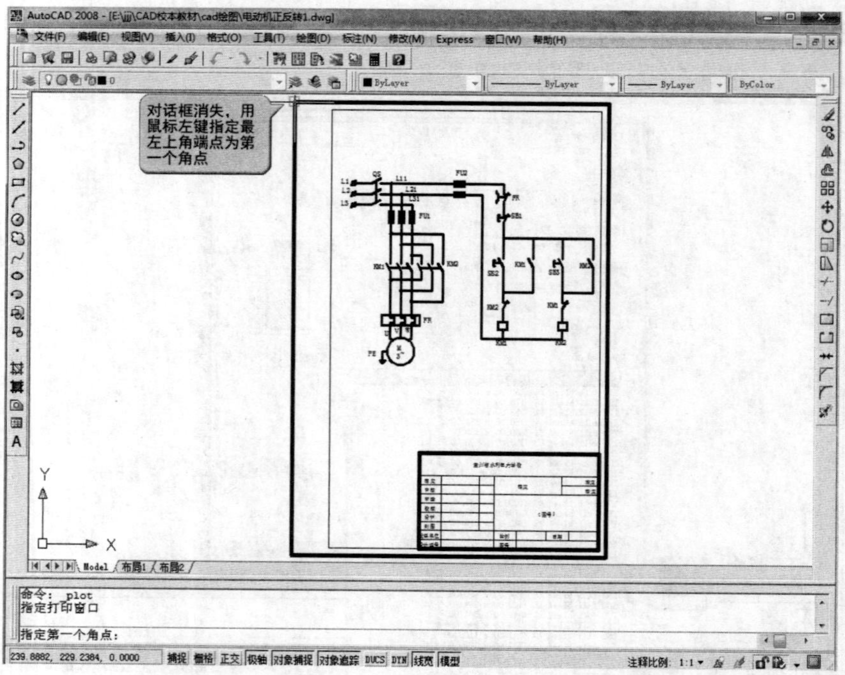

图 3.5.5 电动机正反转图打印过程（五）

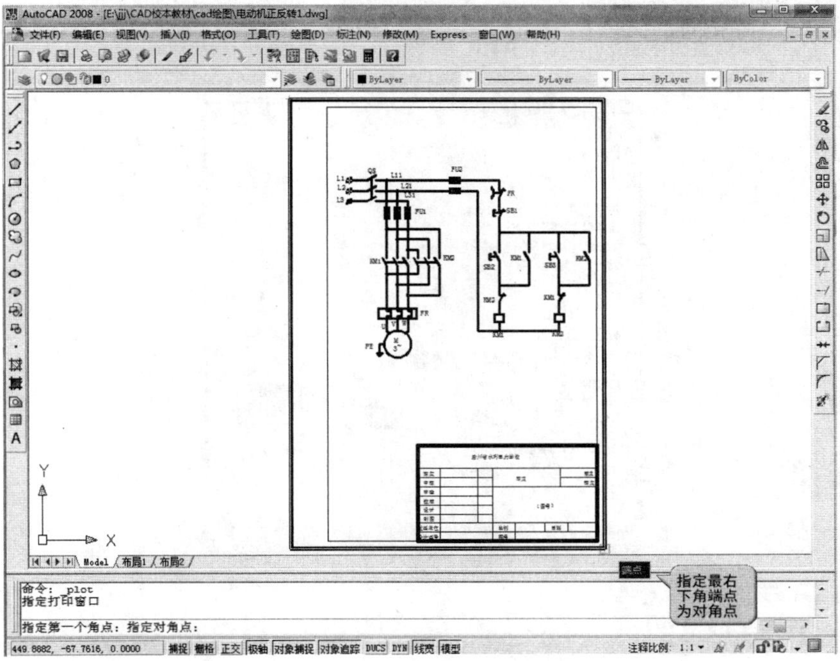

图 3.5.6　电动机正反转图打印过程（六）

图 3.5.7　电动机正反转图打印过程（七）

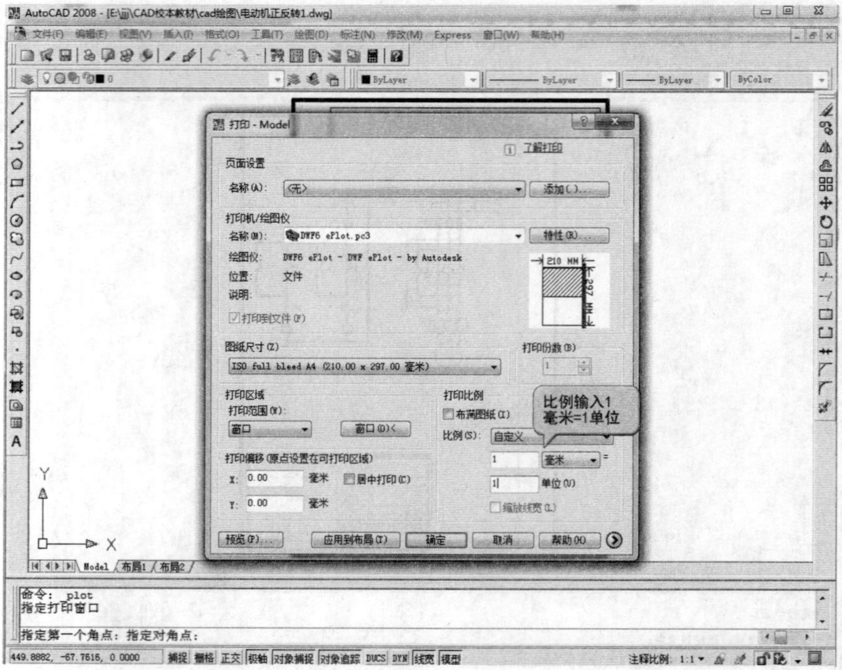

图 3.5.8 电动机正反转图打印过程（八）

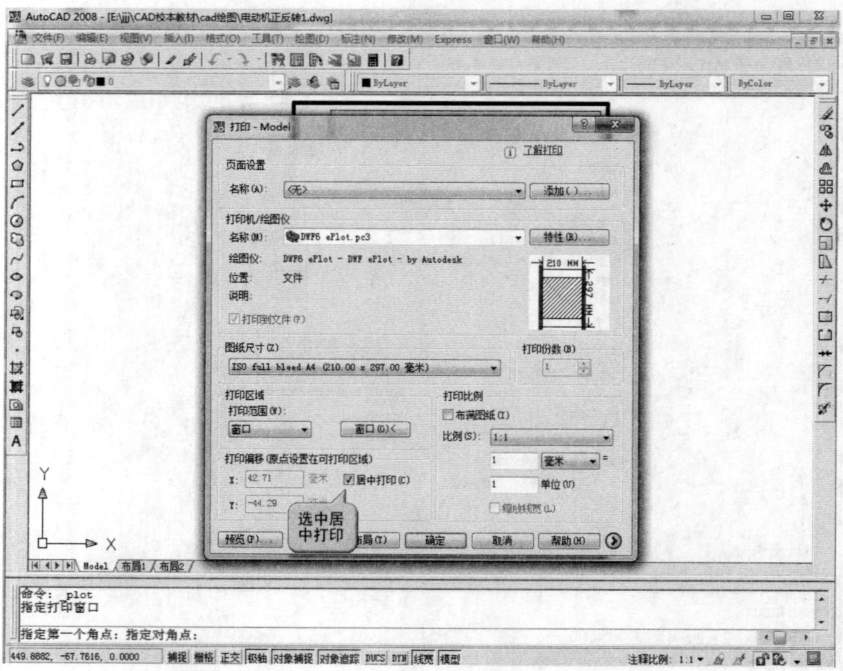

图 3.5.9 电动机正反转图打印过程（九）

图 3.5.10　电动机正反转图打印过程（十）

图 3.5.11　电动机正反转图打印过程（十一）

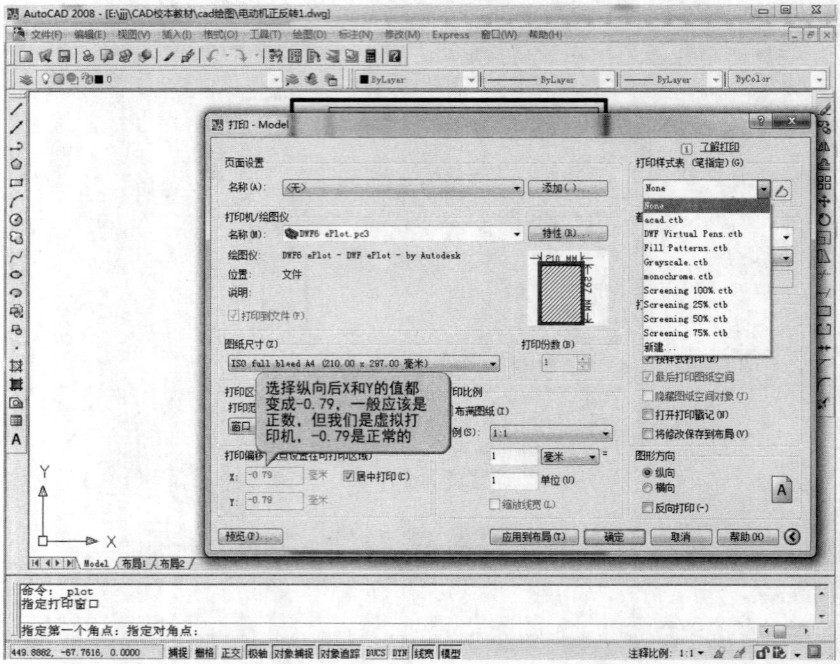

图 3.5.12 电动机正反转图打印过程（十二）

图 3.5.13 电动机正反转图打印过程（十三）

图 3.5.14　电动机正反转图打印过程（十四）

图 3.5.15　电动机正反转图打印过程（十五）

图 3.5.16 电动机正反转图打印过程（十六）

图 3.5.17 电动机正反转图打印过程（十七）

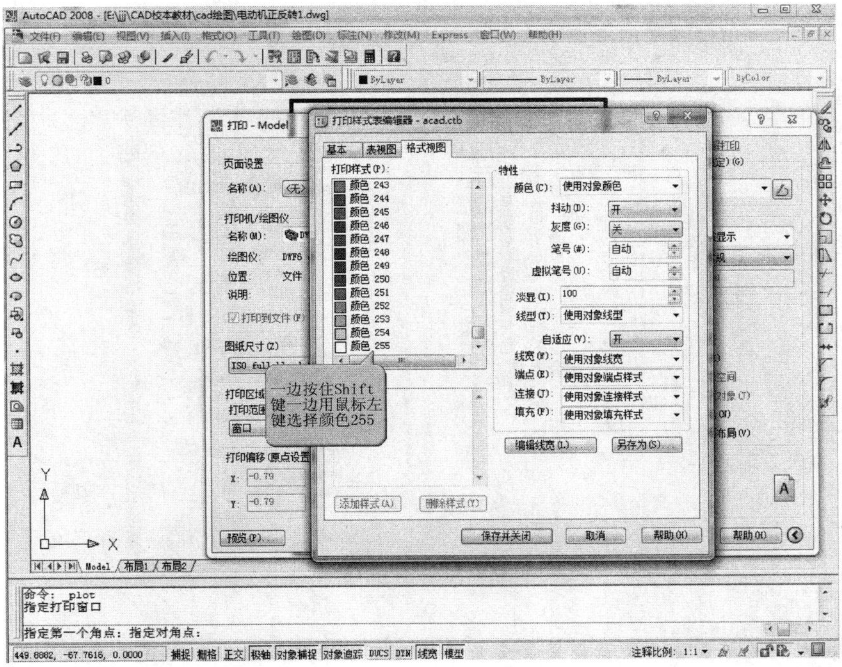

图 3.5.18　电动机正反转图打印过程（十八）

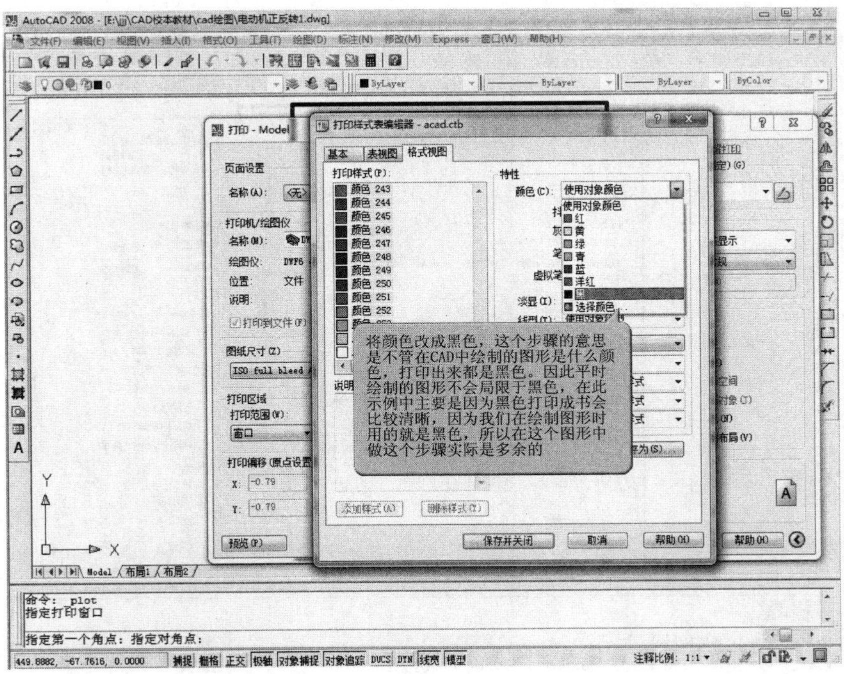

图 3.5.19　电动机正反转图打印过程（十九）

图 3.5.20　电动机正反转图打印过程（二十）

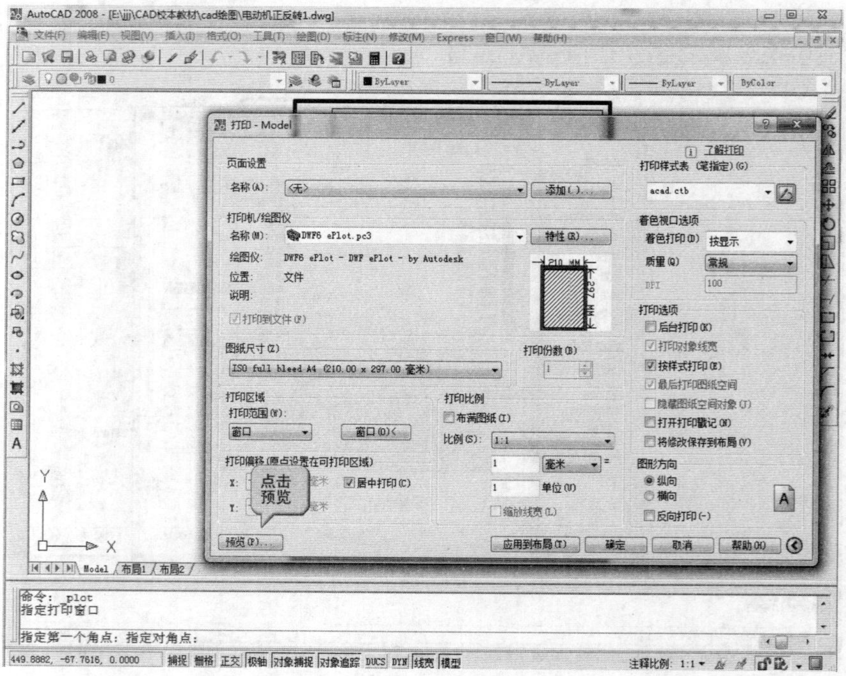

图 3.5.21　电动机正反转图打印过程（二十一）

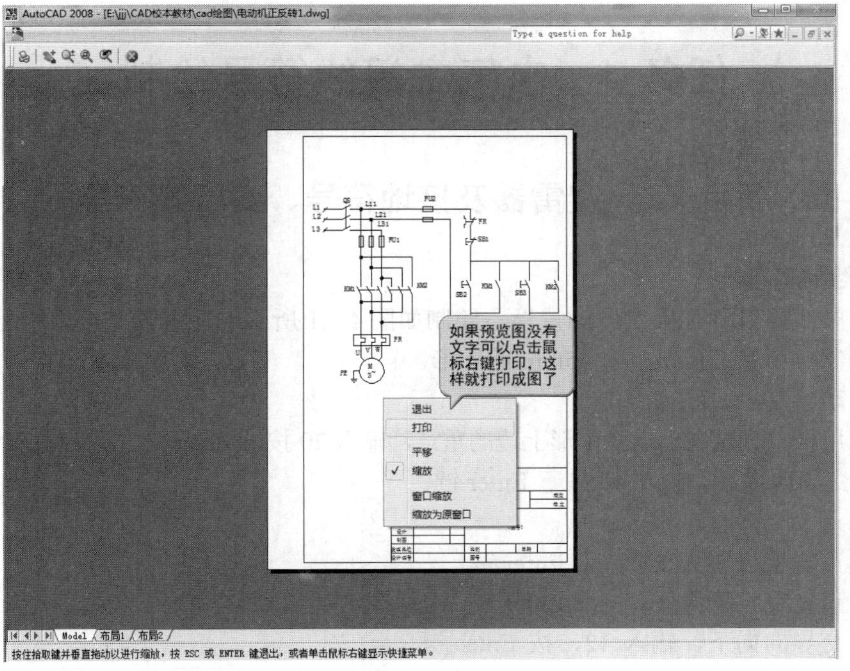

图 3.5.22　电动机正反转图打印过程（二十二）

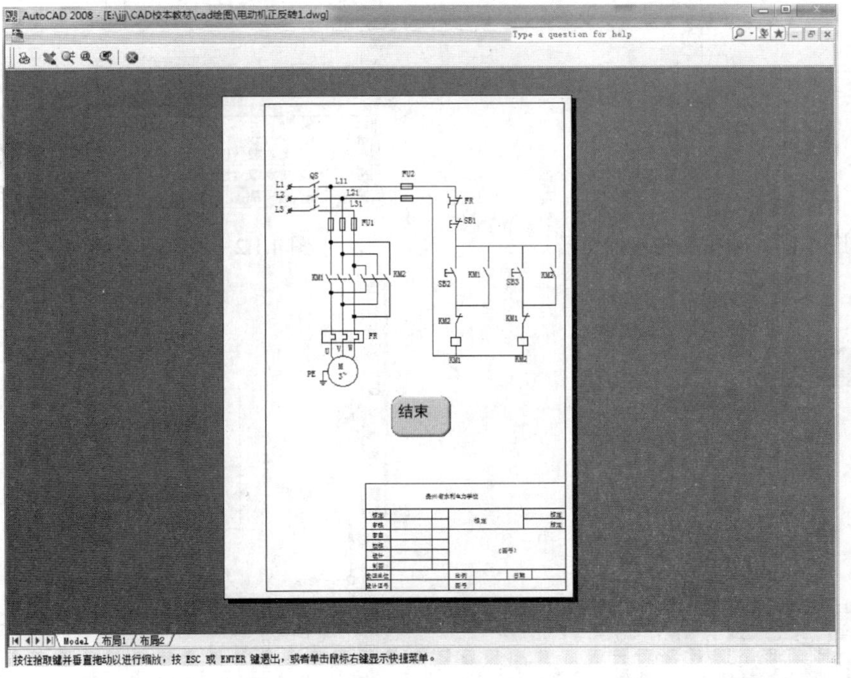

图 3.5.23　电动机正反转图打印过程（二十三）

任务 4　电气主接线符号绘制

项目 4.1　避雷器及接地符号、变压器符号

4.1.1　绘制避雷器

利用多段线可设置各段宽度的特性，绘制如图 4.1.1 所示的避雷器与接地符号。

（1）绘制一个宽 20mm、高 45mm 的矩形。

（2）启动绘制多段线命令 PL。

（3）利用极轴垂直向上追踪矩形上边的重点，输入 20 按下 Enter 键。

（4）正交导向向下，输入 40 按下 Enter 键。

（5）输入 W 选项按下 Enter 键。

（6）起点宽度设置为 5，按下 Enter 键。

（7）终点宽度设置为 0，按下 Enter 键。

（8）正交导向向下，输入 12，按 Enter 键结束命令。

避雷器绘制过程如图 4.1.2～图 4.1.6 所示。

图 4.1.1　避雷器与接地符号

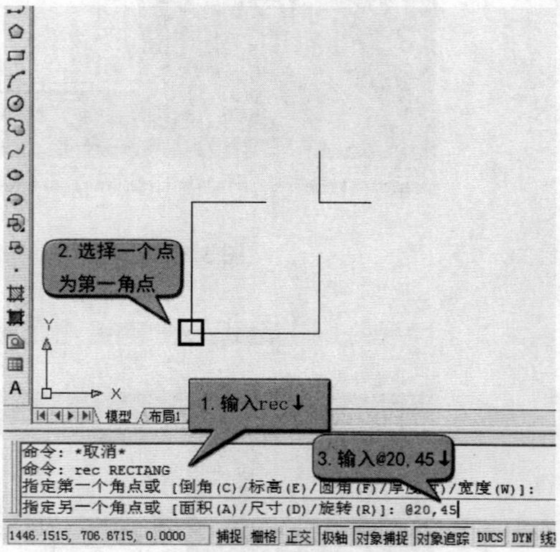

图 4.1.2　避雷器绘制过程（一）

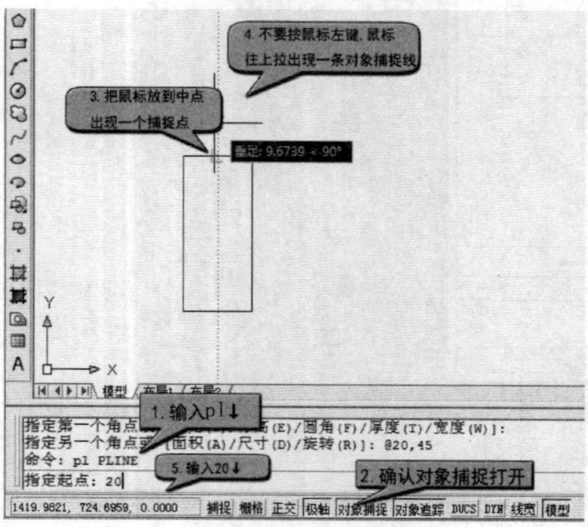

图 4.1.3　避雷器绘制过程（二）

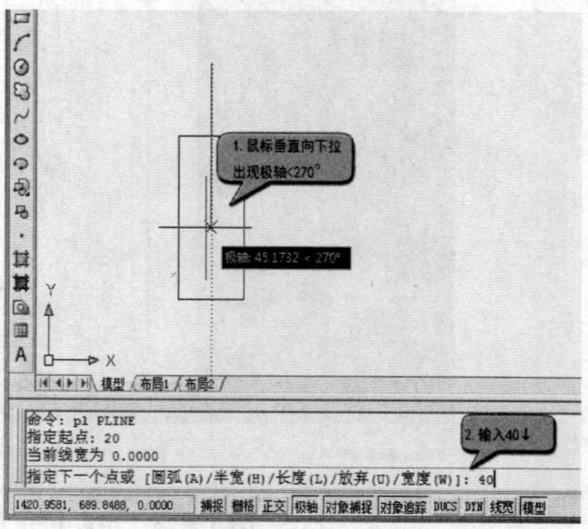

图 4.1.4　避雷器绘制过程（三）

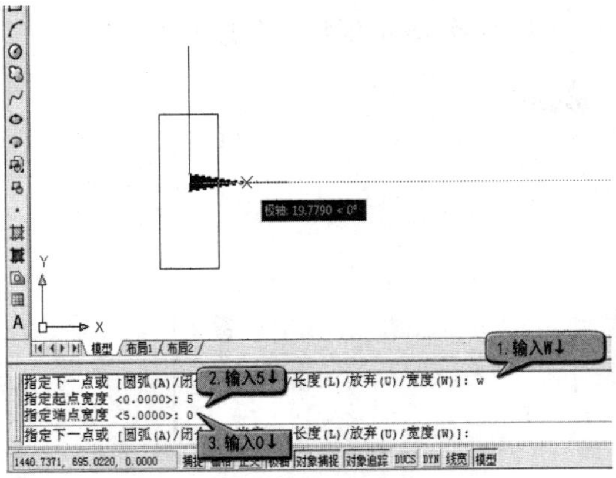

图 4.1.5　避雷器绘制过程（四）

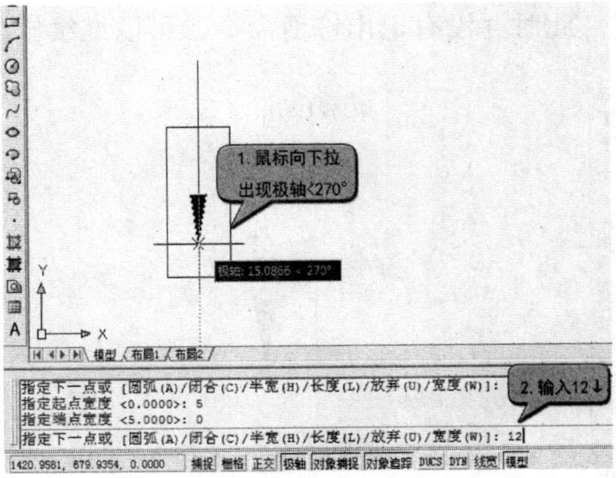

图 4.1.6　避雷器绘制过程（五）

此时其实还没有退出 PL 命令，需要按下键盘左上角的 Esc 键退出命令结束第一部分的绘制。紧接着参照 4.1.2 节绘制避雷器下面的接地符号。

4.1.2　绘制接地符号

（1）先通过避雷器下边中点绘制一条垂直向下的直线。

（2）绘制一条水平线。

（3）偏移复制出两条等距离直线。

（4）在合适的位置绘制一条斜线。

（5）以垂直线为镜像线复制这条斜线。

（6）修剪图形。

接地符号绘制过程如图 4.1.7～图 4.1.15 所示。

以同样的方法再绘制两条水平直线，长度和距离合适即可，如图 4.1.8 所示。

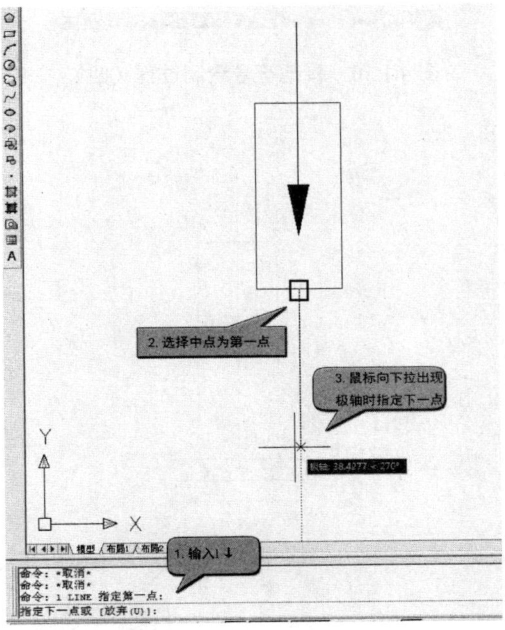

图 4.1.7　接地符号绘制过程（一）

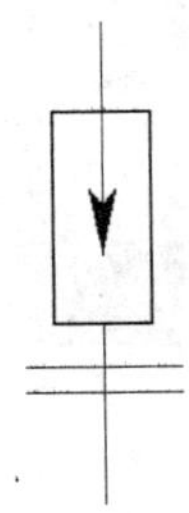

图 4.1.8　接地符号绘制过程（二）

镜像出第三条直线，如图 4.1.9 所示。

在合适的位置绘制一条斜线后镜像这条斜线，如图 4.1.11 所示。

接下来用修剪命令 TR 修剪多余的线条，如图 4.1.12 所示。

修剪效果如图 4.1.13 所示。

此时并没有退出修剪命令，可以继续修剪，最终修剪效果如图 4.1.14 所示。

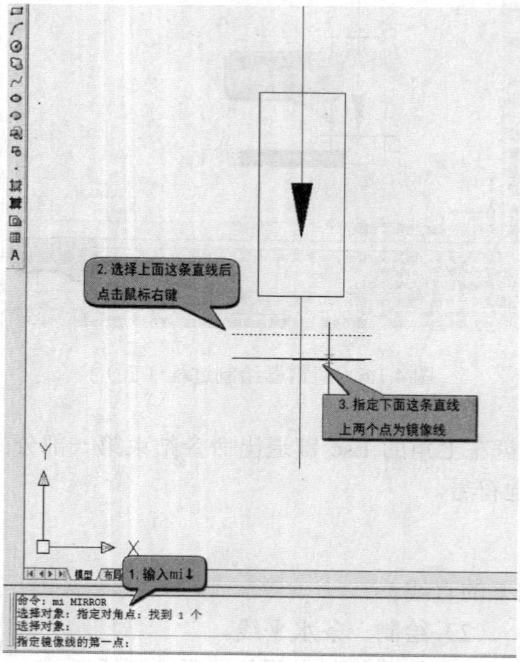

图 4.1.9　接地符号绘制过程（三）

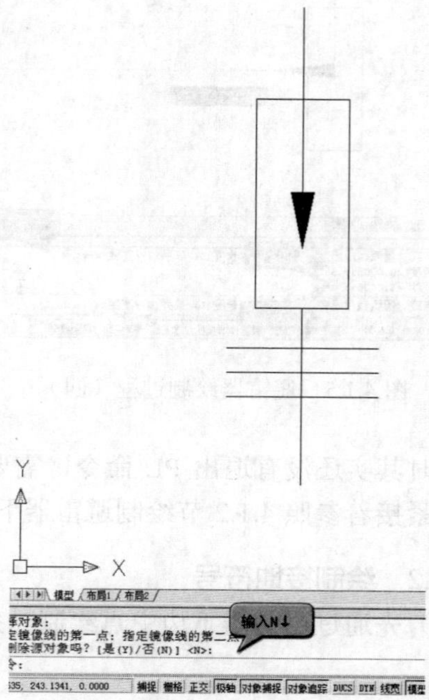

图 4.1.10　接地符号绘制过程（四）

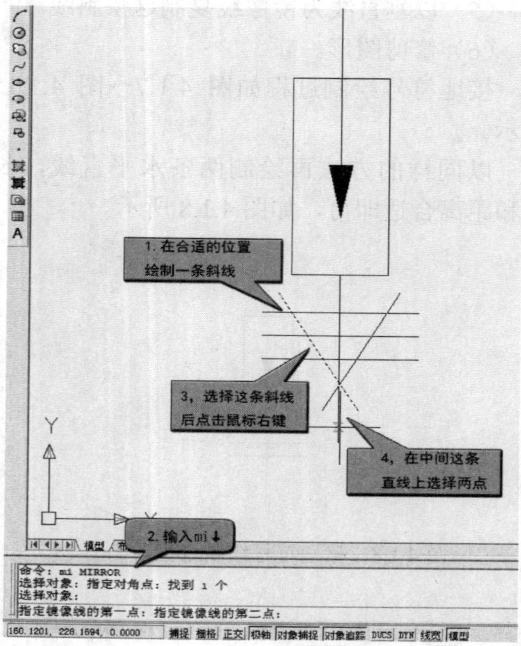

图 4.1.11　接地符号绘制过程（五）

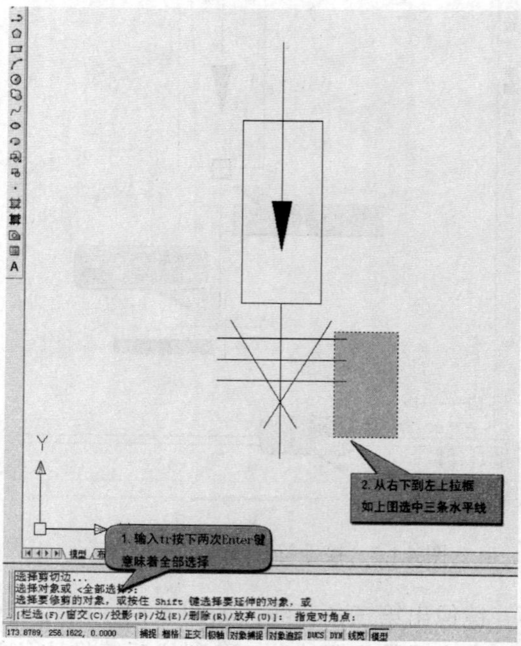

图 4.1.12　接地符号绘制过程（六）

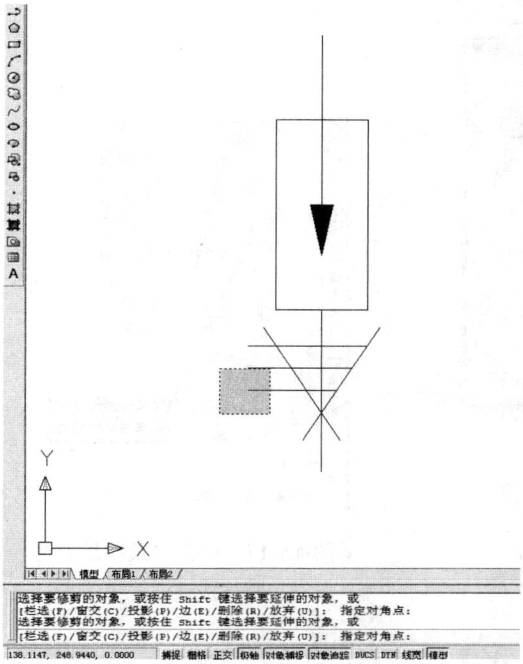

图 4.1.13　接地符号绘制过程（七）

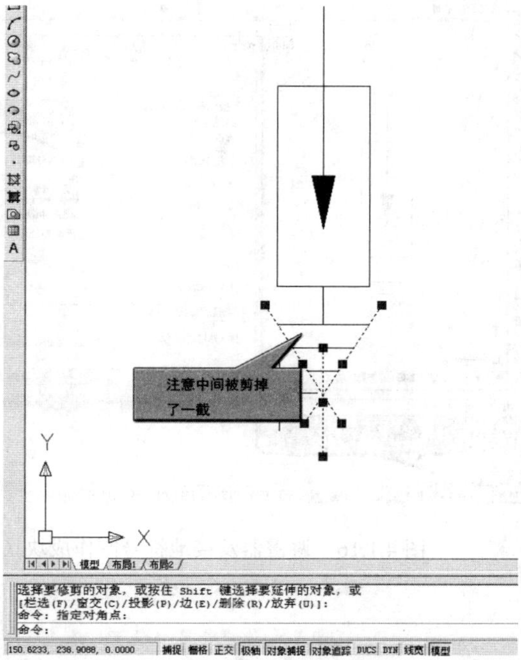

图 4.1.14　接地符号绘制过程（八）

选择图 4.1.14 中所示三条直线后按键盘 Delete 键删掉这三条多余的直线，最终效果即是接地符号，如图 4.1.15 所示。

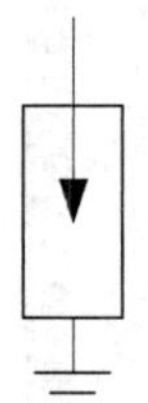

图 4.1.15　接地符号绘制过程（九）

4.1.3　制作块

将画好的避雷器及接地符号制作成一个块保存在一个固定的地方，下次需要调用避雷器及接地符号的时候直接调用块就可以了。

这里用写入块命令 wblock，快捷命令 W，如果用的是 block 命令，那么块只能在当前 AutoCAD 界面中运用，写入块可以把块保存在一个固定的地方，以后任意一张图都可以调用。将避雷器及接地符号制作成块的过程如图 4.1.16～图 4.1.23 所示。

（1）输入 W 写入块，点击选择对象，选好对象后注意点击鼠标右键回到写块的对话框。

（2）一般情况下命令窗口或者对话框提示选择对象，选好了以后都要点击鼠标右键告诉 AutoCAD 你选好对象了，否则会一直提示让你选择对象。

（3）点击鼠标右键后会回到写块对话框，继续选择路径和指定基点，路径的选择要记住，下次需要从这个位置调用避雷器块。在这个步骤要注意插入单位不能是英寸，要改成毫米，都改好后点击“确定”按钮。

（4）点击拾取点按钮后写块对话框会消失，命令窗口提示指定基点，指定好以后会自动回到写块对话框。

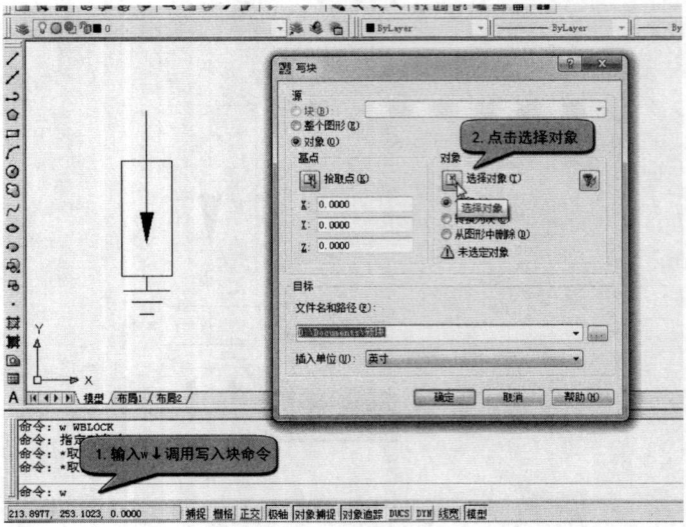

图 4.1.16 避雷器及接地符号制作成块（一）

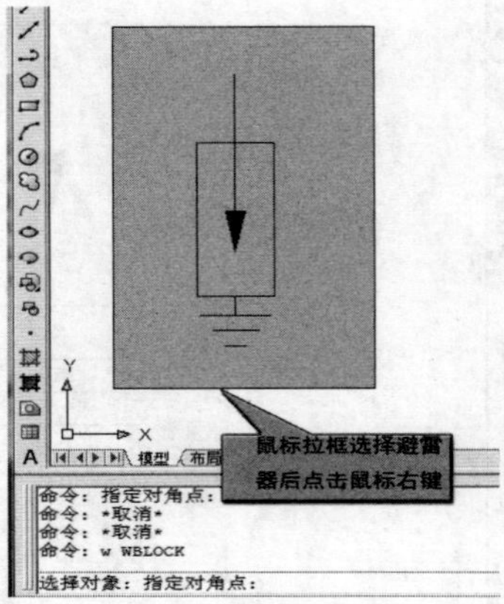

图 4.1.17 避雷器及接地符号制作成块（二）

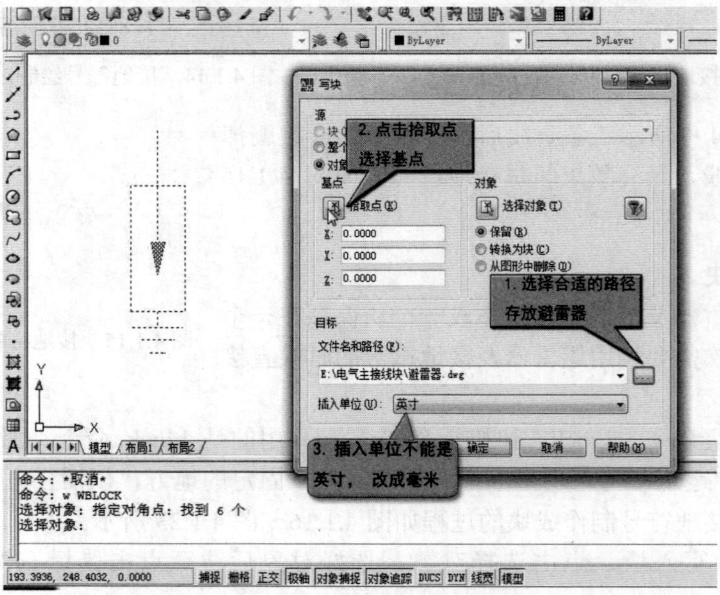

图 4.1.18 避雷器及接地符号制作成块（三）

（5）基点、对象、文件名都填写好以后点击确定，块就写好了，记住路径名，下次调用需要从此路径调用。

（6）接下来调用刚才制作好的块。重新打开任意一个 AutoCAD 窗口或者新建一个，输入插入块快捷命令 i 按下 Enter 键，如图 4.1.21 所示。

（7）点击浏览找到刚才写块的位置，如图 4.1.22 所示。

此时只需要点击鼠标左键插入基点，插入的块就完成了，如图 4.1.23 所示。

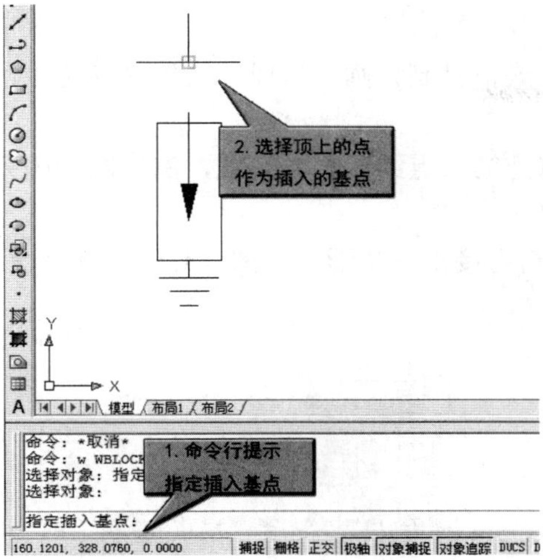

图 4.1.19　避雷器及接地符号制作成块（四）

图 4.1.20　避雷器及接地符号制作成块（五）

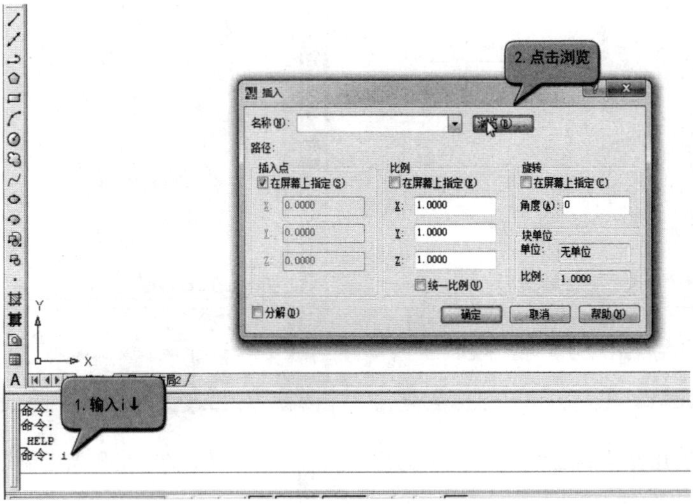

图 4.1.21　避雷器及接地符号制作成块（六）

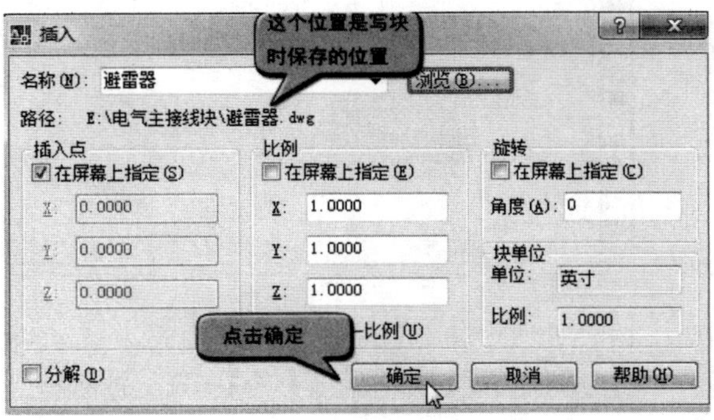

图 4.1.22　避雷器及接地符号制作成块（七）

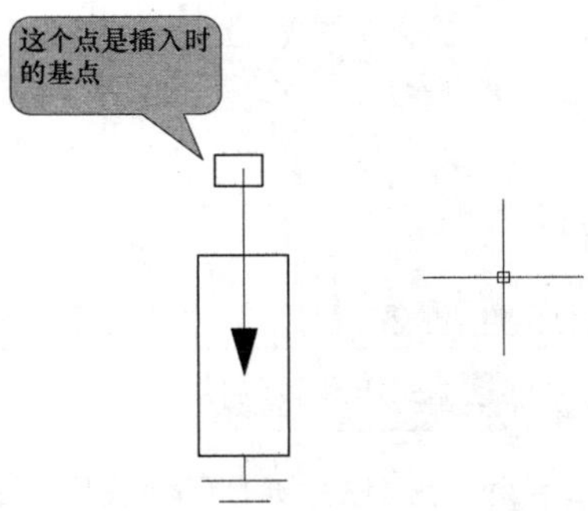

图 4.1.23　避雷器及接地符号制作成块（八）

4.1.4 绘制变压器符号

（1）画一个半径为 6mm 的圆，然后在正交方式下复制该圆，形成变压器简易符号，如图 4.1.24（a）所示。

（2）以上圆的圆心为第一点，下圆的上象限点为第二点绘制一条直线，然后圆形阵列该直线，如图 4.1.24（b）所示。

（3）以圆心 2 为圆心，画一个半径为 3mm 的圆内接正三角形，如图 4.1.24（c）所示。

变压器绘制过程如图 4.1.25～图 4.1.47 所示。

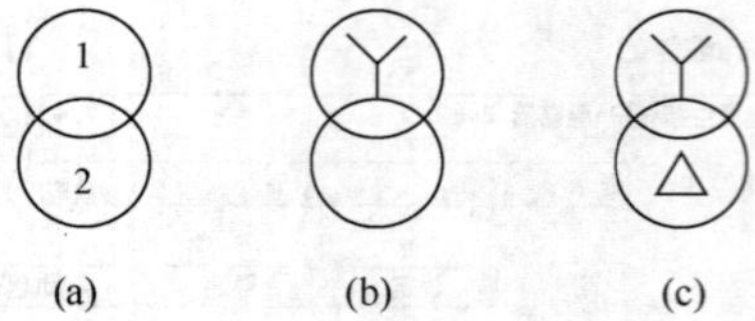

图 4.1.24 变压器

图 4.1.25 变压器绘制过程（一）

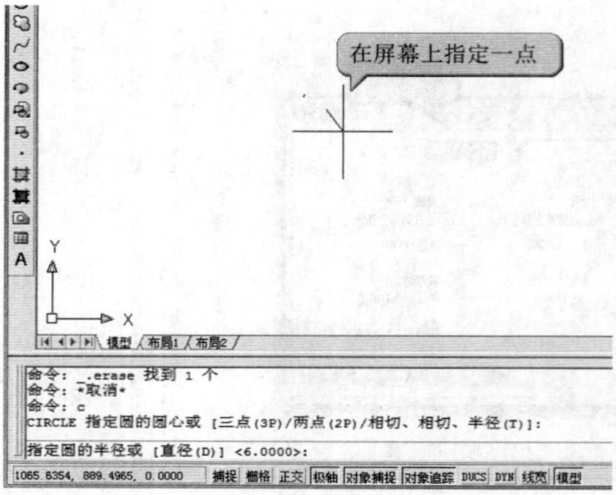

图 4.1.26 变压器绘制过程（二）

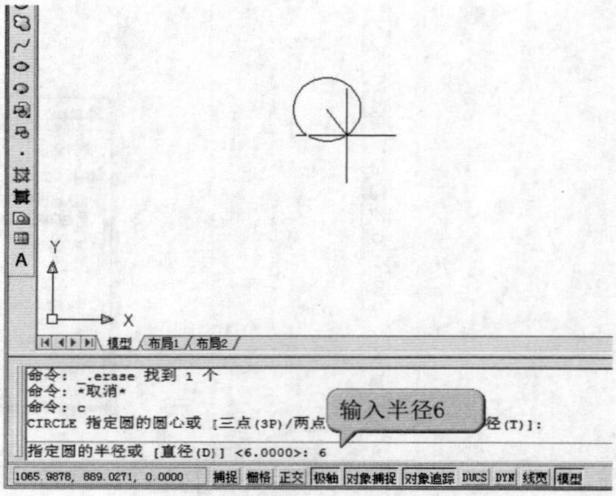

图 4.1.27 变压器绘制过程（三）

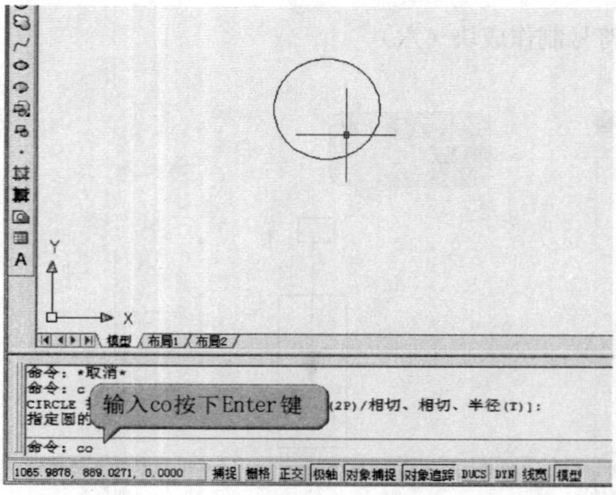

图 4.1.28 变压器绘制过程（四）

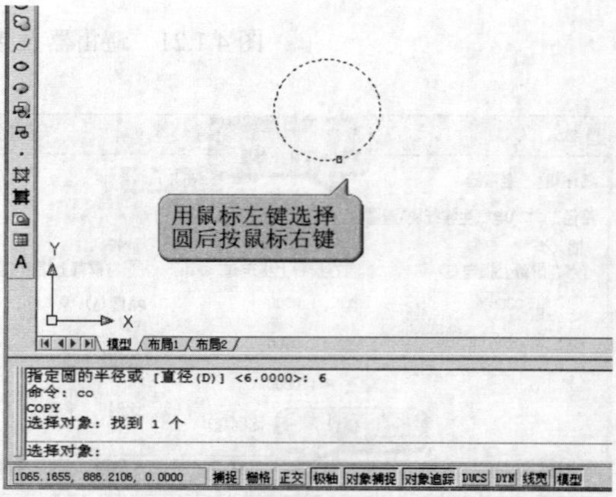

图 4.1.29 变压器绘制过程（五）

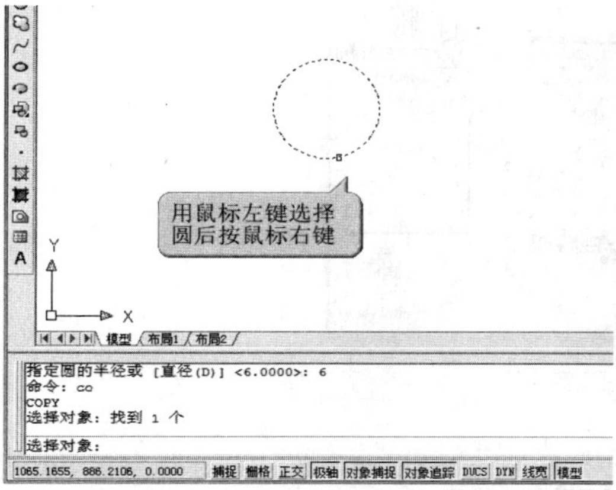

图 4.1.30　变压器绘制过程（六）

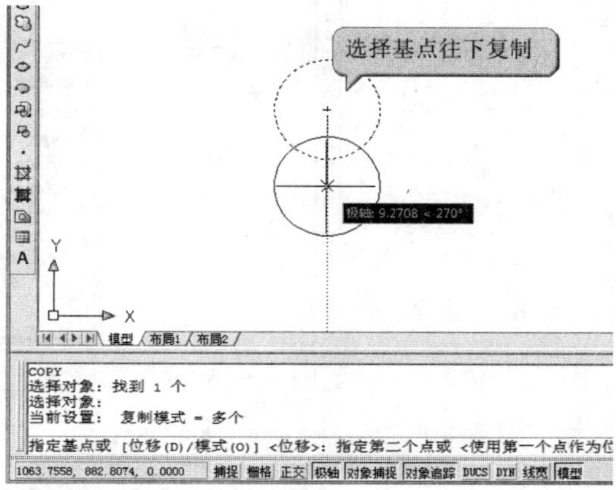

图 4.1.31　变压器绘制过程（七）

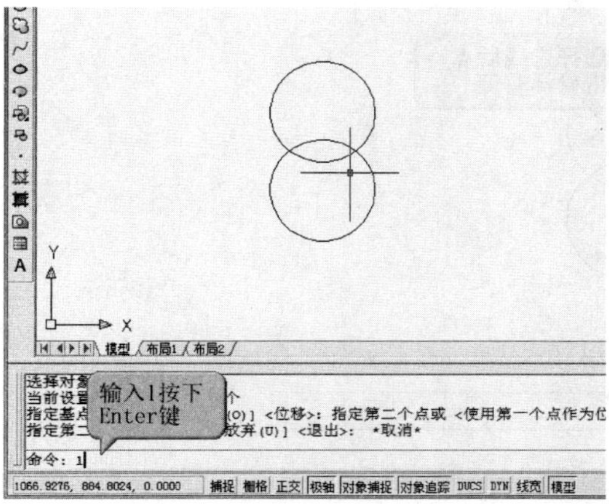

图 4.1.32　变压器绘制过程（八）

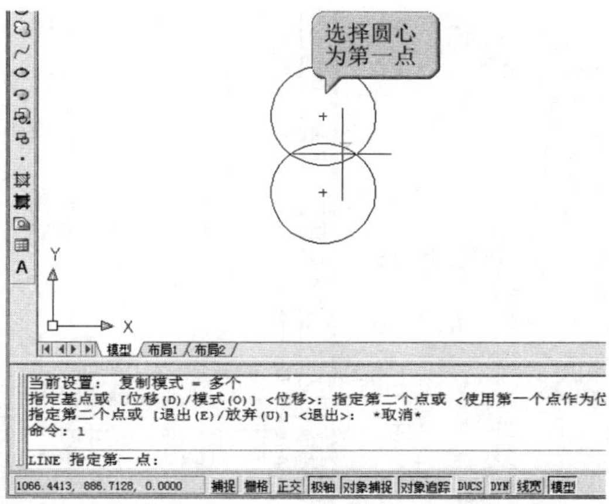

图 4.1.33　变压器绘制过程（九）

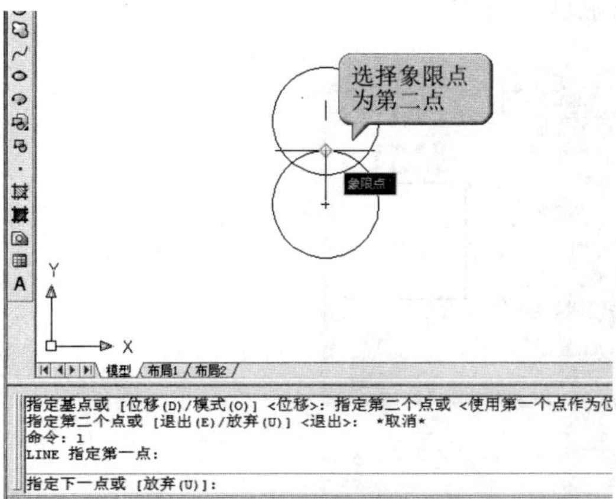

图 4.1.34　变压器绘制过程（十）

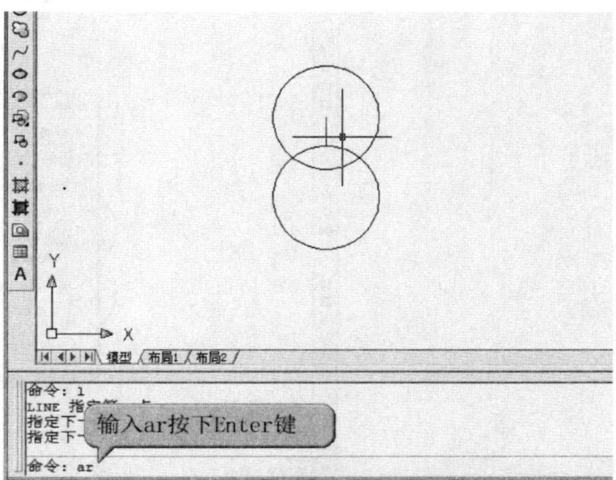

图 4.1.35　变压器绘制过程（十一）

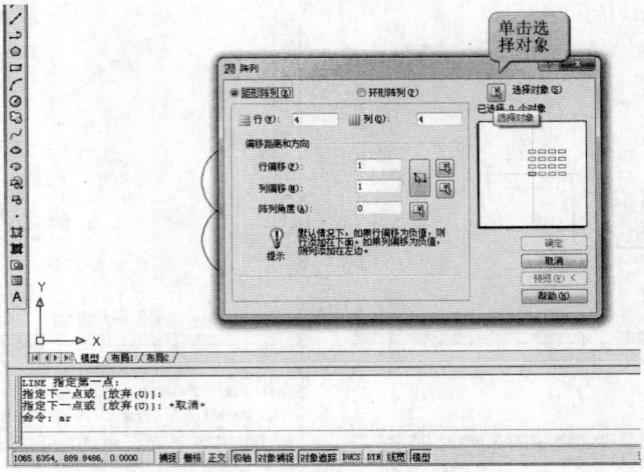

图 4.1.36　变压器绘制过程（十二）

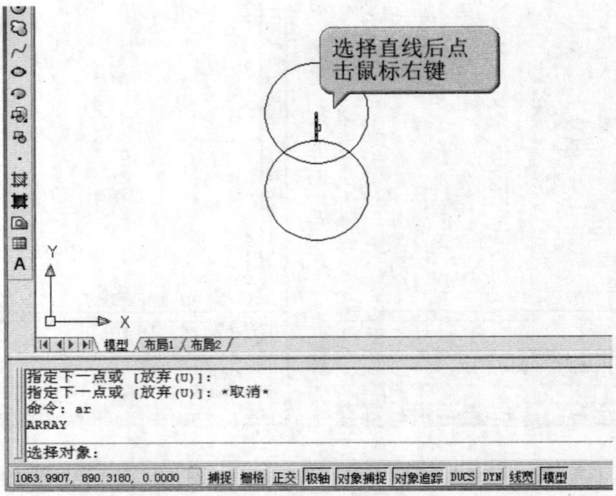

图 4.1.37　变压器绘制过程（十三）

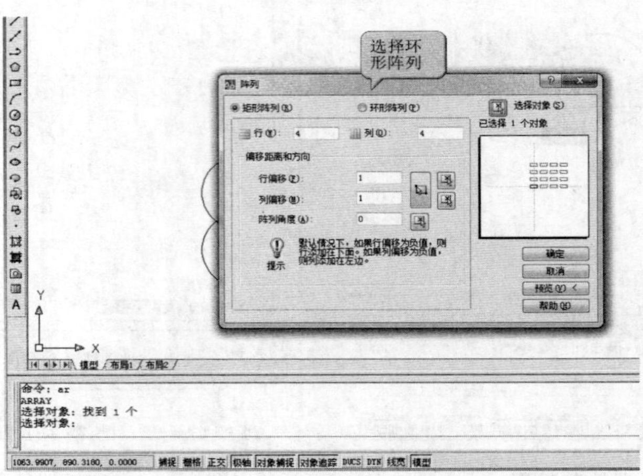

图 4.1.38　变压器绘制过程（十四）

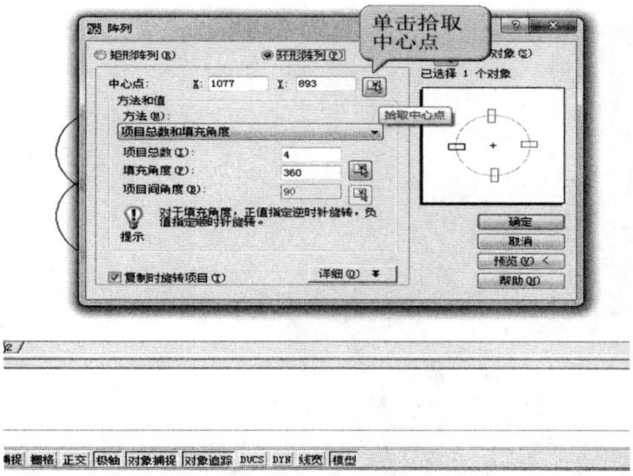

图 4.1.39　变压器绘制过程（十五）

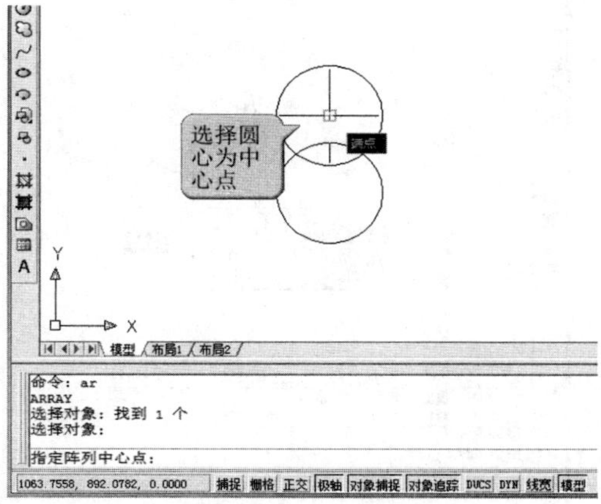

图 4.1.40　变压器绘制过程（十六）

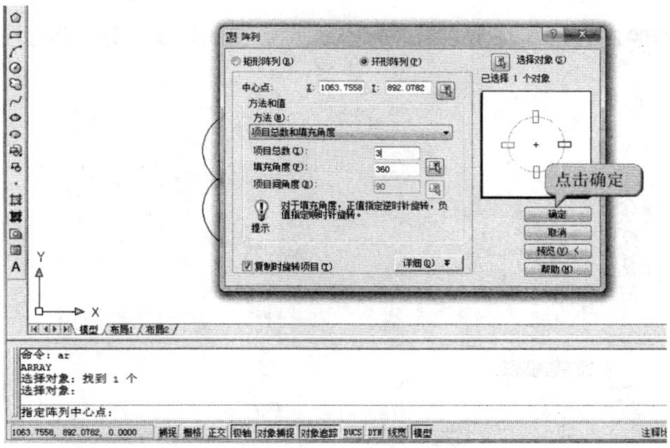

图 4.1.41　变压器绘制过程（十七）

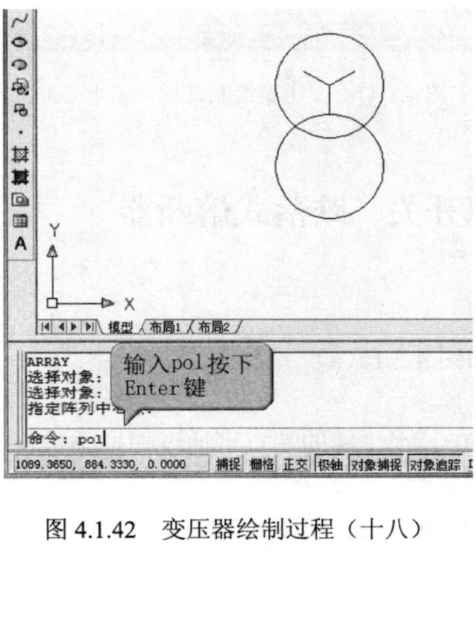

图 4.1.42　变压器绘制过程（十八）

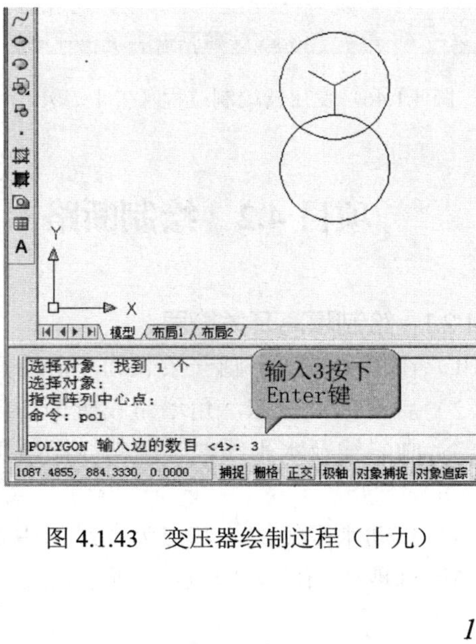

图 4.1.43　变压器绘制过程（十九）

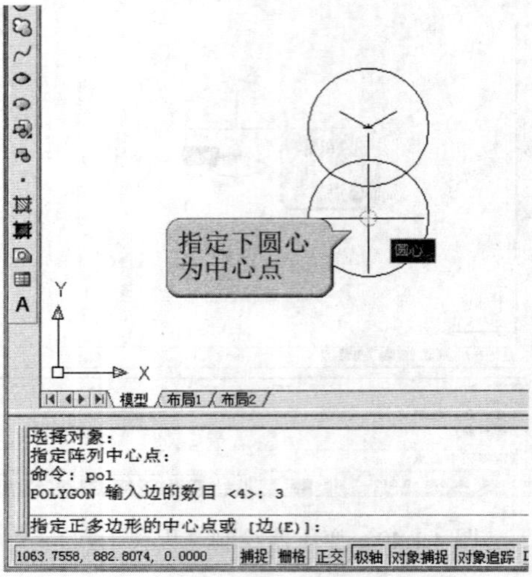

图 4.1.44　变压器绘制过程（二十）

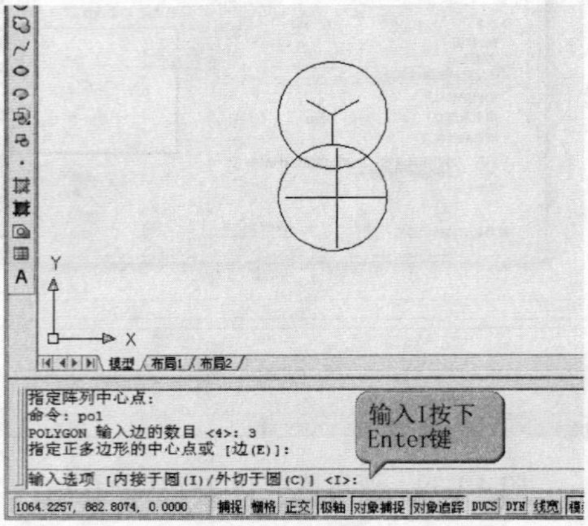

图 4.1.45　变压器绘制过程（二十一）

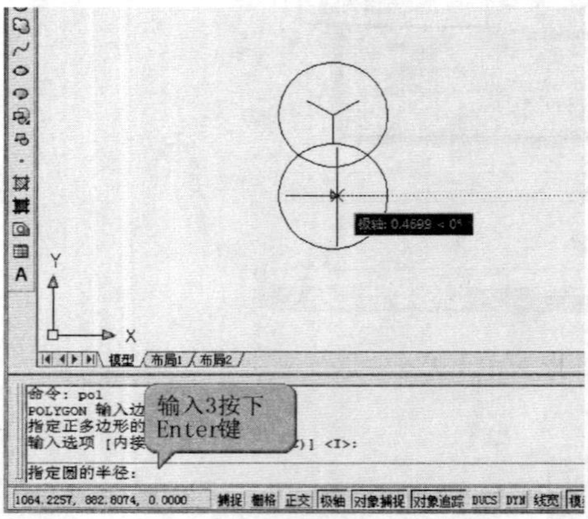

图 4.1.46　变压器绘制过程（二十二）

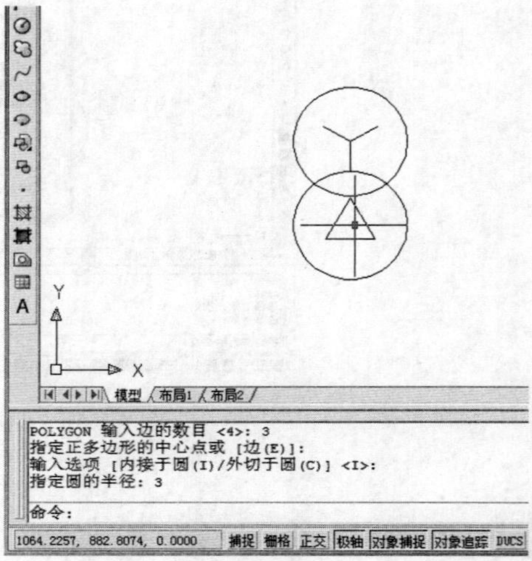

图 4.1.47　变压器绘制过程（二十三）

项目 4.2　绘制断路器、隔离开关、跌落式熔断器

4.2.1　绘制隔离开关符号

（1）在正交方式下画一条长为 14m 的垂线，如图 4.2.1（a）所示。

（2）启用极轴追踪，角增量设置为 30°。

（3）画斜线及水平线，其中斜线倾斜角度为 120°，水平线的端点可通过捕捉垂足得到图 4.2.1（b）。

（4）移动水平短线，基点为该线的中点，目标点为垂足，如图 4.2.1（c）所示。

（5）修剪成如图 4.2.1（d）所示结果。

隔离开关绘制过程如图 4.2.2～图 4.2.22 所示：

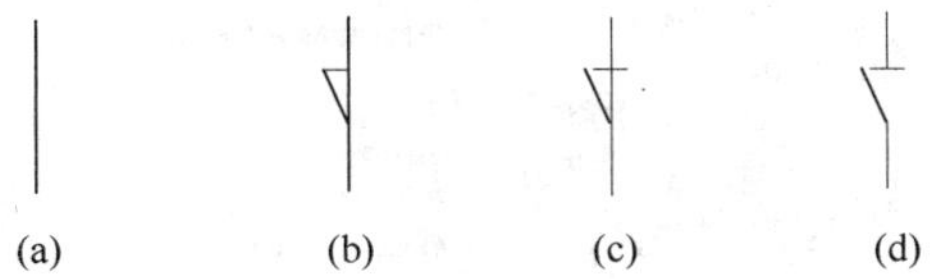

图 4.2.1　隔离开关

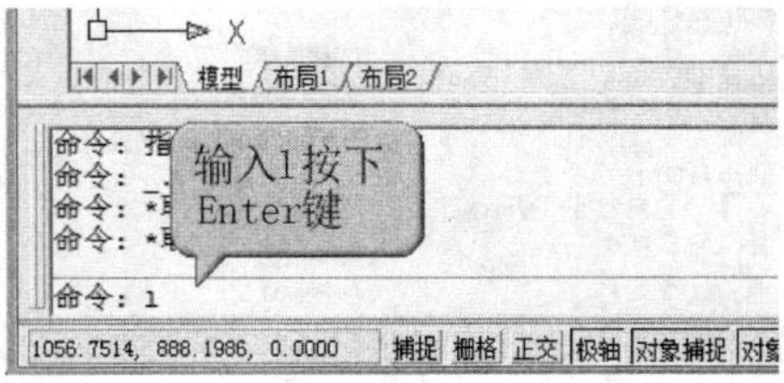

图 4.2.2　隔离开关绘制过程（一）

图 4.2.3　隔离开关绘制过程（二）

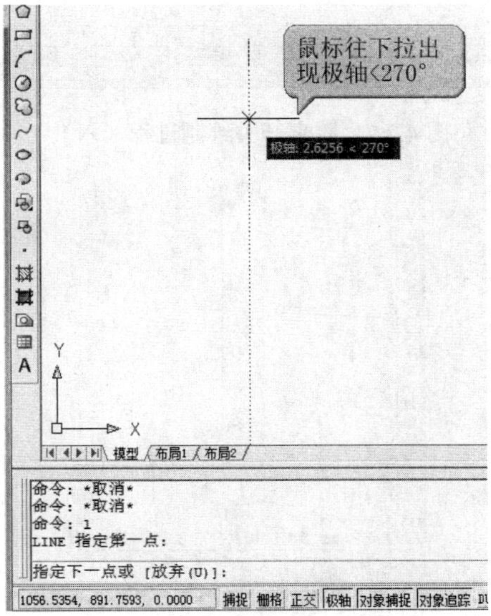

图 4.2.4　隔离开关绘制过程（三）

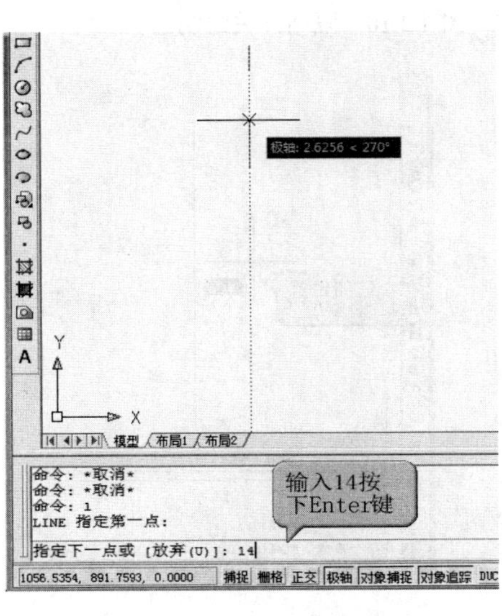

图 4.2.5　隔离开关绘制过程（四）

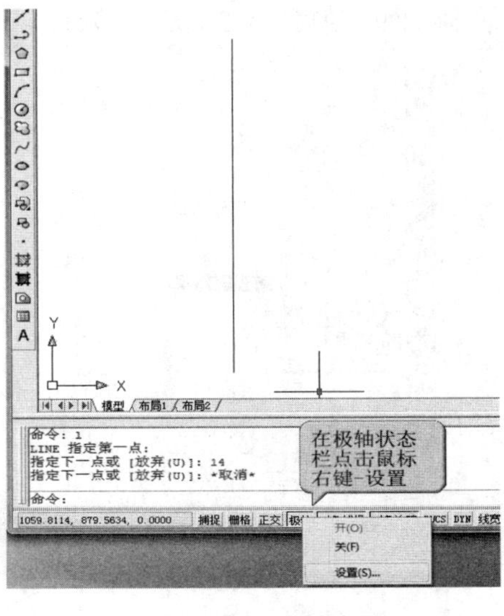

图 4.2.6　隔离开关绘制过程（五）

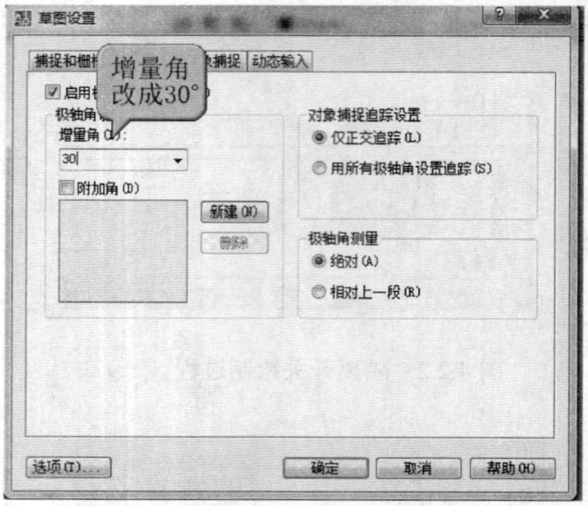

图 4.2.7 隔离开关绘制过程（六）

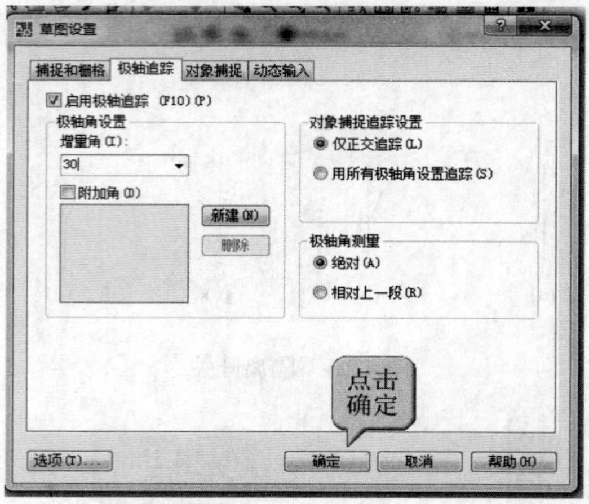

图 4.2.8 隔离开关绘制过程（七）

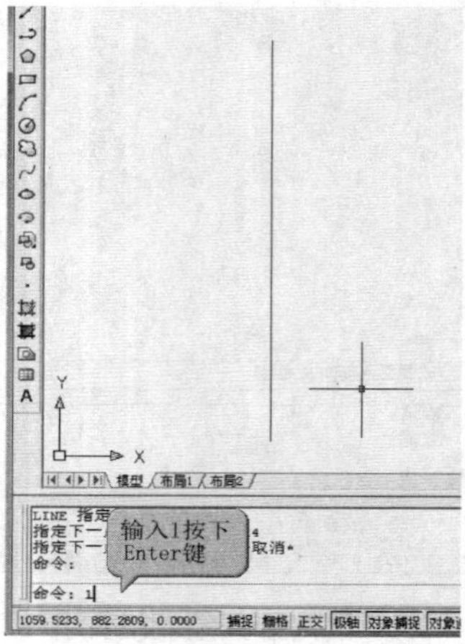

图 4.2.9 隔离开关绘制过程（八）

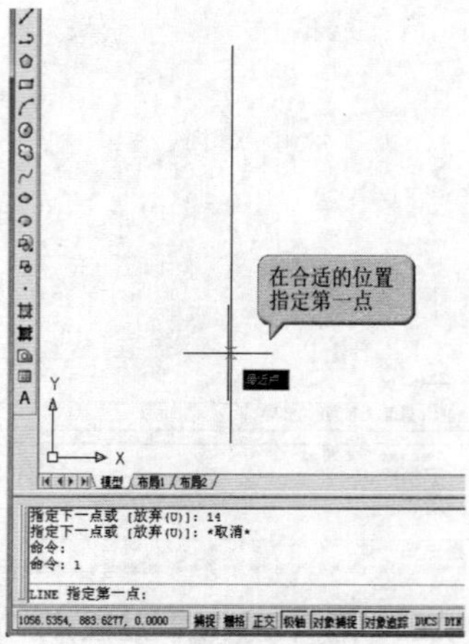

图 4.2.10 隔离开关绘制过程（九）

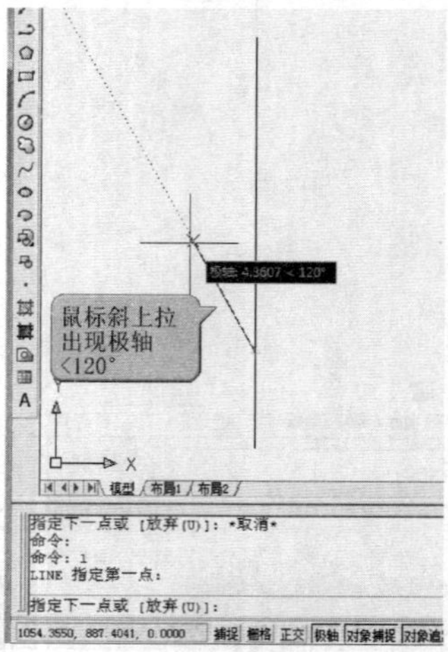

图 4.2.11 隔离开关绘制过程（十）

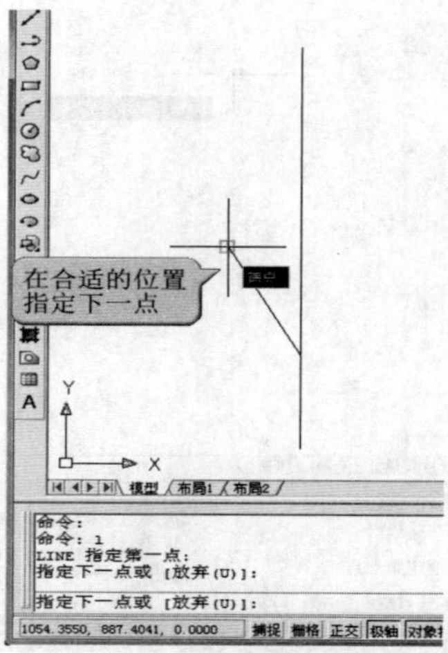

图 4.2.12 隔离开关绘制过程（十一）

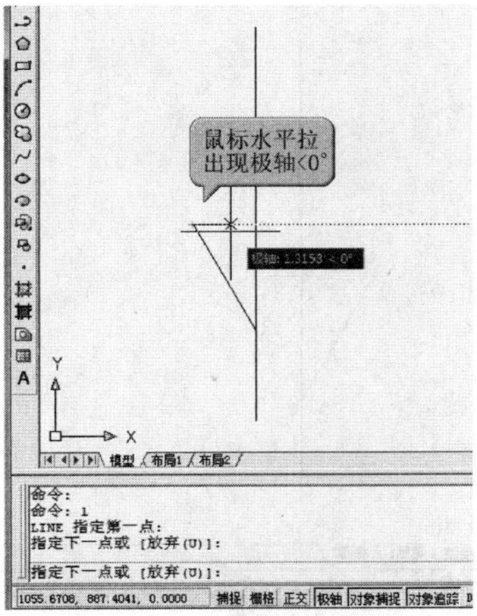

图 4.2.13　隔离开关绘制过程（十二）

图 4.2.14　隔离开关绘制过程（十三）

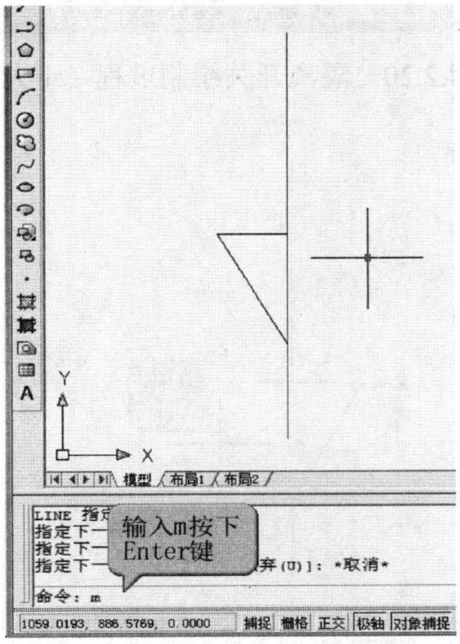

图 4.2.15　隔离开关绘制过程（十四）

图 4.2.16　隔离开关绘制过程（十五）

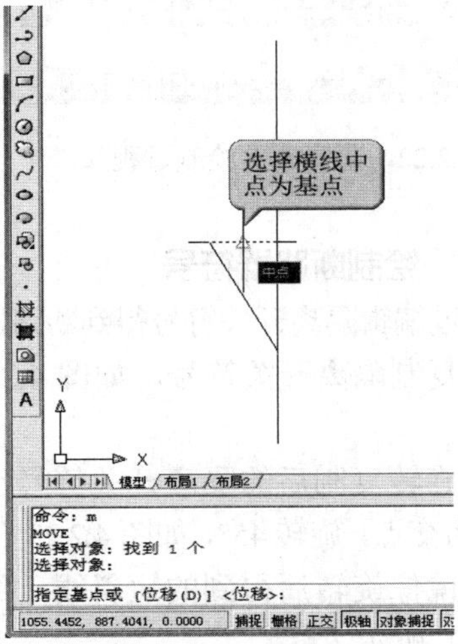

图 4.2.17　隔离开关绘制过程（十六）

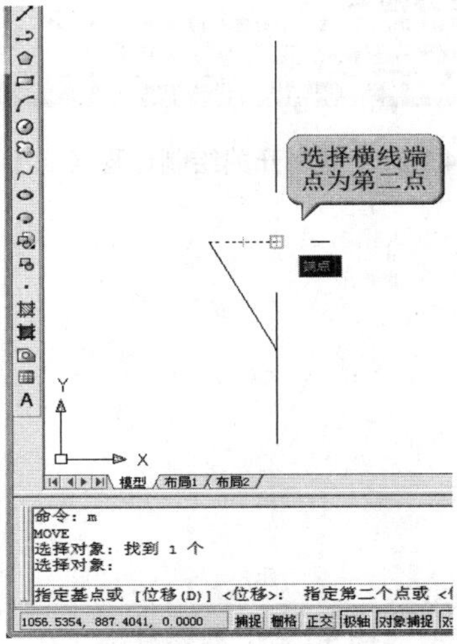

图 4.2.18　隔离开关绘制过程（十七）

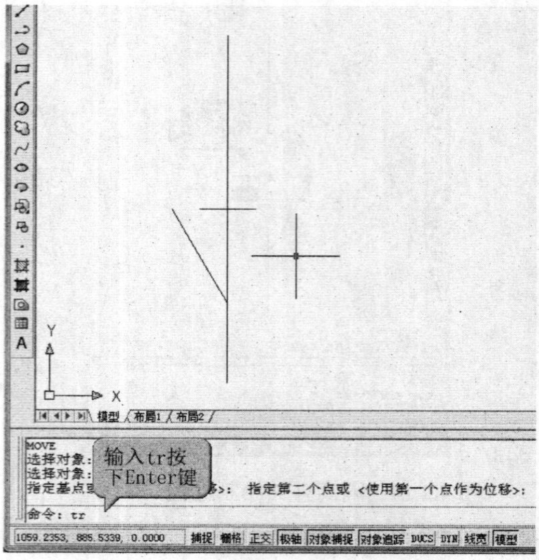

图 4.2.19 隔离开关绘制过程（十八）

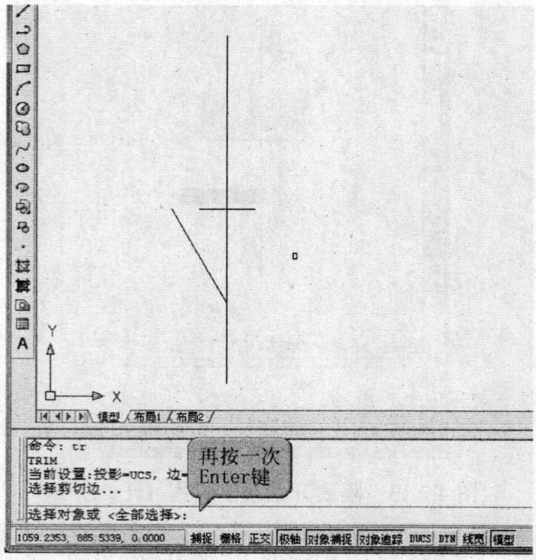

图 4.2.20 隔离开关绘制过程（十九）

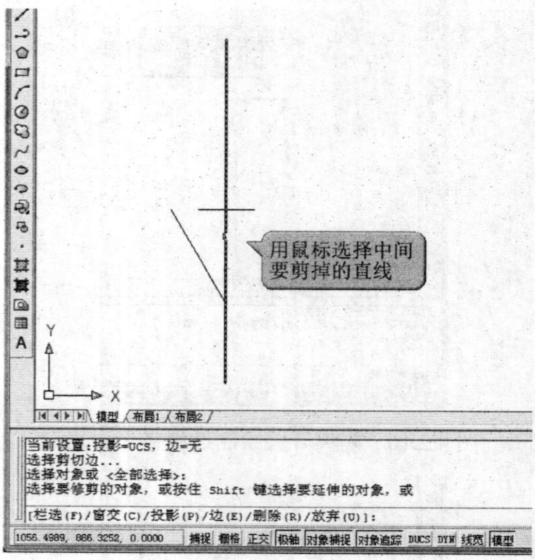

图 4.2.21 隔离开关绘制过程（二十）

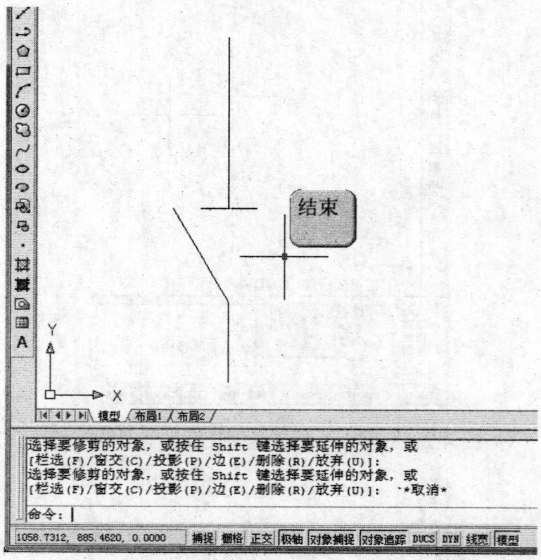

图 4.2.22 隔离开关绘制过程（二十一）

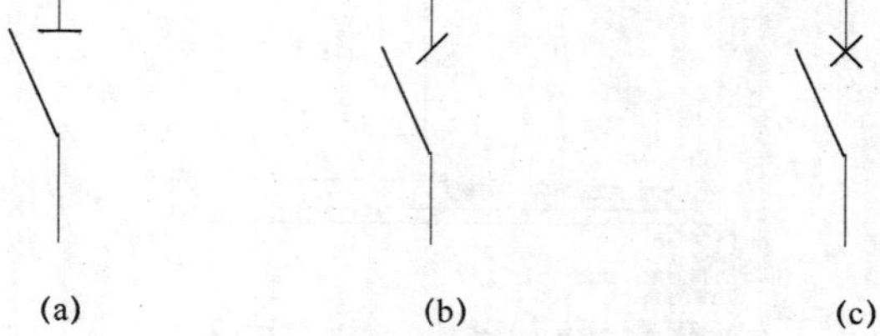

(a) (b) (c)

图 4.2.23 断路器

4.2.2 绘制断路器符号

可通过编辑隔离开关符号得到断路器符号：

（1）复制隔离开关符号，如图 4.2.23（a）所示。

（2）旋转复制后的隔离开关符号上的短横线：基点为交点，旋转 45°，如图 4.2.23（b）所示。

（3）镜像旋转后得到的短斜线，结果如图 4.2.23（c）所示。

断路器的绘制可以打开隔离开关，直接在隔离开关的基础上修改，绘制过程如图 4.2.24～图 4.2.34 所示。

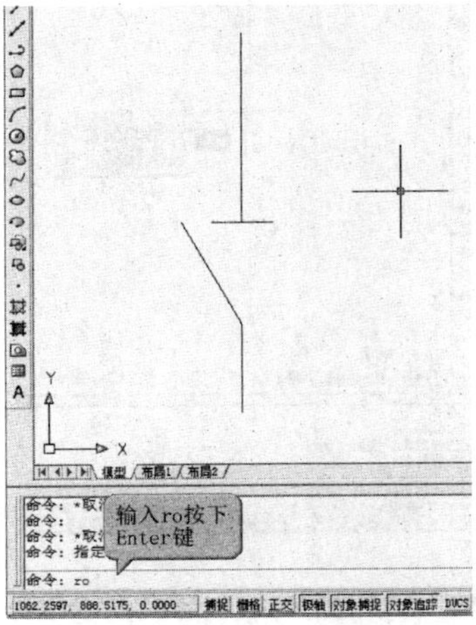

图 4.2.24　断路器绘制过程（一）

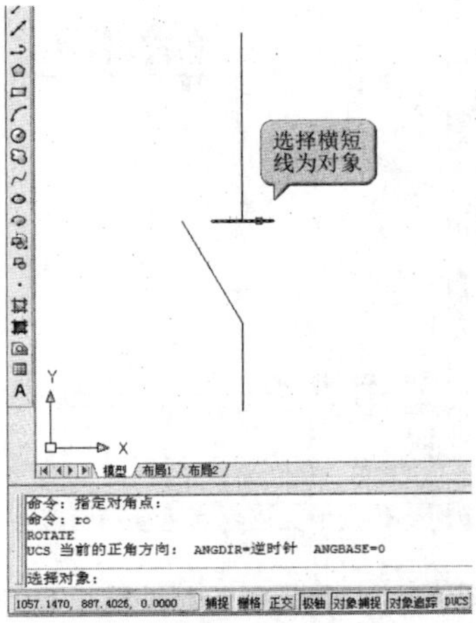

图 4.2.25　断路器绘制过程（二）

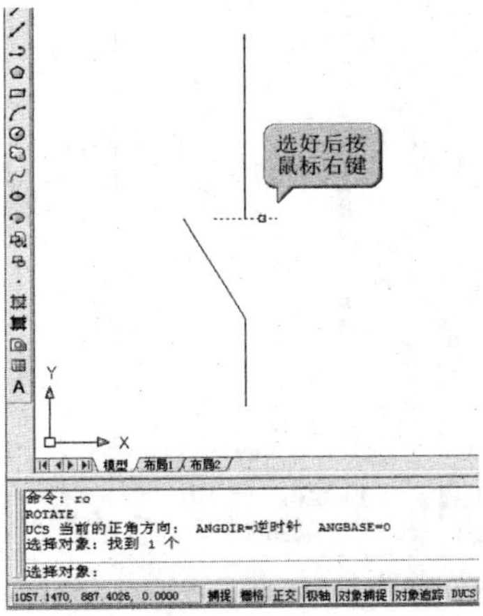

图 4.2.26　断路器绘制过程（三）

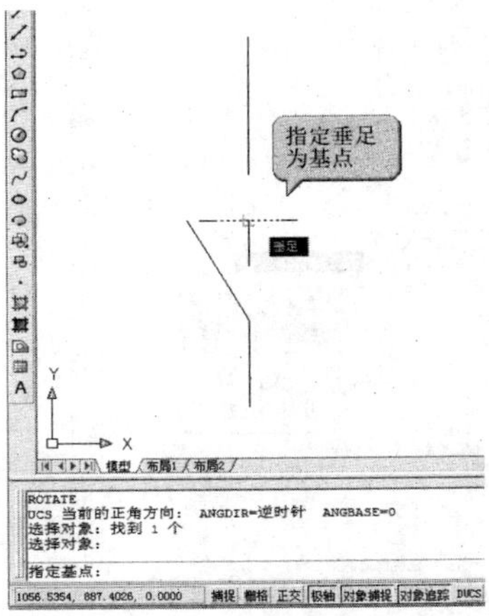

图 4.2.27　断路器绘制过程（四）

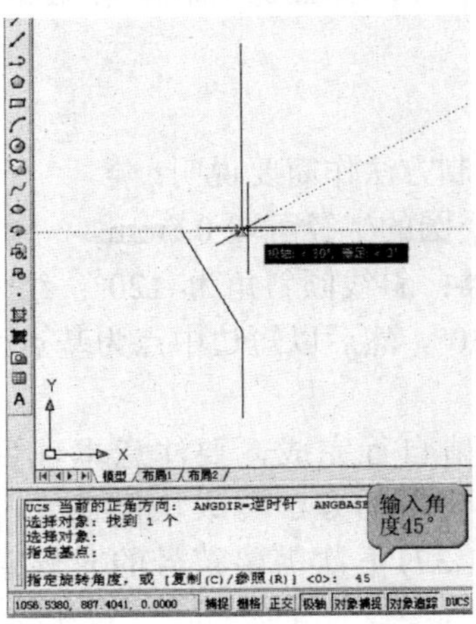

图 4.2.28　断路器绘制过程（五）

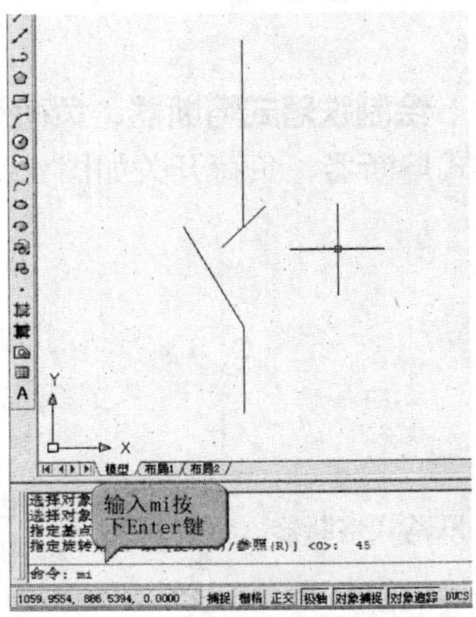

图 4.2.29　断路器绘制过程（六）

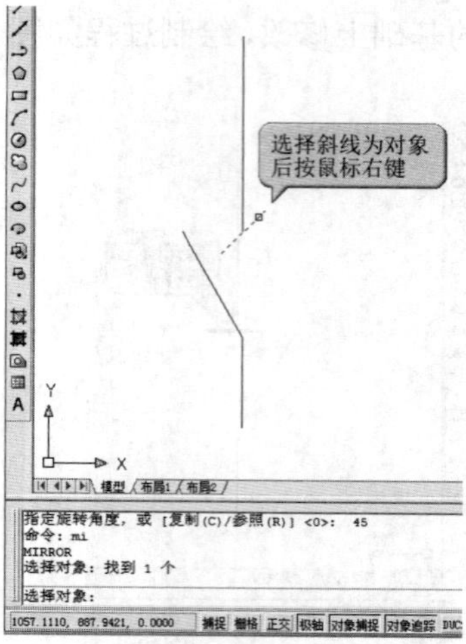

图 4.2.30 断路器绘制过程（七）

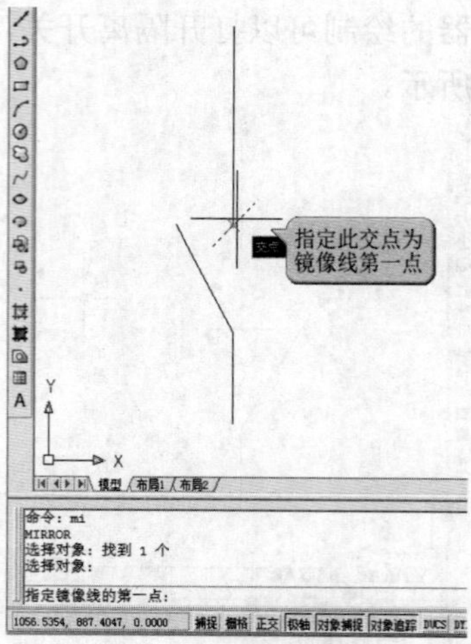

图 4.2.31 断路器绘制过程（八）

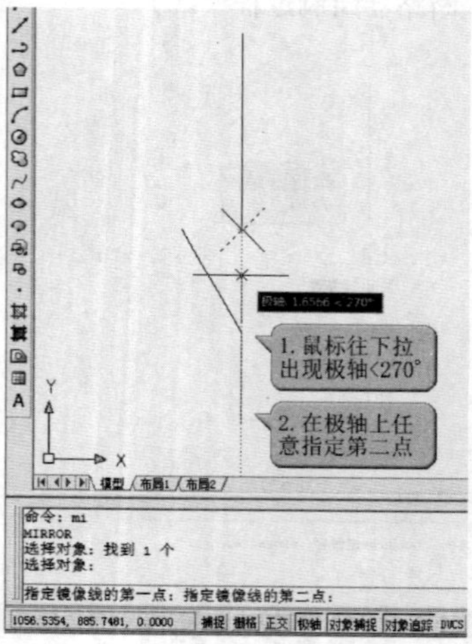

图 4.2.32 断路器绘制过程（九）

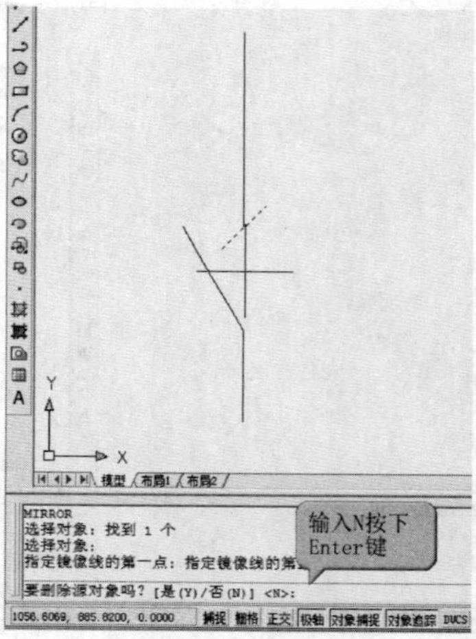

图 4.2.33 断路器绘制过程（十）

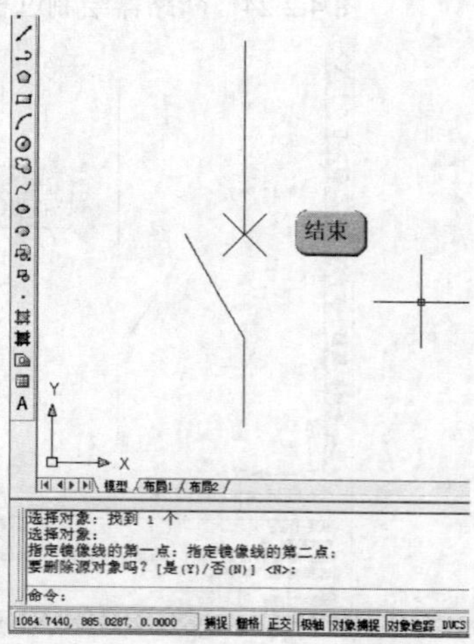

图 4.2.34 断路器绘制过程（十一）

4.2.3 绘制跌落式熔断器、负荷开关

跌落式熔断器、负荷开关如图 4.2.35 所示，仅对绘制方法作简要说明：

（1）负荷开关：小圆的半径可取 0.6mm。

（2）跌落式熔断器：斜线倾斜角为 120°；绘一合适尺寸的矩形，将其旋转 30°，然后以短边中点为基点移动至斜线上合适的最近点。

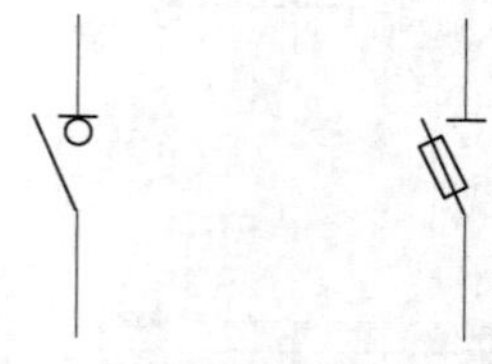

图 4.2.35 跌落式熔断器、负荷开关

这两张图的绘制请自行完成，要注意本项目中讲解的电气符号，都按照写块的方法写成块保存好，写块可参照图 2.1.28～图 2.1.37，下次需要符号的时候直接插入块就可以了。

项目 4.3　绘制站用变压器、电压互感器、电流互感器、电容器、电感线圈、电动机

4.3.1　绘制站用变压器符号

通过修改主变符号可得到站用变压器符号：

（1）复制主变符号，如图 4.3.1（a）所示，

（2）用 SCALE 命令，将复制后的变压器符号缩小 0.4 倍，如图 4.3.1（b）所示。

（3）删除三角形符号，如图 4.3.1（c）所示。

（4）复制 Y 形接线符号，如图 4.3.1（d）所示。

站用变压器绘制过程如图 4.3.2～图 4.3.14 所示。

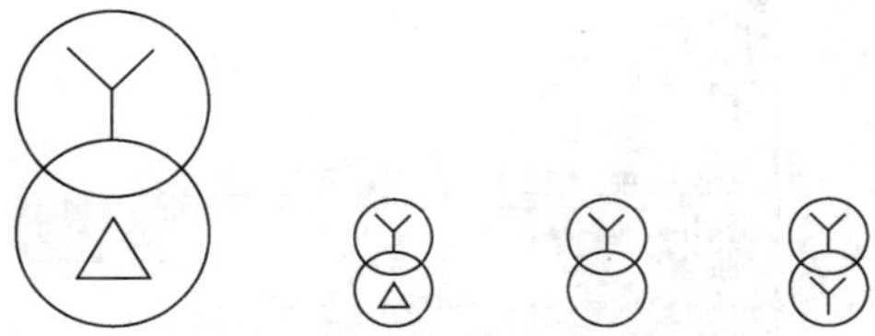

(a)　(b)　(c)　(d)

图 4.3.1　站用变压器

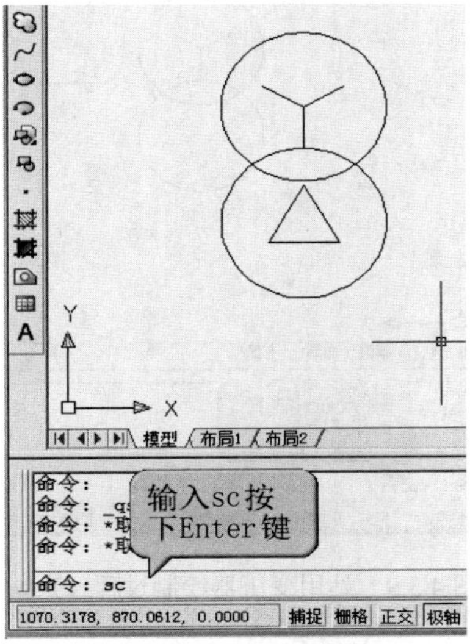

图 4.3.2　站用变压器绘制过程（一）

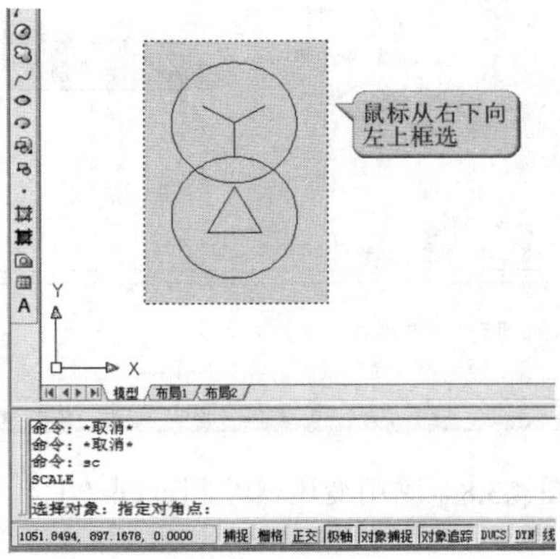

图 4.3.3　站用变压器绘制过程（二）

图 4.3.4　站用变压器绘制过程（三）

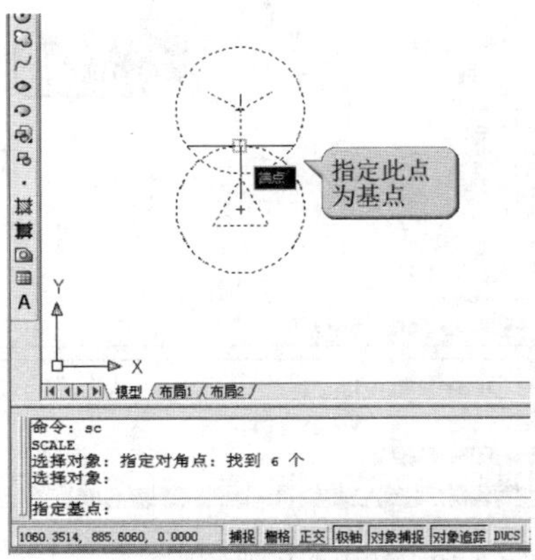

图 4.3.5　站用变压器绘制过程（四）

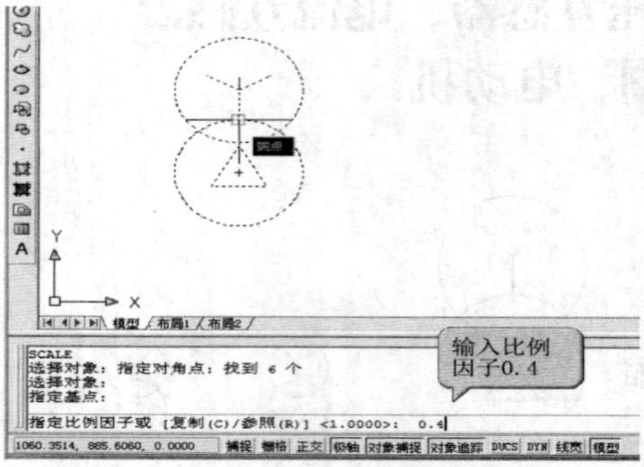

图 4.3.6 站用变压器绘制过程（五）

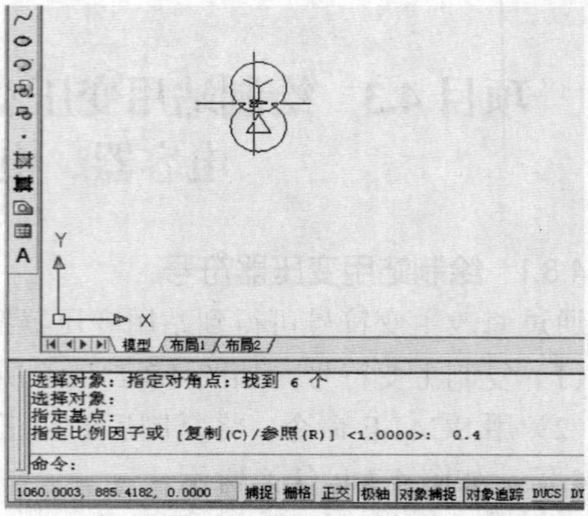

图 4.3.7 站用变压器绘制过程（六）

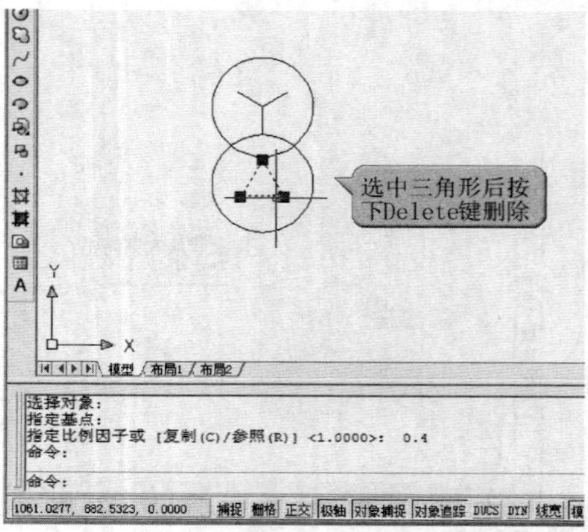

图 4.3.8 站用变压器绘制过程（七）

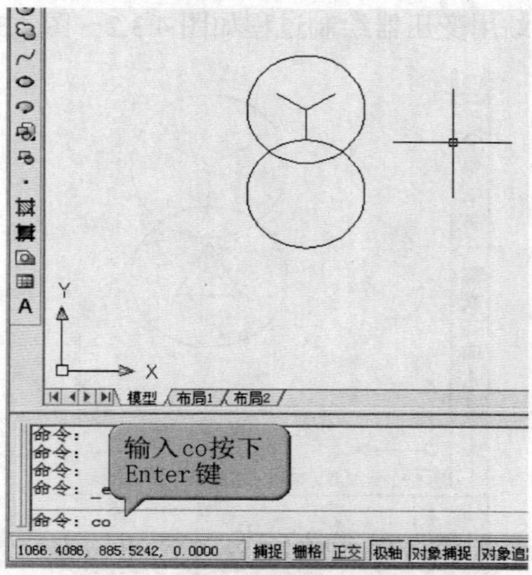

图 4.3.9 站用变压器绘制过程（八）

图 4.3.10 站用变压器绘制过程（九）

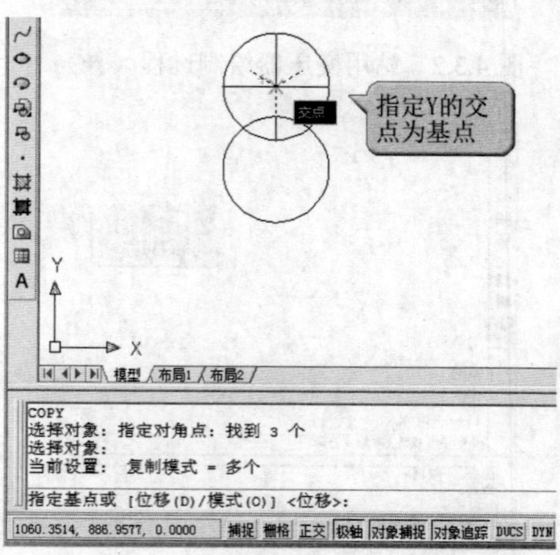

图 4.3.11 站用变压器绘制过程（十）

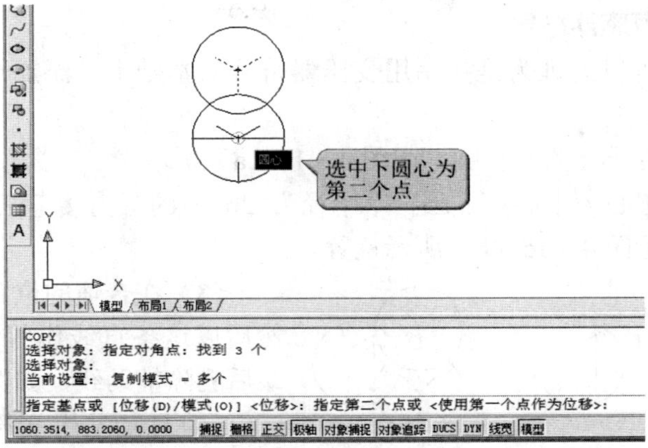

图 4.3.12　站用变压器绘制过程（十一）

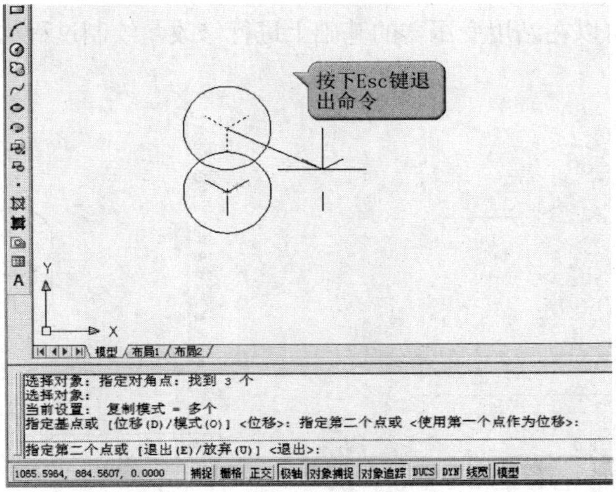

图 4.3.13　站用变压器绘制过程（十二）

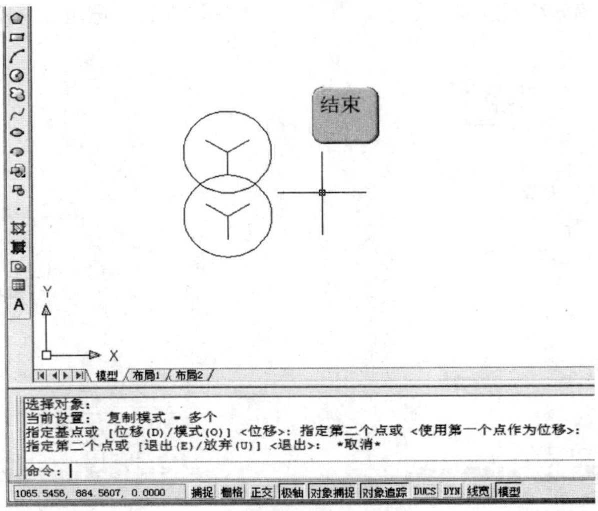

图 4.3.14　站用变压器绘制过程（十三）

4.3.2 绘制电压互感器符号

电压互感器符号可以处理为是在站用变压器符号的基础上，添加一个表示 L 形接线的线圈。

（1）复制站用变符号上的一个圆，如图 4.3.15（a）所示。

（2）以上述圆的圆心为中心点，画一个半径为 2mm 的圆内接正三角形。然后以圆心为基点把正三角形旋转至图 4.3.15（b）所示位置。

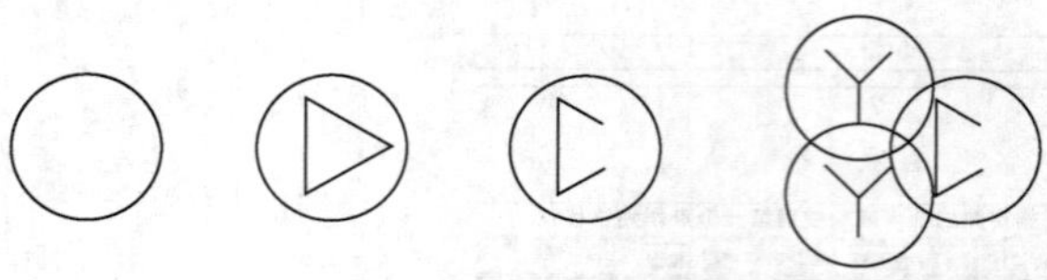

(a) (b) (c) (d)

图 4.3.15 电压互感器

（3）在合适的位置画一条垂直辅助线，然后以这条直线作剪切边修剪正三角形，最后删除辅助线，如图 4.3.15（c）所示。

（4）复制站用变符号，与图 4.3.15（c）合并成如图 4.3.15（d）所示的电压互感器符号。

电压互感器符号可以在站用变压器的基础上进行修改，绘制过程如图 4.3.16～图 4.3.39 所示。

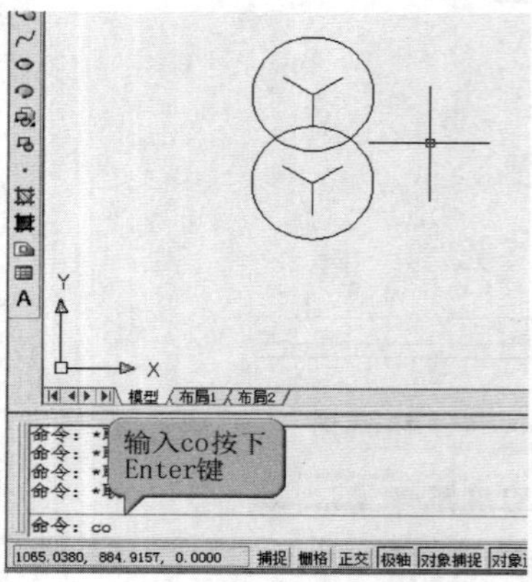

图 4.3.16 电压互感器绘制过程（一）

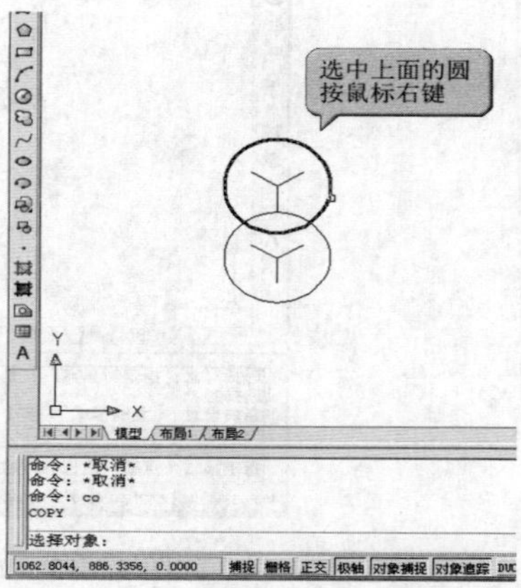

图 4.3.17 电压互感器绘制过程（二）

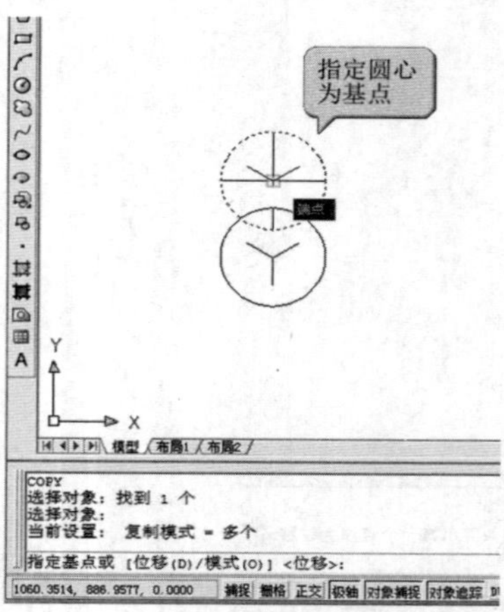

图 4.3.18 电压互感器绘制过程（三）

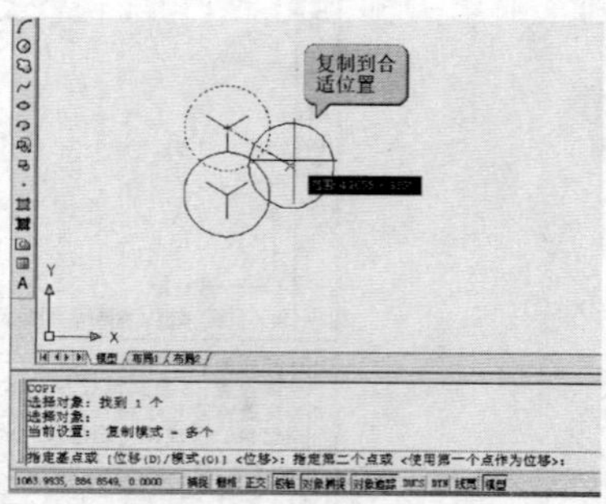

图 4.3.19 电压互感器绘制过程（四）

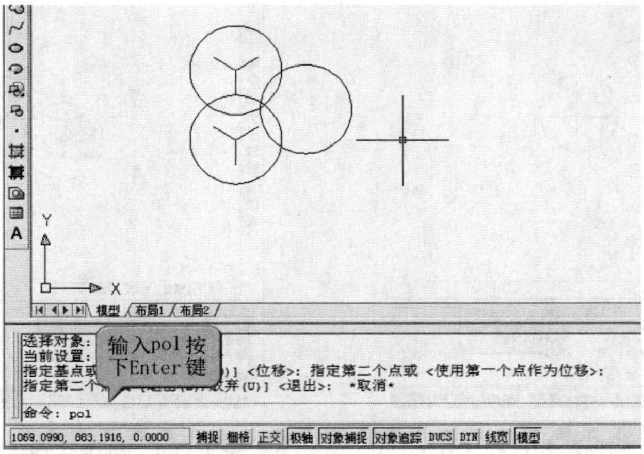

图 4.3.20　电压互感器绘制过程（五）

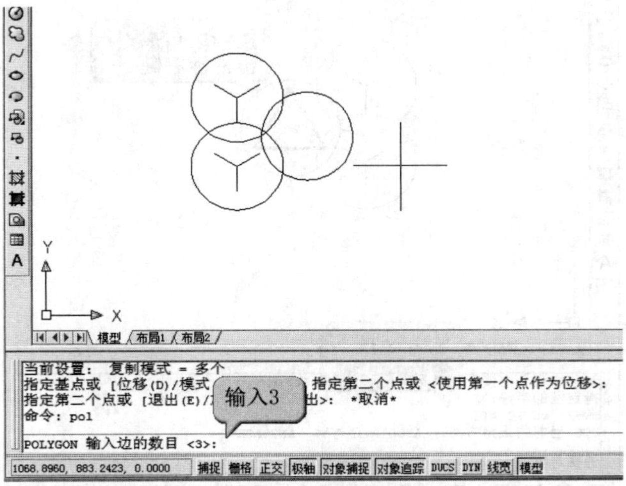

图 4.3.21　电压互感器绘制过程（六）

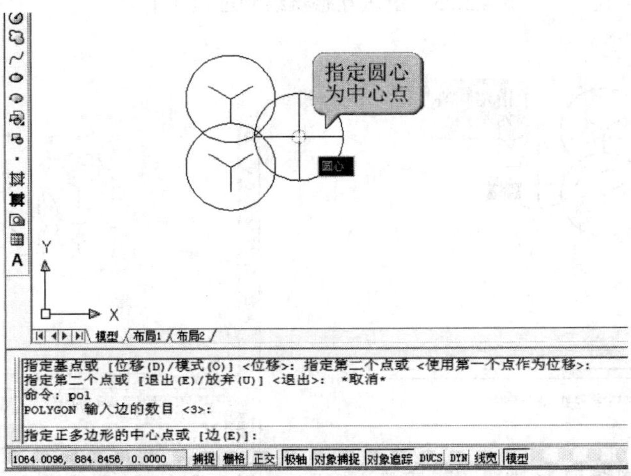

图 4.3.22　电压互感器绘制过程（七）

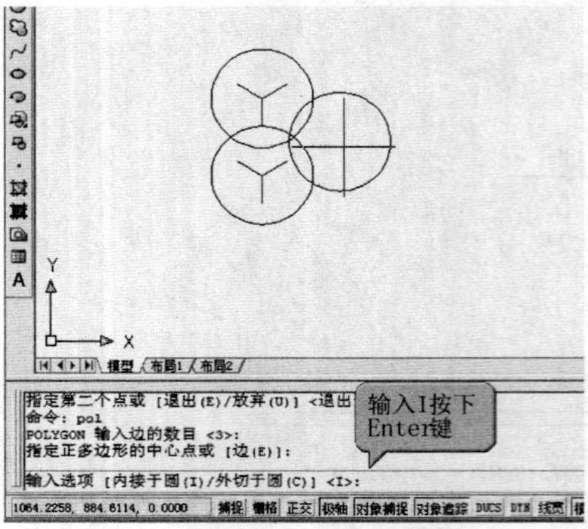

图 4.3.23 电压互感器绘制过程（八）

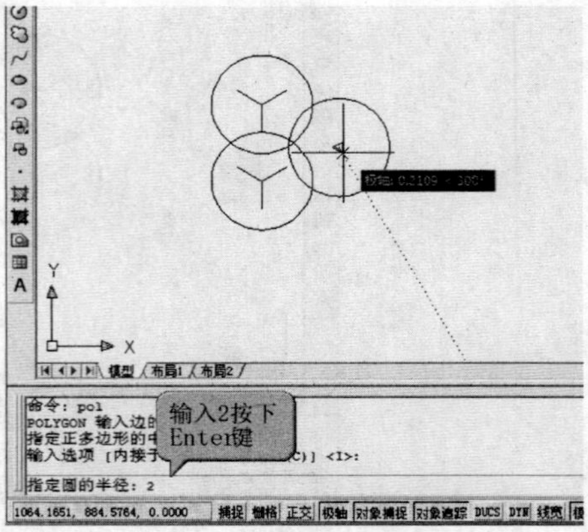

图 4.3.24 电压互感器绘制过程（九）

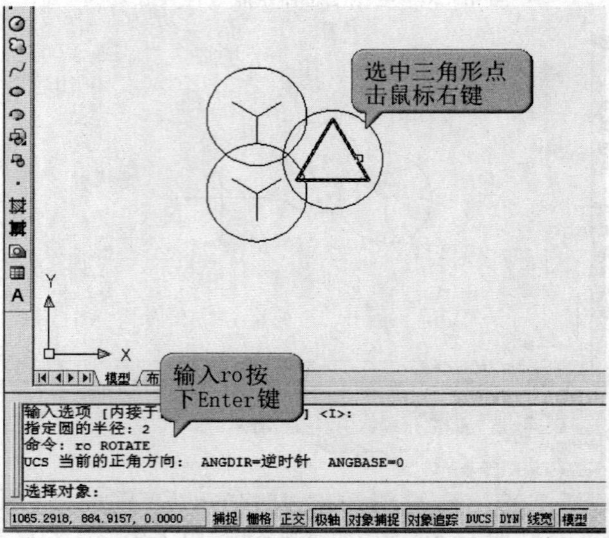

图 4.3.25 电压互感器绘制过程（十）

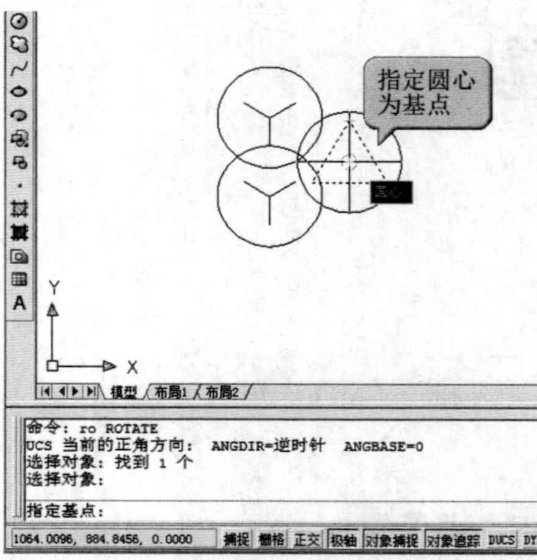

图 4.3.26 电压互感器绘制过程（十一）

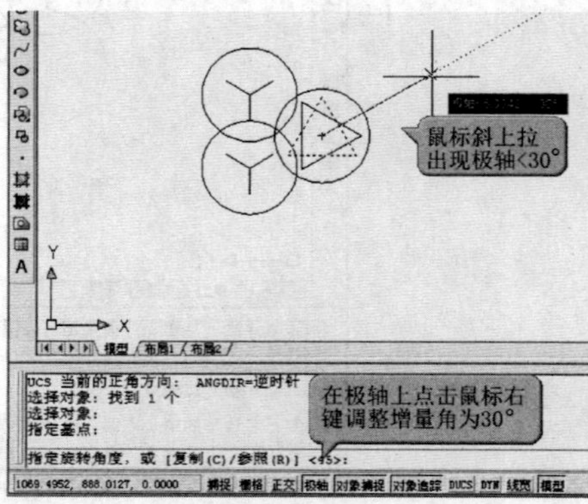

图 4.3.27 电压互感器绘制过程（十二）

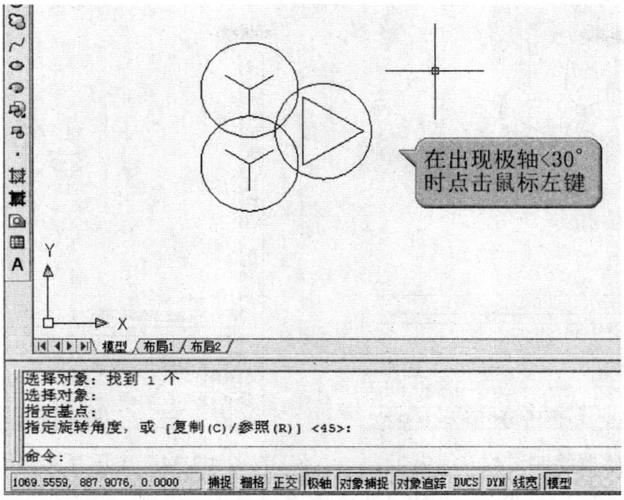

图 4.3.28　电压互感器绘制过程（十三）

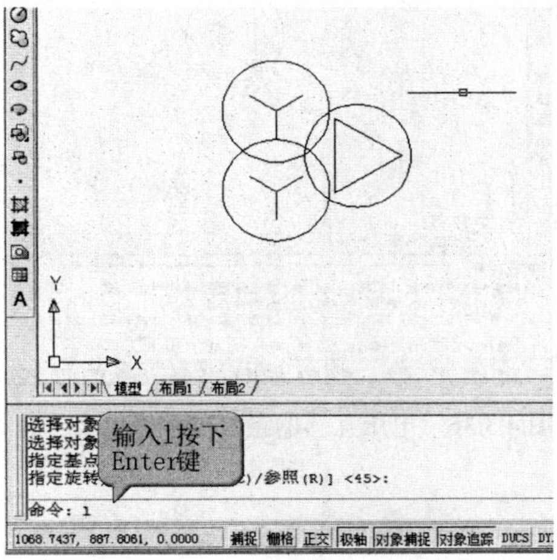

图 4.3.29　电压互感器绘制过程（十四）

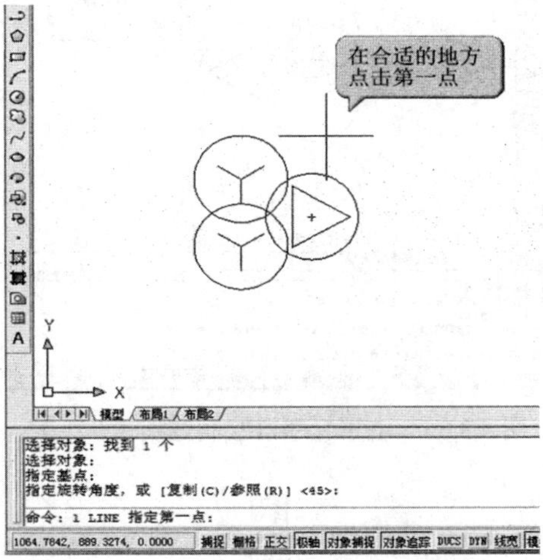

图 4.3.30　电压互感器绘制过程（十五）

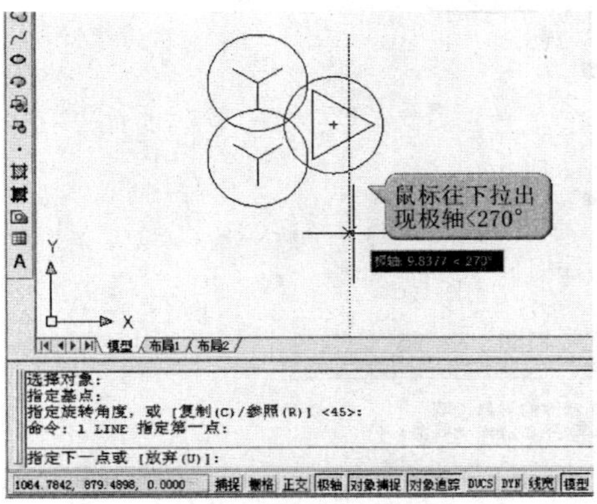

图 4.3.31　电压互感器绘制过程（十六）

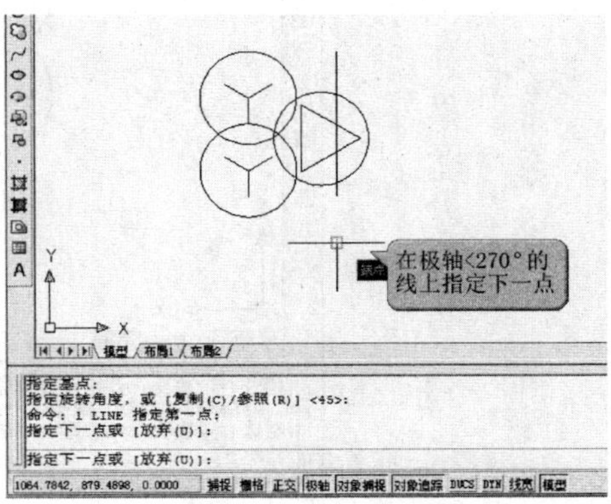

图 4.3.32　电压互感器绘制过程（十七）

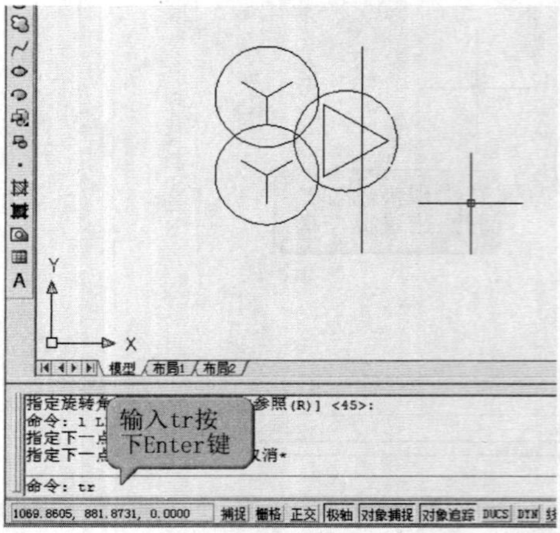

图 4.3.33 电压互感器绘制过程（十八）

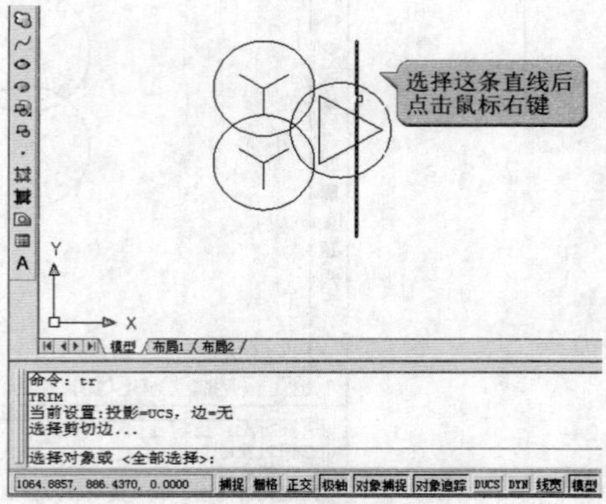

图 4.3.34 电压互感器绘制过程（十九）

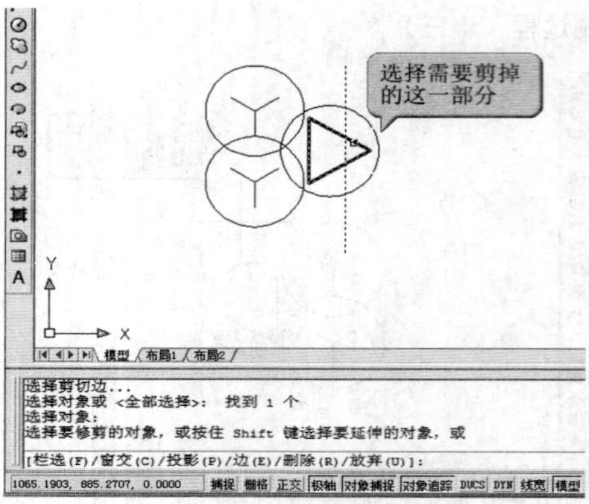

图 4.3.35 电压互感器绘制过程（二十）

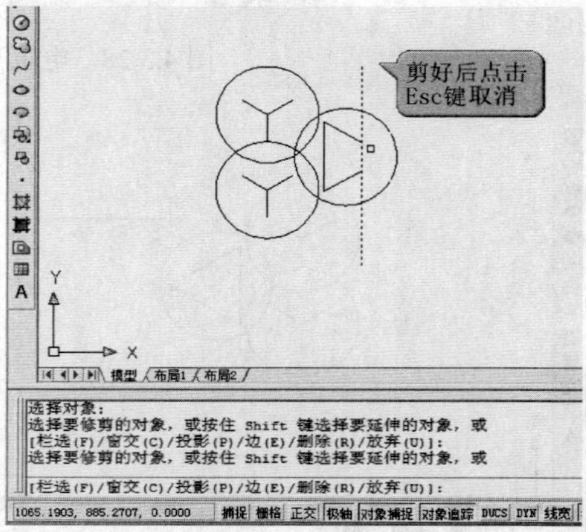

图 4.3.36 电压互感器绘制过程（二十一）

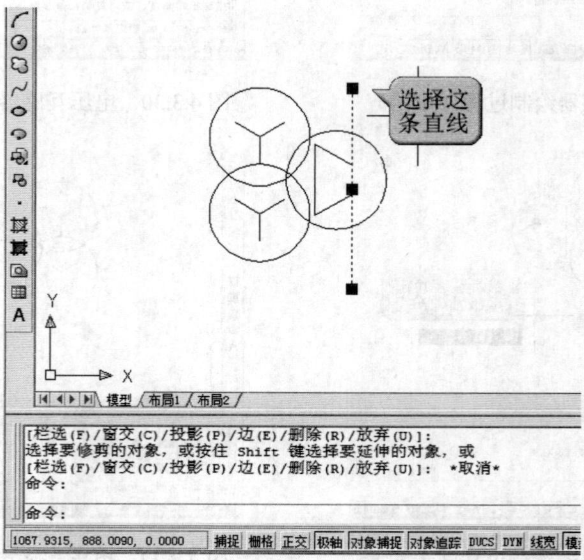

图 4.3.37 电压互感器绘制过程（二十二）

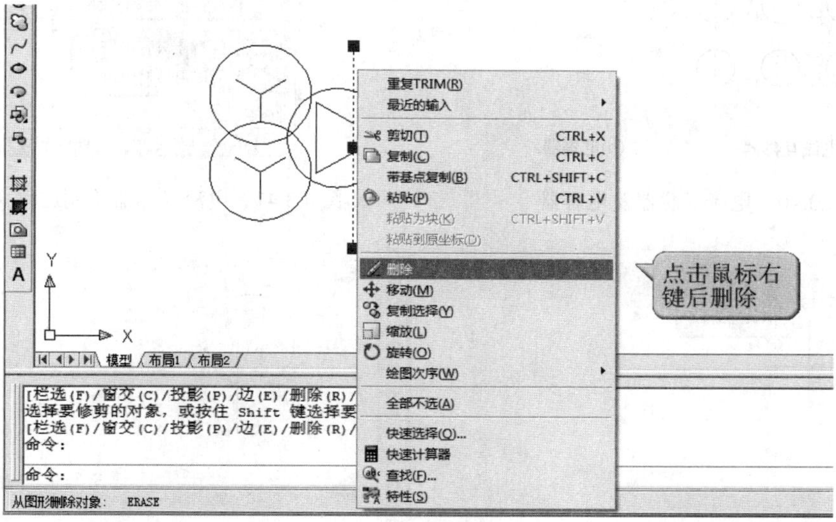

图 4.3.38　电压互感器绘制过程（二十三）

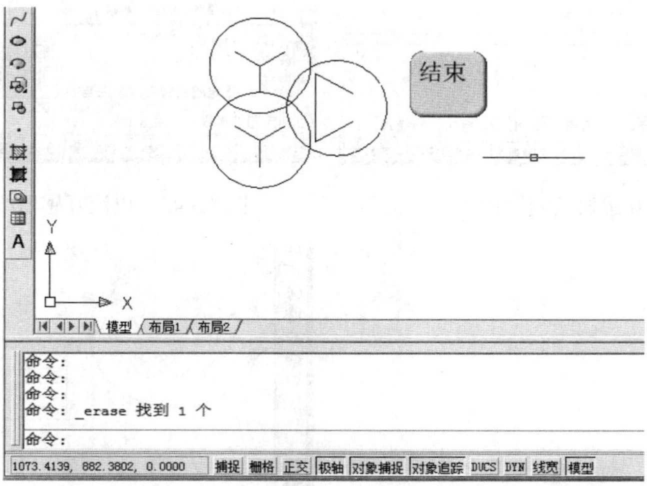

图 4.3.39　电压互感器绘制过程（二十四）

4.3.3　绘制电流互感器、电容器符号

电流互感器和电容器的绘制比较简单，简要说明如下，其中电容器的绘制不详细讲。

（1）电流互感器符号：圆的半径可取 1.3mm，在圆的旁边绘制三条大小合适的直线。

（2）将圆和三条直线矩形阵列，两行三列，行列偏移都为 4.5mm。

（3）绘制合适长度的直线，如图 4.3.40（a）所示。

（4）电容器：表示两极的短横线长度可取 2.5mm，线间距离可取为 1mm。

电流互感器绘制过程如图 4.3.41～图 4.3.61 所示。

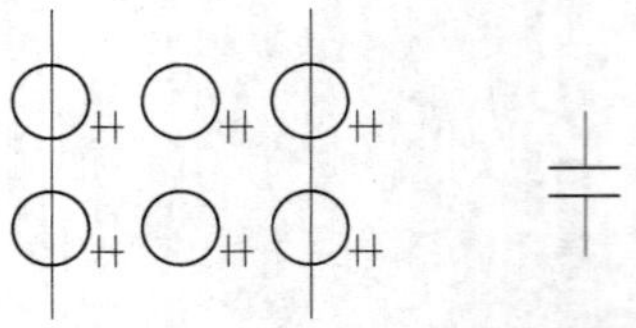

(a)电流互感器　(b)电容器

图 4.3.40 电流互感器及电容器

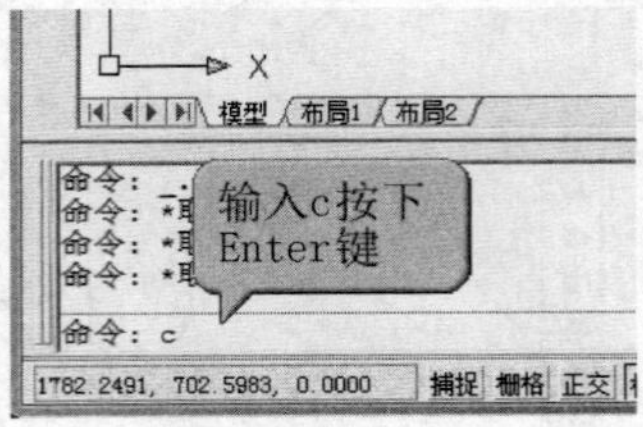

图 4.3.41 电流互感器绘制过程（一）

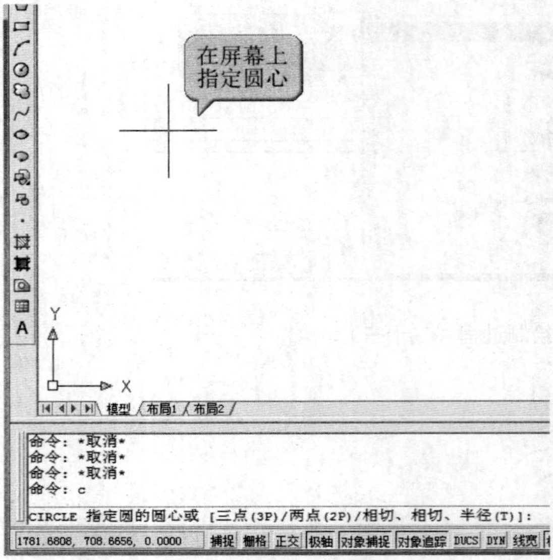

图 4.3.42 电流互感器绘制过程（二）

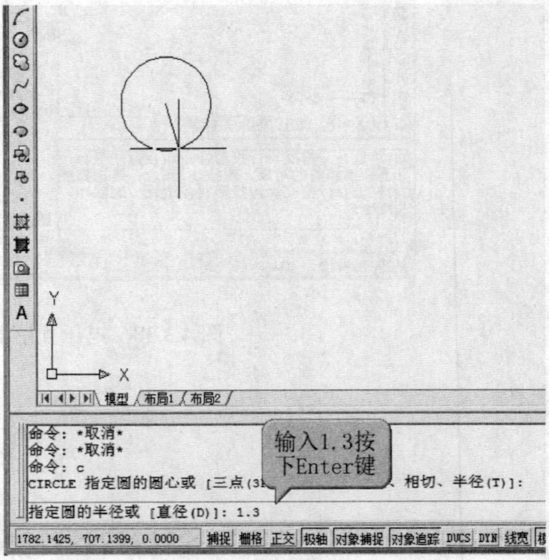

图 4.3.43 电流互感器绘制过程（三）

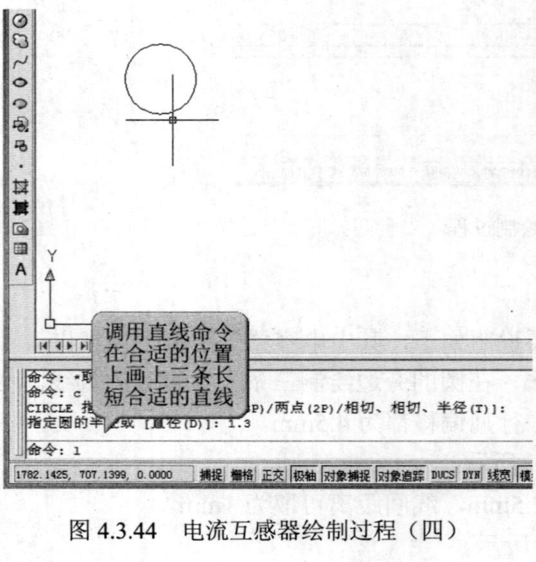

图 4.3.44 电流互感器绘制过程（四）

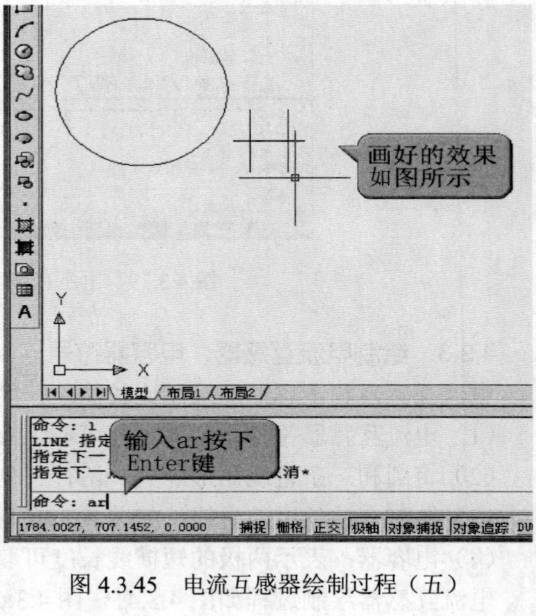

图 4.3.45 电流互感器绘制过程（五）

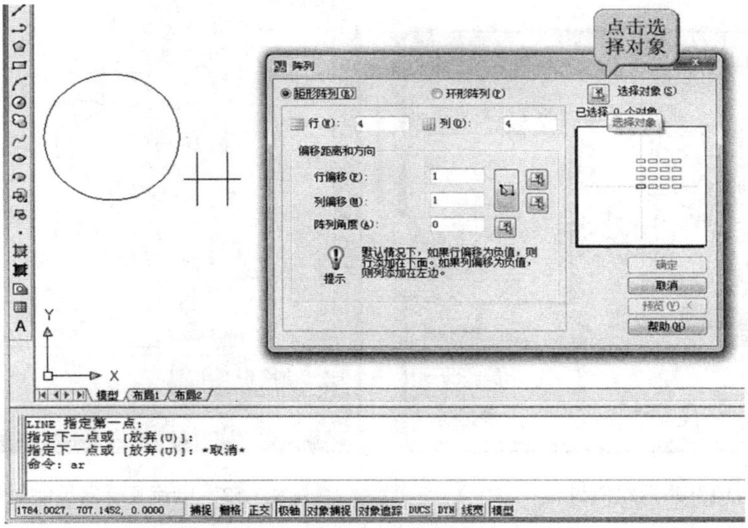

图 4.3.46　电流互感器绘制过程（六）

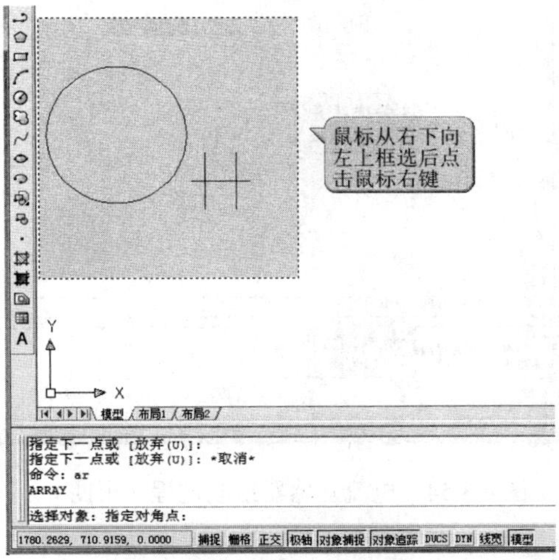

图 4.3.47　电流互感器绘制过程（七）

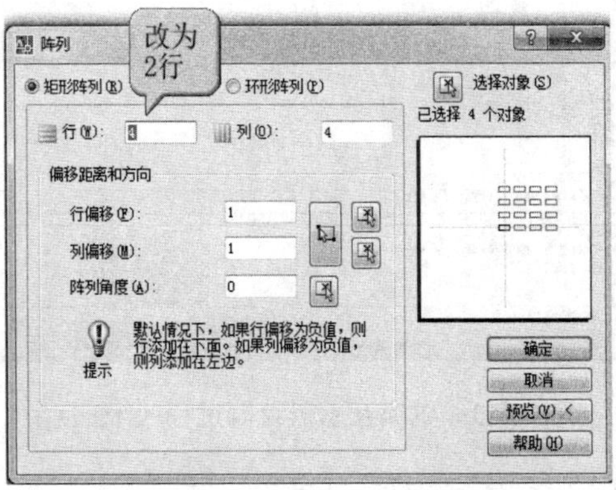

图 4.3.48　电流互感器绘制过程（八）

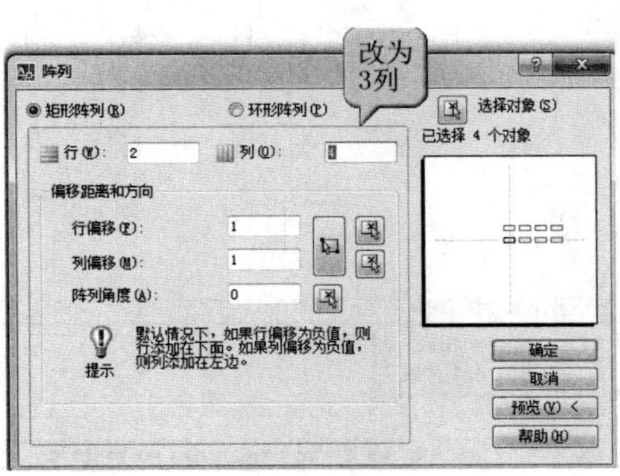

图 4.3.49　电流互感器绘制过程（九）

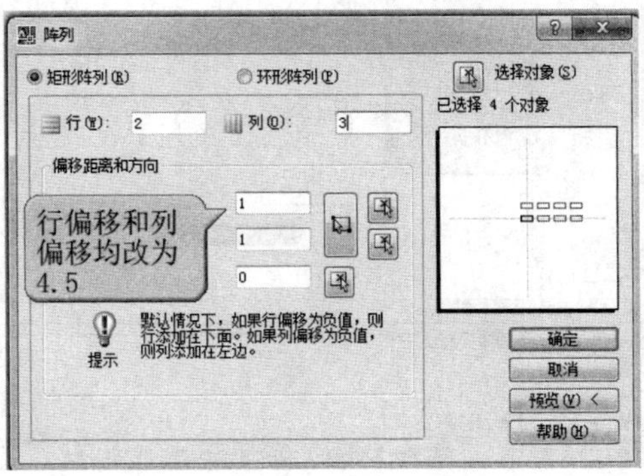

图 4.3.50　电流互感器绘制过程（十）

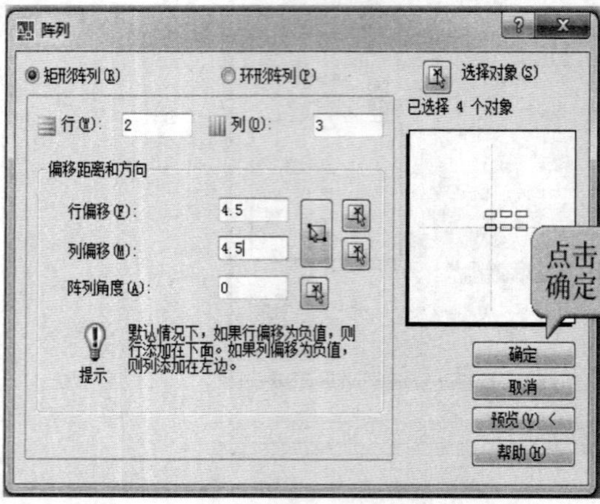

图 4.3.51 电流互感器绘制过程（十一）

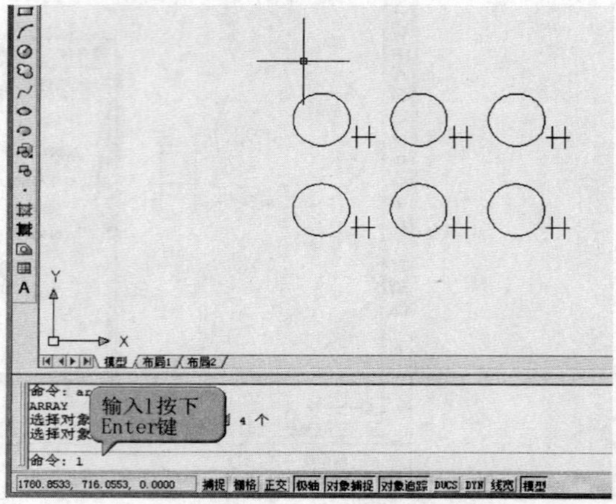

图 4.3.52 电流互感器绘制过程（十二）

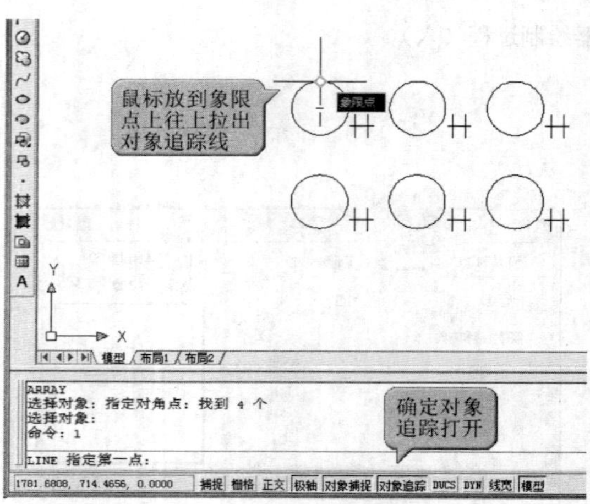

图 4.3.53 电流互感器绘制过程（十三）

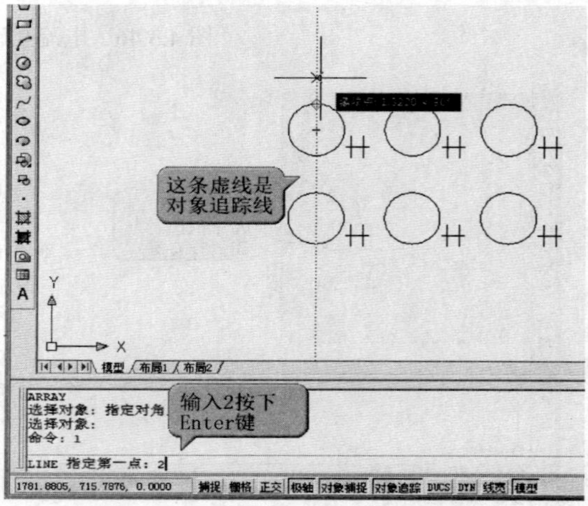

图 4.3.54 电流互感器绘制过程（十四）

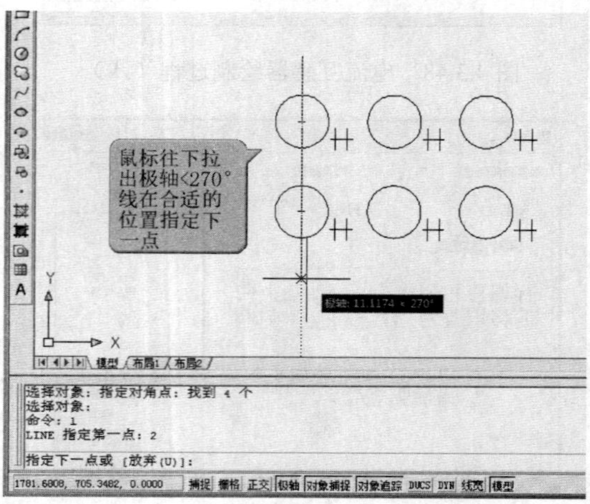

图 4.3.55 电流互感器绘制过程（十五）

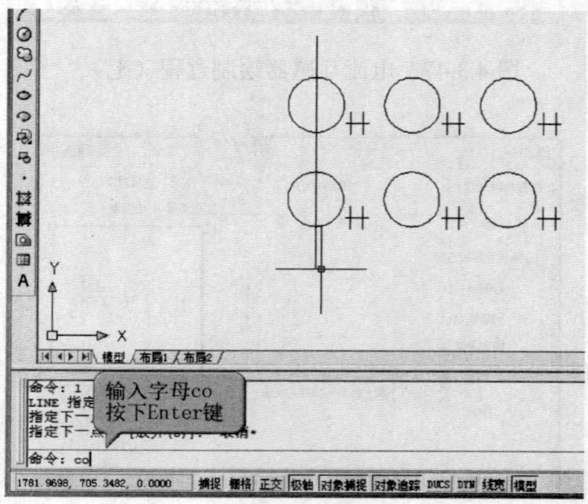

图 4.3.56 电流互感器绘制过程（十六）

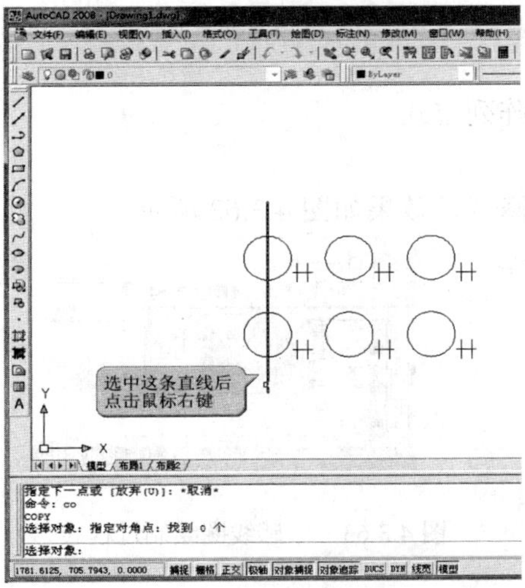

图 4.3.57　电流互感器绘制过程（十七）

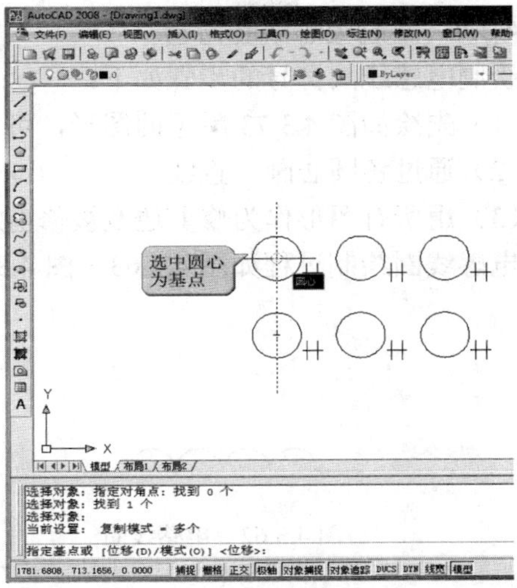

图 4.3.58　电流互感器绘制过程（十八）

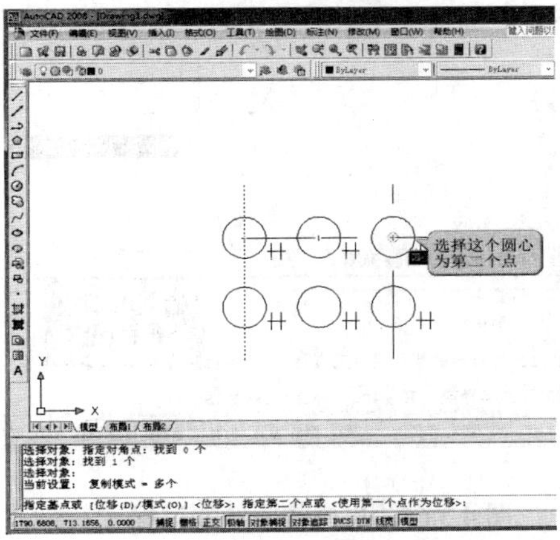

图 4.3.59　电流互感器绘制过程（十九）

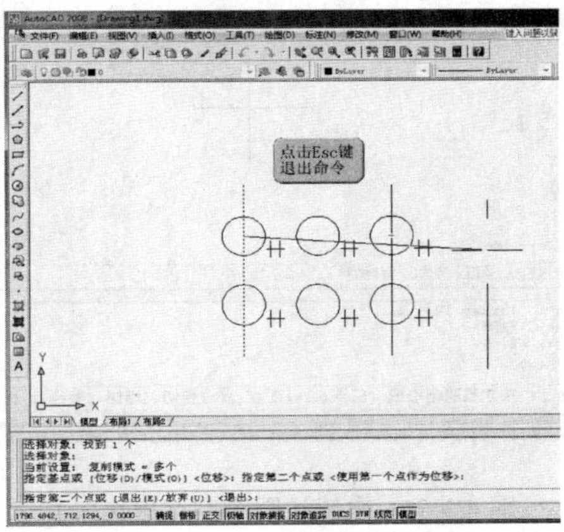

图 4.3.60　电流互感器绘制过程（二十）

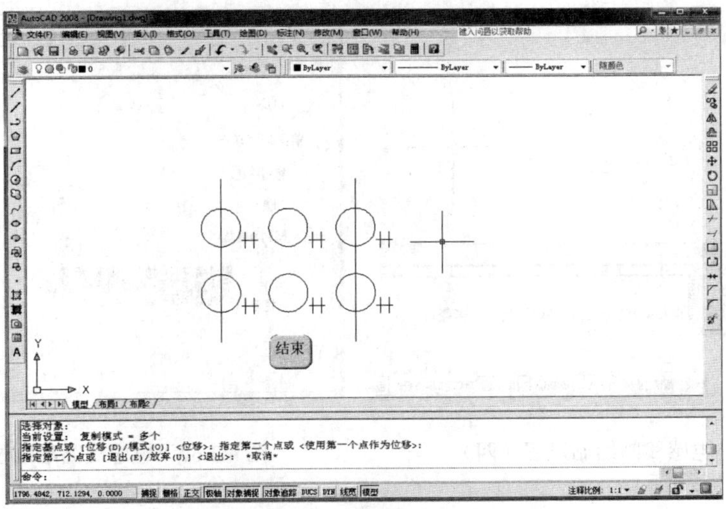

图 4.3.61　电流互感器绘制过程（二十一）

4.3.4 绘制电感线圈符号

绘制电感线圈符号的步骤如下：

（1）先绘如图 4.3.73 所示的图形，可采用矩形阵列方式。

（2）通过各圆心画一直线。

（3）用所有图形作为修剪边及被修剪对象进行修剪，效果如图 4.3.62 所示。

电感线圈绘制过程如图 4.3.63～图 4.3.86 所示。

图 4.3.62 电感线圈

图 4.3.63 电感线圈绘制过程（一）

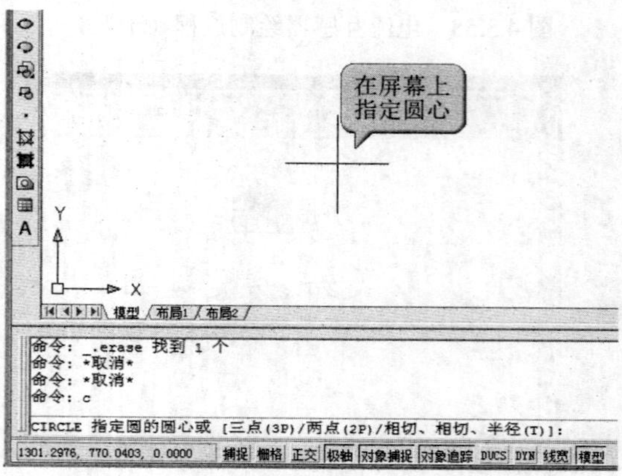

图 4.3.64 电感线圈绘制过程（二）

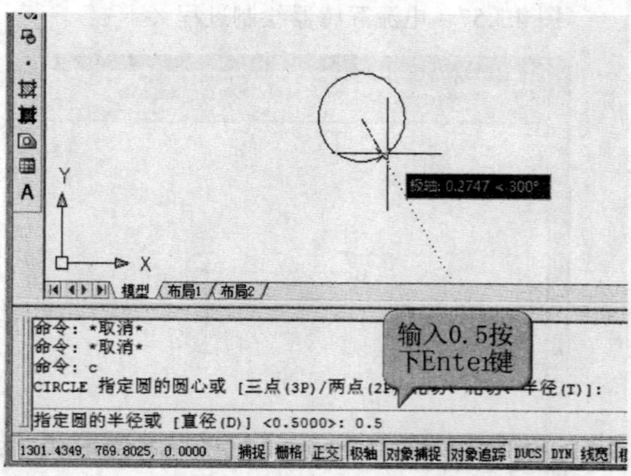

图 4.3.65 电感线圈绘制过程（三）

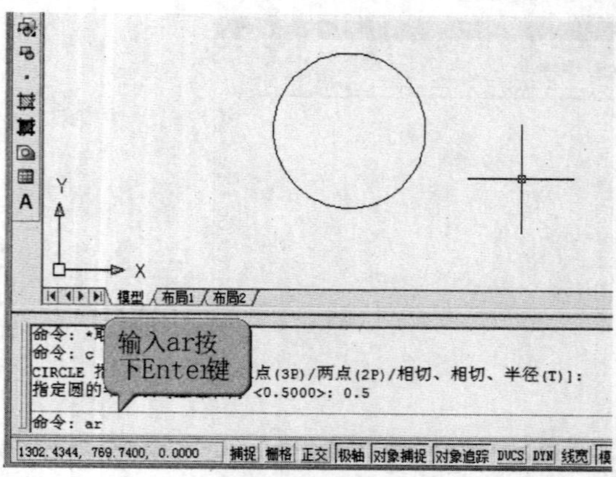

图 4.3.66 电感线圈绘制过程（四）

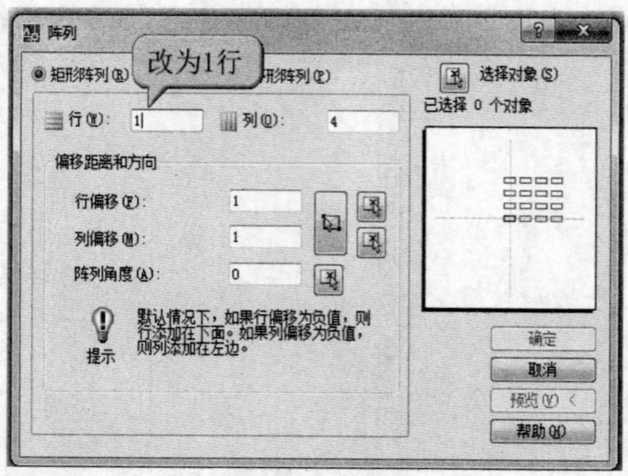

图 4.3.67 电感线圈绘制过程（五）

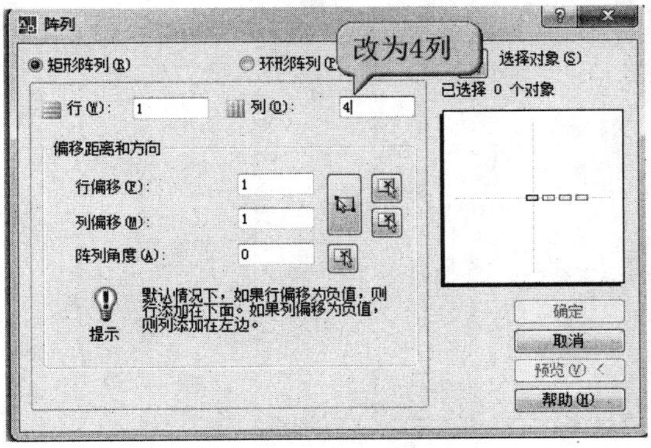

图 4.3.68　电感线圈绘制过程（六）

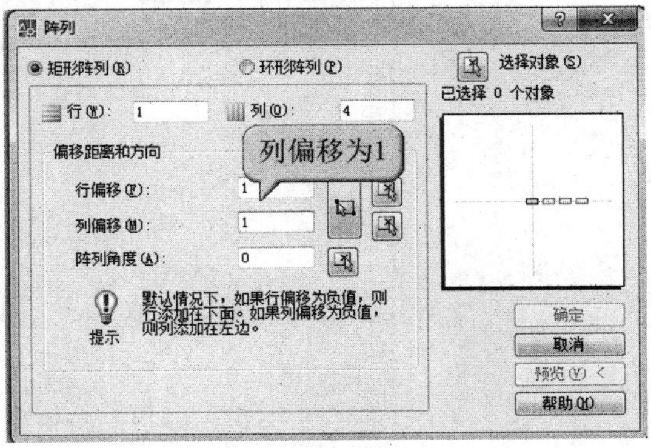

图 4.3.69　电感线圈绘制过程（七）

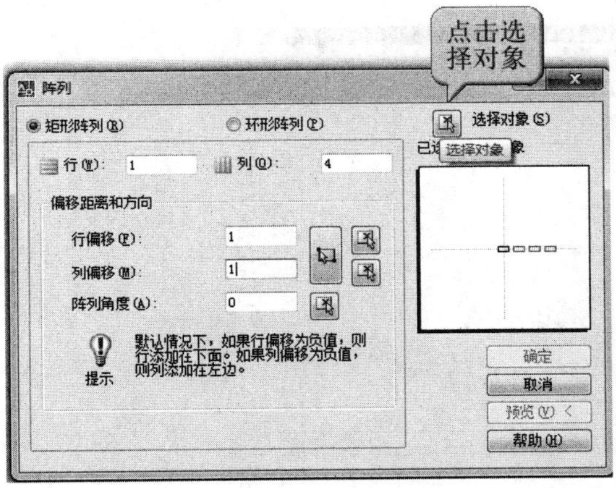

图 4.3.70　电感线圈绘制过程（八）

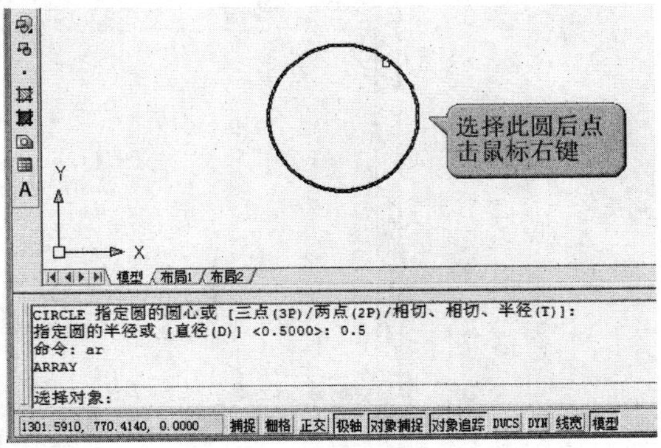

图 4.3.71　电感线圈绘制过程（九）

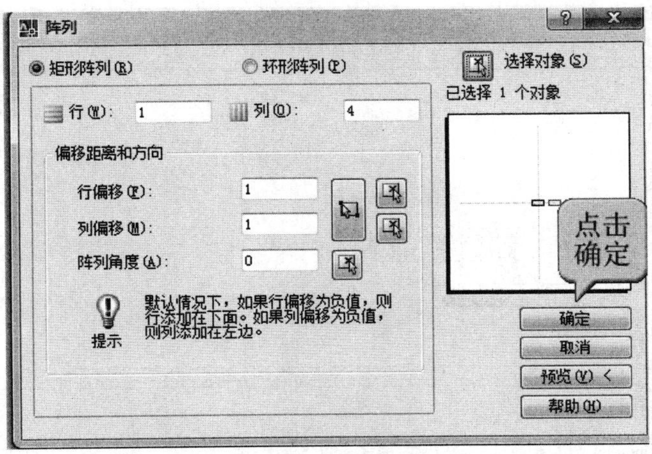

图 4.3.72　电感线圈绘制过程（十）

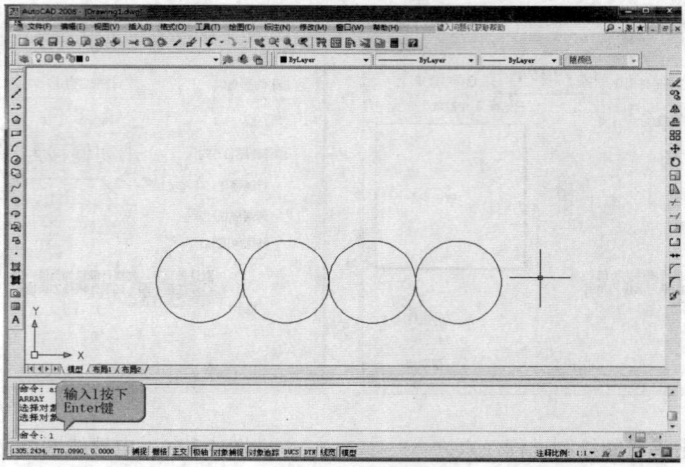

图 4.3.73 电感线圈绘制过程（十一）

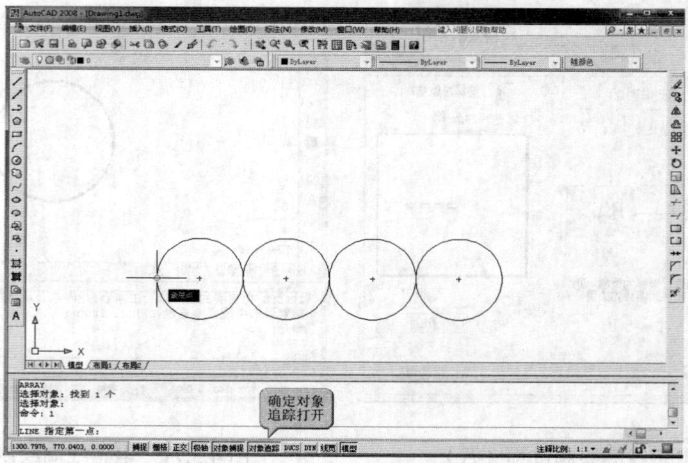

图 4.3.74 电感线圈绘制过程（十二）

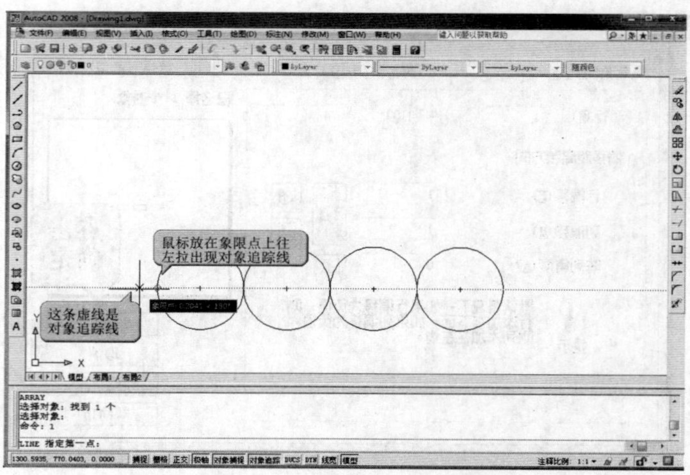

图 4.3.75 电感线圈绘制过程（十三）

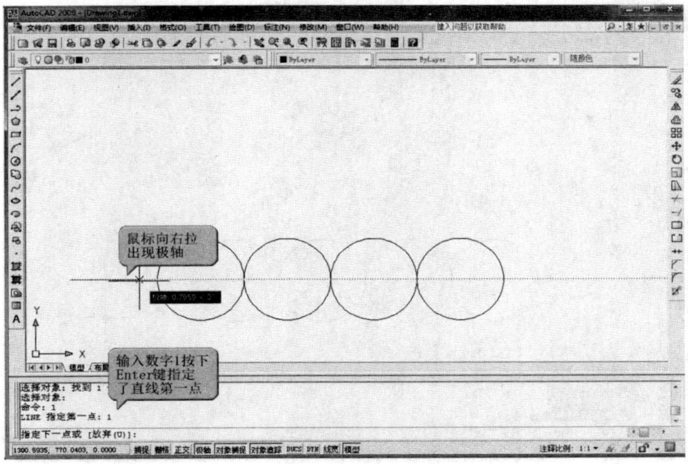

图 4.3.76　电感线圈绘制过程（十四）

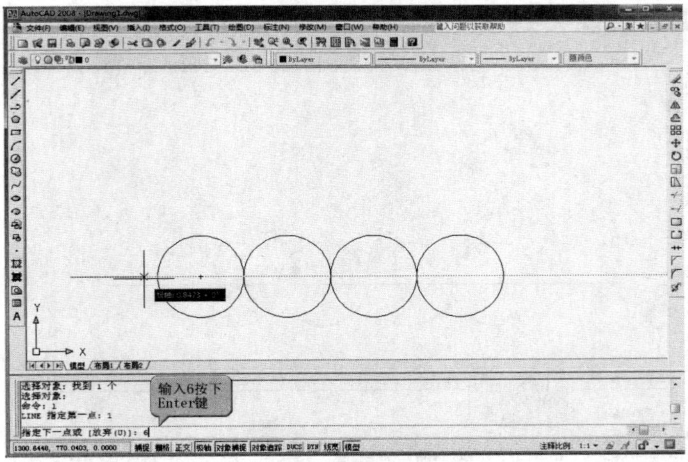

图 4.3.77　电感线圈绘制过程（十五）

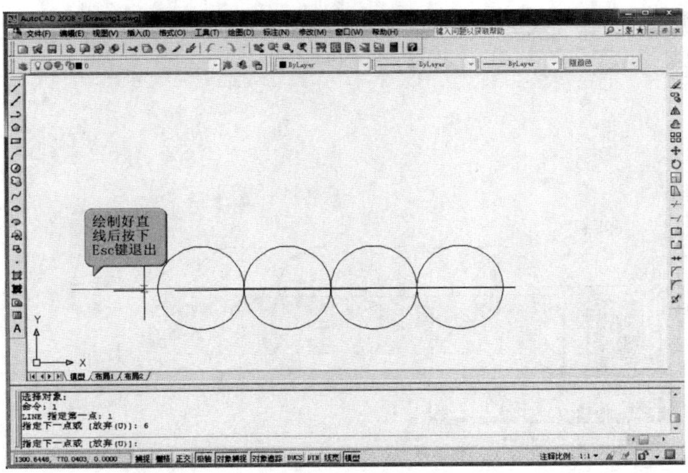

图 4.3.78　电感线圈绘制过程（十六）

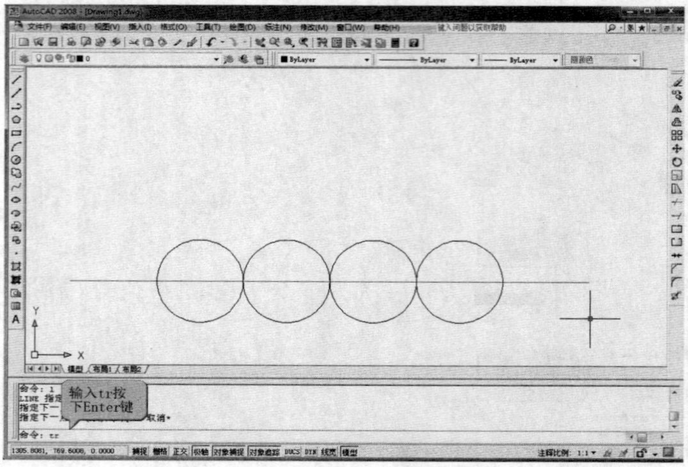

图 4.3.79　电感线圈绘制过程（十七）

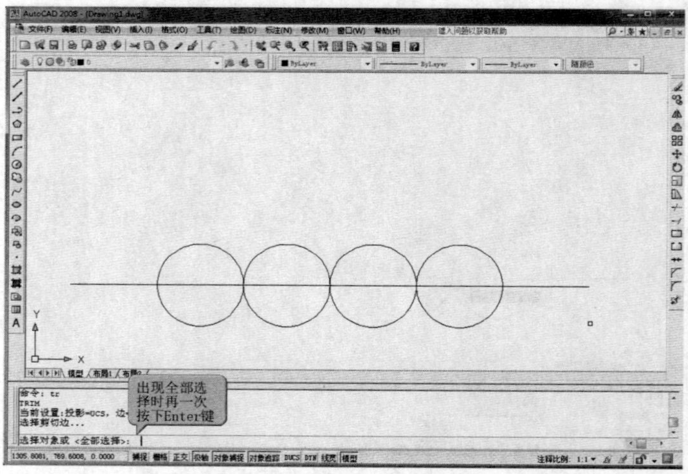

图 4.3.80　电感线圈绘制过程（十八）

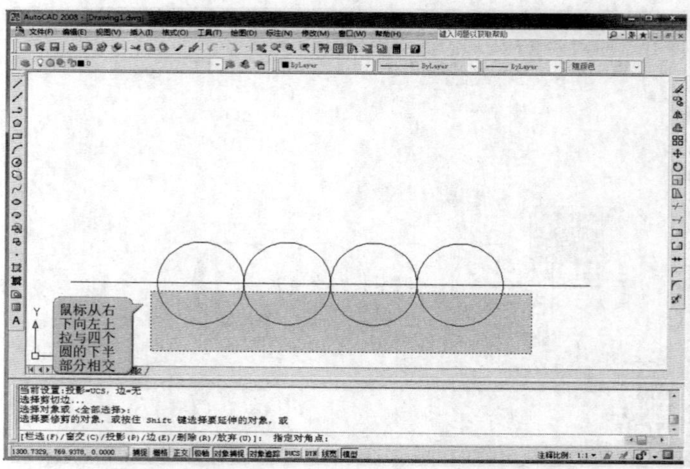

图 4.3.81　电感线圈绘制过程（十九）

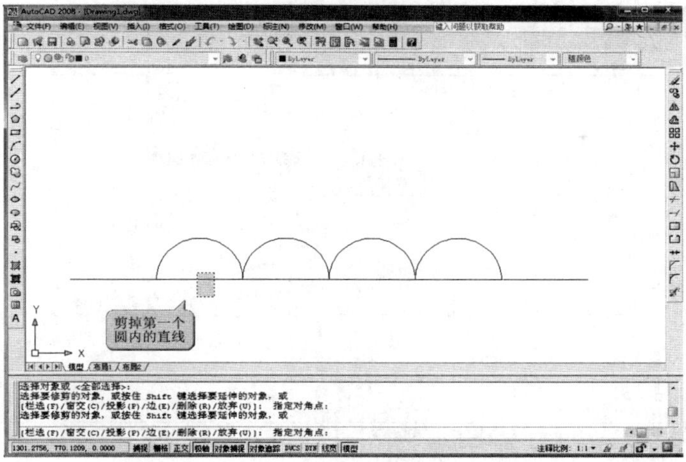

图 4.3.82　电感线圈绘制过程（二十）

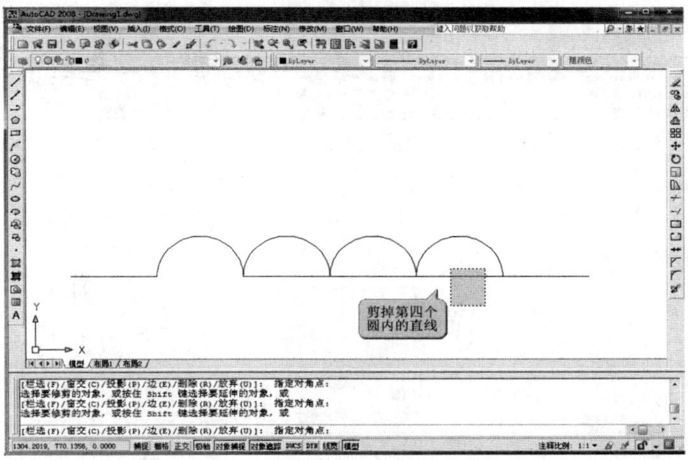

图 4.3.83　电感线圈绘制过程（二十一）

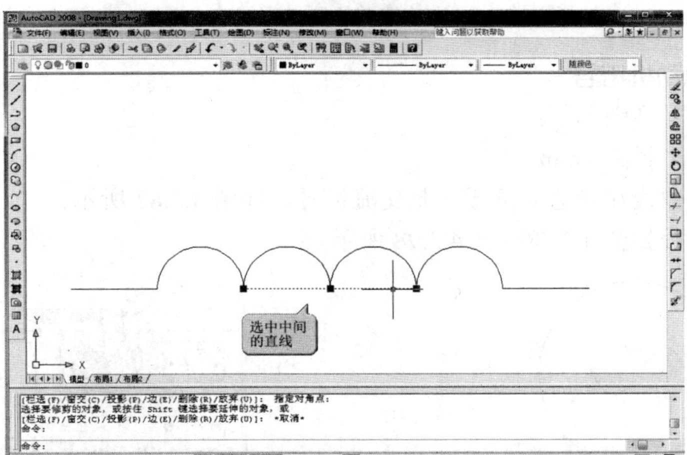

图 4.3.84　电感线圈绘制过程（二十二）

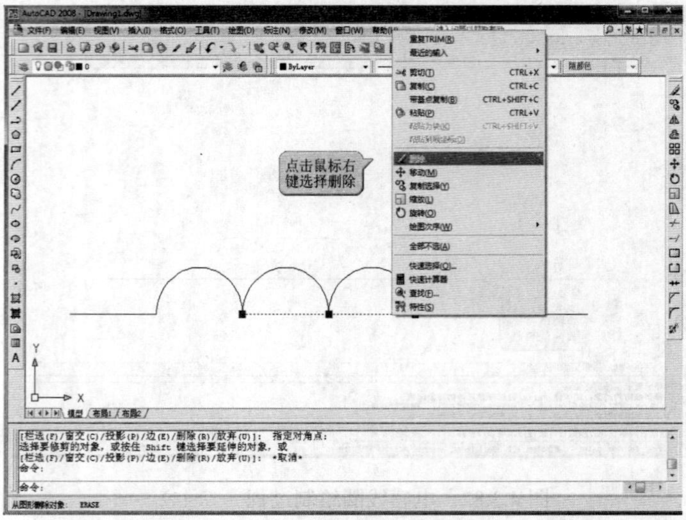

图 4.3.85　电感线圈绘制过程（二十三）

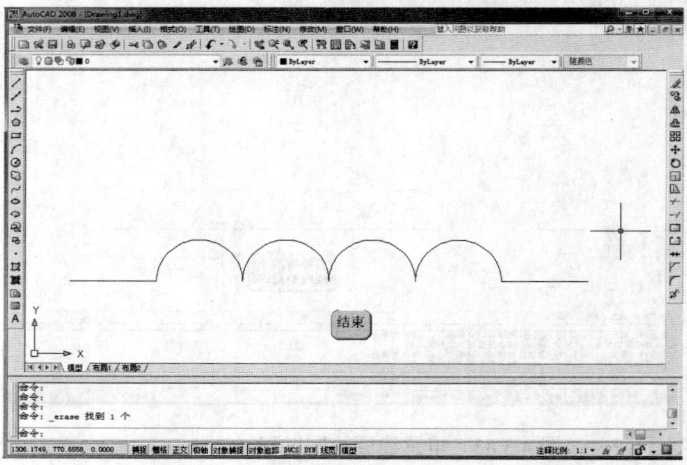

图 4.3.86　电感线圈绘制过程（二十四）

4.3.5　绘制电动机符号

绘制电动机符号步骤如下：

（1）绘制一个半径为 7mm 的圆。

（2）利用样条曲线在合适的位置绘制交流符号，如图 4.3.87 所示。

电动机绘制过程如图 4.3.88～图 4.3.98 所示。

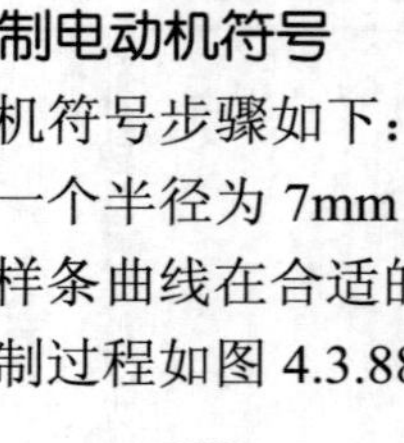

图 4.3.87　电动机

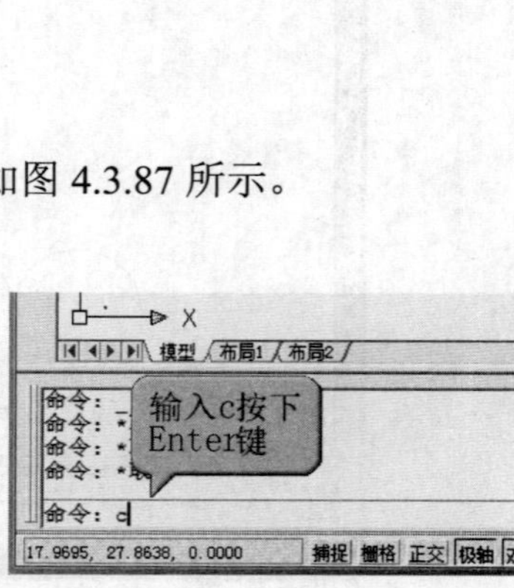

图 4.3.88　电动机绘制过程（一）

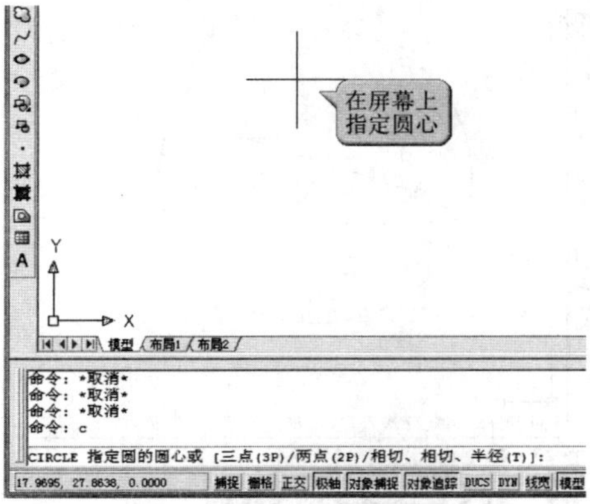

图 4.3.89　电动机绘制过程（二）

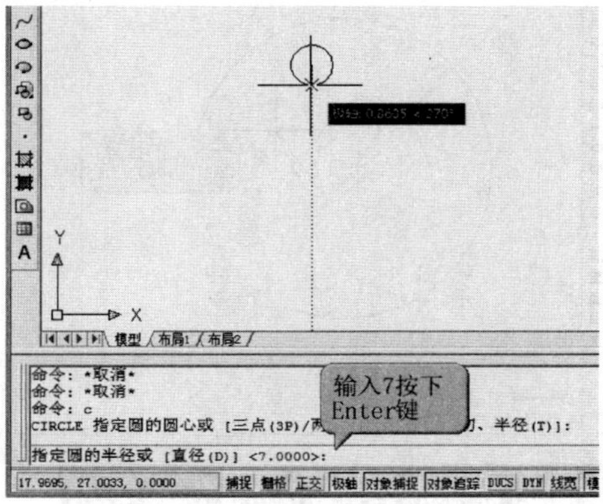

图 4.3.90　电动机绘制过程（三）

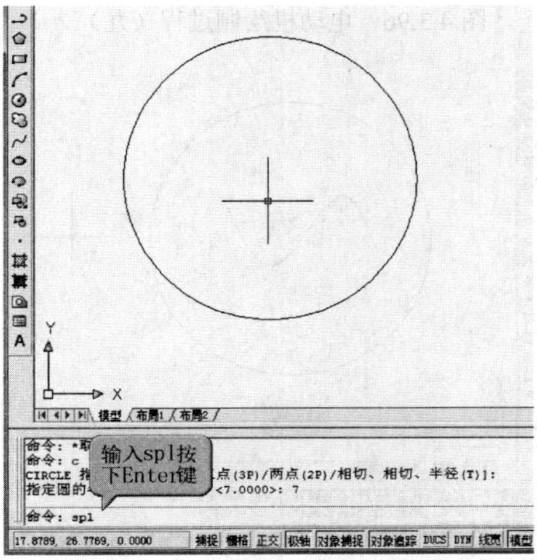

图 4.3.91　电动机绘制过程（四）

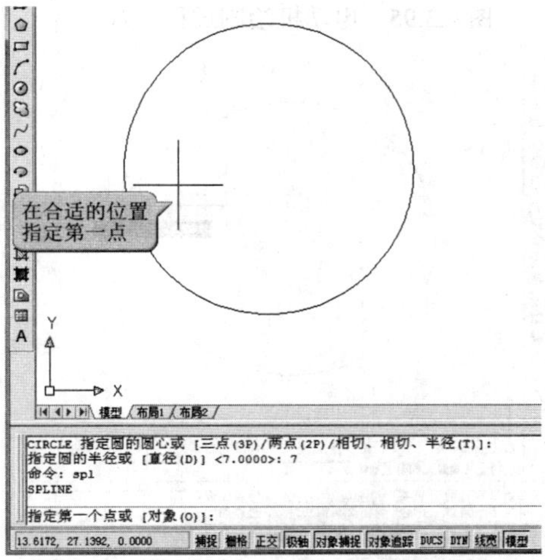

图 4.3.92　电动机绘制过程（五）

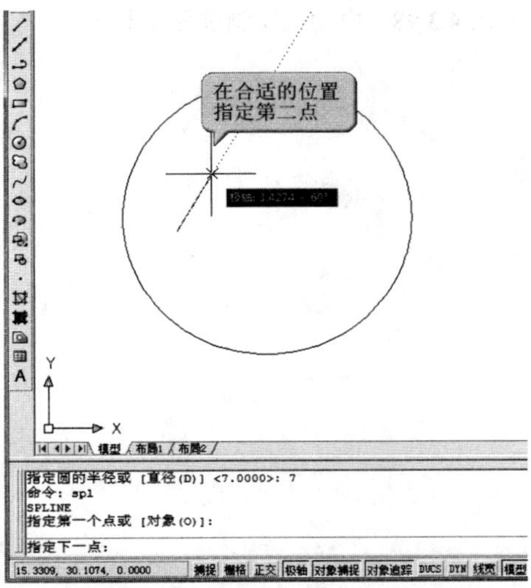

图 4.3.93　电动机绘制过程（六）

图 4.3.94　电动机绘制过程（七）

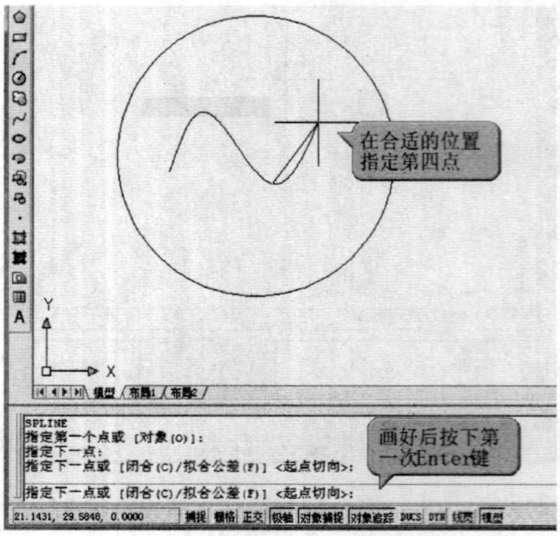

图 4.3.95　电动机绘制过程（八）

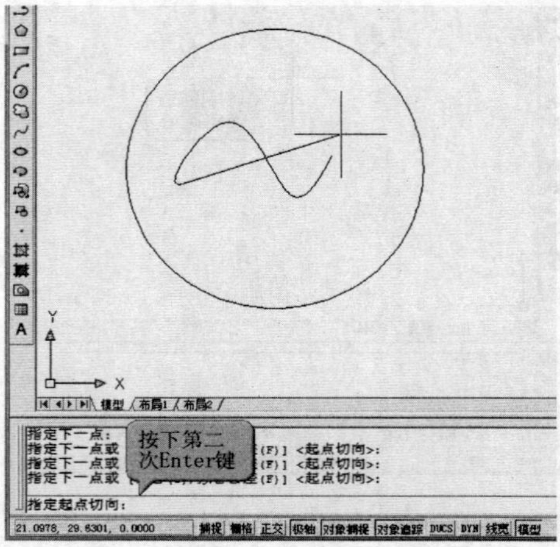

图 4.3.96　电动机绘制过程（九）

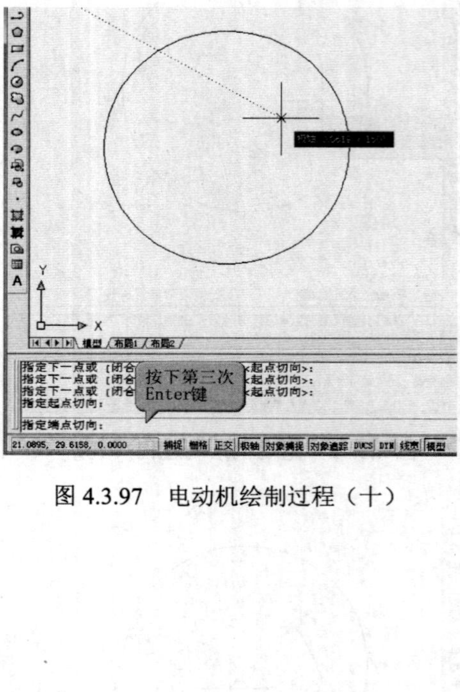

图 4.3.97　电动机绘制过程（十）

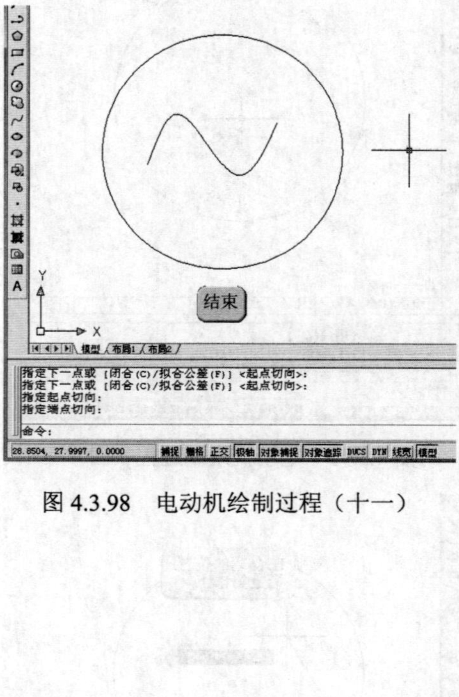

图 4.3.98　电动机绘制过程（十一）

任务 5　绘制一张完整的主接线图

绘制一张完整的主接线图属于难度较高的项目。所谓完整，就是从设置格式、设置图层到绘图到打印全过程都要完成的项目。有一个环节不会做，就没办法把 AutoCAD 中的图变成实际打印出来的图纸，所以一定要学习这个完整的项目，能从头到尾完成一个项目，完成后效果图如图 5.1 所示。

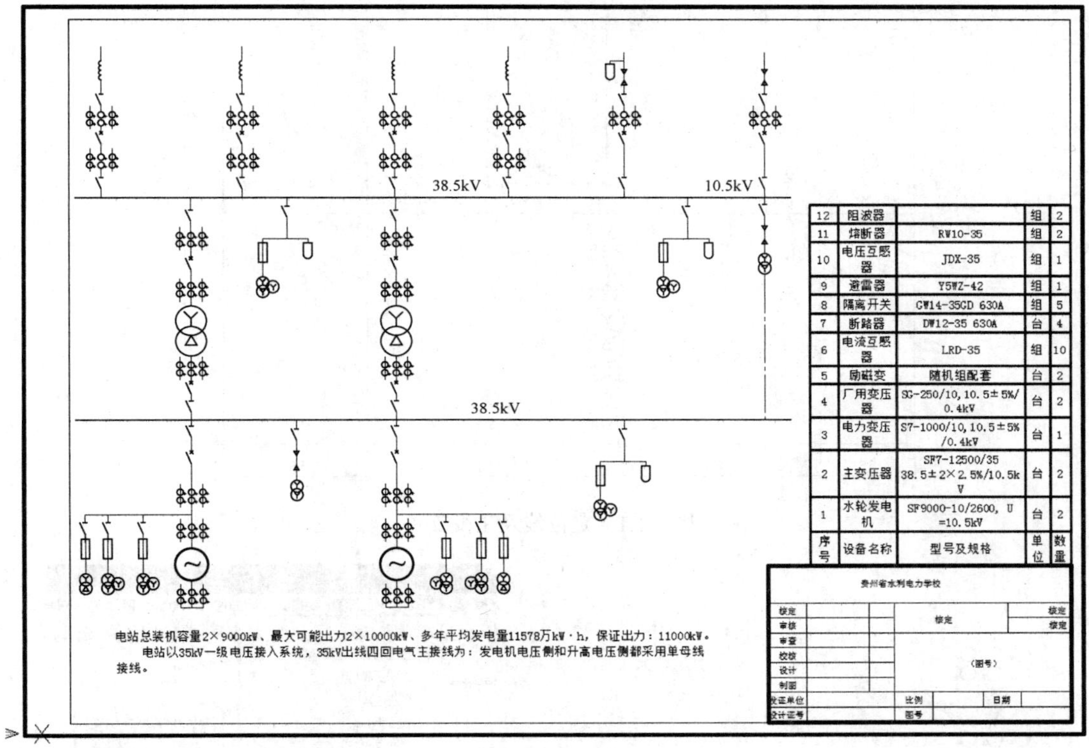

图 5.1　完整的主接线图

项目 5.1　插入一路主变及其两侧电气设备符号

（1）绘制一张完整的图首先要修改【格式】-【文字样式】，设置文字格式为宋体，高度为 3.5mm，如图 5.1.3～图 5.1.5 所示。

（2）建图层，把不同类型的元件放在不同的图层上，图层的名称可以自己设计，在图上建三个图层：定位线图层、电气符号图层、文字图层，如图 5.1.6～图 5.1.22 所示。

（3）在做前面的项目时，例如避雷器、主变压器、隔离开关、断路器等，最后一步都是把绘制好的电气元件制作成块保存在一个固定位置，下面的例子中这些块保存在“E：\CAD校本教材\电气主接线块”中，也可根据自己保存的位置来变动。

（4）将定位线图层置为当前图层，绘制如图 5.1.1 所示的定位线。

（5）插入主变符号至定位线上合适的最近点。

（6）主变两侧的其他设备符号也参照插入主变符号的方法插入。

（7）复制电流互感器符号至合适位置。

（8）图中各符号之间不一定完全相接，应采用夹点编辑命令，使各个符号真正连接在一起。

复制一路变压器支路到定位线合适的位置，如图 5.1.2 所示。为了便于读者观察，图 5.1.2 是关闭定位线层后的效果。

绘制过程如图 5.1.3～图 5.1.92 所示。

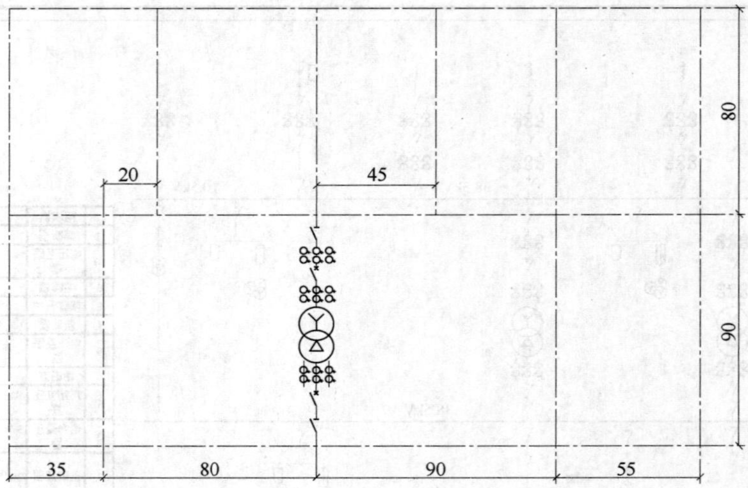

图 5.1.1　定位线及主变支路

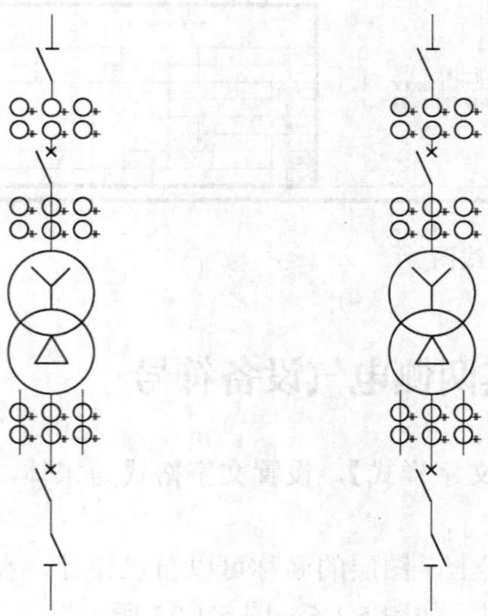

图 5.1.2　变压器支路的绘制

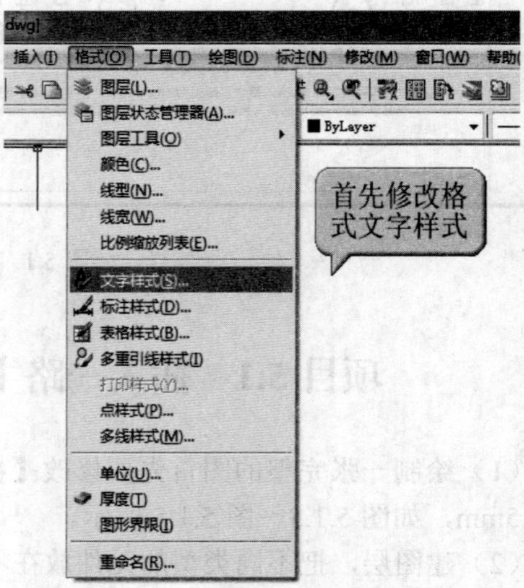

图 5.1.3　主接线图设置格式和图层（一）

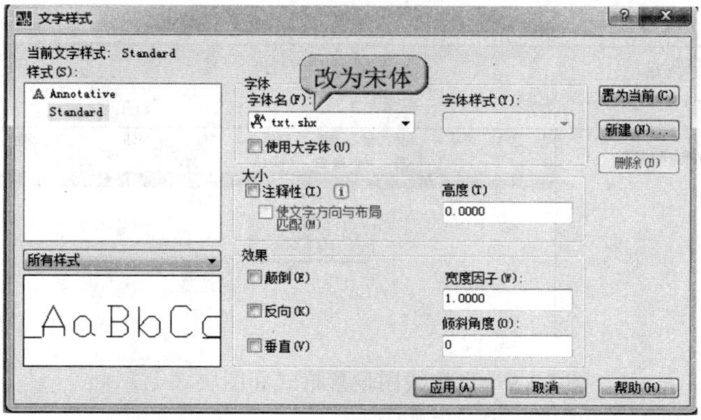

图 5.1.4　主接线图设置格式和图层（二）

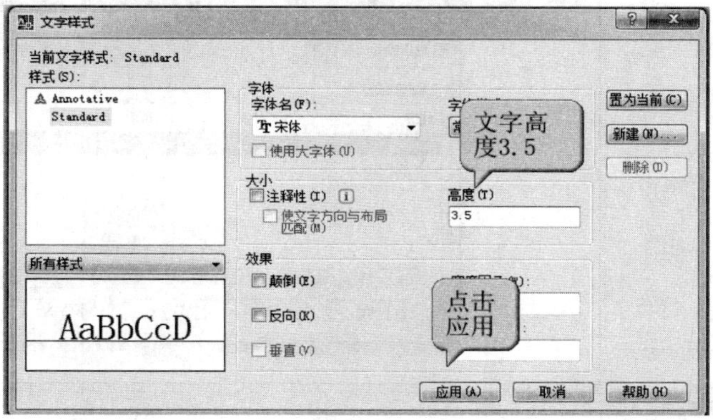

图 5.1.5　主接线图设置格式和图层（三）

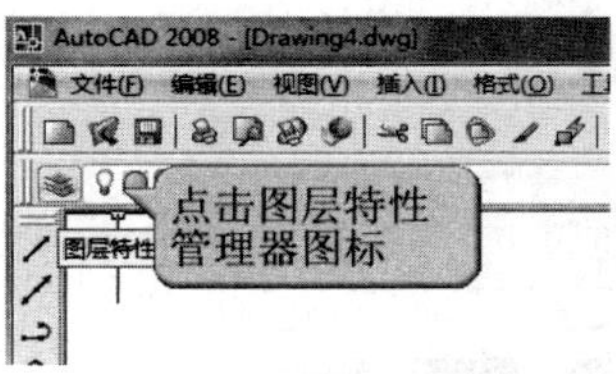

图 5.1.6　主接线图设置格式和图层（四）

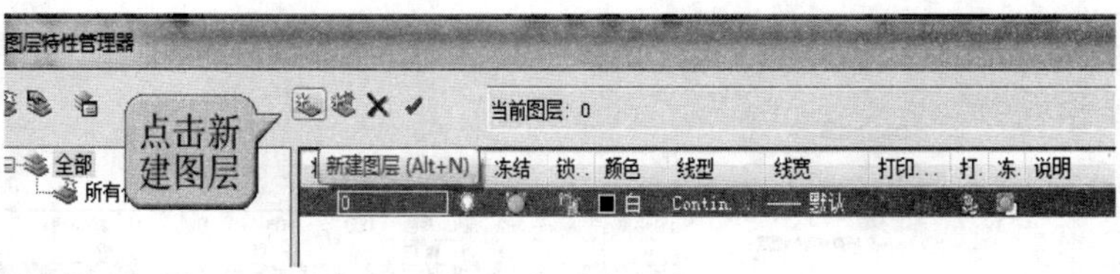

图 5.1.7　主接线图设置格式和图层（五）

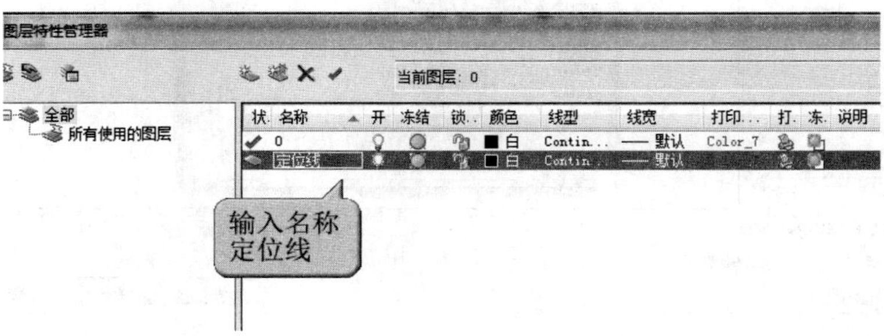

图 5.1.8　主接线图设置格式和图层（六）

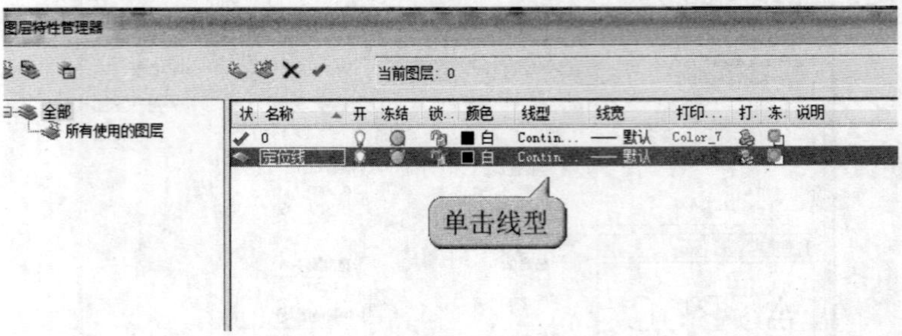

图 5.1.9 主接线图设置格式和图层（七）

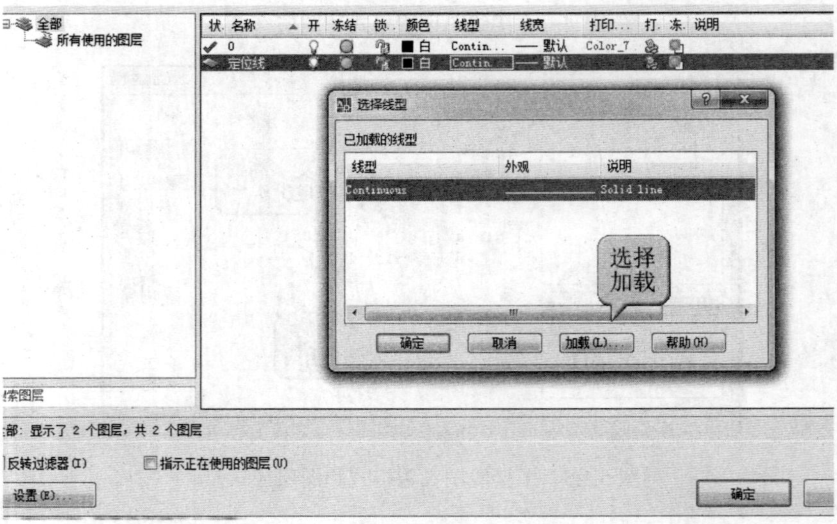

图 5.1.10 主接线图设置格式和图层（八）

图 5.1.11 主接线图设置格式和图层（九）

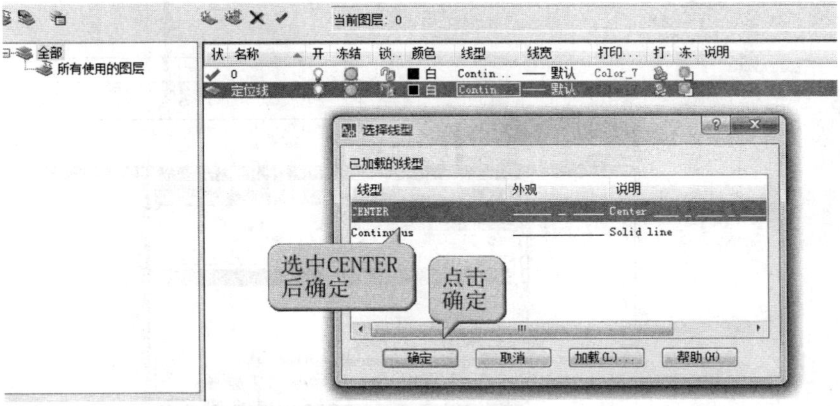

图 5.1.12　主接线图设置格式和图层（十）

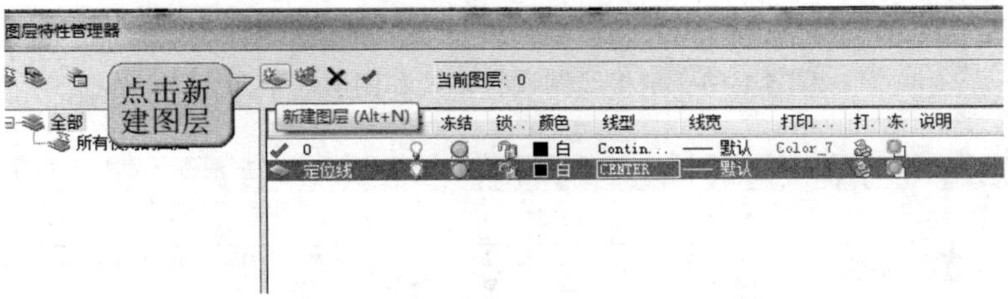

图 5.1.13　主接线图设置格式和图层（十一）

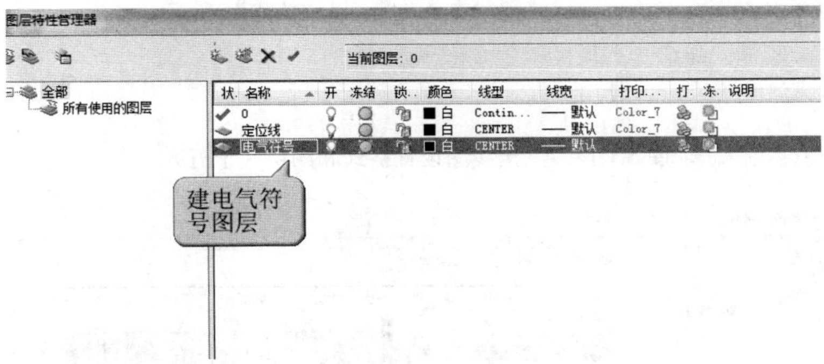

图 5.1.14　主接线图设置格式和图层（十二）

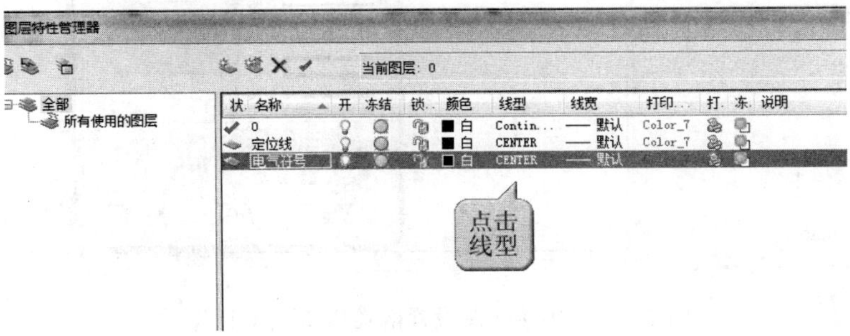

图 5.1.15　主接线图设置格式和图层（十三）

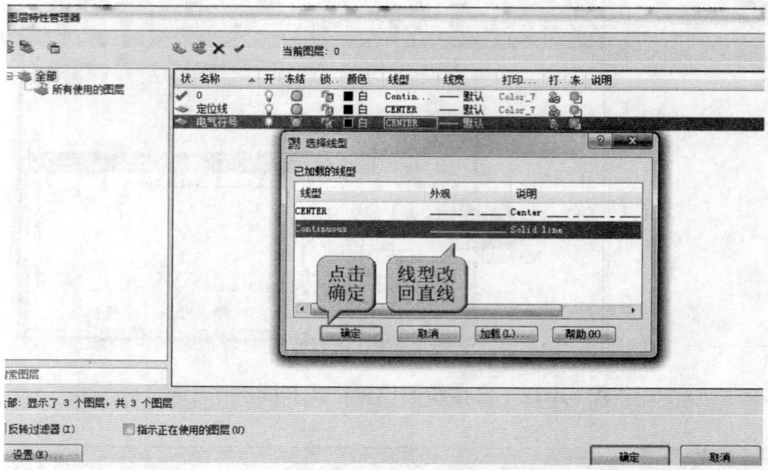

图 5.1.16 主接线图设置格式和图层（十四）

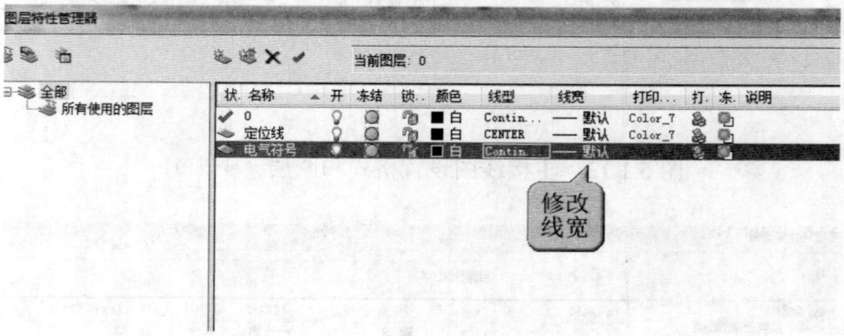

图 5.1.17 主接线图设置格式和图层（十五）

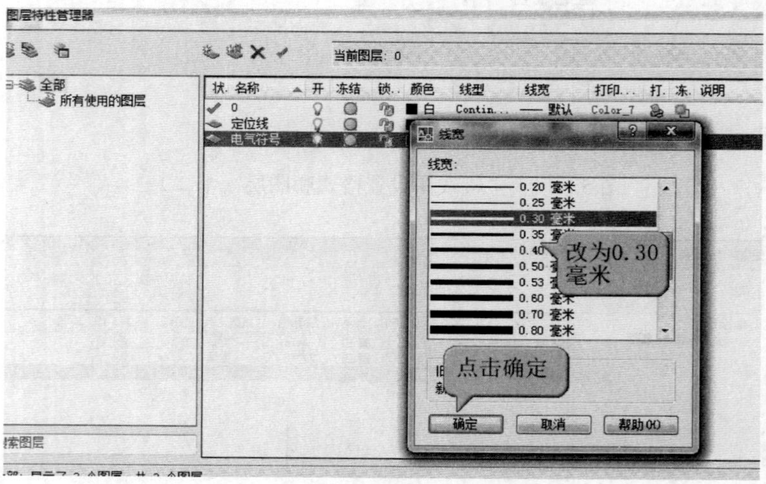

图 5.1.18 主接线图设置格式和图层（十六）

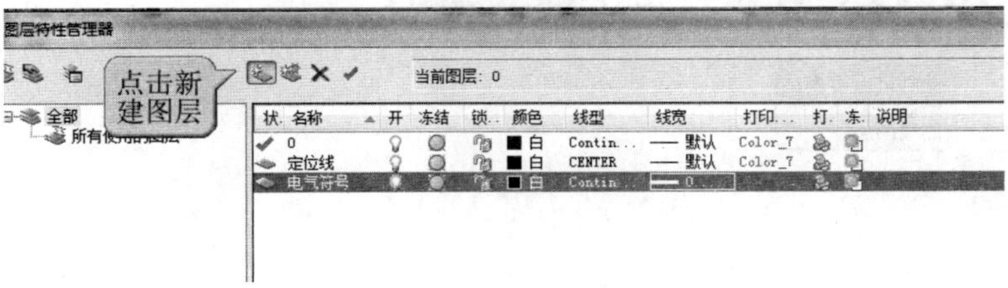

图 5.1.19　主接线图设置格式和图层（十七）

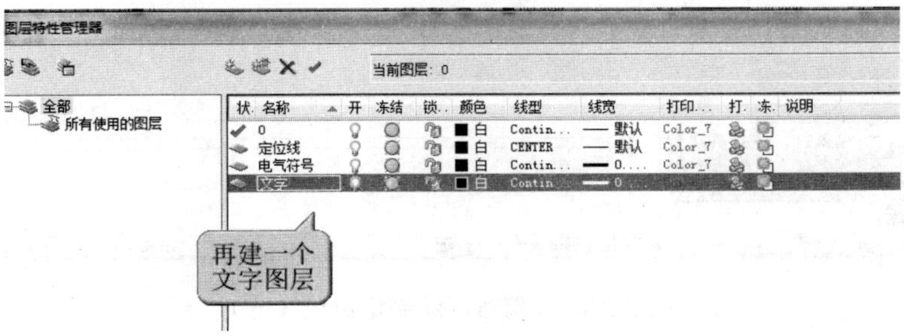

图 5.1.20　主接线图设置格式和图层（十八）

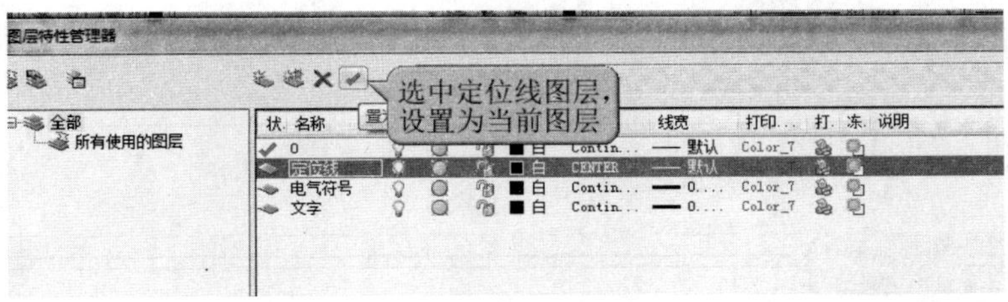

图 5.1.21　主接线图设置格式和图层（十九）

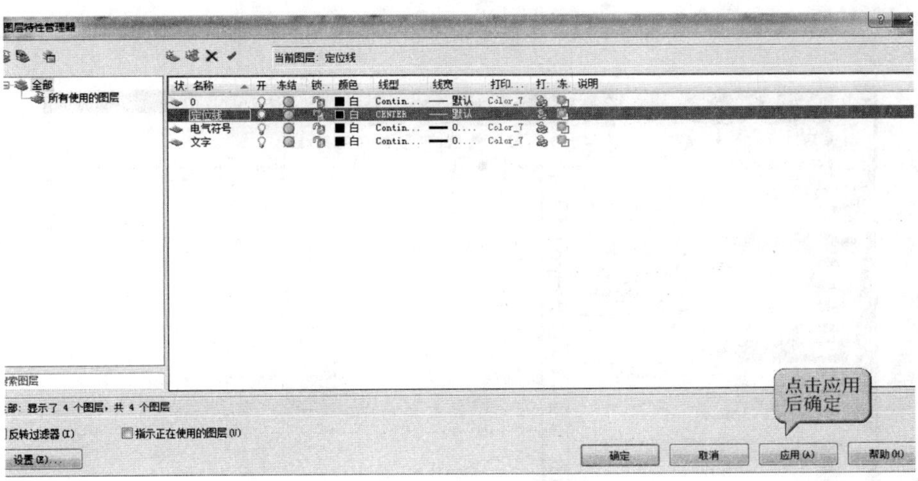

图 5.1.22　主接线图设置格式和图层（二十）

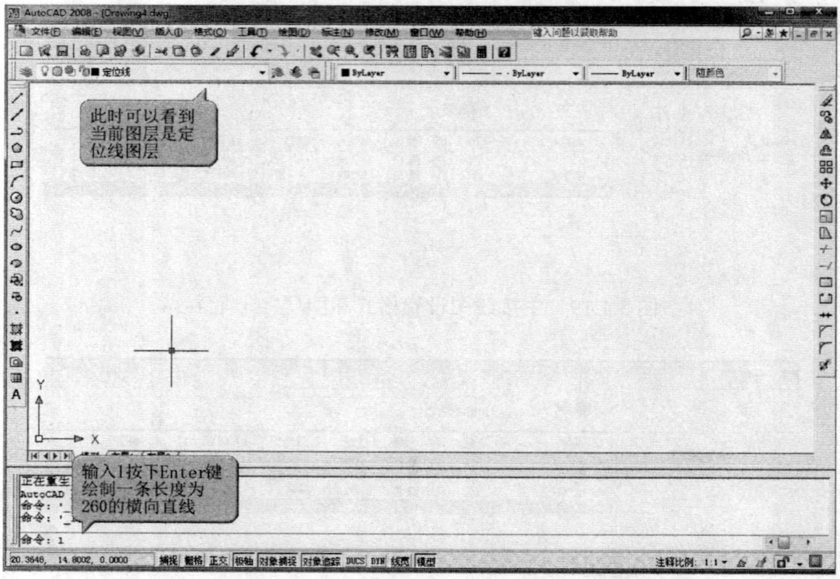

图 5.1.23 主接线图绘制定位线（一）

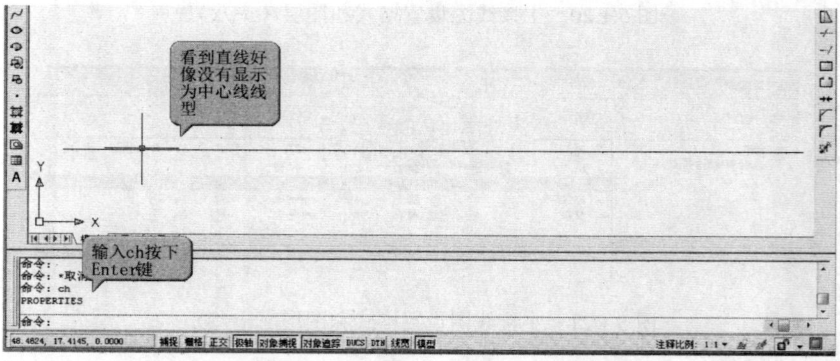

图 5.1.24 主接线图绘制定位线（二）

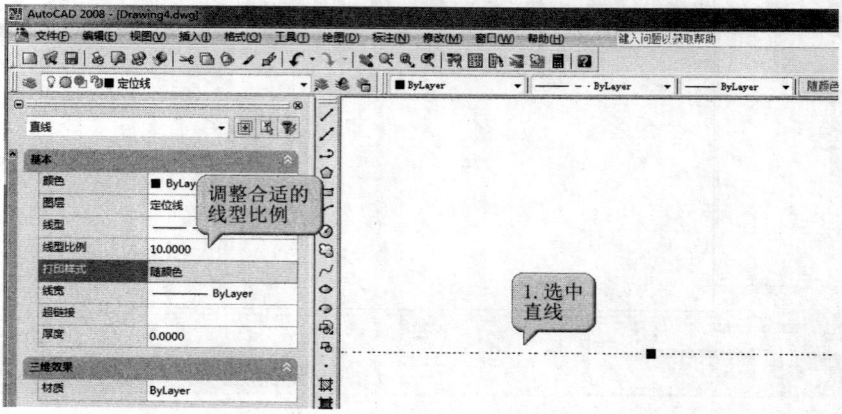

图 5.1.25 主接线图绘制定位线（三）

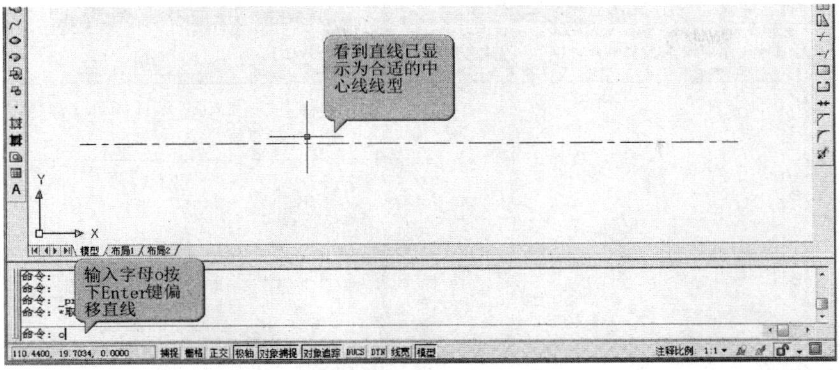

图 5.1.26　主接线图绘制定位线（四）

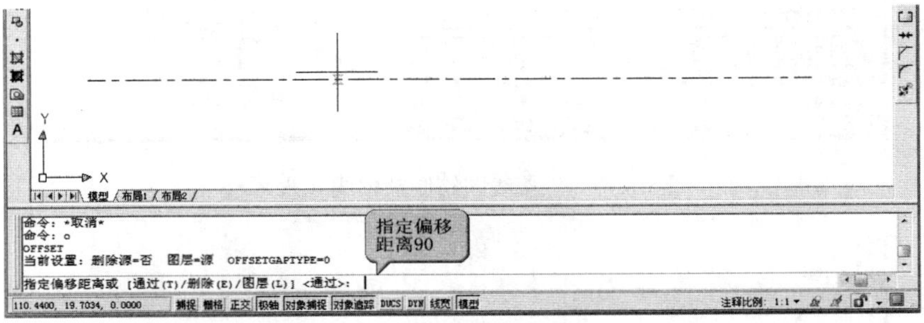

图 5.1.27　主接线图绘制定位线（五）

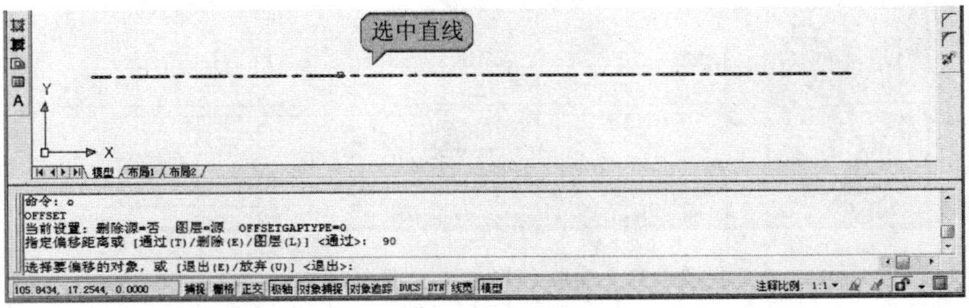

图 5.1.28　主接线图绘制定位线（六）

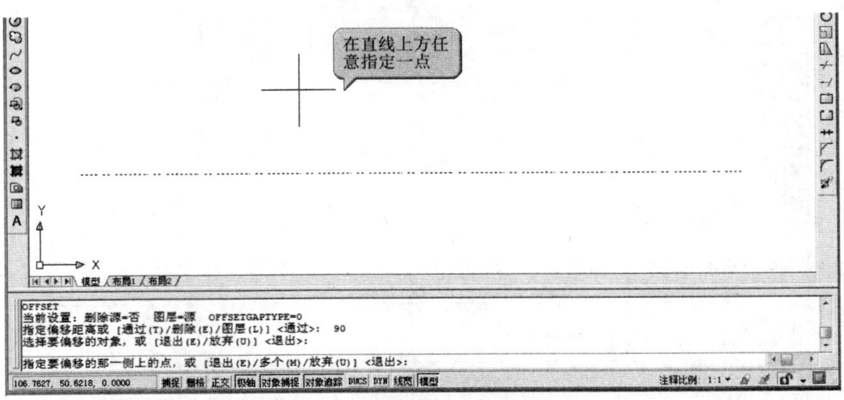

图 5.1.29　主接线图绘制定位线（七）

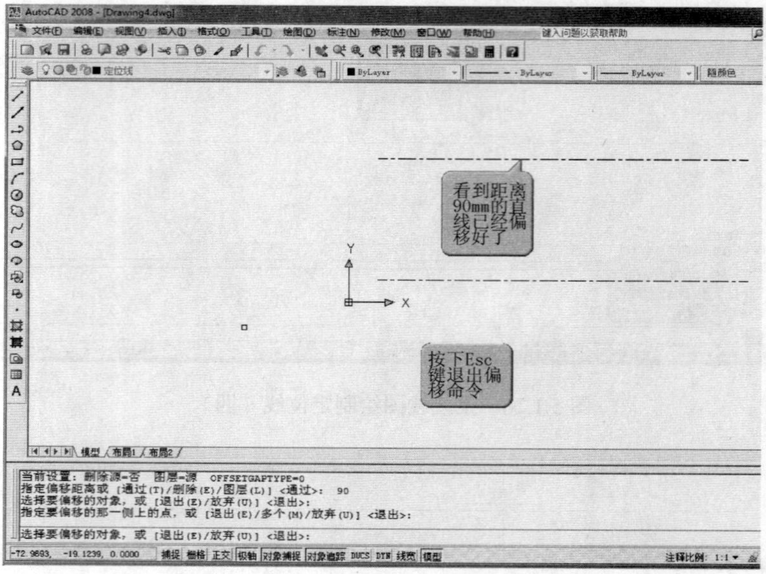

图 5.1.30 主接线图绘制定位线（八）

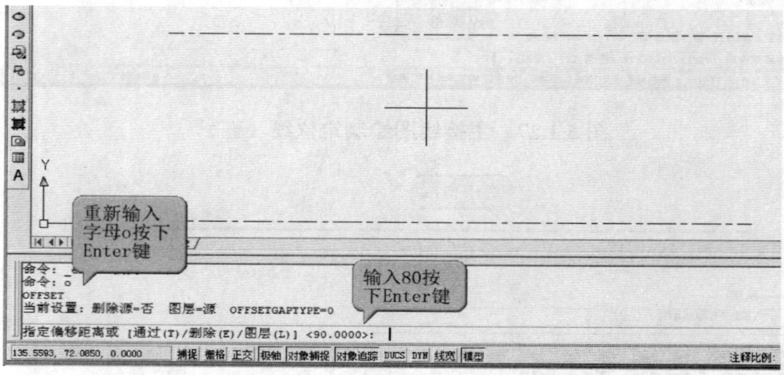

图 5.1.31 主接线图绘制定位线（九）

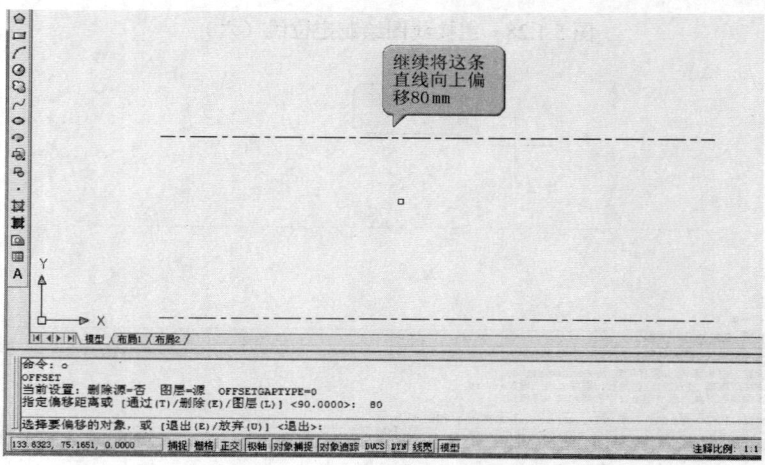

图 5.1.32 主接线图绘制定位线（十）

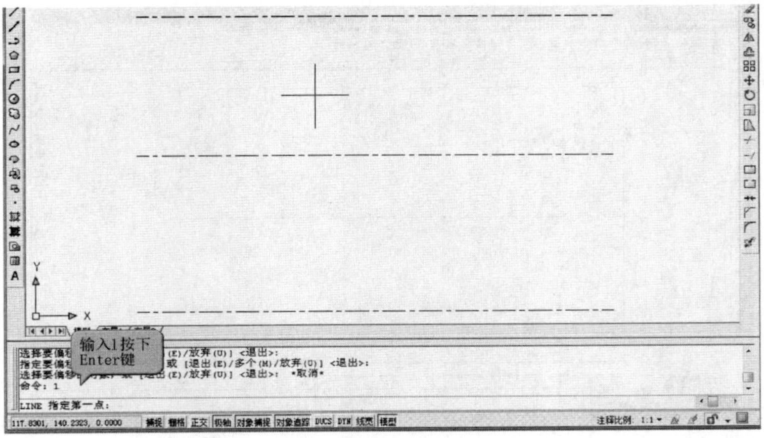

图 5.1.33　主接线图绘制定位线（十一）

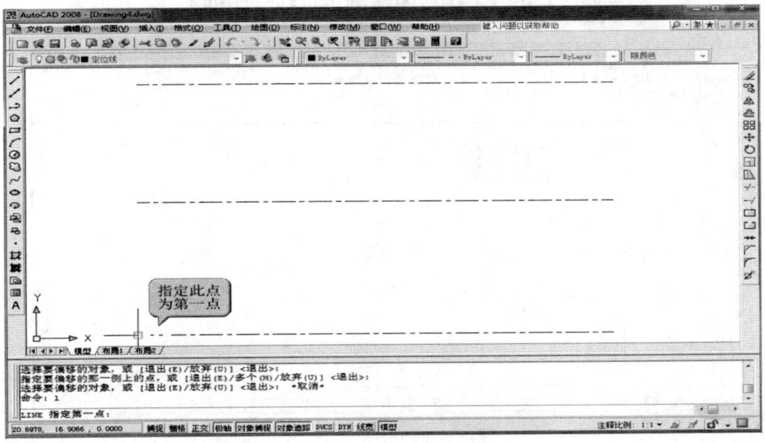

图 5.1.34　主接线图绘制定位线（十二）

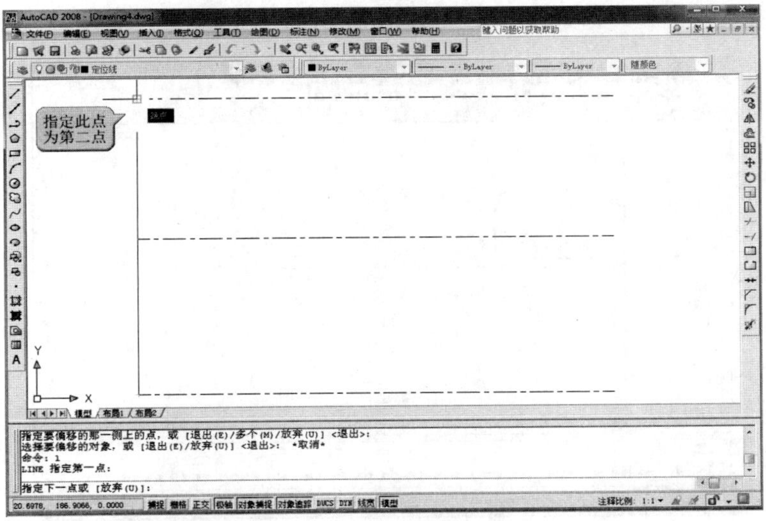

图 5.1.35　主接线图绘制定位线（十三）

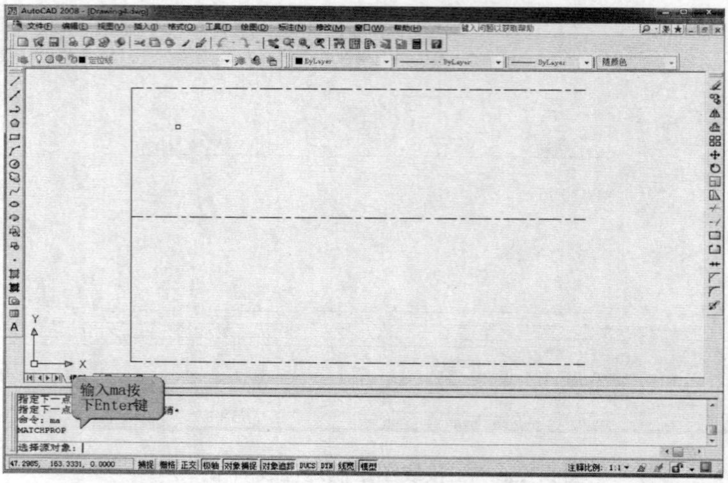

图 5.1.36 主接线图绘制定位线（十四）

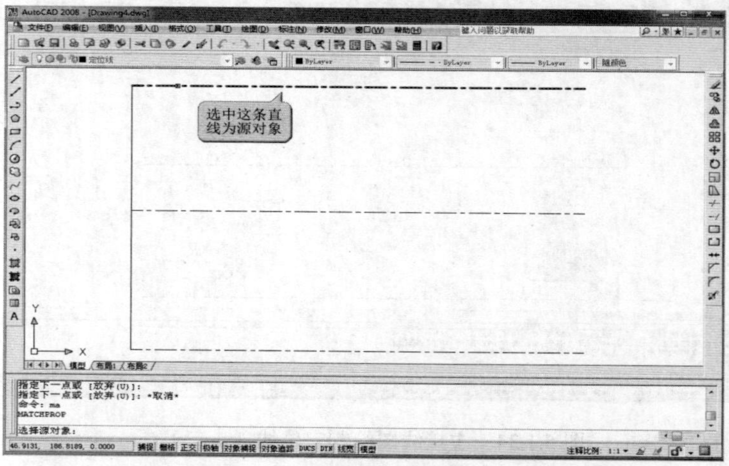

图 5.1.37 主接线图绘制定位线（十五）

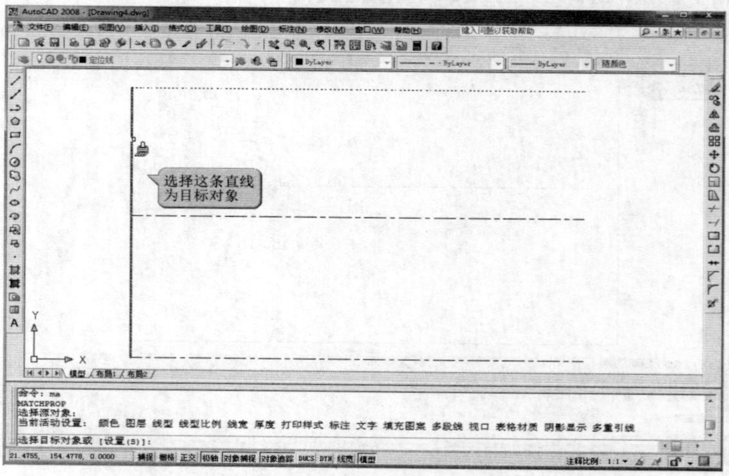

图 5.1.38 主接线图绘制定位线（十六）

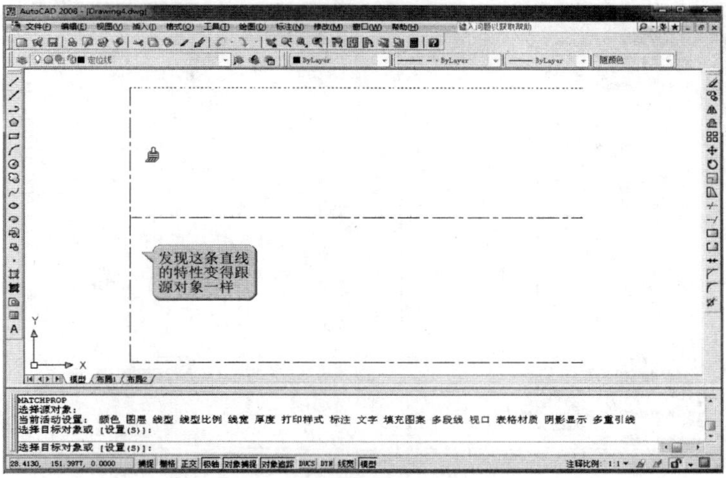

图 5.1.39　主接线图绘制定位线（十七）

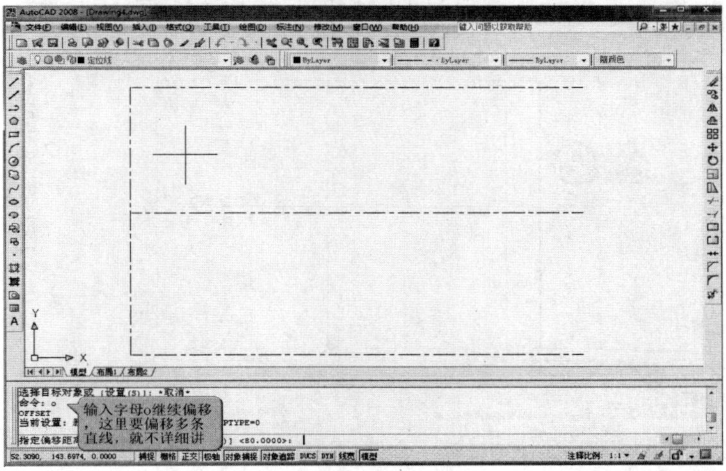

图 5.1.40　主接线图绘制定位线（十八）

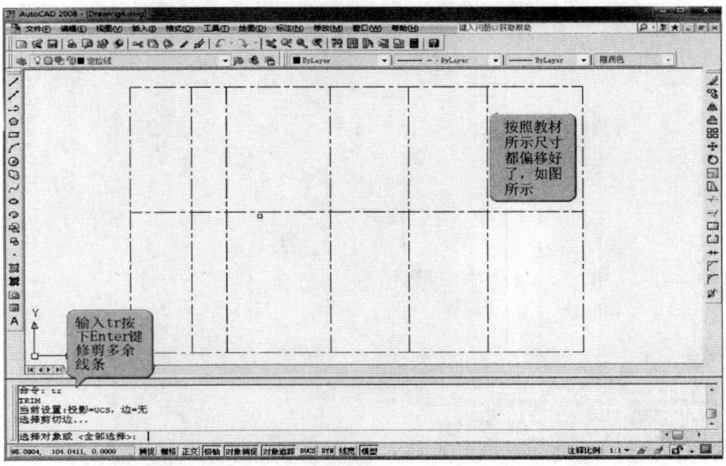

图 5.1.41　主接线图绘制定位线（十九）

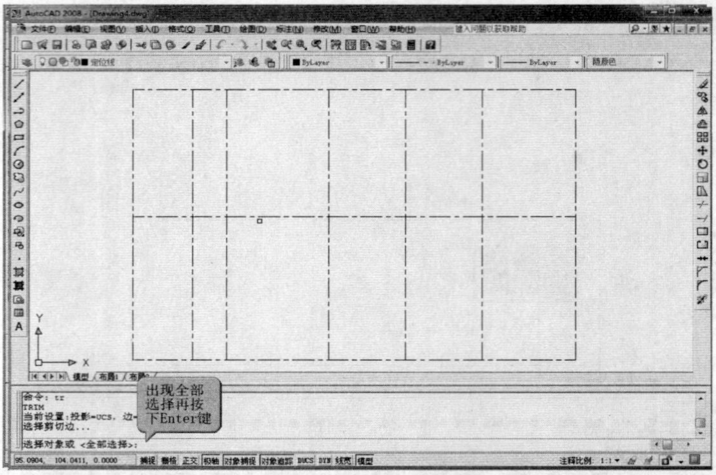

图 5.1.42 主接线图绘制定位线（二十）

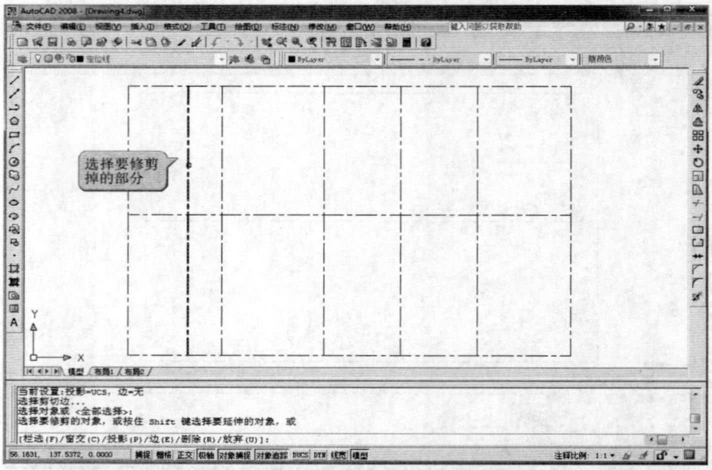

图 5.1.43 主接线图绘制定位线（二十一）

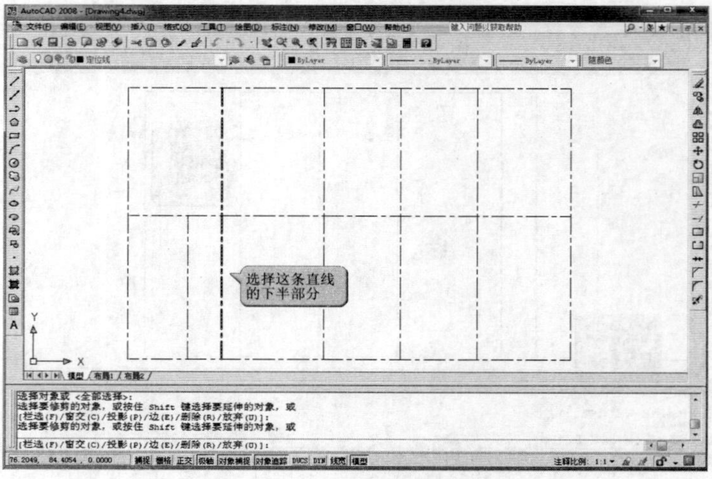

图 5.1.44 主接线图绘制定位线（二十二）

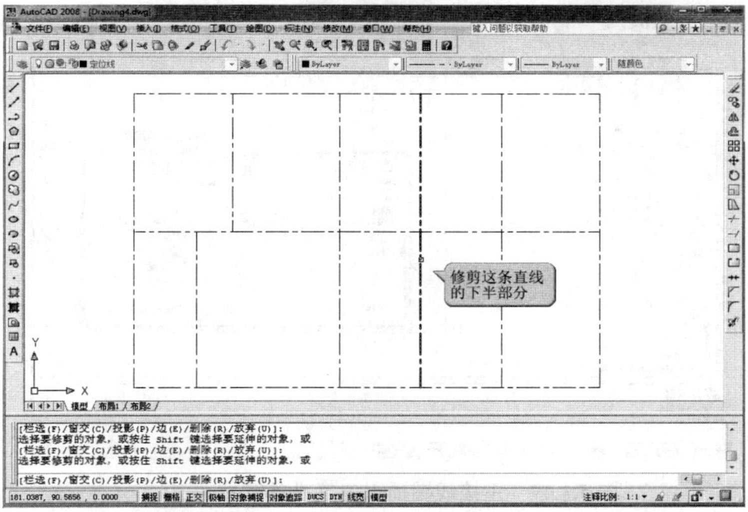

图 5.1.45　主接线图绘制定位线（二十三）

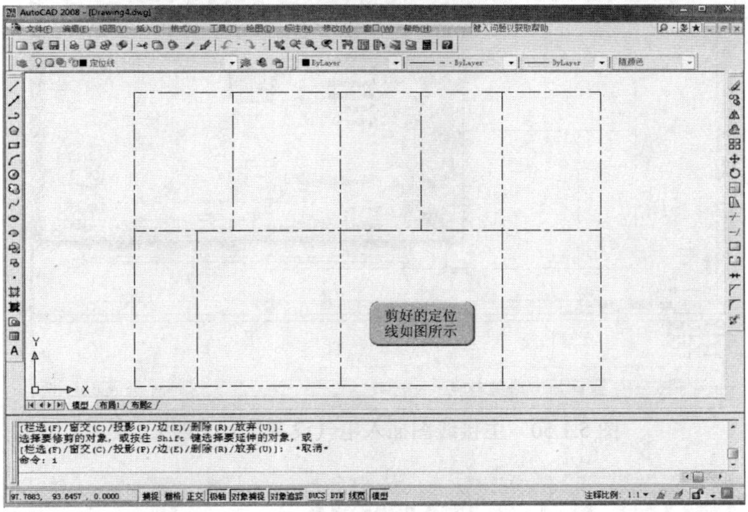

图 5.1.46　主接线图绘制定位线（二十四）

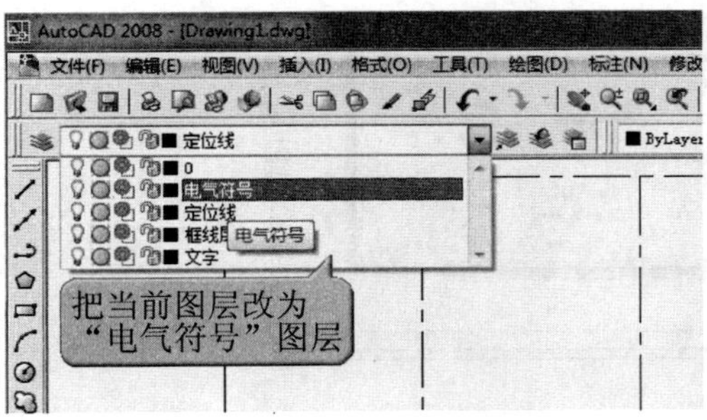

图 5.1.47　主接线图插入电气设备符号（一）

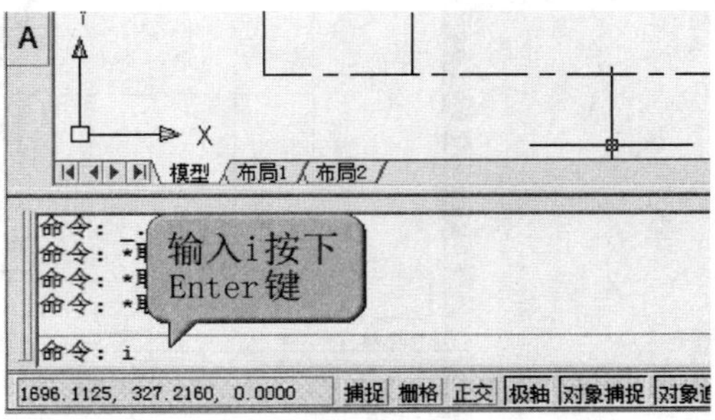

图 5.1.48　主接线图插入电气设备符号（二）

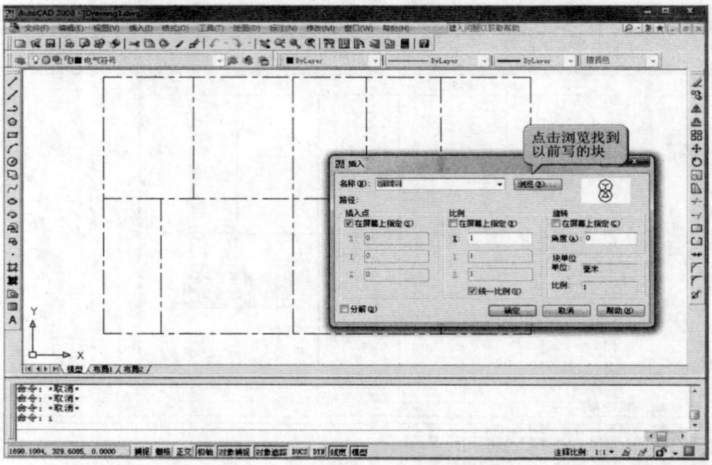

图 5.1.49 主接线图插入电气设备符号（三）

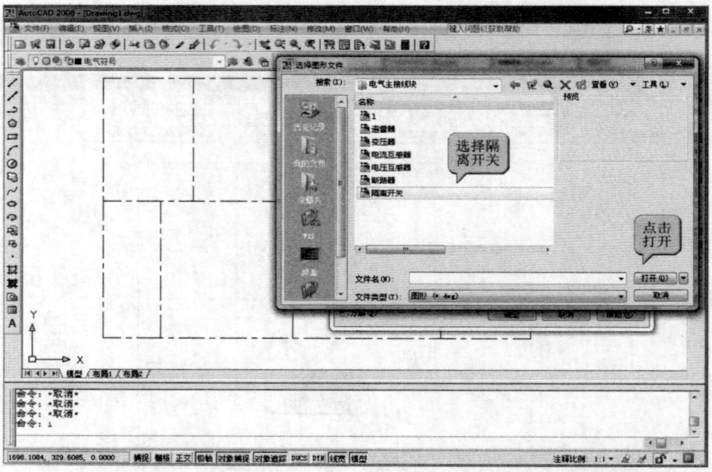

图 5.1.50 主接线图插入电气设备符号（四）

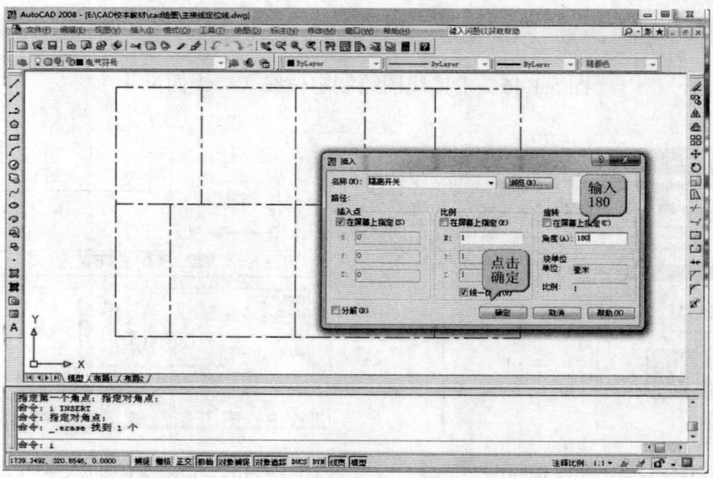

图 5.1.51 主接线图插入电气设备符号（五）

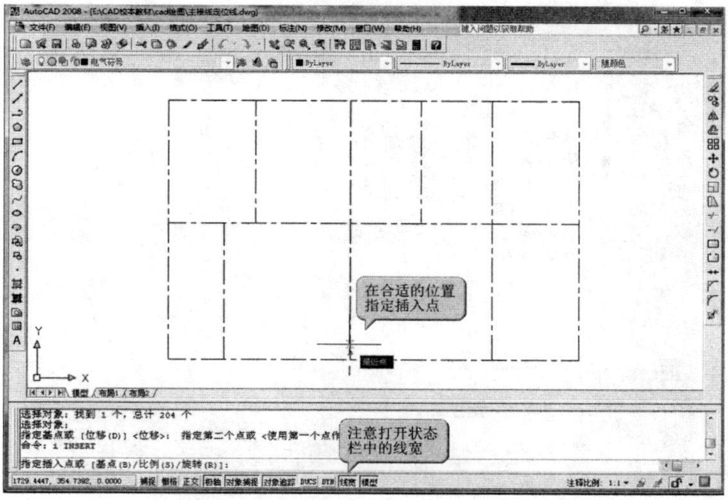

图 5.1.52　主接线图插入电气设备符号（六）

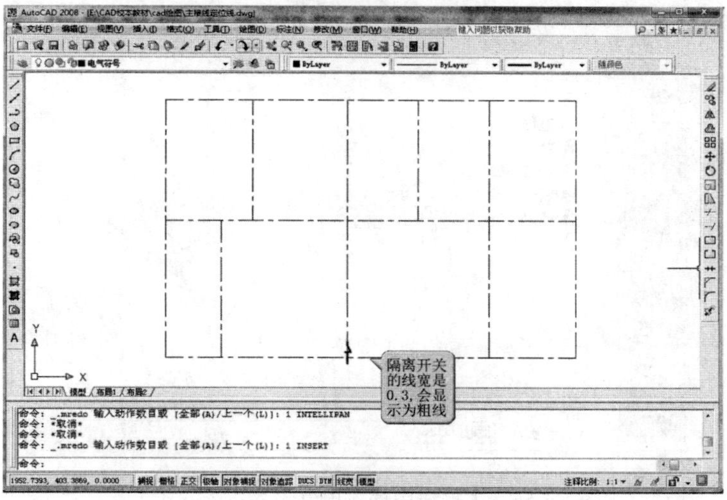

图 5.1.53　主接线图插入电气设备符号（七）

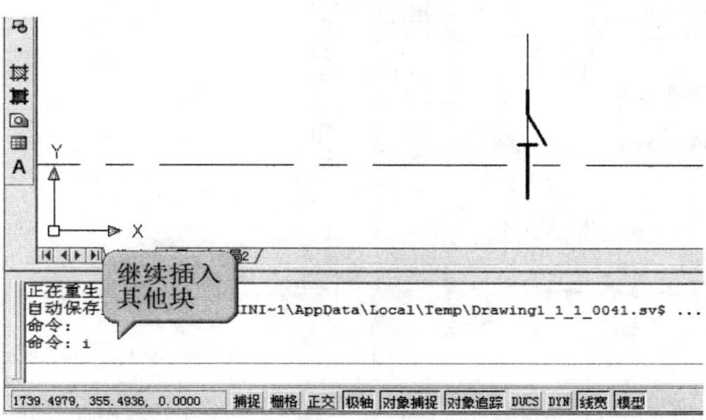

图 5.1.54　主接线图插入电气设备符号（八）

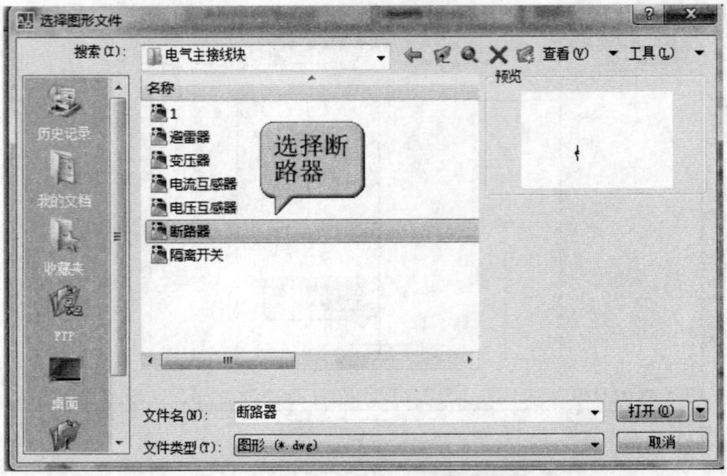

图 5.1.55　主接线图插入电气设备符号（九）

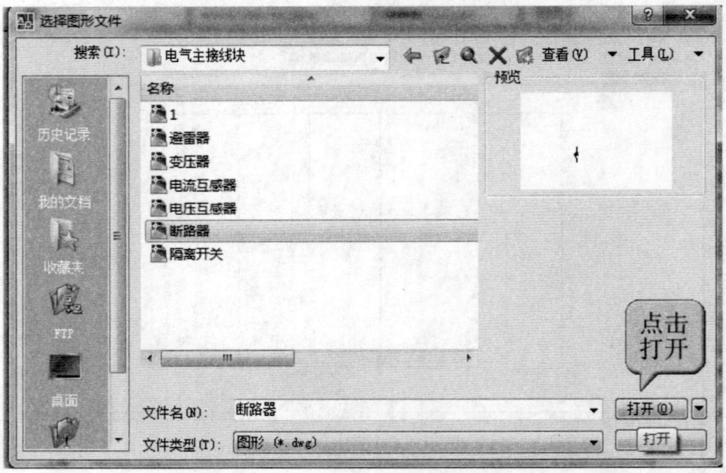

图 5.1.56　主接线图插入电气设备符号（十）

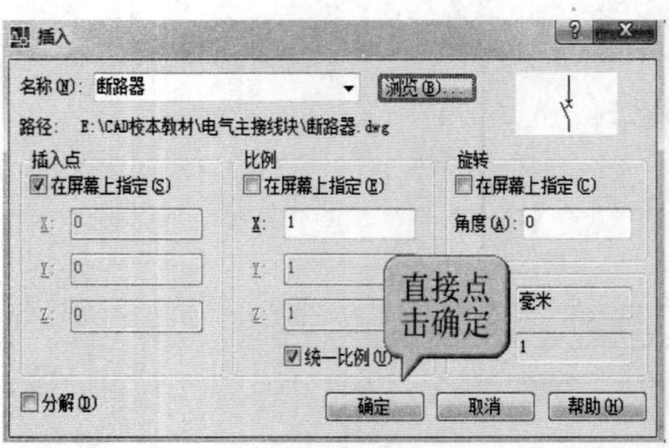

图 5.1.57　主接线图插入电气设备符号（十一）

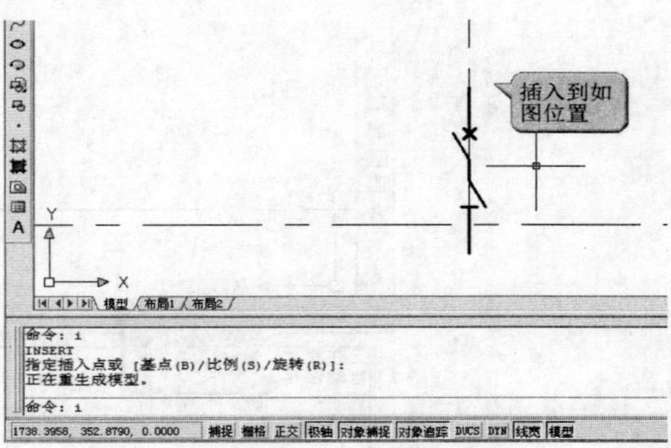

图 5.1.58　主接线图插入电气设备符号（十二）

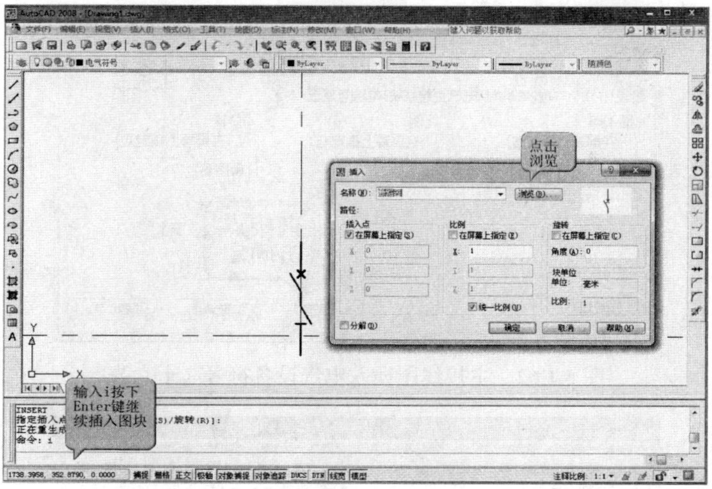

图 5.1.59　主接线图插入电气设备符号（十三）

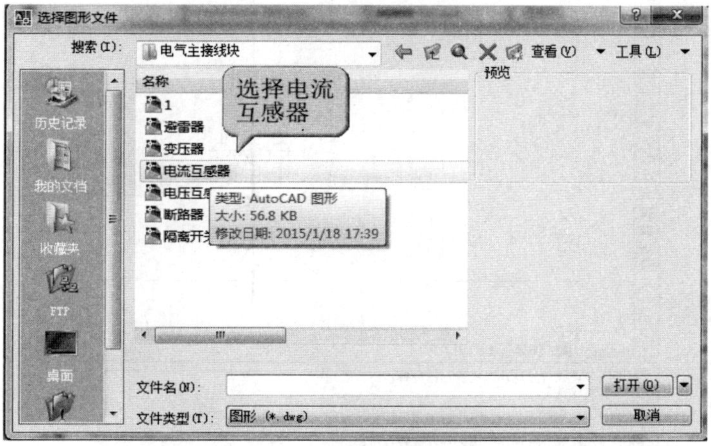

图 5.1.60　主接线图插入电气设备符号（十四）

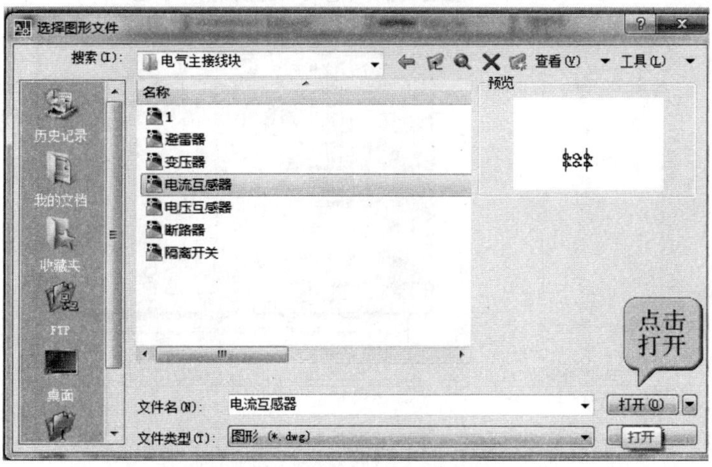

图 5.1.61　主接线图插入电气设备符号（十五）

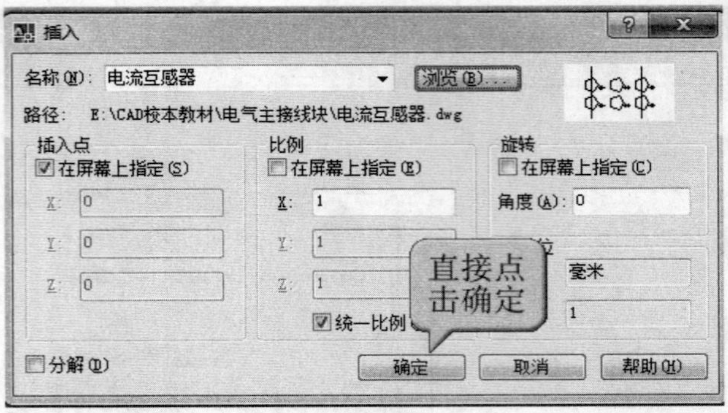

图 5.1.62　主接线图插入电气设备符号（十六）

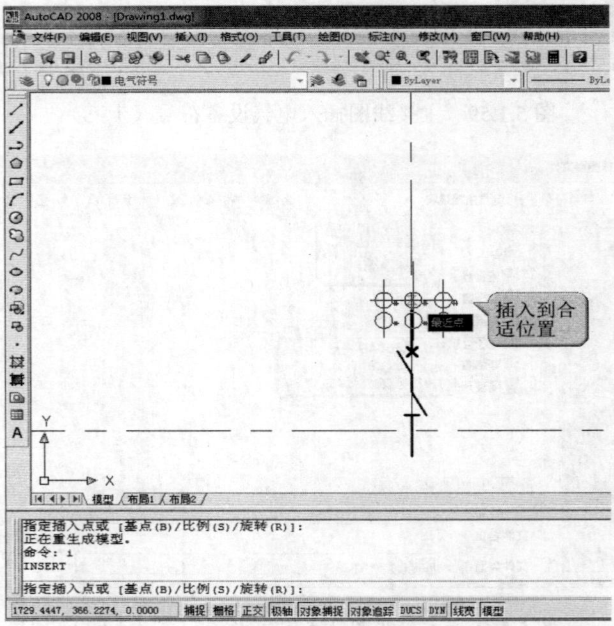

图 5.1.63　主接线图插入电气设备符号（十七）

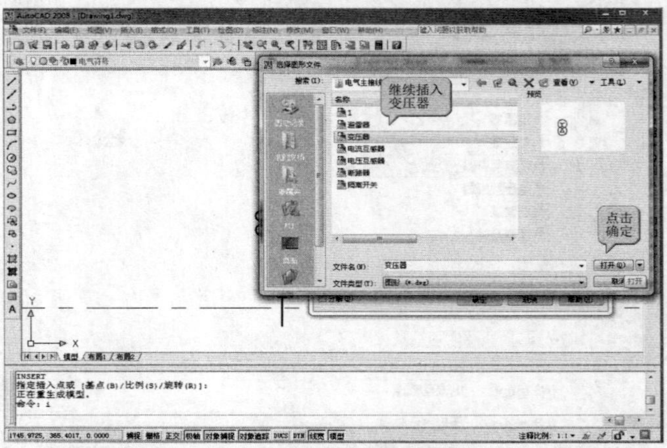

图 5.1.64　主接线图插入电气设备符号（十八）

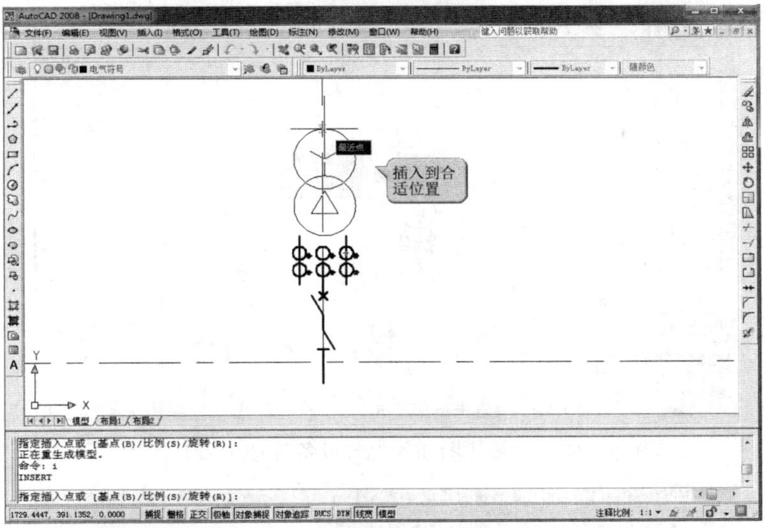

图 5.1.65　主接线图插入电气设备符号（十九）

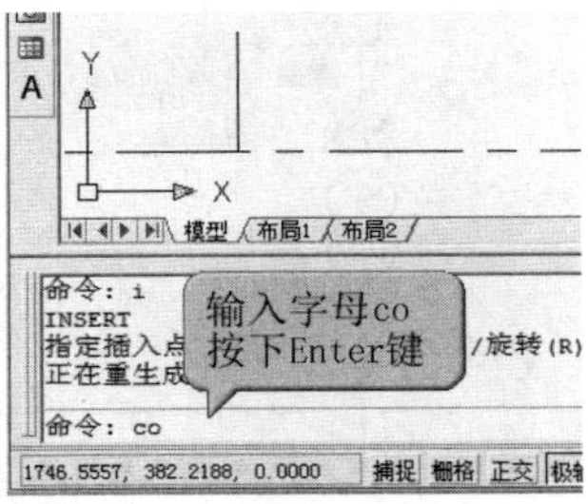

图 5.1.66　主接线图插入电气设备符号（二十）

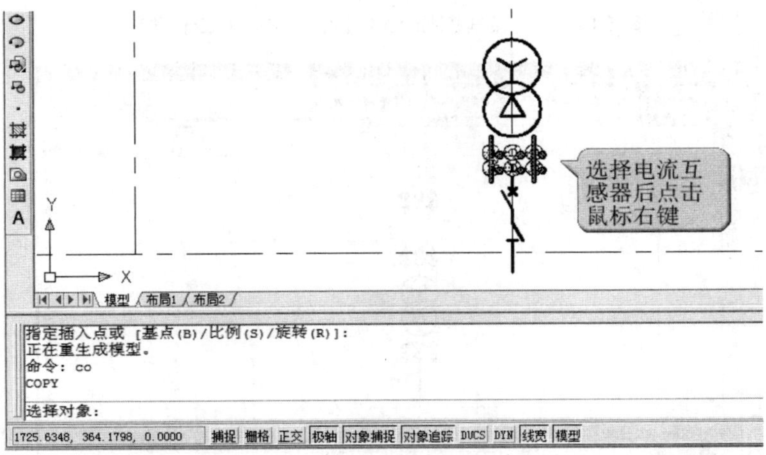

图 5.1.67　主接线图插入电气设备符号（二十一）

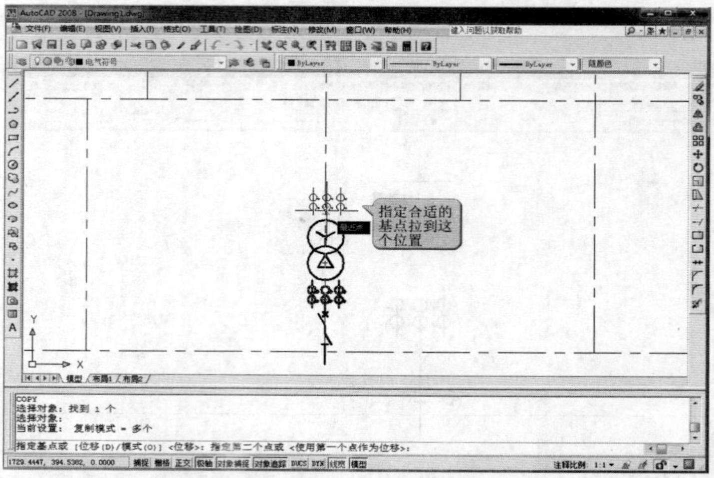

图 5.1.68 主接线图插入电气设备符号（二十二）

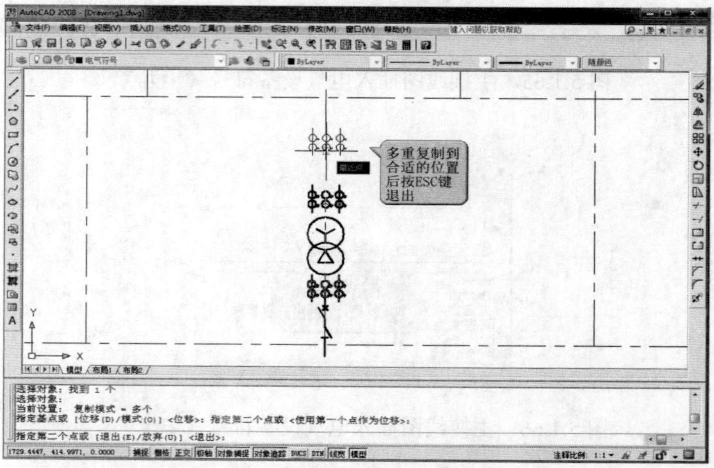

图 5.1.69 主接线图插入电气设备符号（二十三）

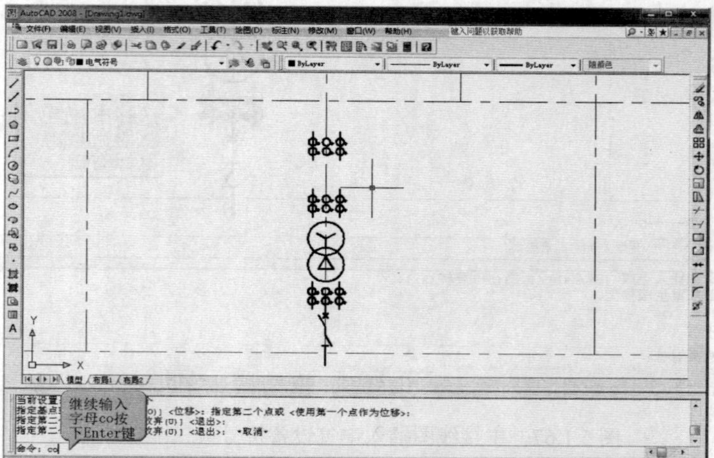

图 5.1.70 主接线图插入电气设备符号（二十四）

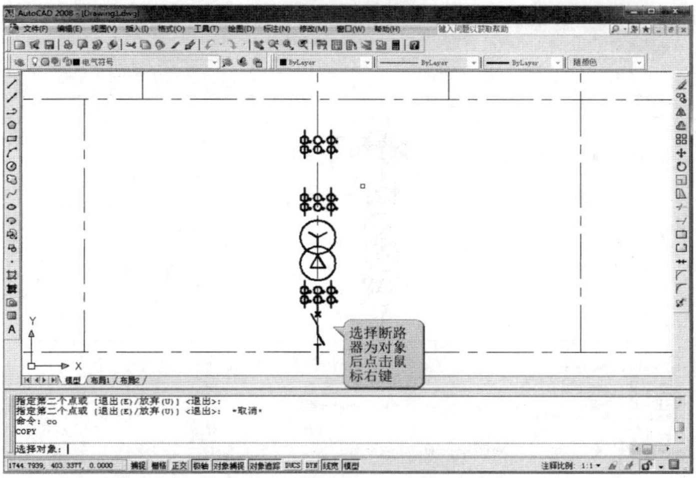

图 5.1.71　主接线图插入电气设备符号（二十五）

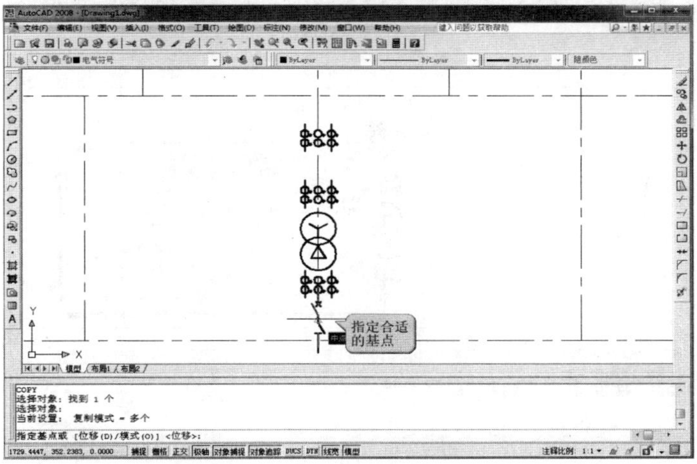

图 5.1.72　主接线图插入电气设备符号（二十六）

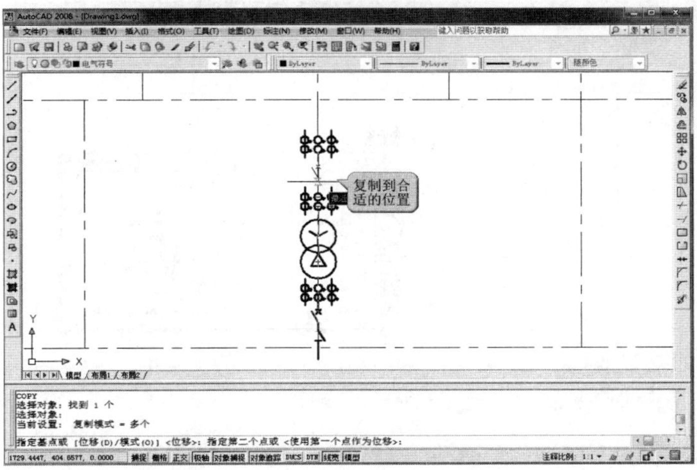

图 5.1.73　主接线图插入电气设备符号（二十七）

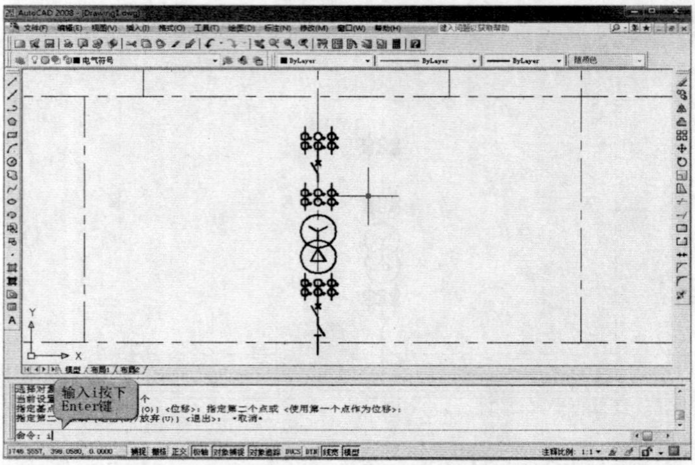

图 5.1.74　主接线图插入电气设备符号（二十八）

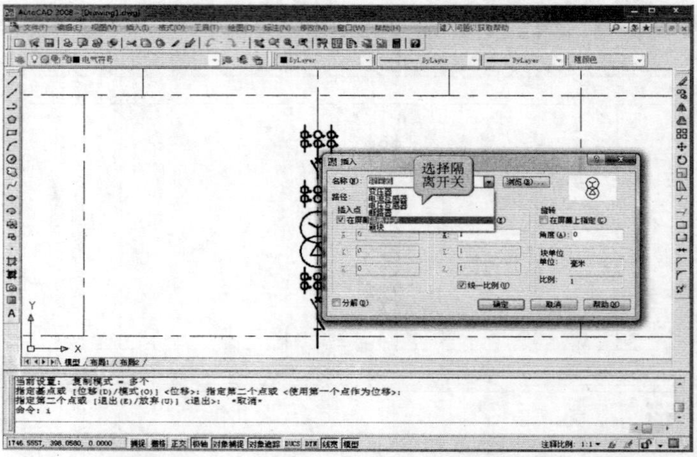

图 5.1.75　主接线图插入电气设备符号（二十九）

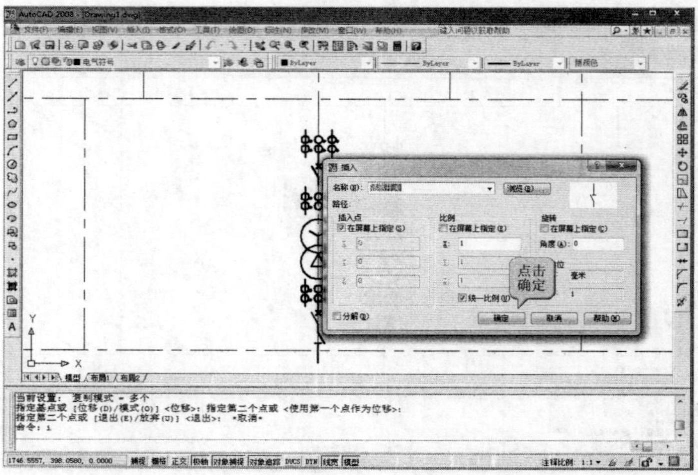

图 5.1.76　主接线图插入电气设备符号（三十）

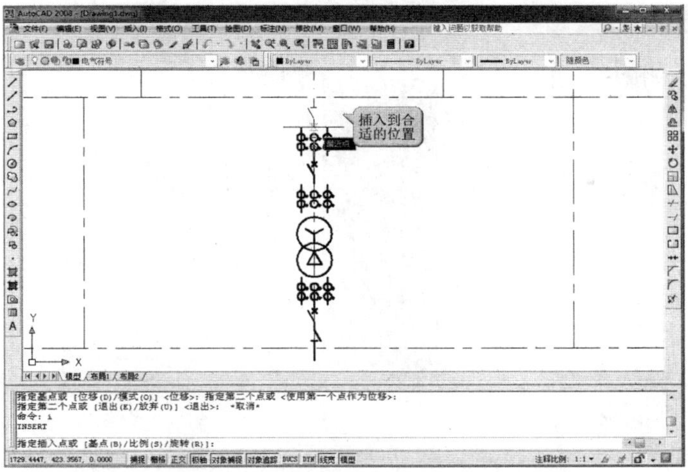

图 5.1.77　主接线图插入电气设备符号（三十一）

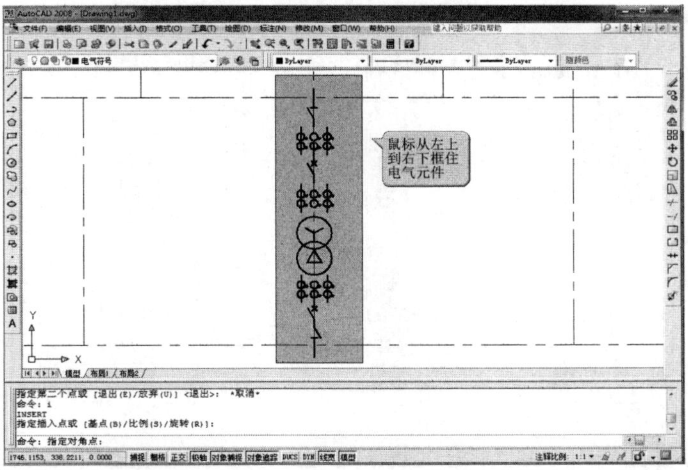

图 5.1.78　主接线图插入电气设备符号（三十二）

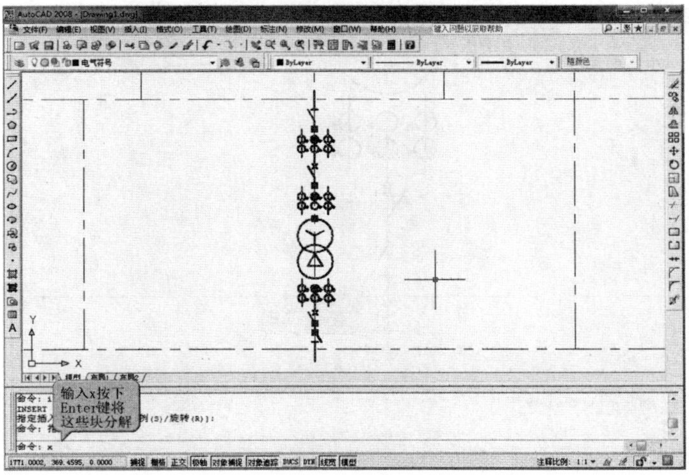

图 5.1.79　主接线图插入电气设备符号（三十三）

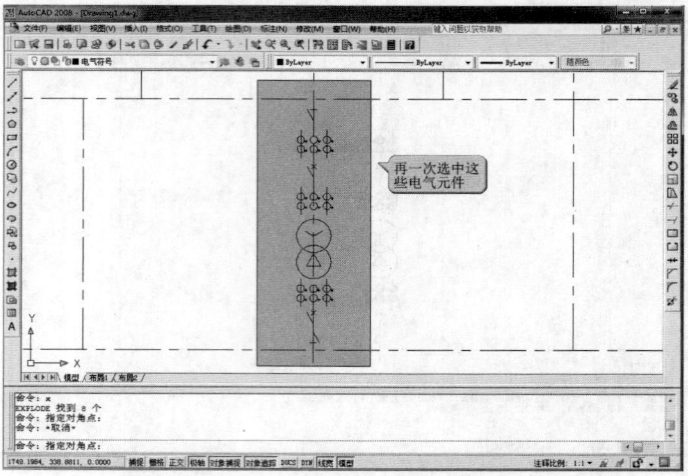

图 5.1.80 主接线图插入电气设备符号（三十四）

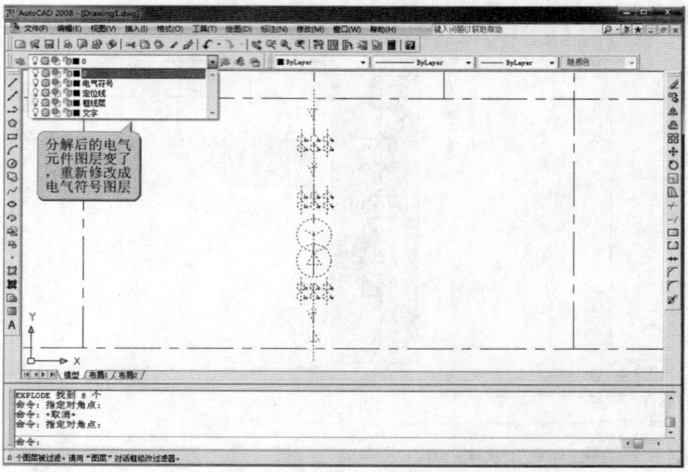

图 5.1.81 主接线图插入电气设备符号（三十五）

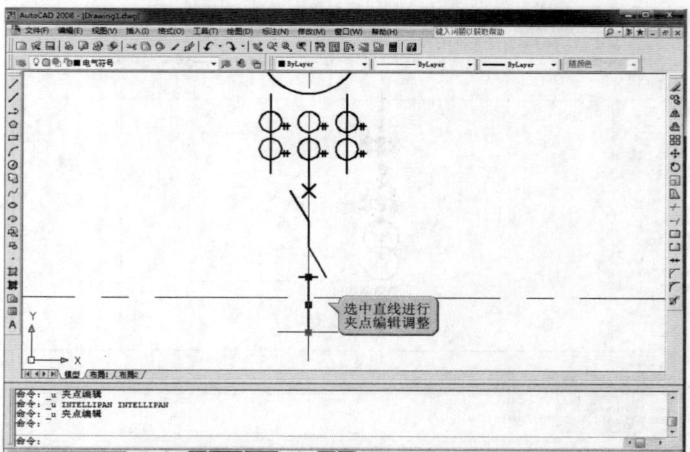

图 5.1.82 主接线图插入电气设备符号（三十六）

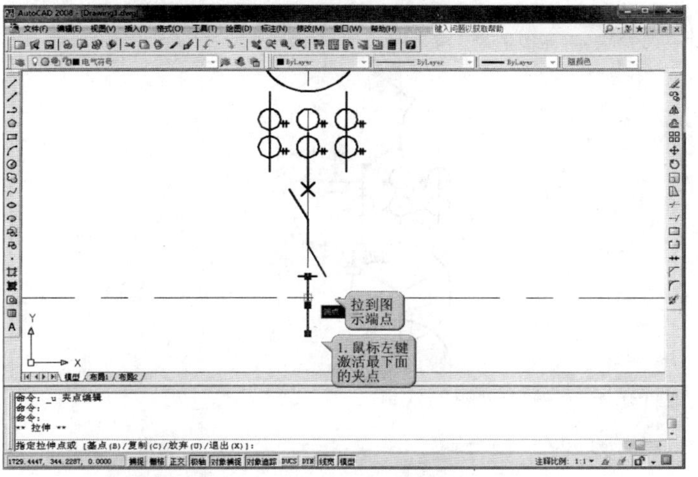

图 5.1.83　主接线图插入电气设备符号（三十七）

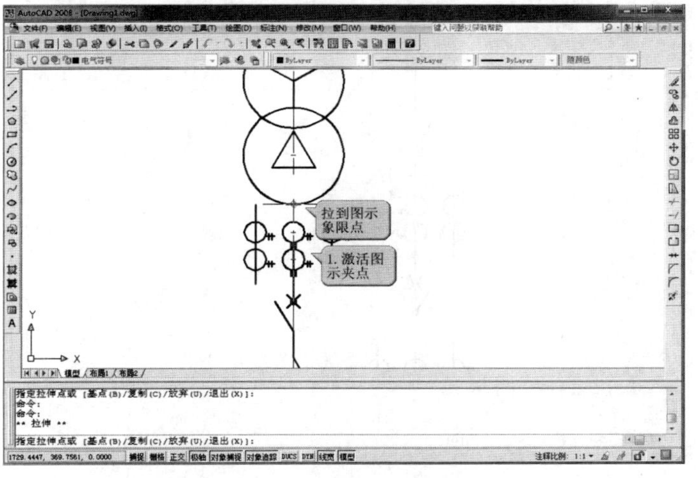

图 5.1.84　主接线图插入电气设备符号（三十八）

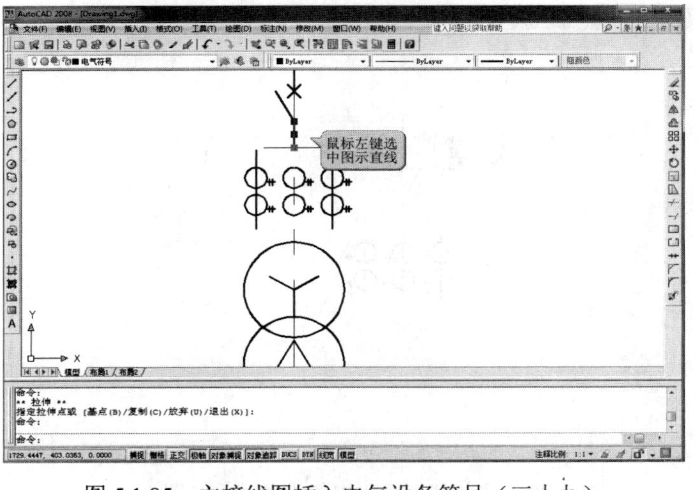

图 5.1.85　主接线图插入电气设备符号（三十九）

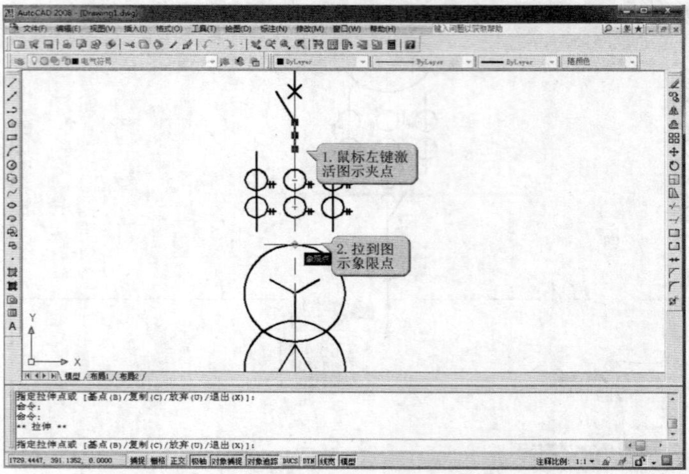

图 5.1.86 主接线图插入电气设备符号（四十）

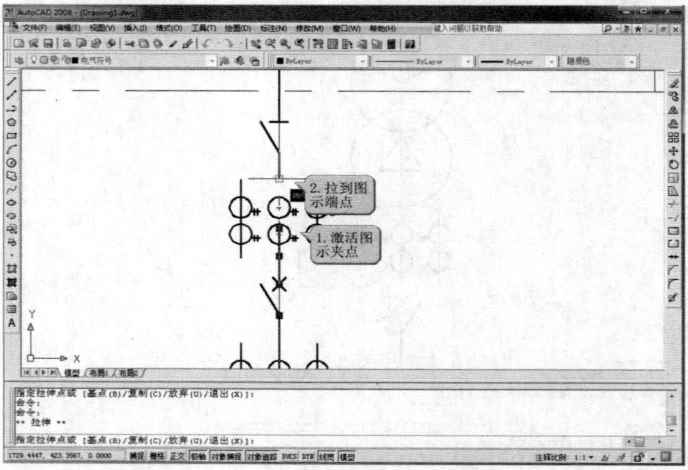

图 5.1.87 主接线图插入电气设备符号（四十一）

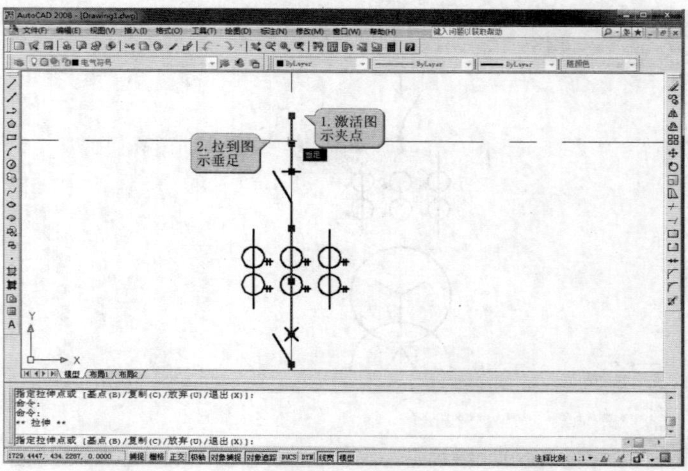

图 5.1.88 主接线图插入电气设备符号（四十二）

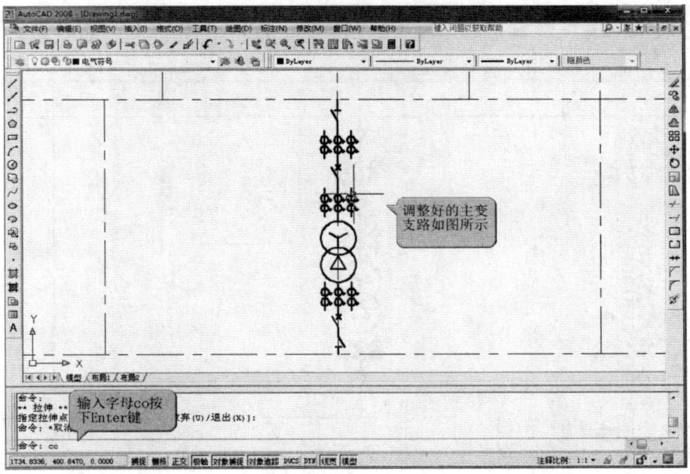

图 5.1.89　主接线图插入电气设备符号（四十三）

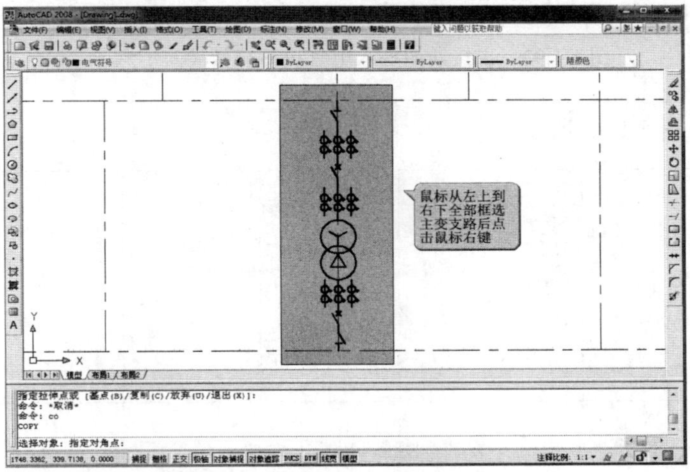

图 5.1.90　主接线图插入电气设备符号（四十四）

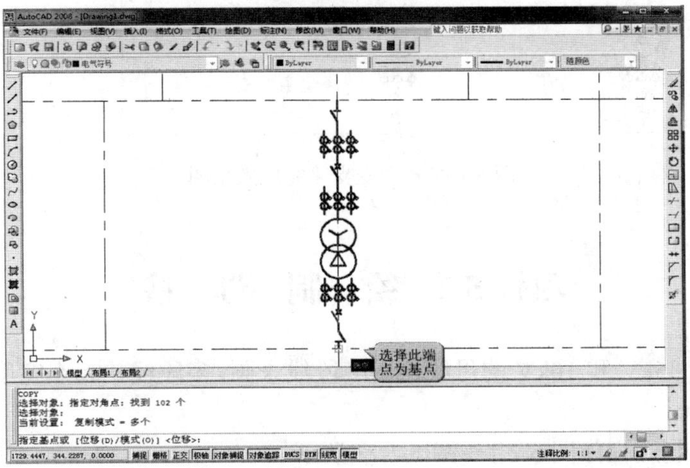

图 5.1.91　主接线图插入电气设备符号（四十五）

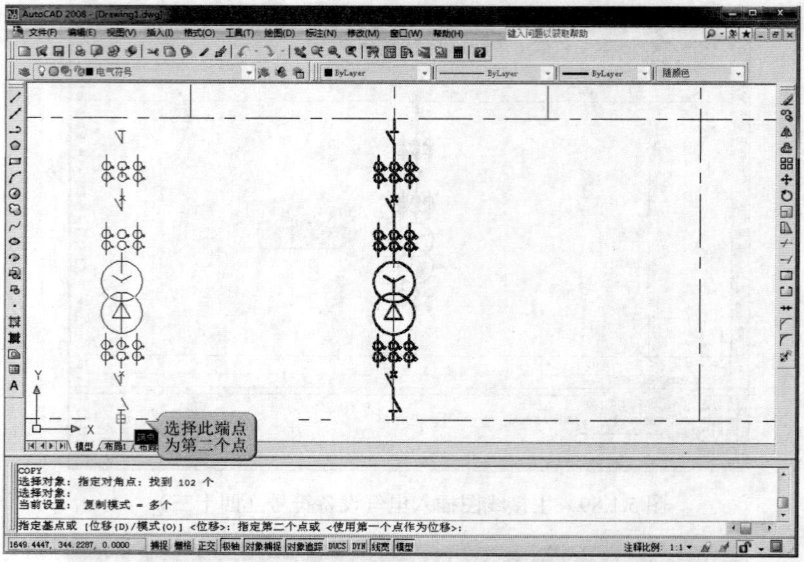

图 5.1.92 主接线图插入电气设备符号（四十六）

完成效果图如图 5.1.93 所示。

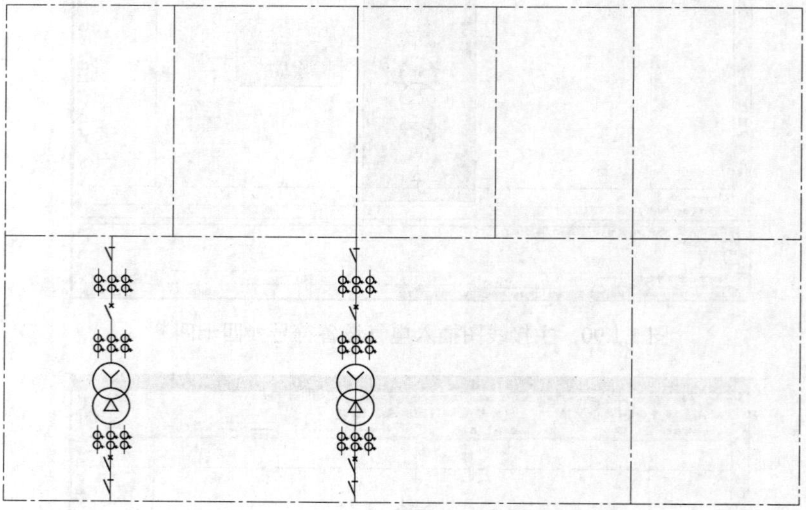

图 5.1.93 主变支路完成效果图

项目 5.2 绘 制 母 线

主接线图上的 35kV 和 10kV 的母线均用多段线来画，多段线的起点宽度和终点宽度均设置为 0.7mm。

主接线母线绘制过程如图 5.2.1～图 5.2.23 所示。

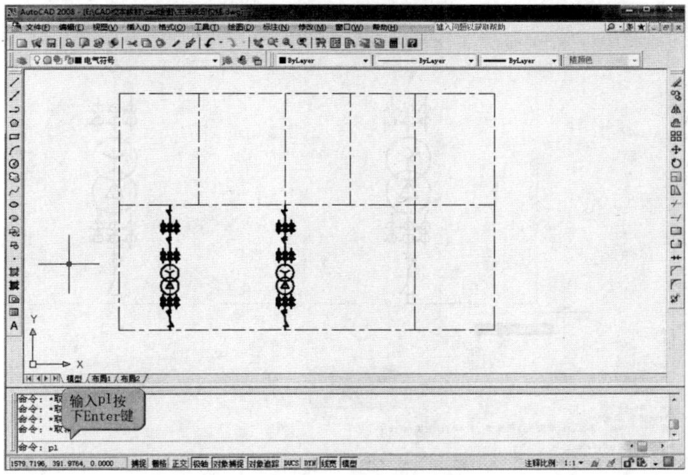

图 5.2.1　主接线母线绘制（一）

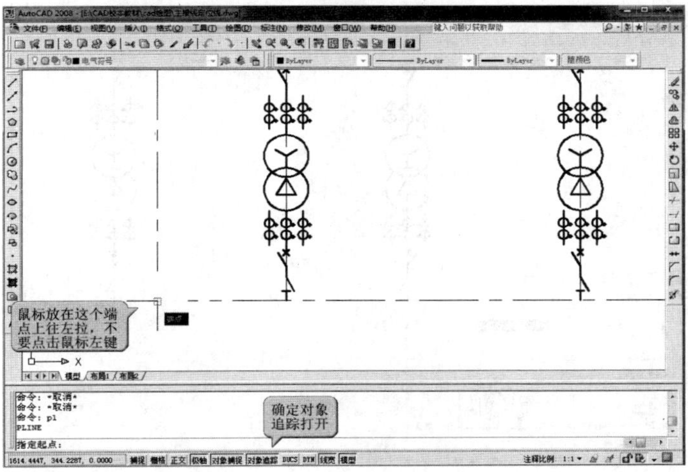

图 5.2.2　主接线母线绘制（二）

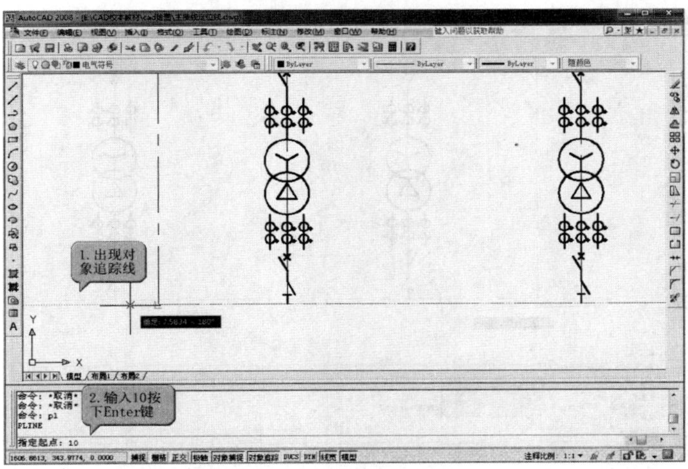

图 5.2.3　主接线母线绘制（三）

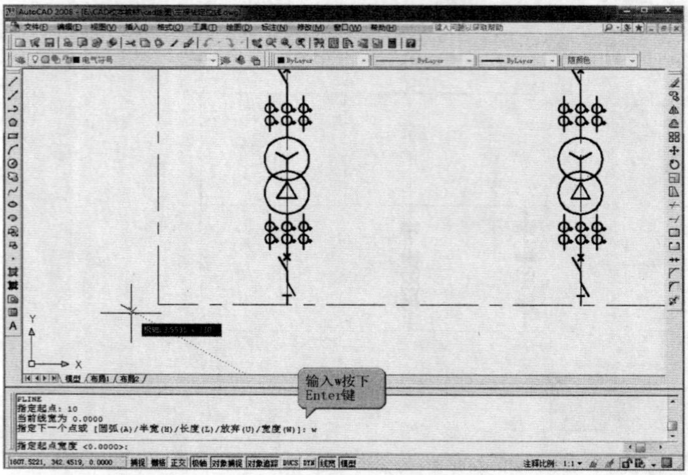

图 5.2.4 主接线母线绘制（四）

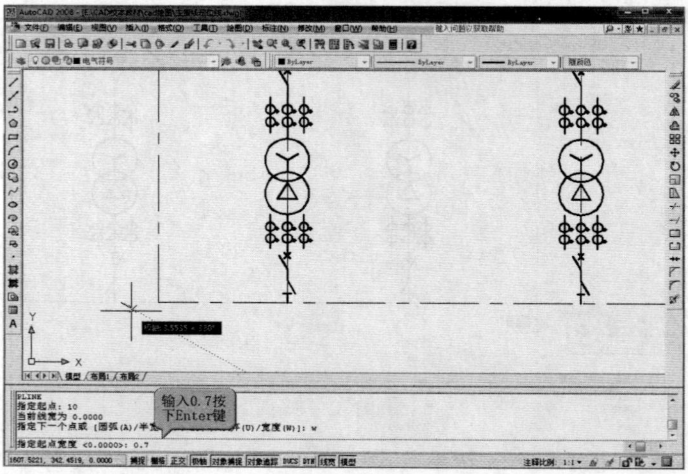

图 5.2.5 主接线母线绘制（五）

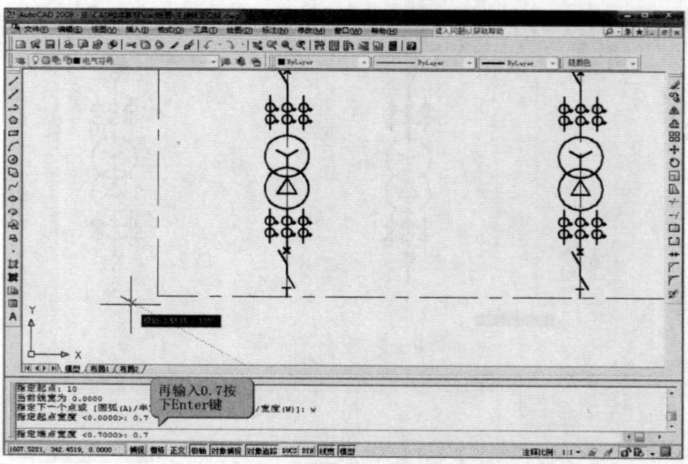

图 5.2.6 主接线母线绘制（六）

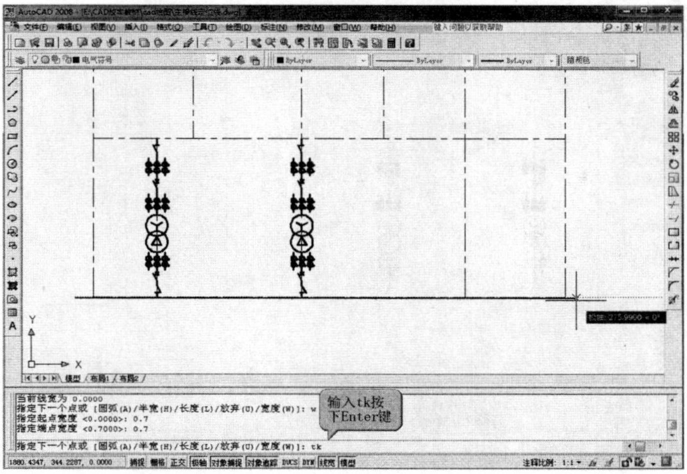

图 5.2.7　主接线母线绘制（七）

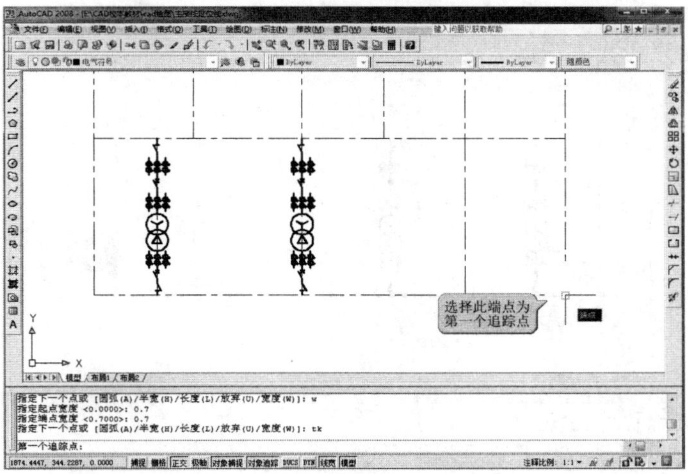

图 5.2.8　主接线母线绘制（八）

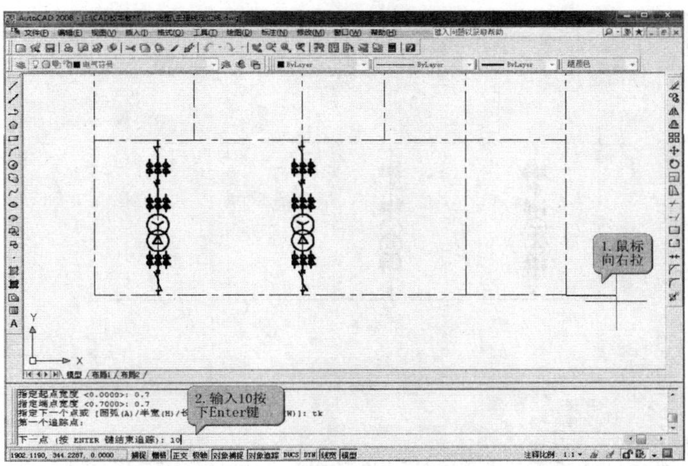

图 5.2.9　主接线母线绘制（九）

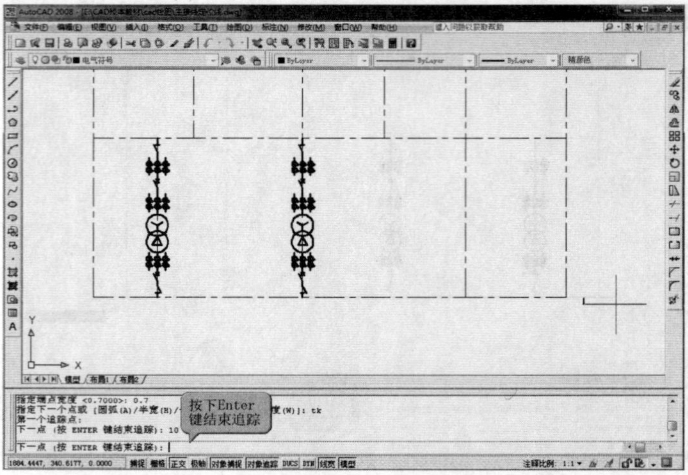

图 5.2.10 主接线母线绘制（十）

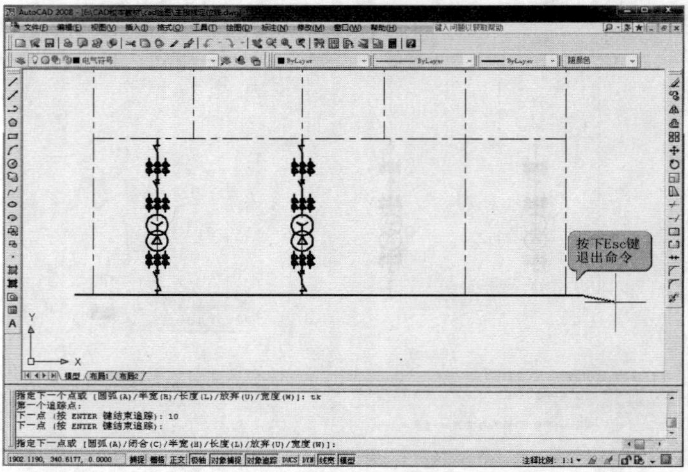

图 5.2.11 主接线母线绘制（十一）

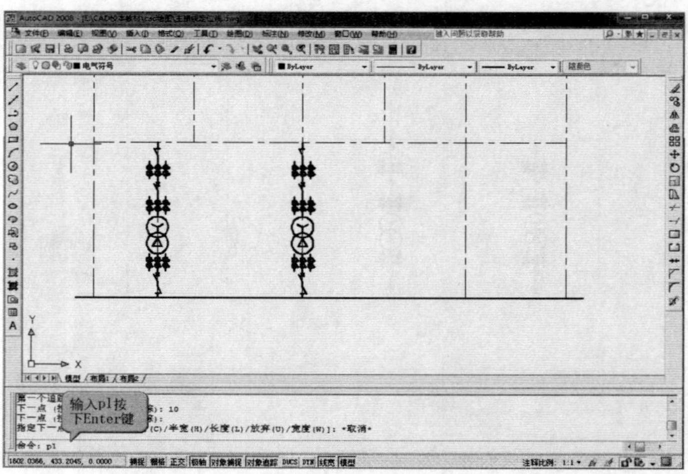

图 5.2.12 主接线母线绘制（十二）

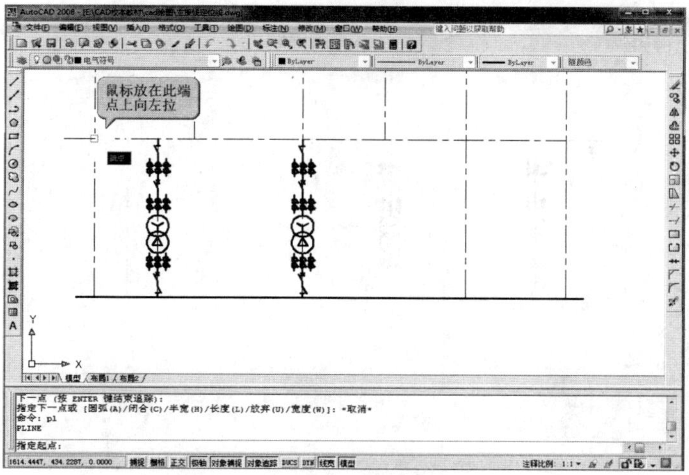

图 5.2.13　主接线母线绘制（十三）

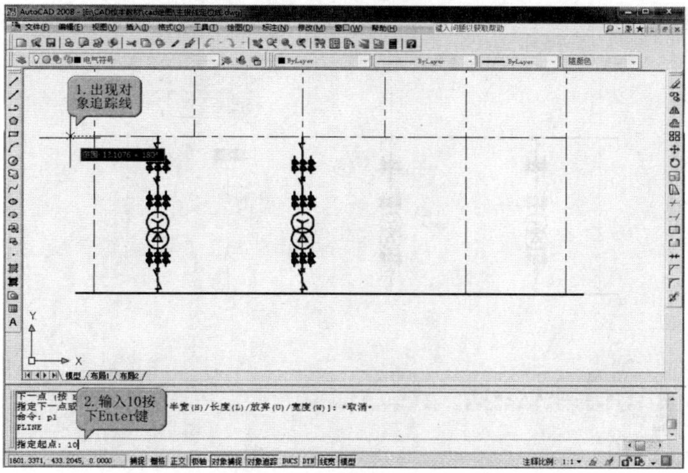

图 5.2.14　主接线母线绘制（十四）

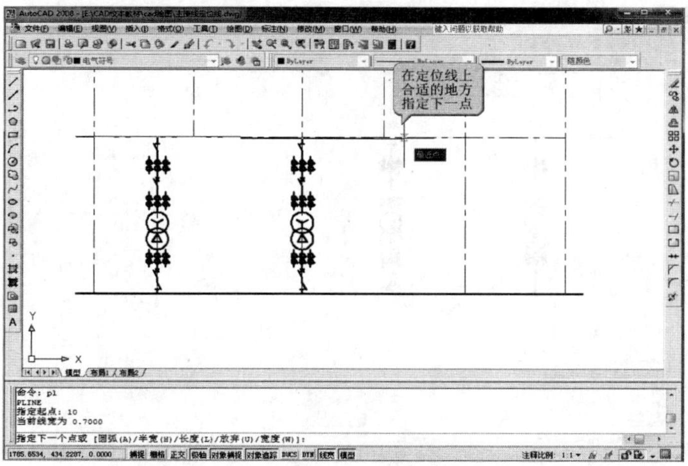

图 5.2.15　主接线母线绘制（十五）

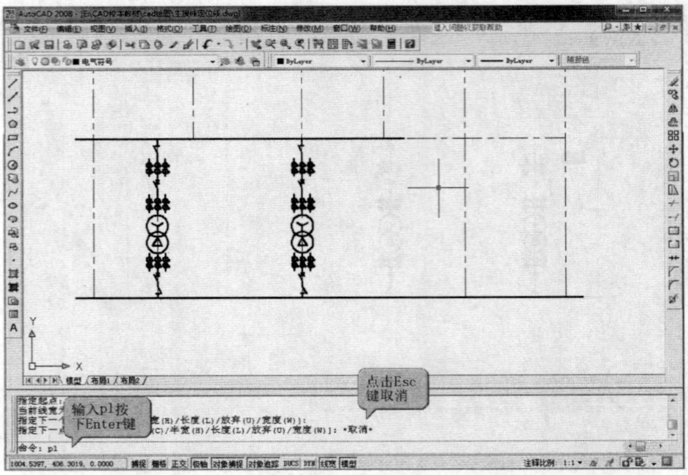

图 5.2.16 主接线母线绘制（十六）

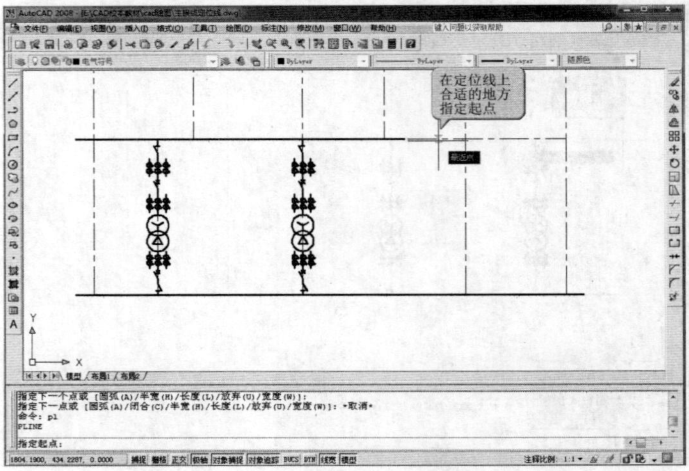

图 5.2.17 主接线母线绘制（十七）

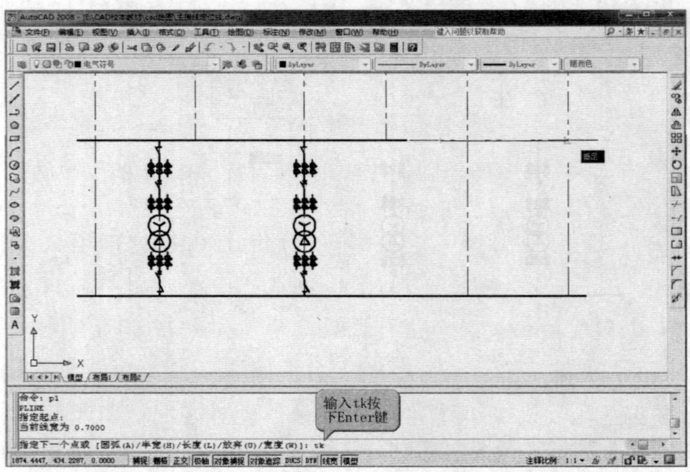

图 5.2.18 主接线母线绘制（十八）

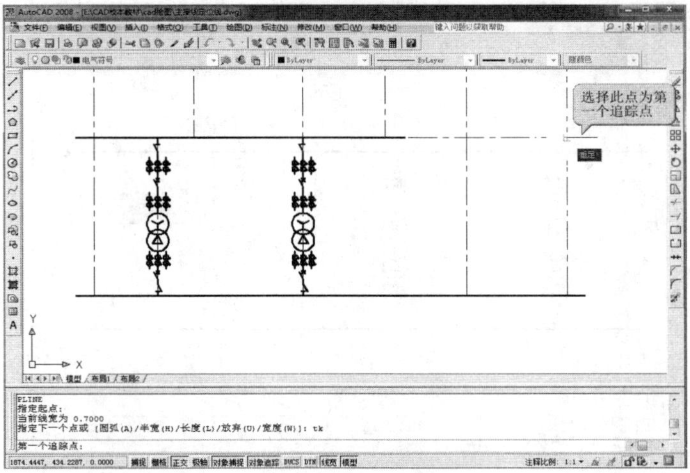

图 5.2.19　主接线母线绘制（十九）

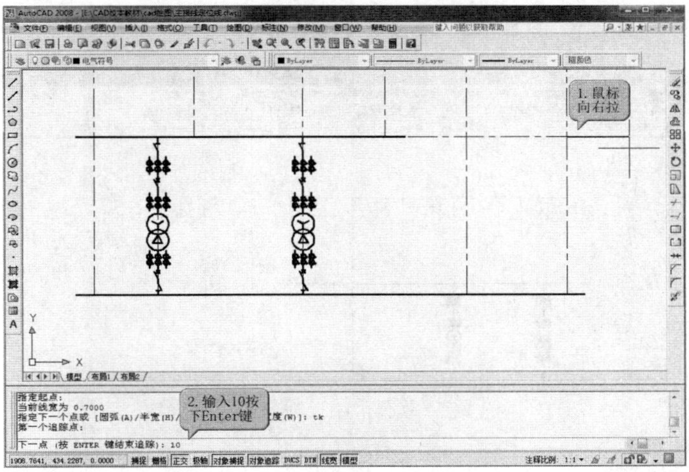

图 5.2.20　主接线母线绘制（二十）

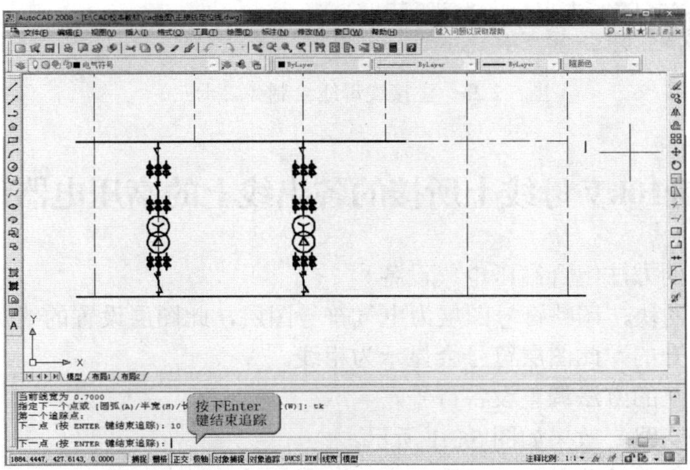

图 5.2.21　主接线母线绘制（二十一）

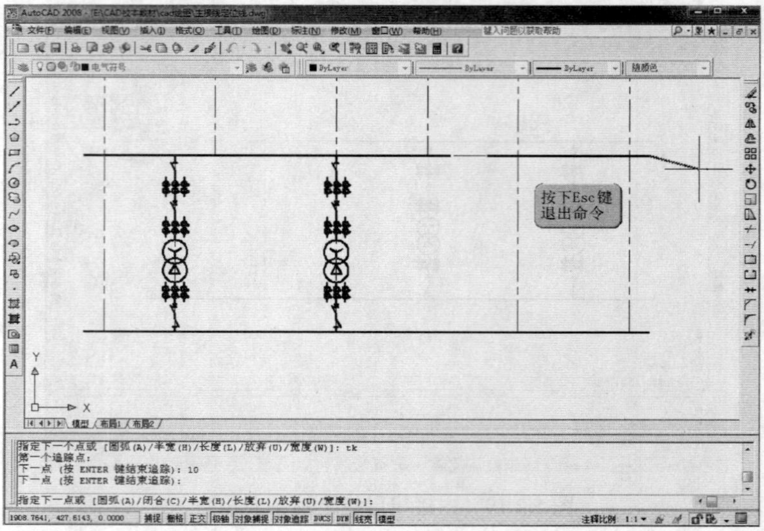

图 5.2.22 主接线母线绘制（二十二）

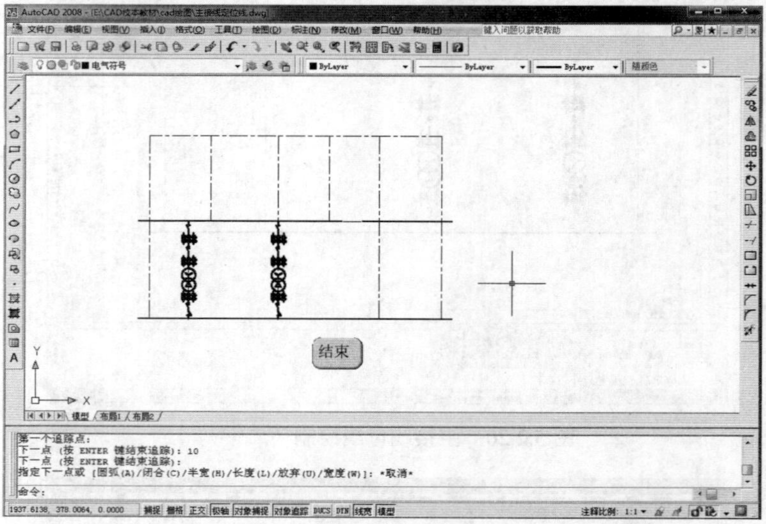

图 5.2.23 主接线母线绘制（二十三）

项目 5.3 绘制10kV母线上所接的各出线上的高压电器设备接线方案

（1）用插入块的方法组合高压电气设备。

（2）分解插入的块，调整符号图层为电气符号图层，此图层设置的线宽为 0.3mm，如果状态栏中线宽是打开的，此图层符号会显示为粗线。

（3）用夹点调整的方法调整设备符号。

（4）复制某些支路，效果如图 5.3.1 所示。

这个接线方案仍然是插入块及编辑，方法参照项目 5.1 的内容。

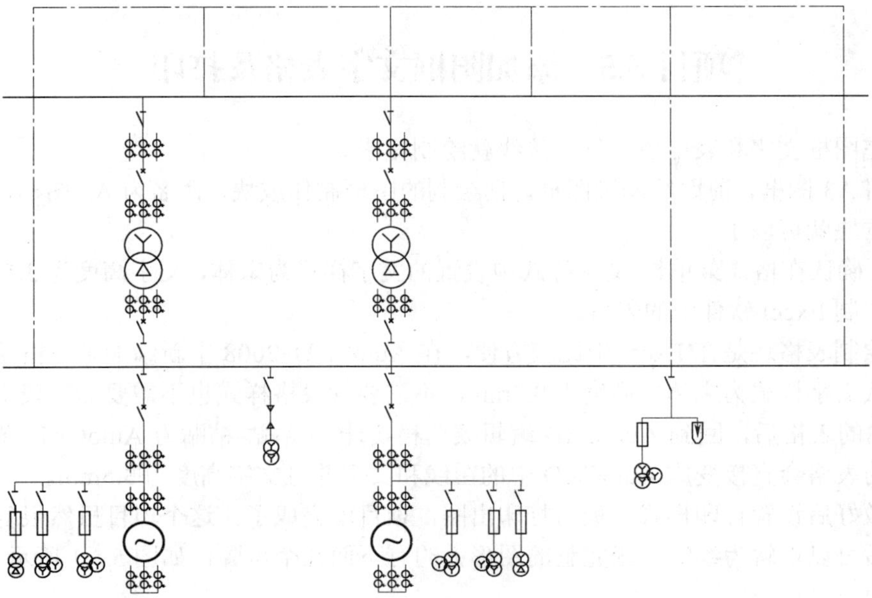

图 5.3.1　母线（10kV）接线方案

项目 5.4　补充绘制其他图形

35kV 出线、10kV 出线等部分的绘制不再多述，如图 5.4.1 所示。至此图形部分的绘制已基本完成。这一部分仍然是插入块及编辑，详细过程参照项目 5.1 的内容。

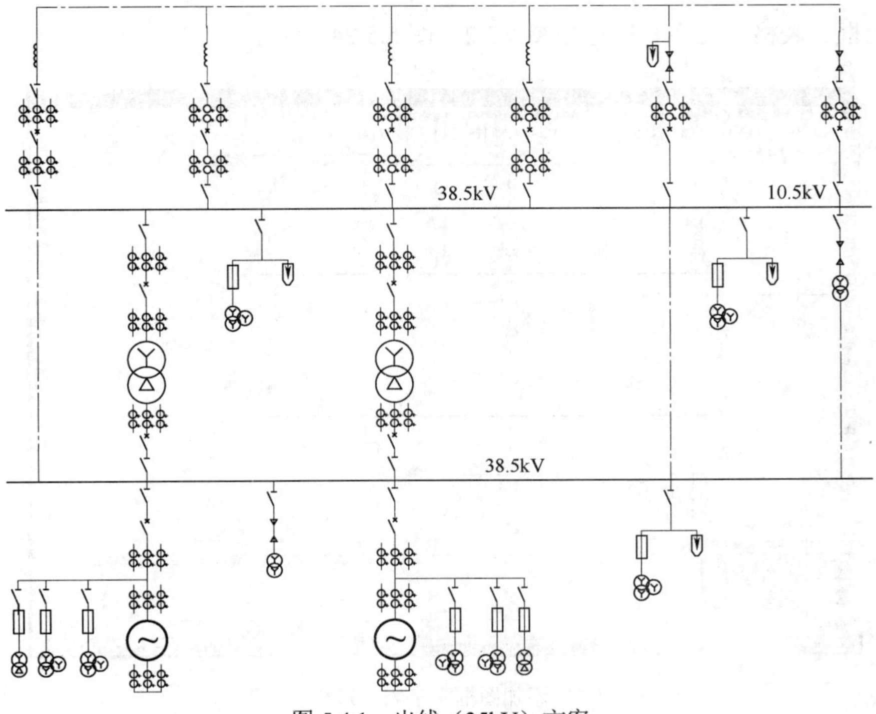

图 5.4.1　出线（35kV）方案

项目 5.5 添加图框文字表格及打印

添加完图框文字和表格后电气主接线就绘制完毕。

（1）用 A3 图框，前面绘制过图框，把绘制的图框制作成块，命名为 A3 图框，在这里直接插入图框块就可以了。

（2）要确认在格式菜单栏-文字样式中设置的文字样式为宋体，文字高度为 3.5mm。确认后才可以复制 Excel 软件中的表格。

（3）绘制表格还是在 Excel 中比较方便，在 AutoCAD 2008 中新添加了表格功能，此例中只要确认文字样式为宋体，高度为 3.5mm，不需要管表格样式也不需要插入表格，直接复制 Excel 中的表格后，回到 AutoCAD 编辑菜单栏-选择性粘贴-粘贴为 AutoCAD 图元，这样粘贴过来的表格会直接变成 AutoCAD 中的图线和文字并且文字高度为 3.5mm。

（4）做好后设置打印样式，最后打印出图，项目就完成了。这个项目虽然很复杂，但是经过分解后可以理解为绘制一张完整的图形大约有下面几个步骤，如图 5.5.1 所示。

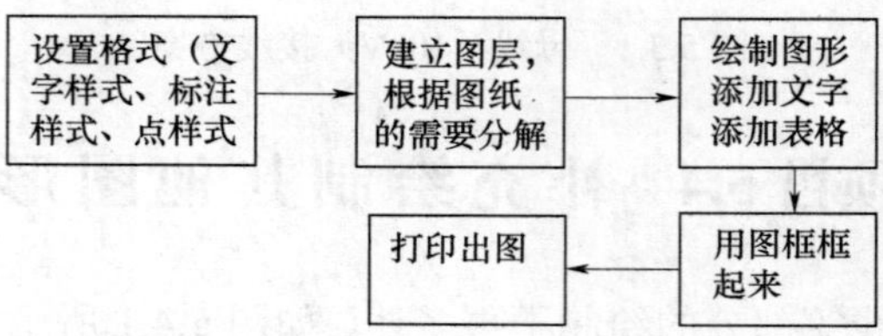

图 5.5.1 绘制图形步骤

添加图框、表格、文字等过程如图 5.5.2～图 5.5.24 所示。

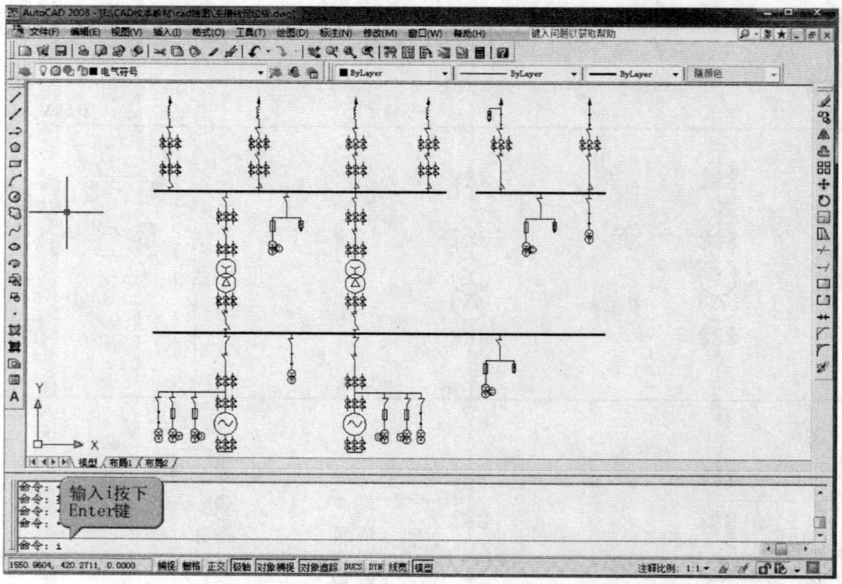

图 5.5.2 添加图框文字表格过程（一）

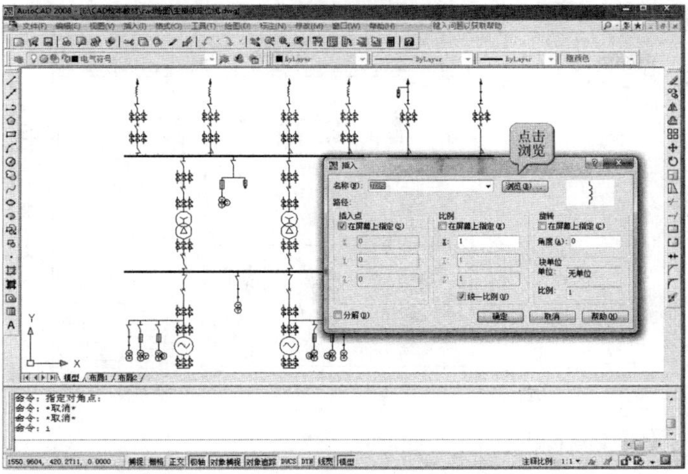

图 5.5.3　添加图框文字表格过程（二）

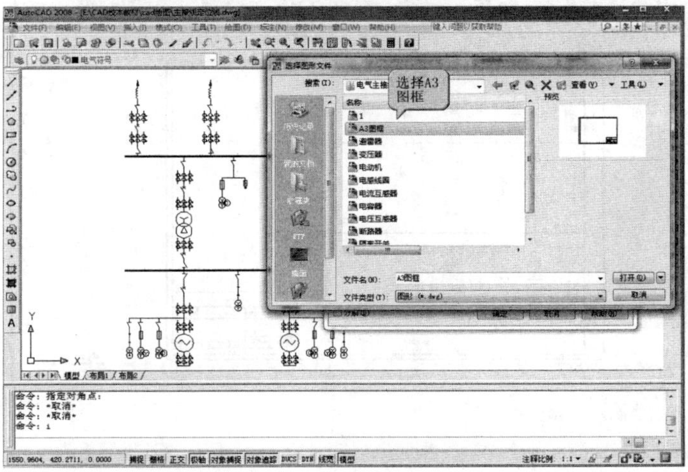

图 5.5.4　添加图框文字表格过程（三）

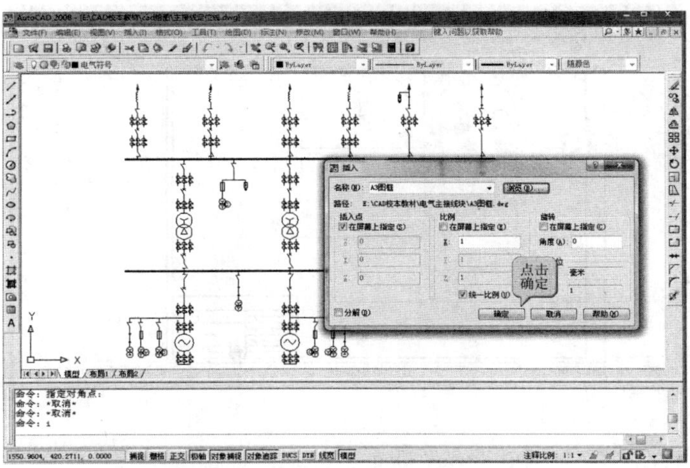

图 5.5.5　添加图框文字表格过程（四）

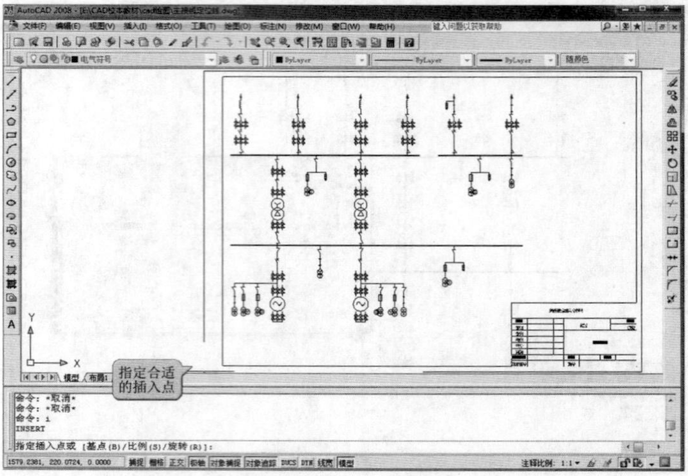

图 5.5.6 添加图框文字表格过程（五）

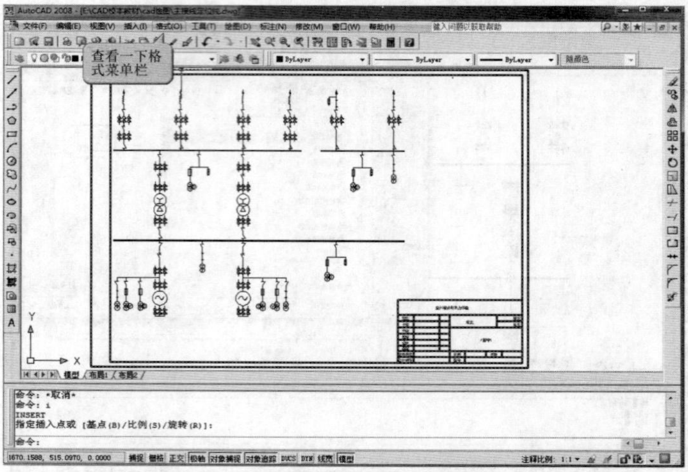

图 5.5.7 添加图框文字表格过程（六）

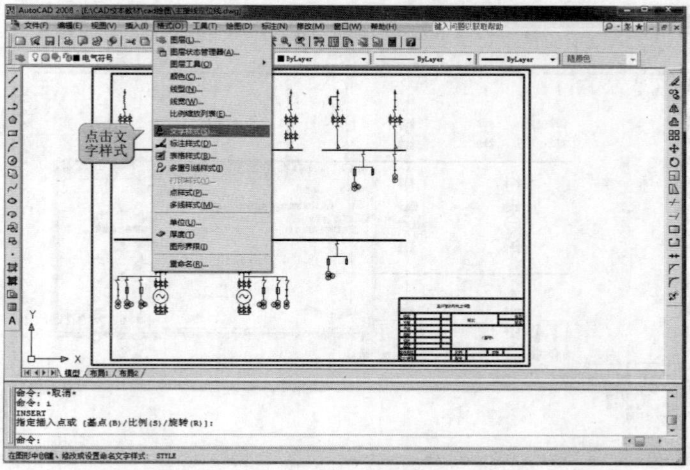

图 5.5.8 添加图框文字表格过程（七）

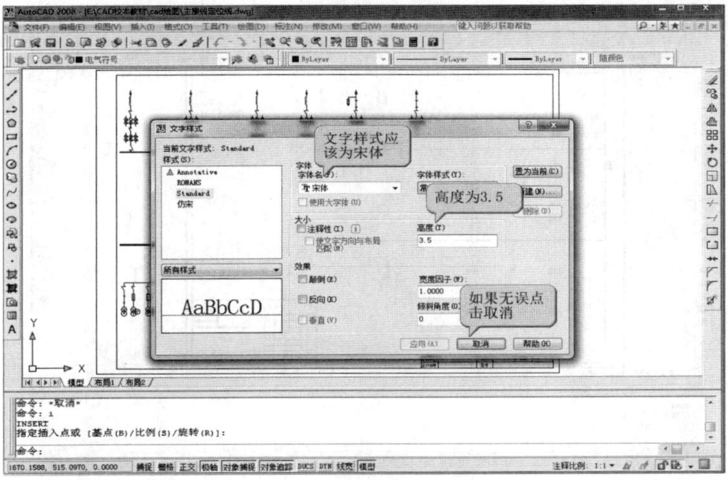

图 5.5.9　添加图框文字表格过程（八）

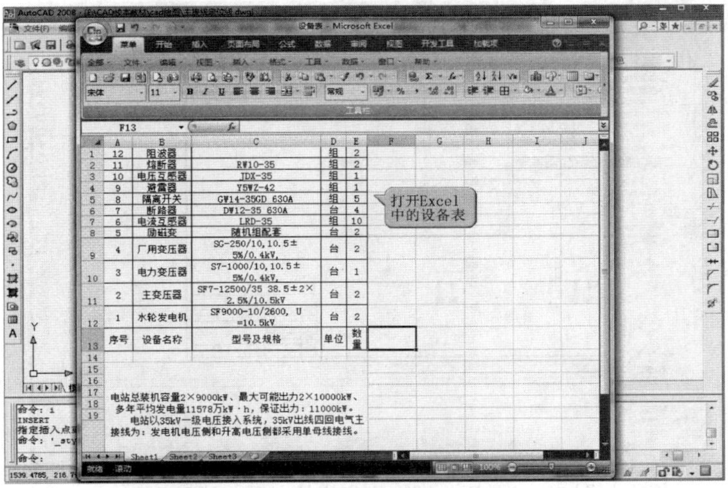

图 5.5.10　添加图框文字表格过程（九）

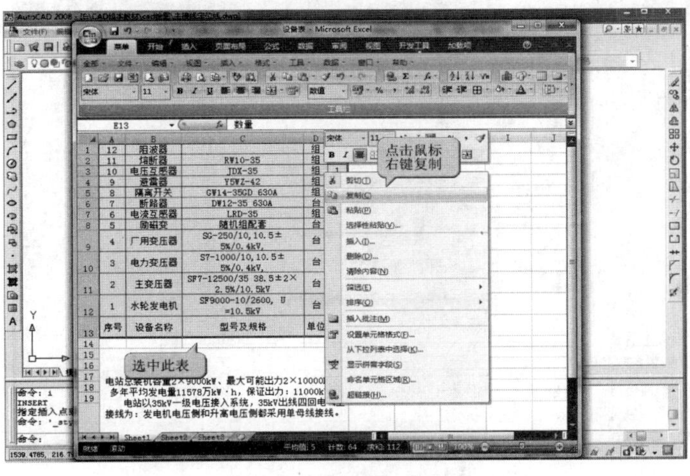

图 5.5.11　添加图框文字表格过程（十）

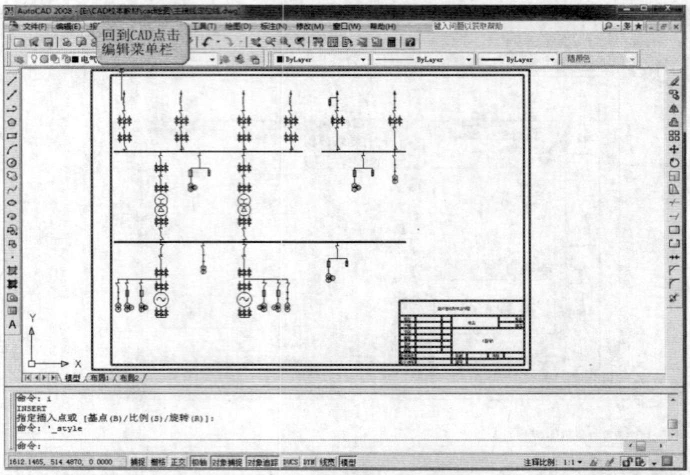

图 5.5.12 添加图框文字表格过程（十一）

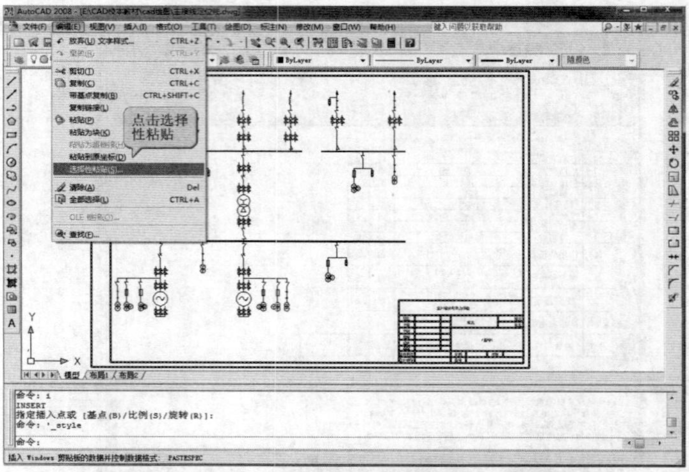

图 5.5.13 添加图框文字表格过程（十二）

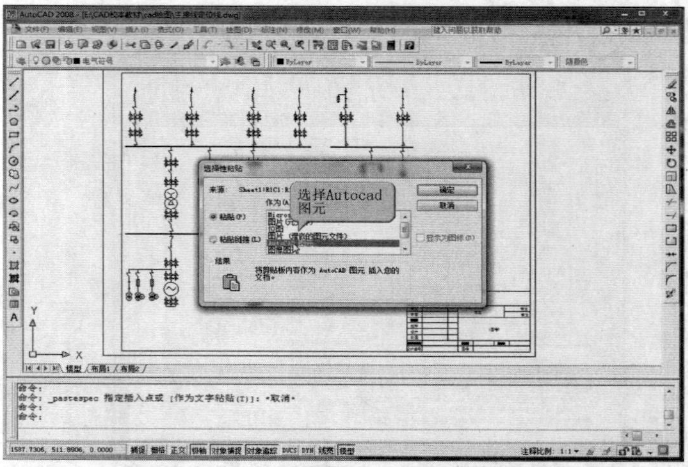

图 5.5.14 添加图框文字表格过程（十三）

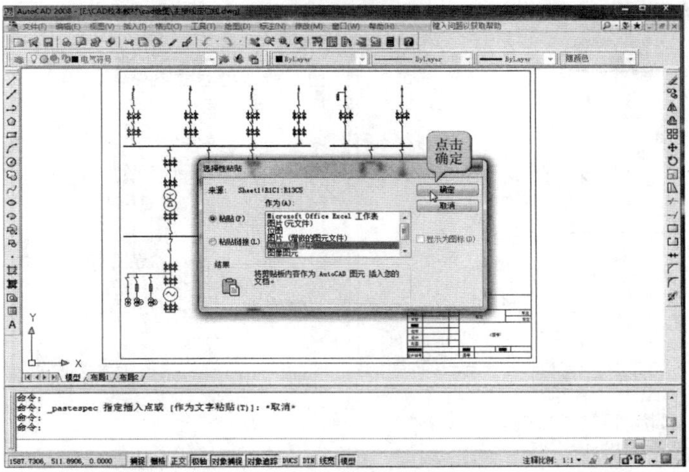

图 5.5.15　添加图框文字表格过程（十四）

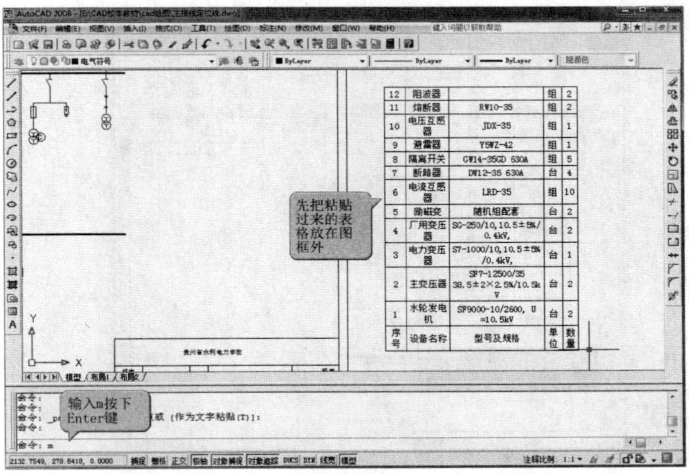

图 5.5.16　添加图框文字表格过程（十五）

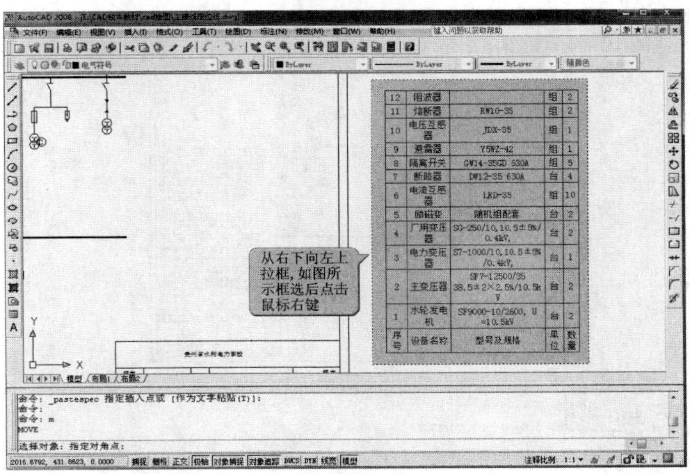

图 5.5.17　添加图框文字表格过程（十六）

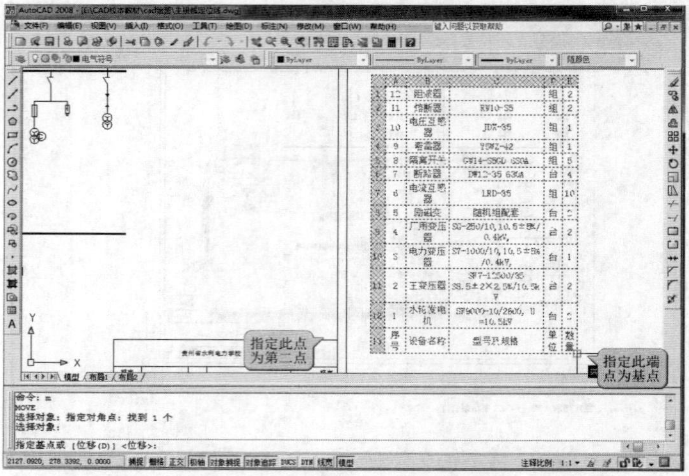

图 5.5.18 添加图框文字表格过程（十七）

图 5.5.19 添加图框文字表格过程（十八）

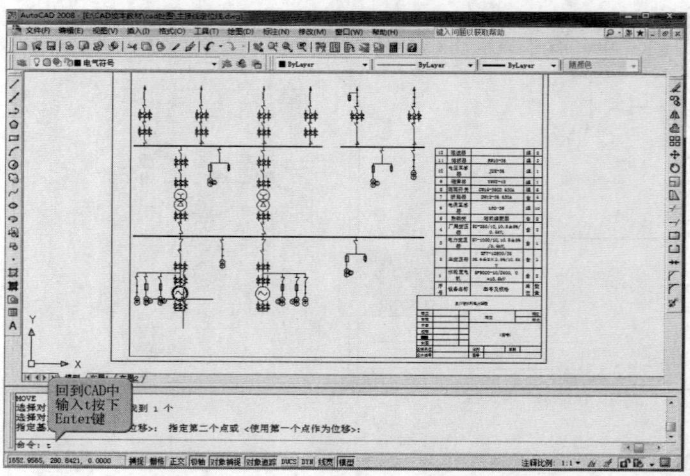

图 5.5.20 添加图框文字表格过程（十九）

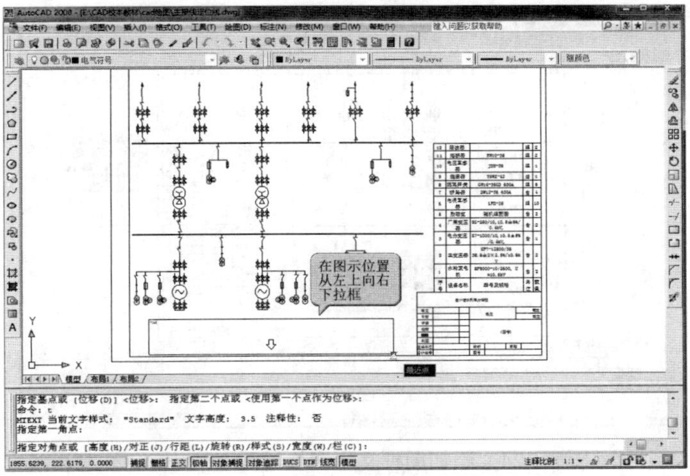

图 5.5.21　添加图框文字表格过程（二十）

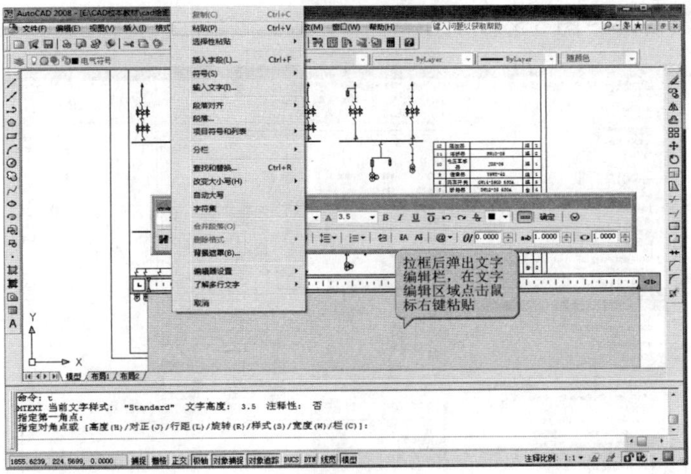

图 5.5.22　添加图框文字表格过程（二十一）

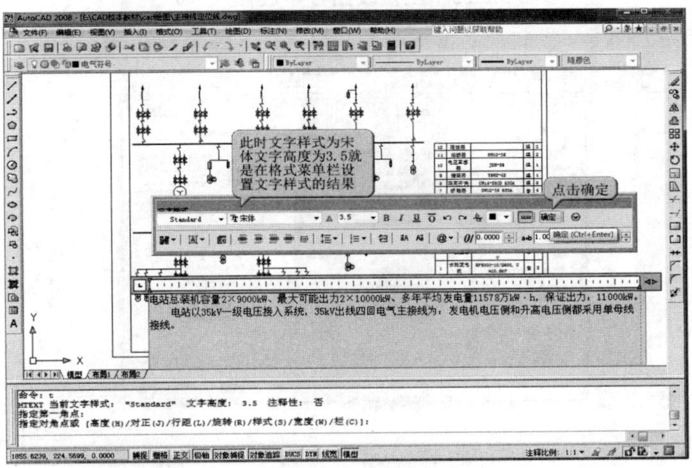

图 5.5.23　添加图框文字表格过程（二十二）

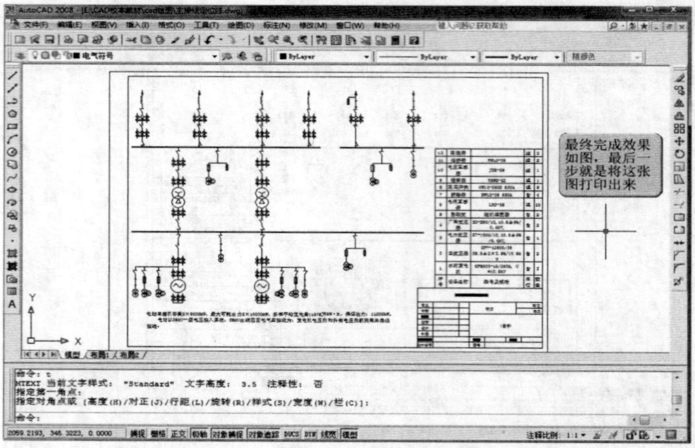

图 5.5.24 添加图框文字表格过程（二十三）

5.5.1 电气主接线图打印

打印过程如图 5.5.25～图 5.5.44 所示。

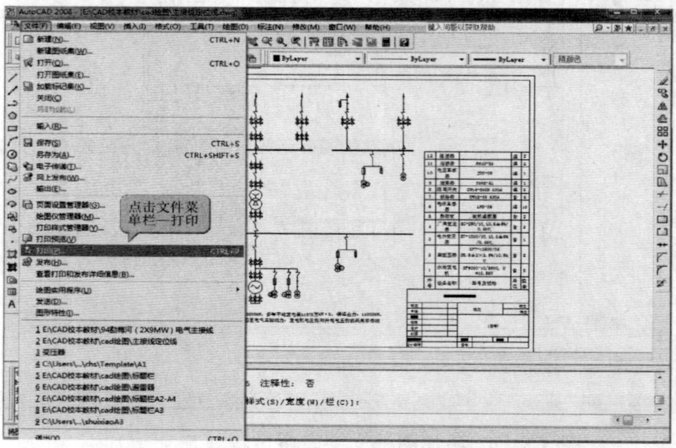

图 5.5.25 主接线图打印过程（一）

图 5.5.26 主接线图打印过程（二）

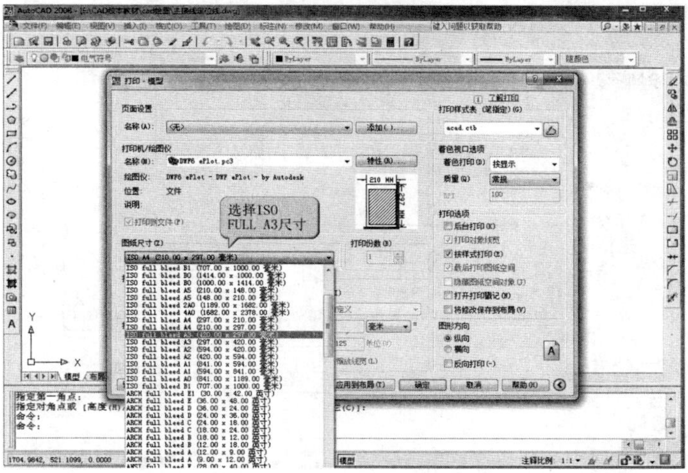

图 5.5.27　主接线图打印过程（三）

图 5.5.28　主接线图打印过程（四）

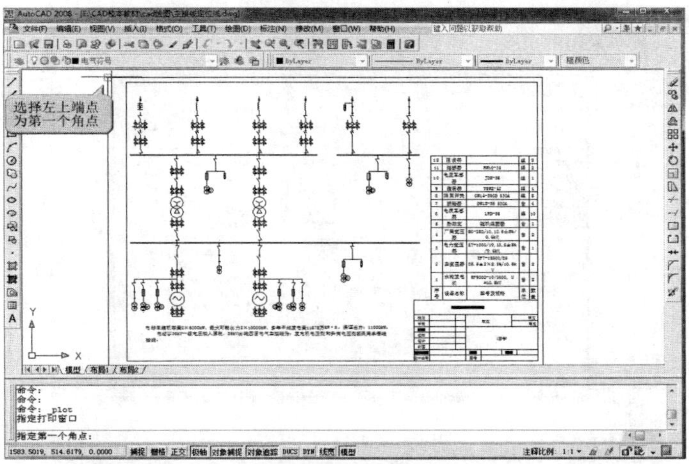

图 5.5.29　主接线图打印过程（五）

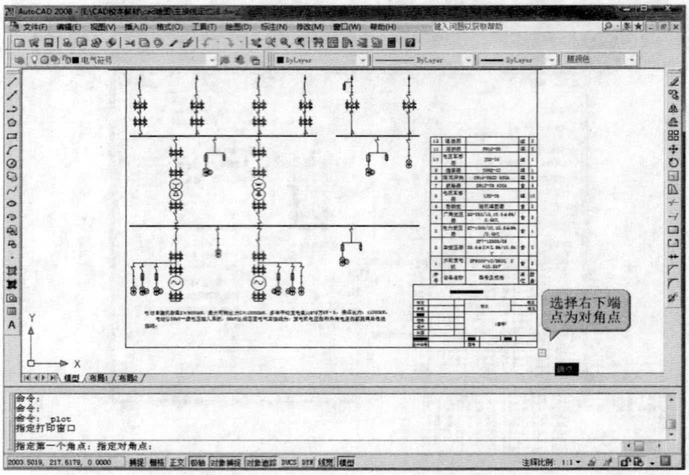

图 5.5.30 主接线图打印过程（六）

图 5.5.31 主接线图打印过程（七）

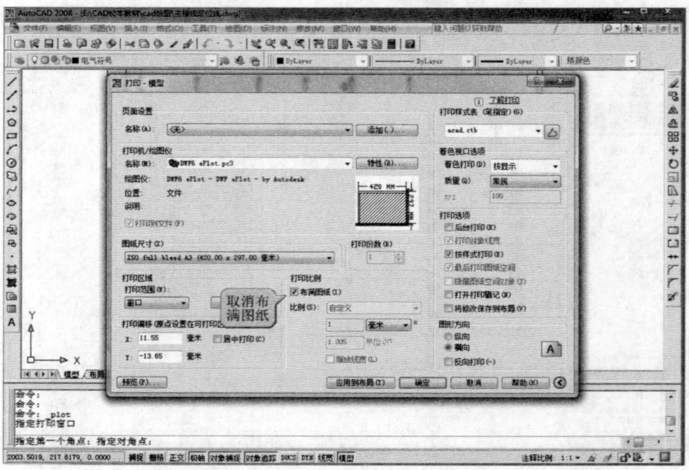

图 5.5.32 主接线图打印过程（八）

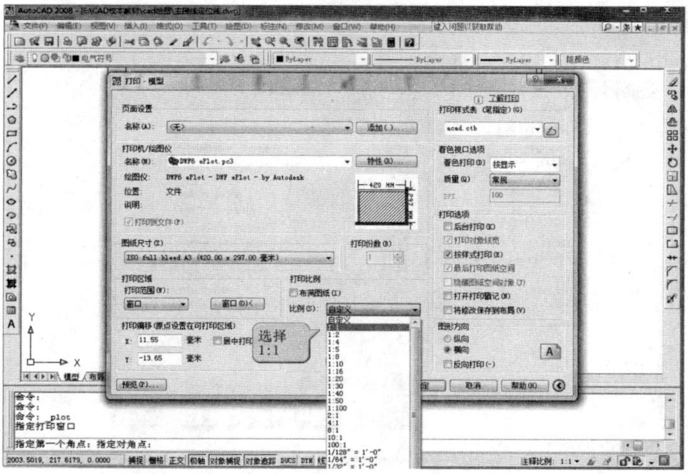

图 5.5.33　主接线图打印过程（九）

图 5.5.34　主接线图打印过程（十）

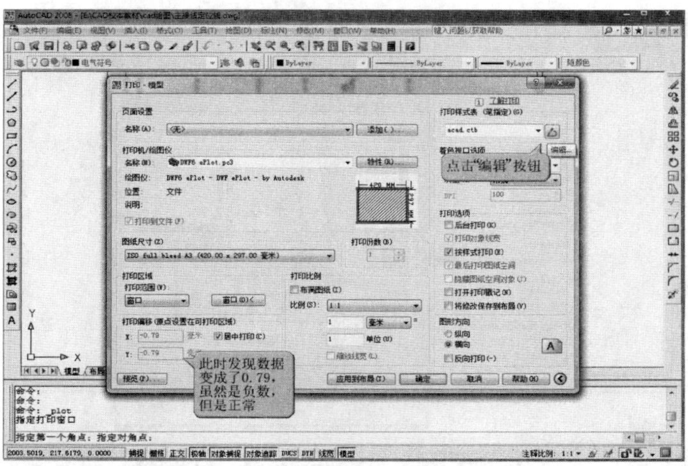

图 5.5.35　主接线图打印过程（十一）

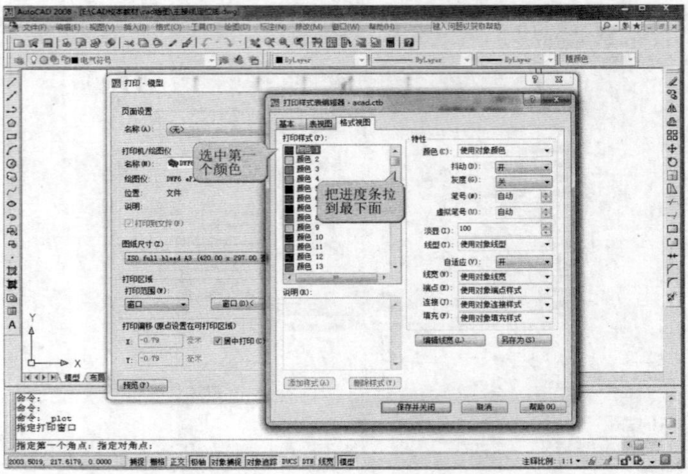

图 5.5.36 主接线图打印过程（十二）

图 5.5.37 主接线图打印过程（十三）

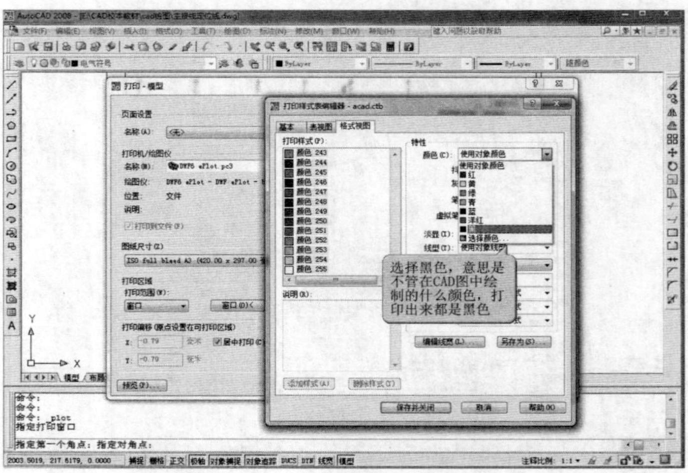

图 5.5.38 主接线图打印过程（十四）

图 5.5.39　主接线图打印过程（十五）

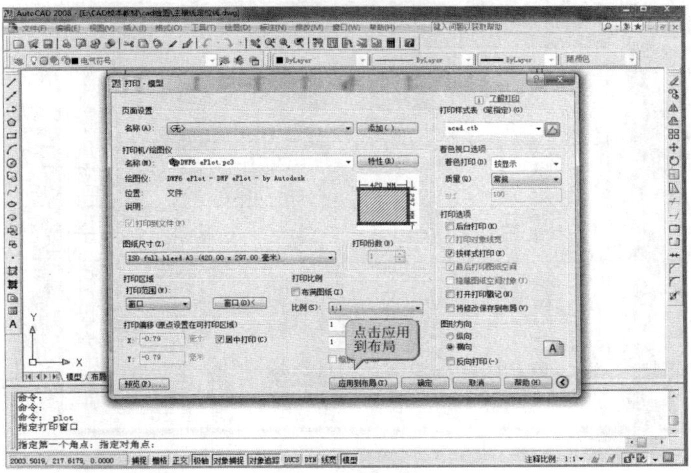

图 5.5.40　主接线图打印过程（十六）

图 5.5.41　主接线图打印过程（十七）

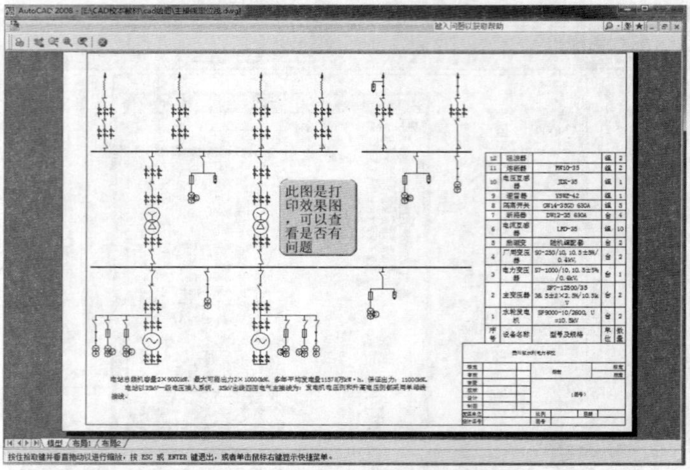

图 5.5.42 主接线图打印过程（十八）

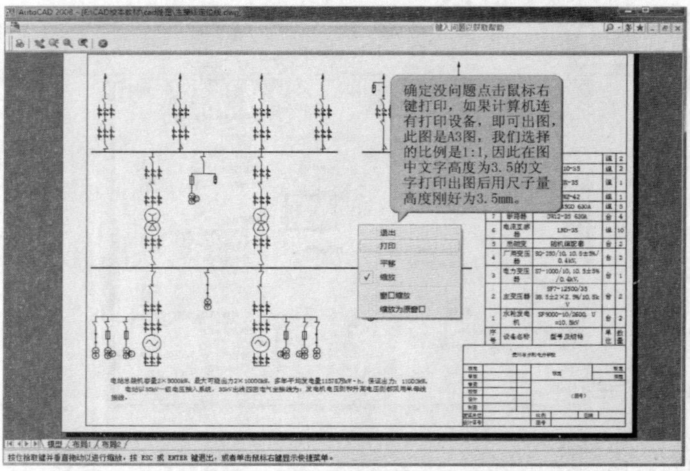

图 5.5.43 主接线图打印过程（十九）

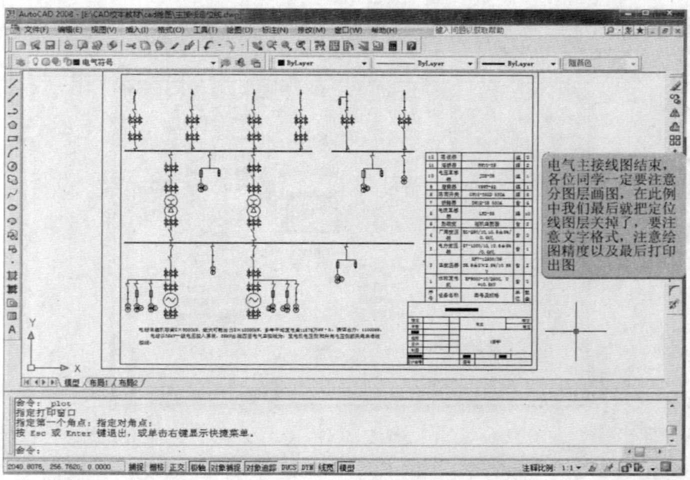

图 5.5.44 主接线图打印过程（二十）

【练 习 题】

1．一路外供电源装有一台变压器，变压器一次侧采用线变组单元接线，如图 5.5.45 所示。

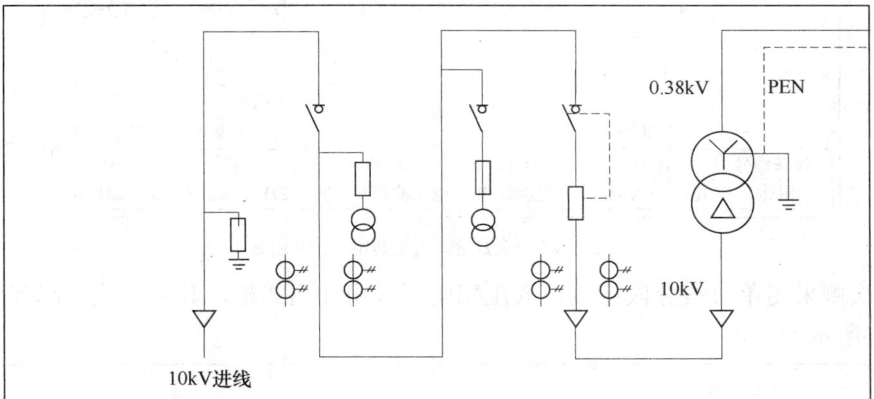

设备编号	AH1	AH2	AH3	AH4	T
用途	电源引入	电能计量	电压测量	变压器保护	变电

图 5.5.45　变压器一次侧接线图

2．变压器二次侧采用单母线接线，如图 5.5.46 所示。

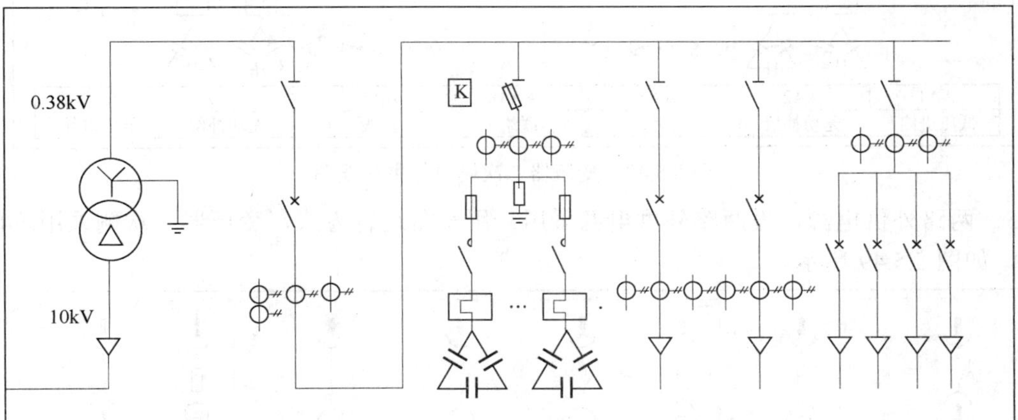

T	AA1	AA2	AA3	AA4
变电	低压进线	无功补偿	出线	出线

图 5.5.46　变压器二次侧接线图

3．一路外供电源，装有两台或以上变压器一次侧电气主接线，如图 5.5.47 所示。

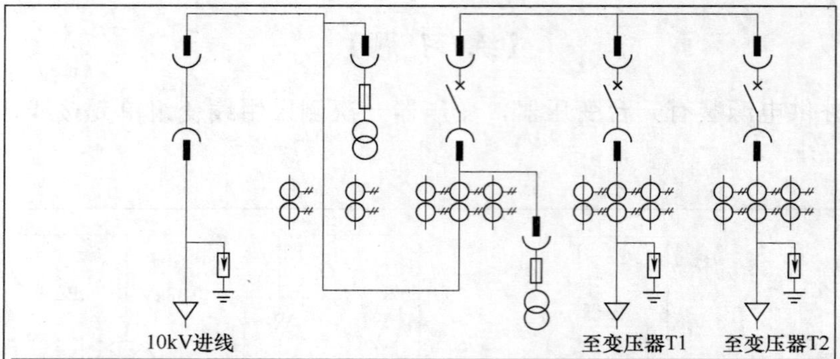

设备编号	AH1	AH2	AH3	AH4	AH5
用途	电源引入隔离	电能计量	电压测量+主进	变压器保护	变压器保护

图 5.5.47 变压器一次侧电气接线图

4．二次侧采用单母线分段接线，低压配电屏采用抽出式柜，其插接头可起到隔离作用，如图 5.5.48 所示。

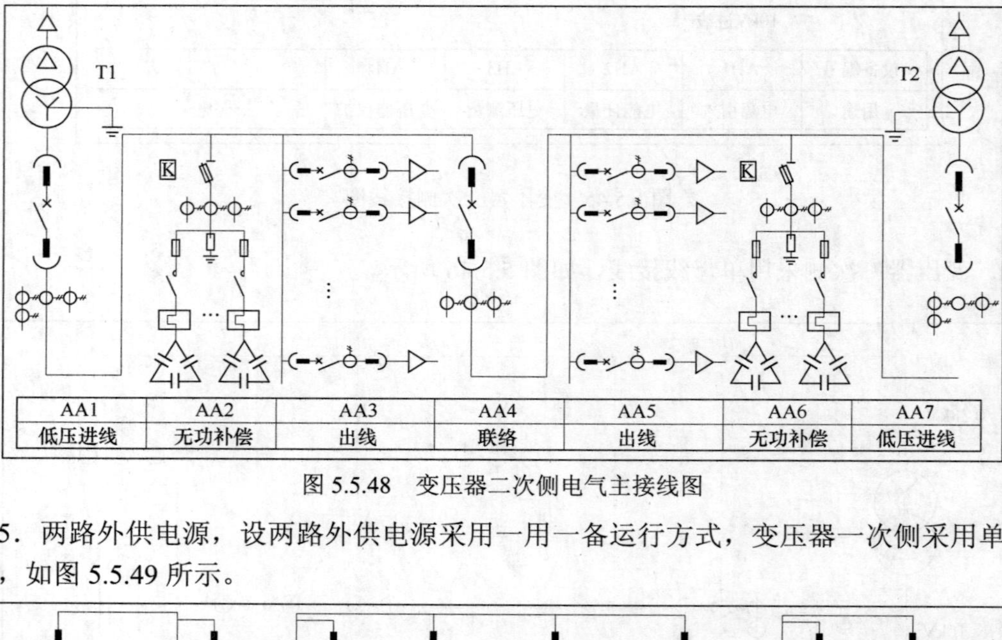

AA1	AA2	AA3	AA4	AA5	AA6	AA7
低压进线	无功补偿	出线	联络	出线	无功补偿	低压进线

图 5.5.48 变压器二次侧电气主接线图

5．两路外供电源，设两路外供电源采用一用一备运行方式，变压器一次侧采用单母线接线，如图 5.5.49 所示。

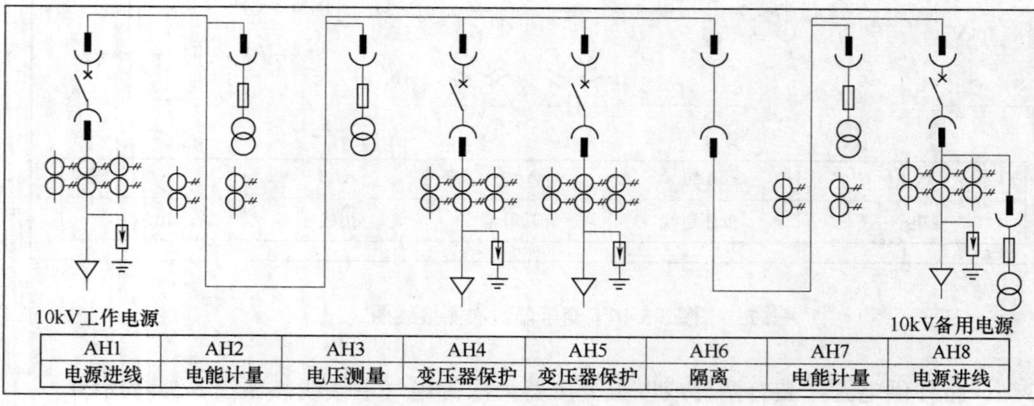

AH1	AH2	AH3	AH4	AH5	AH6	AH7	AH8
电源进线	电能计量	电压测量	变压器保护	变压器保护	隔离	电能计量	电源进线

图 5.5.49 一次侧电气主接线图

6．低压主接线仍采用单母线分段接线形式，低压配电屏采用固定分隔式，断路器为插入式安装，如图 5.5.50 所示。

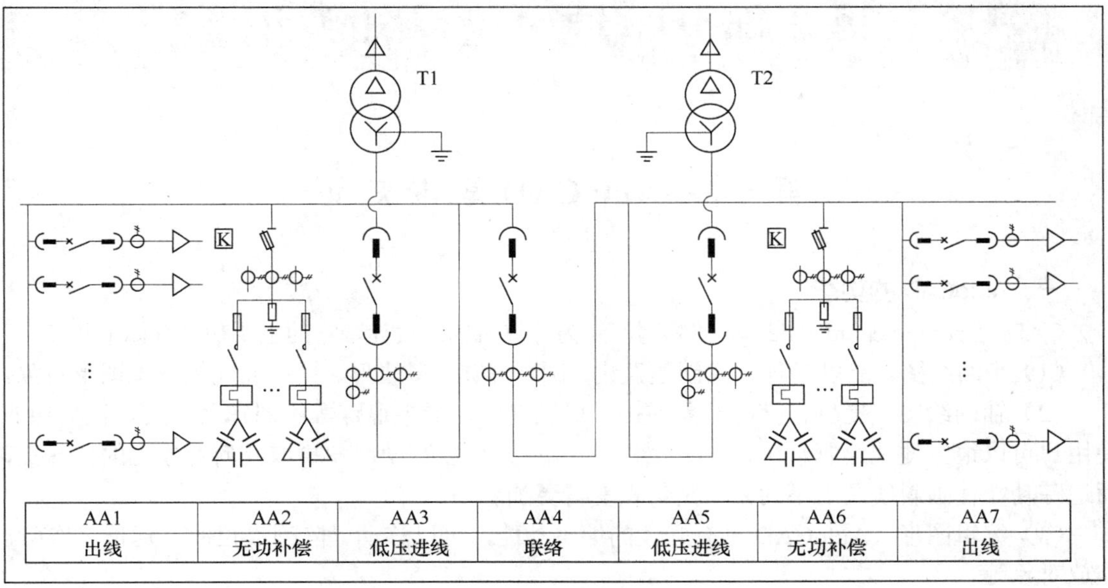

图 5.5.50　电气主接线图

7．10kV 配电所电气主接线典型方案设变电所由两路外供电源供电，其中电源 1 容量可供全部负荷，电源 2 容量可供部分重要的负荷。采用单母线分段接线，如图 5.5.51 所示。

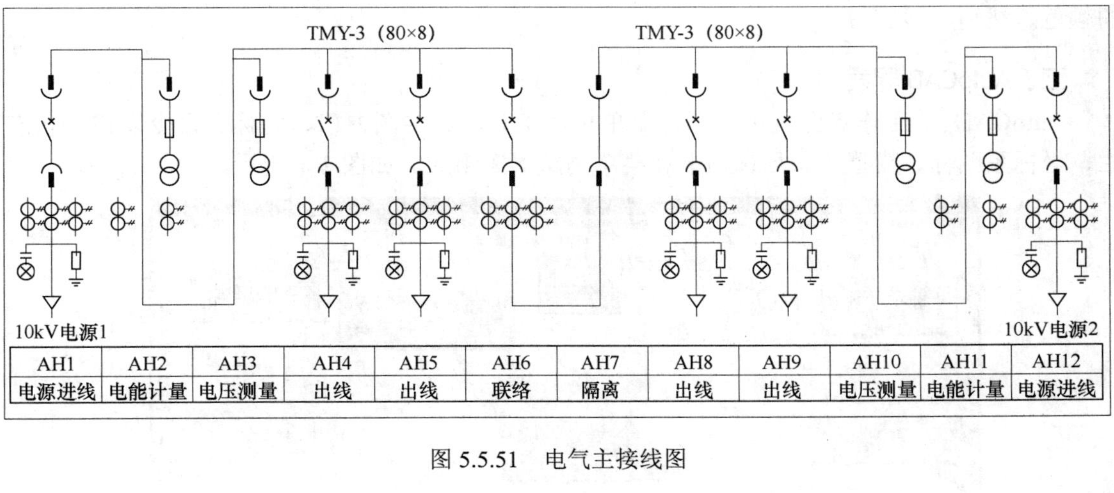

图 5.5.51　电气主接线图

第2部分　理　论　知　识

第一章　AutoCAD 基本知识

一、AutoCAD 的功能

CAD 是 computer aided design 的缩写，意为计算机辅助设计，它的主要功能有如下几点。

（1）平面绘图。能以多种方式创建直线、圆、椭圆、多边形、样条曲线等基本图形对象。

（2）辅助绘图。提供正交、对象捕捉、极轴追踪、捕捉追踪等绘图辅助工具。正交功能使用户可以很方便地绘制水平、垂直直线，对象捕捉可以帮助用户拾取几何对象上的特殊点，而追踪功能使画斜线及沿不同方向定位点变得更加容易。

（3）编辑图形。AutoCAD 具有强大的编辑功能，可以移动、阵列、拉伸、延长、修剪、缩放对象等。

（4）标注尺寸。AutoCAD 可以创建多种类型的尺寸。

（5）书写文字。AutoCAD 能轻易地在图形的任何位置、沿任何方向书写文字，可设定文字字体、倾斜角度及宽度缩放比例等属性。

（6）图层管理。图形对象都位于某一图层上，可利用图层管理功能设定图层中图形对象的颜色、线型、线宽等。

二、AutoCAD 界面

AutoCAD 的工作界面由标题栏、菜单栏、工具栏、绘图窗口、光标、命令窗口、状态栏、坐标系图标、模型 / 布局选项卡和菜单浏览器等组成，如图 1-1 所示。

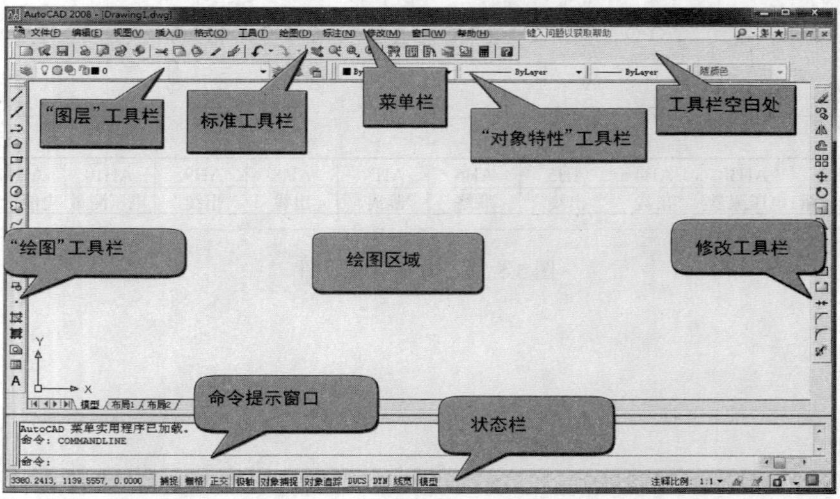

图 1-1　工作界面

1. 标题栏

如同所有标准的 Windows 应用界面，顶部标题栏的左边显示软件名称，右边是控制按钮：最小化、最大化、还原和关闭按钮。

标题栏下的菜单栏提供了一种简便易学的操作方式，它将绝大多数的 AutoCAD 命令分门别类归入 11 条菜单栏中，从左到右分别为文件、编辑、视图、插入、格式、工具、绘图、标注、修改、窗口和帮助。

2. 工具栏

标准的 AutoCAD 界面提供标准工具栏、图层工具栏、对象特性工具栏、绘图工具栏和修改工具栏等 5 种工具栏，以工具按钮的形式列出最为常用的各种命令，供用户方便快捷地点取执行。

（1）标准工具栏：它的前半部分列出标准的 Windows 应用软件共有的文件管理和编辑命令，后半部分列出 AutoCAD 常用的辅助绘图命令。

（2）“图层”工具栏：该工具栏可以切换当前图层，也可以点开图层特性管理器。

1）“对象特性”工具栏：用于设定和改变实体的特性。

2）“绘图”工具栏：列出最常用的绘图命令。

3）“修改”工具栏：列出最常用的修改命令。

如果对该工具按钮的用途不明了，可以将光标指向相应的工具按钮并停留就会显出该命令名称的提示。

3. 绘图窗口

绘图窗口就是用户的工作区域，这是用来进行绘图定位的。

4. 命令窗口

在绘图窗口下面的命令窗口是用户与 AutoCAD 的对话窗口，用户输入的命令和 AutoCAD 的回答都显示在这里，用户应随时注意命令窗口的提示信息。

命令窗口共有 3 行，前面两行显示以前的命令执行过程记录，最下面一行显示当前信息，没有输入命令时，这里显示“命令：”，表示 AutoCAD 正在等待用户输入命令，此时，可选择用键盘敲入命令（再按 Enter 键）或单击菜单选项或工具栏按钮 3 种方式中的任意一种来输入命令。用户可以通过拖动窗口边框的方式改变命令窗口的大小，使其显示多于 3 行或少于 3 行的信息。

三、基本常识

1. 操作

激活输入命令之后，要求通过键盘、鼠标或者鼠标右键来响应命令。

（1）对于命令提示，可以通过鼠标点取或者直接输入方法进行下级命令的选择。

（2）单击 Esc 键退出正在执行的命令。

（3）单击 Enter 键或空格键，表示确认（还可以对右键进行设置）。

（4）重复执行命令，需直接再按 Enter 键、空格键或者右键。

2. 透明命令

在 AutoCAD 窗口中绘图和编辑修改对象时，常常需要调整视图显示，为了绘图方便，AutoCAD 可以在不退出当前命令操作的情况下同时使用控制窗口缩放（zoom）、平移（pan）

等命令，操作中把这种重叠使用命令的方法称为透明操作，也把相关命令称为透明命令。

3. 坐标

在 AutoCAD 的绘图窗口中包括坐标系。实际上，在绘图过程中，常常需要使用坐标系作为参照，以便拾取点的位置。从坐标系的种类来说，坐标上要分为笛卡儿坐标和极坐标，从坐标形式分，坐标可以分为相对坐标和绝对坐标。如平面一点 *P*，在笛卡儿坐标系上，该点的直角坐标表示为（*x*，*y*），在极坐标系同样点的极坐标表示为（*L*＜*a*），如图 1-2 所示。

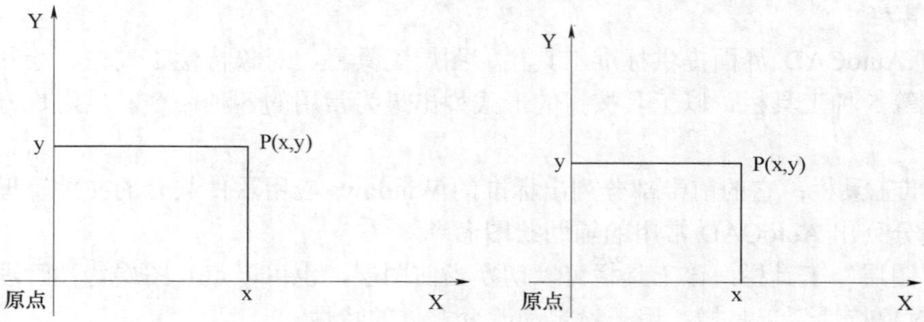

图 1-2　坐标系

用笛卡尔相对坐标画一个长 20、宽 10 的矩形，命令如下（图 1-3）：

命令：　rec

指定第一个角点或［倒角（C）/标高（E）/圆角（F）/厚度（T）/宽度（W）]：

指定另一个角点或［尺寸（D）]：　@20，10

图 1-3　命令行提示

4. 姿势

两手同心协力，左右开弓。其中，左手控制键盘，用来输入常用的命令和数值；右手控制鼠标，要特别注意应用鼠标滚轮键来控制图形的显示。上下滚动滚轮会使图形显示放近和放远，按下鼠标滚轮会移动图形的显示。

5. 技巧

（1）重复上一次刚执行过的命令：只要单击鼠标右键或按 Enter 键、空格键就可以快速重复执行该命令，用户在绘图过程中，应尽量使用空格键来重复上一次的命令。

（2）重复最近 6 次使用过的命令：在命令行上单击鼠标右键，即可快速选择最近执行过的命令。

（3）取消命令：要取消进行中的命令，可以按 Esc 键。

6. 常识

（1）AutoCAD 中默认的长度单位是 mm。例如直线绘制中，如果输入直线长度 10，则直线的长度为 10mm。

（2）AutoCAD 中默认的方向为逆时针为正，顺时针为负。

第二章　图层及线型、线宽、颜色设置

一、图层

在 AutoCAD 中，用户最多可设置 256 个图层。图层就像层层重叠的玻璃板，可以分别在不同的透明玻璃板上绘制不同的对象，然后将这些玻璃板重叠起来形成复杂的图形。这样更方便对图形进行调整和修改，可以更好地组织不同类型的图形信息，并对整个图形进行综合控制。绘制复杂的平面图形时，一般要创建几个图层来组织图形，可以将中心线、轮廓线、文字、标注等置于不同的图层上，这样可以控制各图层对象的颜色、线型、线宽及可见性等特性。图层特性管理器所在位置如图 2-1 所示。

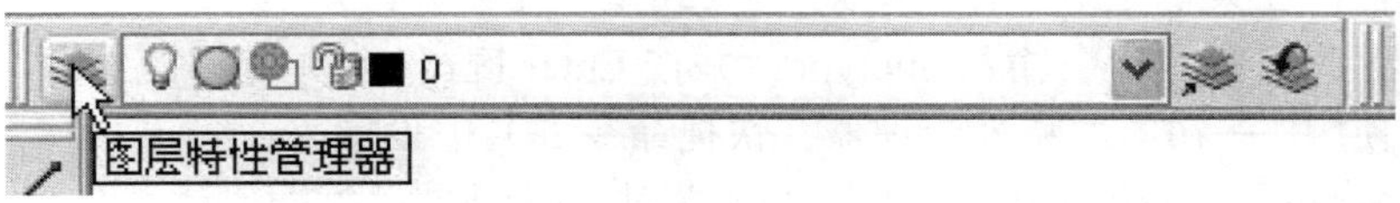

图 2-1　图层特性管理器

图层特性管理器对话框如图 2-1 所示，默认的图层是 0 层，0 层永远不能删除，图中除了 0 层外新建了几个图层，如图 2-2 所示。

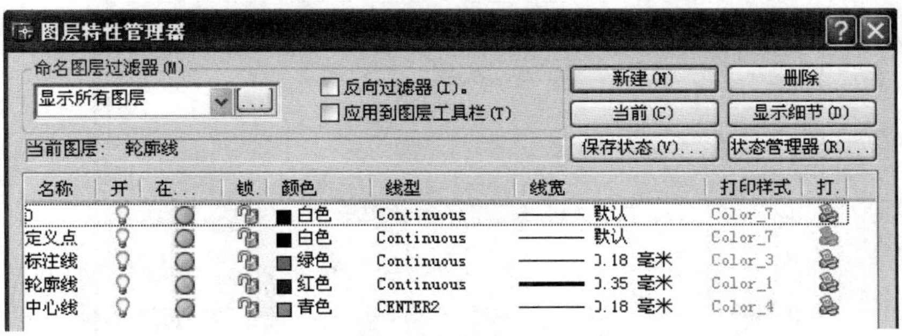

图 2-2　新建图层

图层可以是可见的（打开的），也可以是不可见的（关闭的）。只有可见图层上的实体才显示在屏幕上，不可见图层上的实体仍然是图形的一部分，只是它们不显示或不绘制出来。图层的颜色是指该图层上实体的颜色。不同的图层可以设置不同的颜色。但是在打印的时候却可以设置成为全部打印成黑色。

每一个图层可以设置一种线型，线型的命名与图层名相同。用户可设置当前图层，把新图层添加到图层名列表中，以及重命名现有图层。用户可以指定图层特性，打开或关闭图层，按全局或视口解冻和冻结图层，锁定和解锁图层，设置固层的打印样式，以及打开或关闭图层打印。

当用户使用 AutoCAD 的绘图工具绘制对象时，该对象将位于当前图层上，AutoCAD 提供了几种方法来创建图层。启动创建新图层命令有如下三种方法。

（1）菜单栏：在菜单栏中选择“格式”-“图层”命令。

（2）工具栏：在“图层”工具栏中单击“图层”按钮。

（3）命令行：在命令行中输入 layer（快捷命令 la），并按 Enter 键。

二、线型

线型是指图形基本元素中线条的组成和显示方式，如连续直线、虚线和点画线等。在 AutotCAD 中，既有简单线型，也有由一些特殊符号组成的复杂线型，用户可以设置线型比例以控制格线和空格的大小，也可以创建自定义线型来满足需求。AutoCAD 提供了 45 种特殊线型。

在 AutoCAD 绘图过程中，关于线型的操作包括加载线型、设置当前线型和控制线型比例。启动线型命令有以下三种方法：

（1）菜单栏：在菜单栏中选择“格式”-“线型”命令。

（2）命令行：在命令行中输入 linetype，并按 Enter 键。

（3）推荐使用——在图层特性管理器（快捷命令 la）中设置。

执行线型命令后，系统弹出“线型管理器”对话框，如图 2-3 所示。

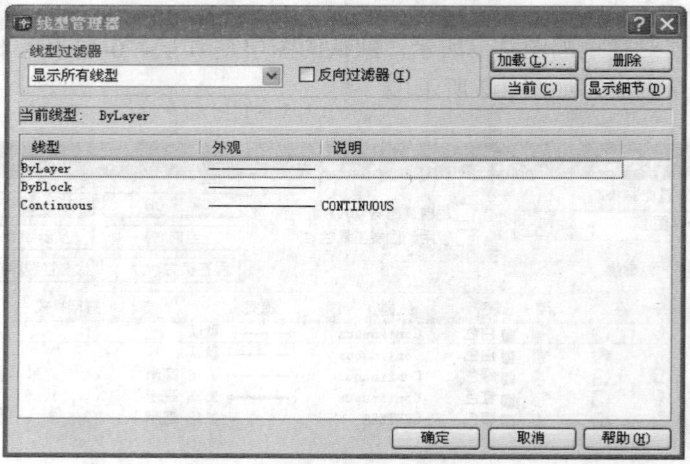

图 2-3　线型管理器

1. 加载线型

默认情况下，在“线型管理器”对话框的“已加载的线型”列表框中只有 Continuous 一种线型，这是直线，如果要使用其他线型，必须将其添加到“已加载的线型”列表框中，可单击“加载”按钮，打开“加载或重载线型”对话框，从当前线型库中选择需要加载的线型，然后单击“确定”按钮，如图 2-4 所示。

查看已经加载的线型，可以通过单击“对象特性”工具栏中的“线型控制”下拉列表的下三角按钮，列表中将显示所有加载了的线型，如图 2-5 所示。

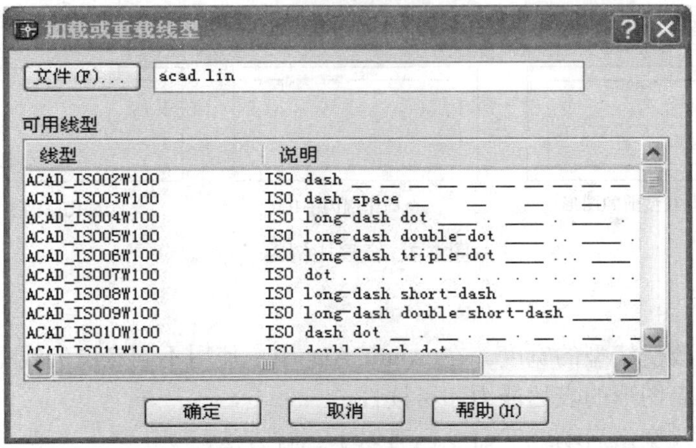

图 2-4　加载线型

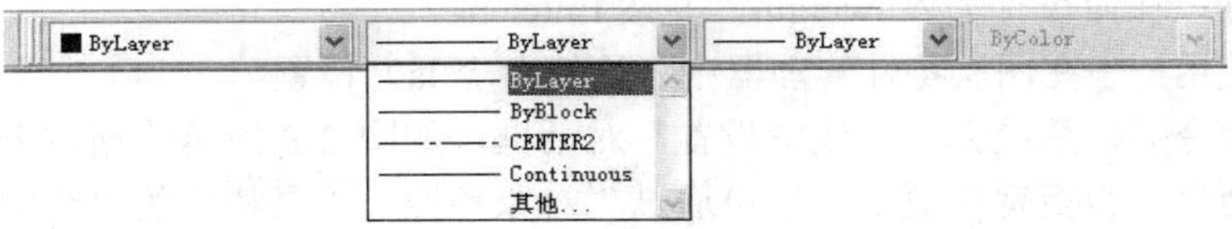

图 2-5　线型控制

是否多了一种 CENTER2 的线型？此线型是点画线，常用于中心线。

2. 控制线型比例

有些同学绘制的点画线看起来就像是直线，为什么？原因是线型比例不对。

在“线型管理器”对话框中，设置图形中的线型比例，从而改变非连续线型的外观。单击“显示细节”-“隐藏细节”按钮，可以控制是否显示对话框中的“详细信息”选项区，如图 2-6 所示。

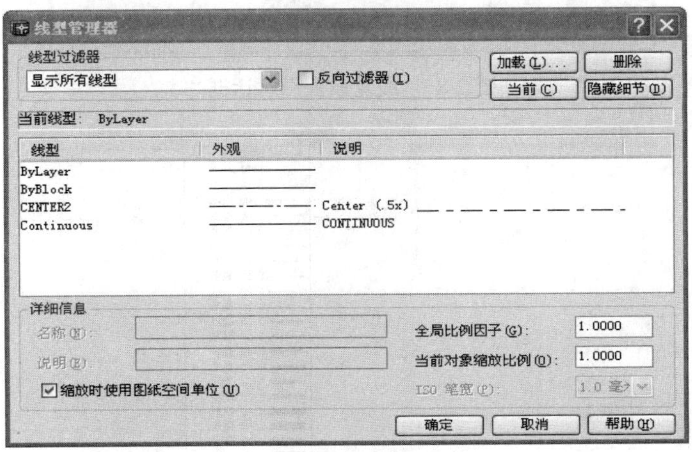

图 2-6 “线型管理器”对话框

全局缩放比例因子用于显示所有线型。对象缩放比例因子用于设置新建对象的线型比例。最终的比例是全局缩放比例因子与该对象缩放比例因子的乘积。设置全局比例因子线型示意图如图 2-7 所示。

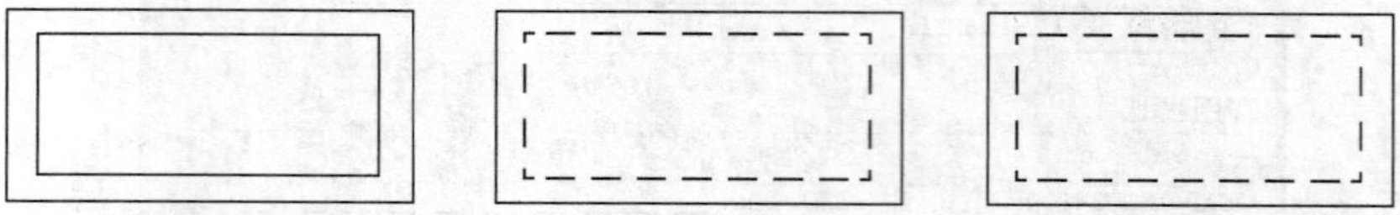

图 2-7 全局比例因子

三、线宽

线宽设置就是改变线型的宽度。在 AutoCAD 中，使用不同宽度的线型来表达对象的大小或类型，可以提高图形的表达能力和可读性。

要设置图层的线宽，启动线宽命令，有以下三种方法：

（1）菜单栏：在菜单栏中选择“格式”-“线宽”命令。

（2）命令行：在命令行输入 lweight，并按 Enter 键。

（3）推荐使用——在图层特性管理器中（快捷命令 la）设置。

执行线宽命令后，系统弹出“线宽设置”对话框，如图 2-8 所示。通过调整线宽比例，图形中的线宽会显示得更宽或更窄，还可通过“对象特性”工具栏中的“线宽控制”下拉列表来调整线宽，如图 2-9 所示。

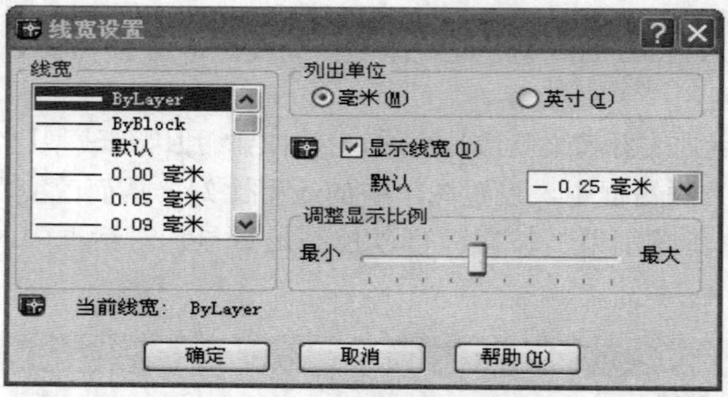

图 2-8 “线宽设置”对话框

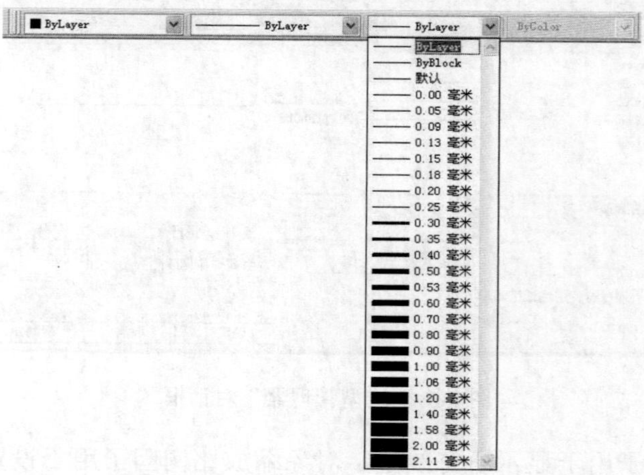

图 2-9 “线宽控制”下拉列表

四、对象颜色的设置

图形对象的颜色是用户区分图形对象的又一很好的特性。为了便于绘图，AutoCAD 提供了颜色设置，最多可设置 255 种颜色。设置为哪种颜色，则绘制的图形即为该颜色。出于颜色特性的直观性，一般不单独设置颜色，而是将颜色设为随层，即在图层中设置颜色。这种操作经常用于区分不同的图层和用做一种与颜色相关的打印显示线宽方式。

要设置对象的颜色，启动颜色命令，有以下三种方法：

（1）菜单：在菜单栏中选择“格式”-“颜色”命令。

（2）命令行：在命令行中输入 color，并按 Enter 键。

（3）推荐使用——在图层特性管理器中（快捷命令 la）设置。

还可通过“对象特性”工具栏中的“颜色控制”下拉列表来设置对象的颜色，如图 2-10 所示。但一般颜色都为 ByLayer，意思是颜色会随着图层中颜色的改变而改变，所以颜色设置要尽量在图层中设置，不要修改对象特性中的 ByLayer，一旦在对象特性中修改，那这个对象的颜色将不会随着图层的颜色改变而改变。

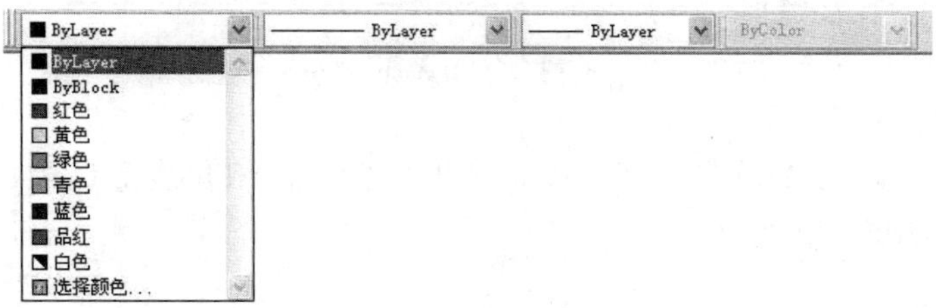

图 2-10　“颜色控制”下拉列表

五、文字样式的更改

打开 AutoCAD 后，打开“格式”菜单栏-文字样式可以看到如图 2-11 所示对话框。

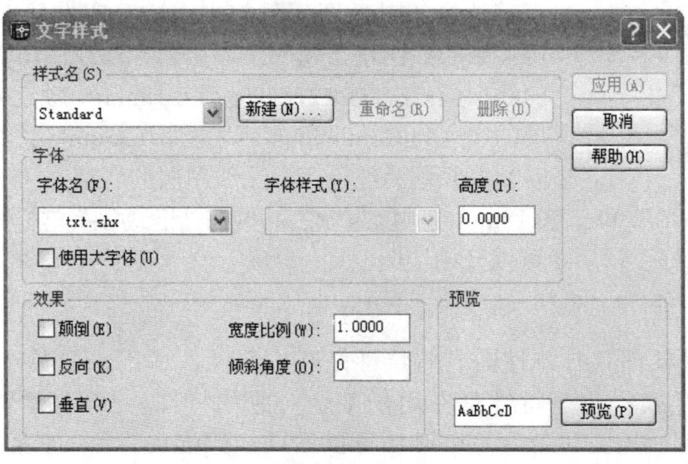

图 2-11　“文字样式”对话框

系统默认的文字样式名为 Standard，字体名为 txt.shx，要把其中的字体名改为宋体，这样绘制的图形放到其他的计算机上就不会出现乱码，这也是绘图前的准备工作，设置的效果如图 2-12 所示。

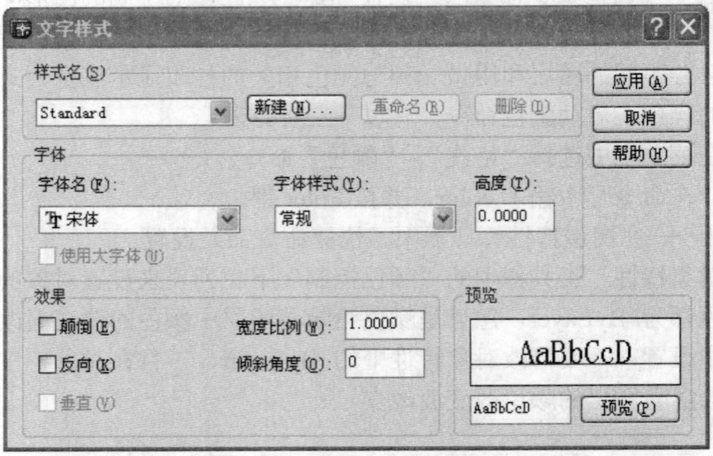

图 2-12　文字样式修改

除了更改字体，还可以设置文字高度、宽度比例、倾斜角度等选项，但文字高度要结合图形的比例和绘图的规范而定。

六、思考

之前学习了图层的设置，图层特性管理器中颜色设置、线型设置、线宽设置，以及文字样式的设置，这些都是在绘制图形之前要做的第一步工作，下面来练习一下。如图 2-13 所示，这个图形选自图 1.5.1 中的第 3 题。分析这个图形，有中心线、标注线还有轮廓线，轮廓线比中心线和标注线要粗一点，这样绘制的图形看起来主次分明有层次，把它分三个图层：中心线图层、轮廓线图层、标注线图层，其中中心线图层的线型为 CENTER2，线宽为 0.18mm，颜色为青色；轮廓线图层的线型为 Continuous，线宽为 0.35mm（大约为细线的两倍左右），颜色为红色；标注线图层的线型为 Continuous，线宽为 0.18mm，颜色为绿色。再在“格式”菜单栏中设置文字样式为宋体，这些都设置好了以后才可以开始绘图。

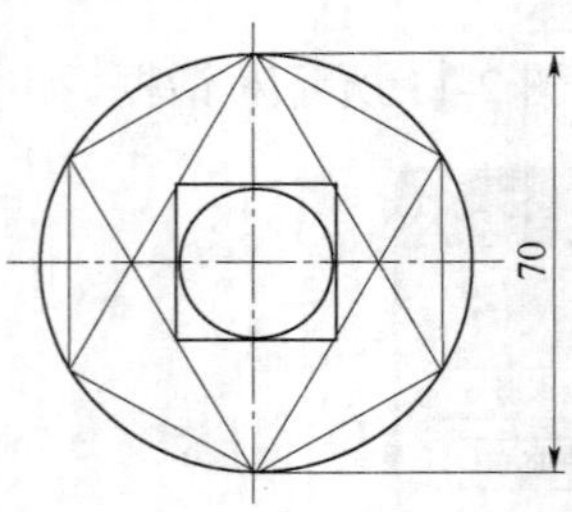

图 2-13　基本图形中的第 3 题

七、对象特性

绘制的每个对象都具有特性。有些特性是基本特性，适用于多数对象，如图层、颜色、线型和打印样式。有些特性是专用于某个对象的特性，如圆的特性包括半径和面积，直线的特性包括长度和角度。有时还可以通过修改选定对象的特性来达到编辑图形对象的效果。

1. “特性”选项板修改对象

“特性”选项板可以显示选定对象或对象集的特性，同时可以指定新值来修改任何可能更改的特性。要显示“特性”选项板，有如下四种方法：

（1）菜单栏：在菜单栏中选择“修改”-“特性”命令。

（2）工具栏：在“标准”工具栏中单击“特性”按钮。

（3）命令行：在命令行中输入 ch，并按 Enter 键。

（4）推荐使用：快速用鼠标左键双击某个对象，例如某条直线，就会弹出这条直线的“特性”选项板。

“特性”选项板如图 2-14 所示。

如图 2-15 所示用“特性”选项板将一个半径为 50mm 的圆修改为 25mm。

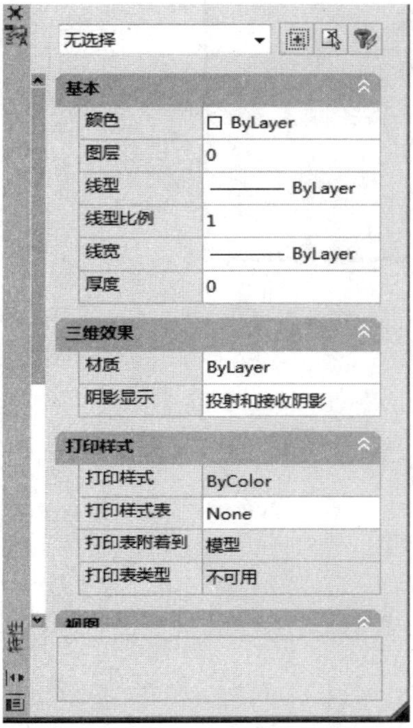

图 2-14 “特性”选项板

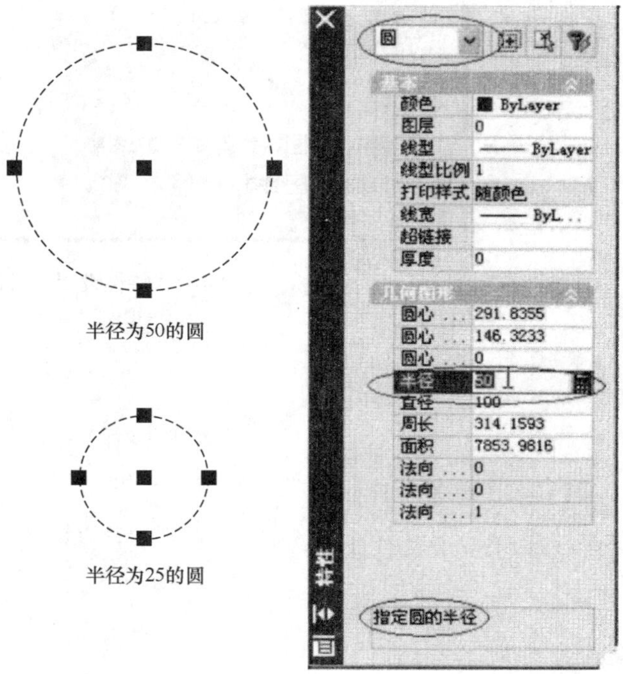

图 2-15 “特性”选项板修改

2. “特性匹配”修改对象

利用 AutoCAD 提供的特性匹配命令，用户可以将一个图形对象文体（源实体）的属性复制给另一个或另一组图形对象实体（目标实体），使这些实体的某些属性或全部属性与源实体相同。启动“特性匹配”命令有以下三种方法：

（1）菜单栏：在菜单栏中选择“修改”-“特性匹配”命令。

（2）工具栏：在“标准”工具栏中单击“特性匹配”按钮。

（3）命令行：在命令行中输入 ma，并按 Enter 键。

执行特性匹配命令后，命令行提示如下：

（1）选择源对象：选择源文体对象。

（2）当前活动设置：颜色、图层、线型、线型比例、线览、厚度和表格。

（3）选择目标对象或［设置（s）］：选择要复制属性的目标实体对象，或者在命令行输入

“s”，系统弹出“特性设置”对话框，如图 2-16 所示，该对话框显示了要复制的各属性项供用户选择。

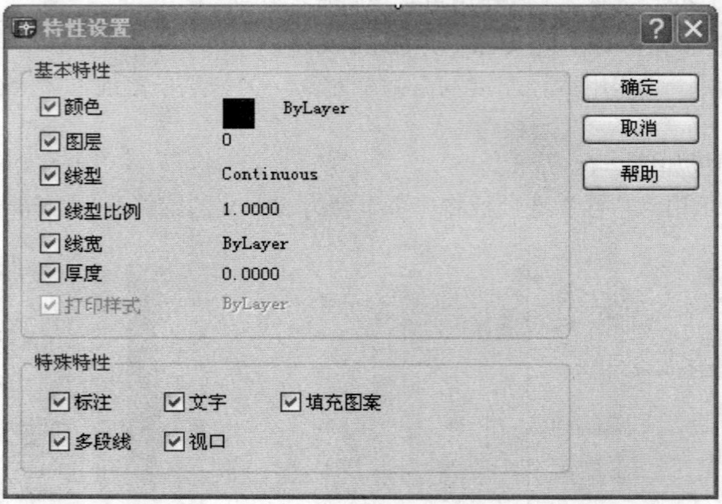

图 2-16 “特性设置”对话框

第三章　绘制二维图形

在中文版 AutoCAD 绘图操作中，基本的绘图工具主要有点、直线、矩形、多边形、圆、圆弧等，掌握它们的使用方法是 AutoCAD 绘图的基础。

为了满足不同用户的需要，使操作更加灵活方便，AutoCAD 提供了多种方法来实现绘图的功能：

（1）通过下拉菜单执行命令。

（2）通过工具栏执行命令。

（3）直接在命令行输入命令名称，然后按 Enter 键执行该命令。

（4）使用快捷键，然后按 Enter 键执行命令。

其中最常用的是“绘图”工具栏，但如果要求绘制速度加快，建议大家记住常用的快捷命令，用命令窗口输入快捷命令的方法来绘制图形，这样可以左手用键盘输入命令，右手用鼠标操作，左右手同时操作达到快速绘制的目的。

“绘图”菜单是绘制图形常用的工具，如图 3-1 所示。“绘图”菜单中包含了 AutoCAD 的大部分绘图命令，用户通过选择该菜单中的命令或右边带三角形的子命令，可绘制相应的二维图形。如图 3-1 中把鼠标放到圆上，会弹出圆的子菜单，如图 3-1 所示。

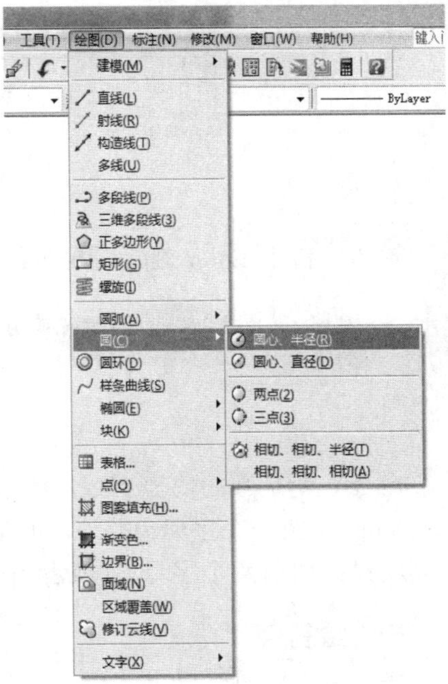

图 3-1　子菜单

“绘图”工具栏的每个工具按钮都对应于“绘图”菜单中相应的绘图命令，用户单击它们可执行相应的绘图命令，绘图工具栏如图 3-2 所示。

图 3-2　“绘图”工具栏

使用绘图命令也可以绘制基本的二维图形。在命令行中输入绘图命令，按 Enter 键，据命令行的提示信息进行绘图操作。

如图 3-3 输入直线的快捷命令 l，按下 Enter 键就可以调用直线命令，比绘图菜单栏和工具栏都快捷。

快捷命令很方便，尽量把常用的快捷命令都找出来。详细的查找绘图工具栏和修改工具栏的快捷命令在项目 1.4 中有详细讲解。

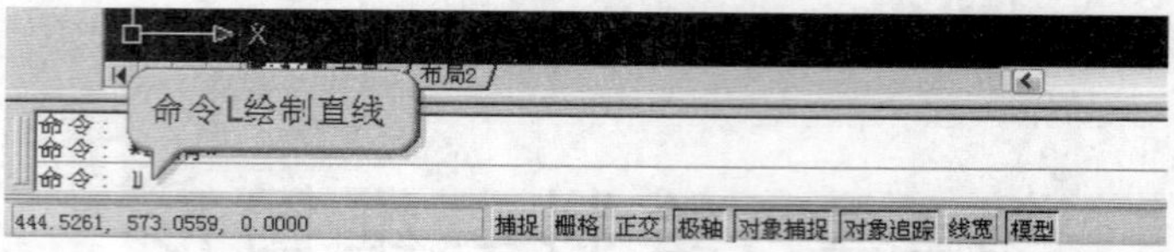

图 3-3　快捷命令调用

怎么寻找快捷命令？以圆为例，首先在工具栏上点击圆的图标，命令窗口中提示圆的全称是 circle，如图 3-4 所示。快捷命令从第一个字母开始尝试，输入 c，看命令窗口是否是 circle，如果是，那圆的快捷命令就是第一个字母 c。

图 3-4　圆的全称

输入 c 按下 Enter 键看看是否能出来 circle 全称，如图 3-5 所示。

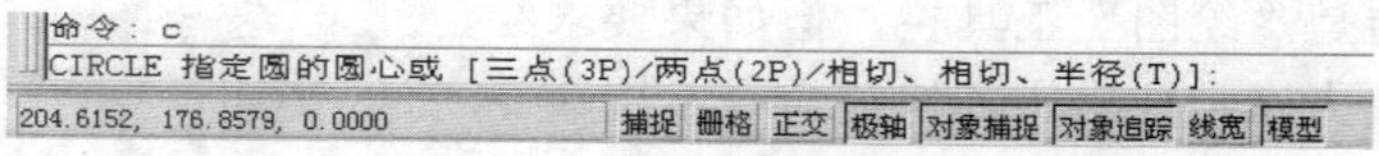

图 3-5　圆的快捷键

命令 c 就是圆的快捷命令，但是并不是所有的命令都是第一个字母，例如复制命令，全称是 copy，第一个字母也是 c，但是开发者认为圆比复制命令更加常用，因此圆占用了 c，复制就只好用前两个字母 co 或者 cp。

一、绘制点

绘制点主要包括以下几点：

（1）打开格式菜单栏-点样式，如图 3-6 所示。

（2）设置点样式为图 3-7 所示样式。

（3）创建定数等分点。

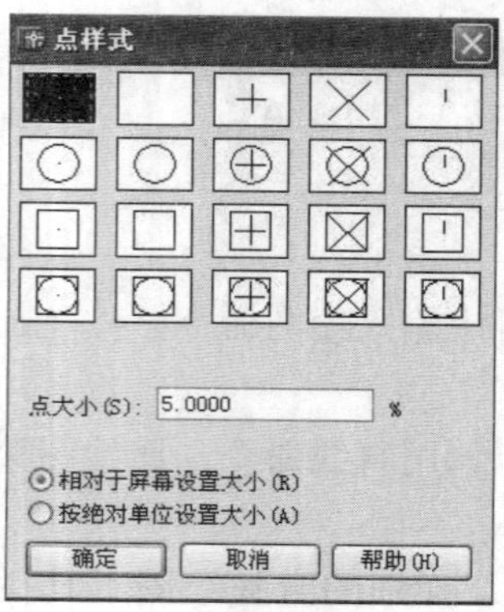

图 3-6　打开点样式

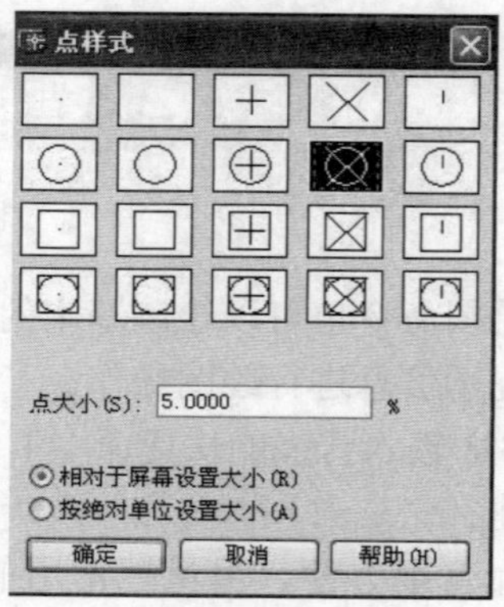

图 3-7　设置点样式

（4）创建定距等分点。

如果你要将一条直线平均分成 6 份，需要用到绘图菜单栏-点-定数等分，按命令行提示进行操作，操作完成后 AutoCAD 会在这条直线上创建 5 个等分点，但如果你不设置点样式将会从外观上看不到这 5 个点，因为 AutoCAD 默认的点的样式为一个点，一个点放到一条直线上是看不见的，所以设置点样式，改成另外一种点，如图 3-8 所示。

图 3-8 6 等分直线

还可以用点来等分圆或者其他的图形。

二、绘制直线

（1）绘制线段（line——快捷命令 l）。

（2）绘制射线（ray）。

（3）绘制构造线（xline——快捷命令 xl），构造线的主要作用是绘制辅助线（两端无限长的直线）。AutoCAD 能绘制水平线、竖直线、任意角度线（如角平分线和偏移线等）。

绘制直线的技巧如下：

（1）用一次 line 命令画出的多段直线，各段是单独的文体，可以分别进行修改、编辑，点击直线可出现三个夹点来修改。

（2）如果画错直线了想擦除可以不退出命令，用透明命令 u 来按相反的顺序擦除直线。

（3）绘制有角度的线或水平线应使用状态栏中的极轴或正交，其中正交只能绘制水平或者垂直方向的直线。如需绘制一定长度的直线直接在命令窗口中输入长度。

（4）如果刚结束一个 line 命令，再按下 Enter 键，就会从刚刚结束的直线末端开始继续绘制直线。

三、绘制多段线（pline——快捷命令 p）

多段线是由相连的多段直线或弧线组成的，但被作为单一的对象使用，也就是说，当用户选择其中任意段直线或弧线时将选择整条多段线。

绘制多段线的技巧如下：在多段线命令执行的过程中，任何时候单击鼠标右键，都会弹出右键菜单栏。当多段线的宽度大于零时，若想绘制闭合的多段线，一定要用“闭合”选项，避免出现缺口。

四、矩形（rectang——快捷命令 rec）

按矩形命令创建的矩形将是一个对象而不是四个对象，如果绘制一个特定长度和特定宽度的矩形一般使用笛卡尔相对坐标比较方便。矩形的绘制是要求指定矩形的两个对角点，第一个点如果在屏幕上用鼠标左键随意指定一个点，如果第二个点的笛卡尔相对坐标为@20，10，请问这个矩形的长和宽为多少？

五、正多边形（polyon——快捷命令 pol）

绘制正多边形的方法包括内接于圆、外切于圆和边长等。多边形绘制方法示例如图

3-9 所示。

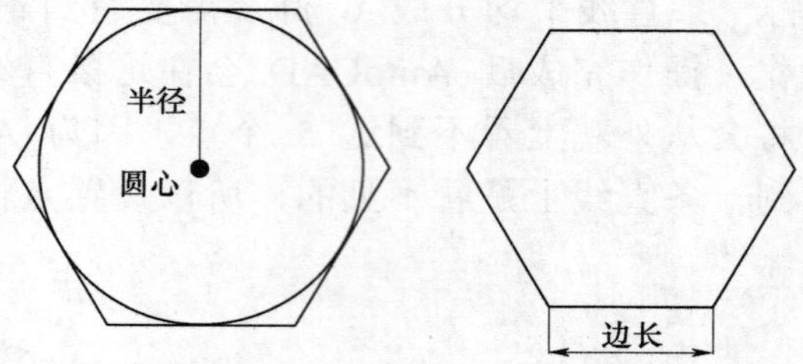

(a) 内接于圆　(b) 外切于圆　(c) 边长

图 3-9　多边形绘制方法

六、圆（circle——快捷命令 c）

绘制圆的方法有 6 种：①圆心、半径；②圆心、直径；③两点；④三点；⑤相切、相切、半径；⑥相切、相切、相切，如图 3-10 所示。

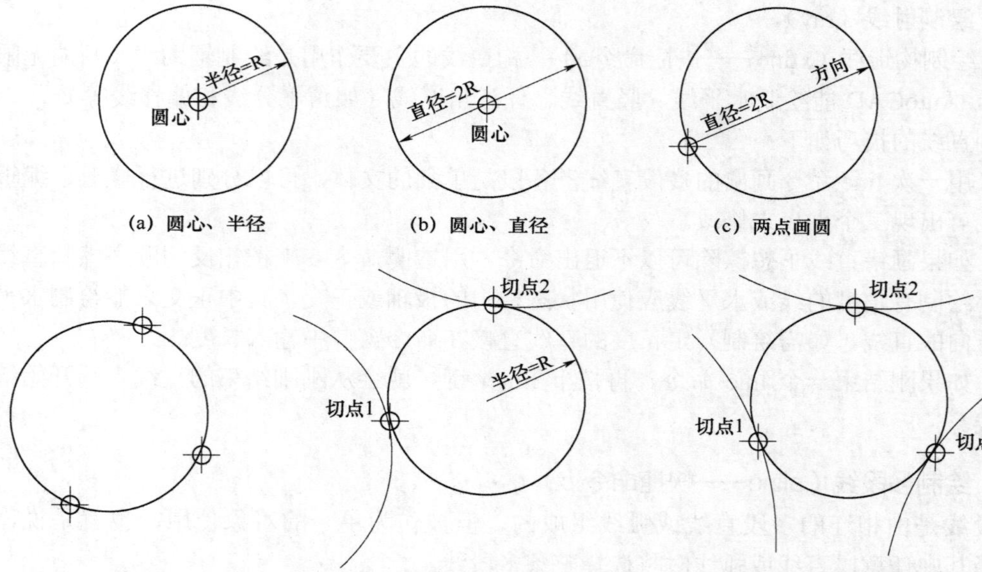

(a) 圆心、半径　(b) 圆心、直径　(c) 两点画圆

(d) 三点画圆　(e) 相切、相切、半径　(f) 相切、相切、相切

图 3-10　圆的绘制方法

七、圆弧（arc——快捷方式 a）

绘制圆弧的方法有 10 种：①三点；②起点、圆心、端点；③起点、圆心、角度；④起点、圆心、长度；⑤起点、端点、角度；⑥起点、端点、方向；⑦起点、端点、半径；⑧圆心、起点、端点；⑨圆心、起点、角度；⑩圆心、起点、长度等。由于圆弧绘制方法较多，所以建议在绘制时可不使用命令窗口输入快捷命令，可以从绘图菜单栏-圆弧中选择合适的方式来绘制，如图 3-19 所示。

注意：当使用圆弧的角度作为参数时，角度的方向与菜单栏中“格式”-“单位”设置角度方向一致，默认逆时针方向为正，圆弧的两种绘制方法如图 3-12 所示。

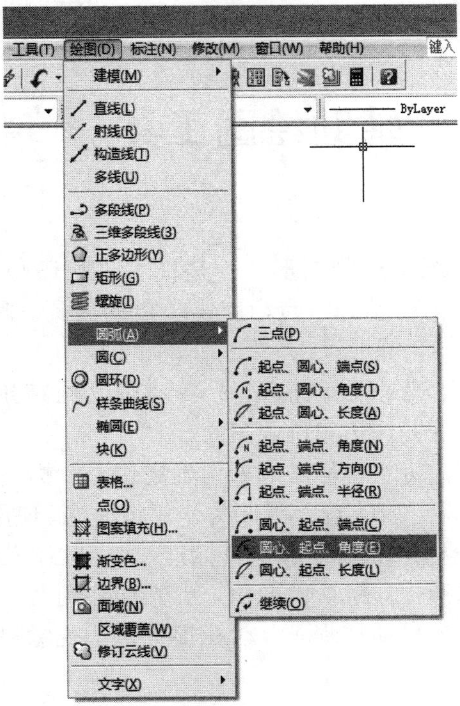

图 3-11　圆弧菜单栏

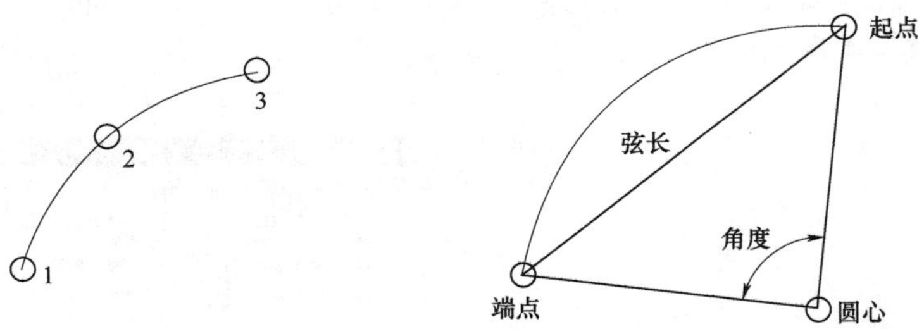

(a) 三点确定一段圆弧　　(b) 起点、圆心、端点确定的一段圆弧

图 3-12　圆弧的两种绘制方法

第四章　辅助绘图工具——状态栏

各位同学，如果让你在纸上绘制图形，你是徒手画呢还是需要借助直尺、角度板、圆规等工具呢？当然，如果需要精确一点，就需要借助工具。用 AutoCAD 绘图同样需要工具。

尽管可以通过移动光标来指定点的位置，但却很难精确指定点的某一位置。在 AutoCAD 中，状态栏中的命令是用于精确绘图的。

使用“捕捉”和“栅格”功能，可以用来精确定位点，提高绘图效率。另外，正交模式也可以用来精确定位，它将定点的输入限制为水平或垂直。使用对象捕捉可以精确定位，在绘图过程中可直接利用光标来准确地确定目标点，如圆心、端点、垂足等。不论何时提示输入点，都可以指定对象捕捉。默认情况下，当光标移到对象的捕捉位置时，将显示标记和工具栏提示，此功能称为自动捕捉。自动捕捉提供了视觉提示，指示哪些对象捕捉正在使用。

一、捕捉和栅格

启用栅格后的效果如图 4-1 所示。打开“草图设置”对话框，可对“捕捉和栅格”选项卡进行设置，如图 4-1 所示。

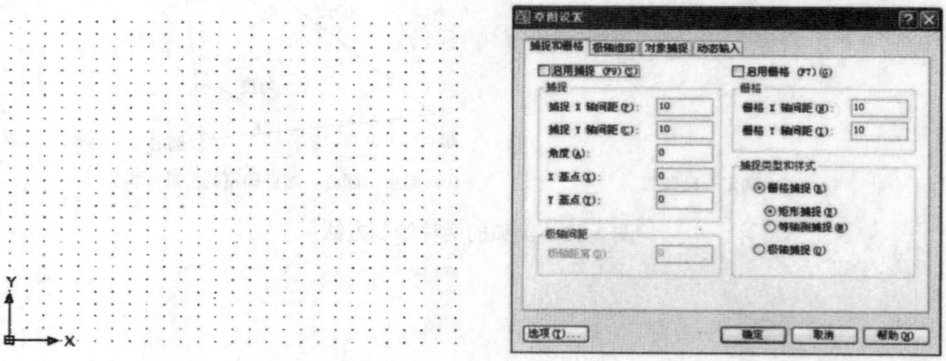

图 4-1　“草图设置”对话框

如果启用栅格，图 4-1 中可见栅格 X 间距 10 栅格 Y 间距 10，那你的鼠标每移动一次就会移动 10mm，很多同学在使用 AutoCAD 的过程中突然发现鼠标好像不灵活了，每次都移动很大的距离，很有可能是因为打开了状态栏中的捕捉。

二、极轴和正交

状态栏中极轴是非常常用的，可以用来追踪任意角度，一般绘制图形的时候都是开着极轴的，它和正交只能开其中一个，正交时只能追踪水平和垂直方向。

例如，要绘制一条角度为 60°的直线，首先在状态栏中的极轴图标上点击鼠标右键打开极轴对话框，如图 4-2 所示。修改增量角为 60°后点击确定，注意角度是逆时针为正。

然后调用直线命令，就可以绘制角度为 60°的直线，如图 4-3 所示。

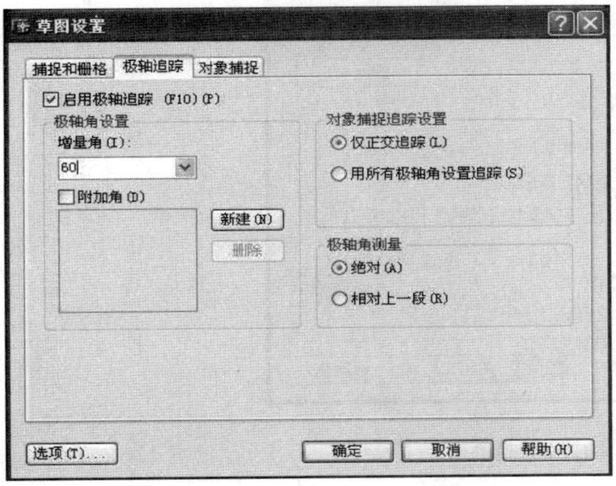

图 4-2 “极轴追踪”选项卡

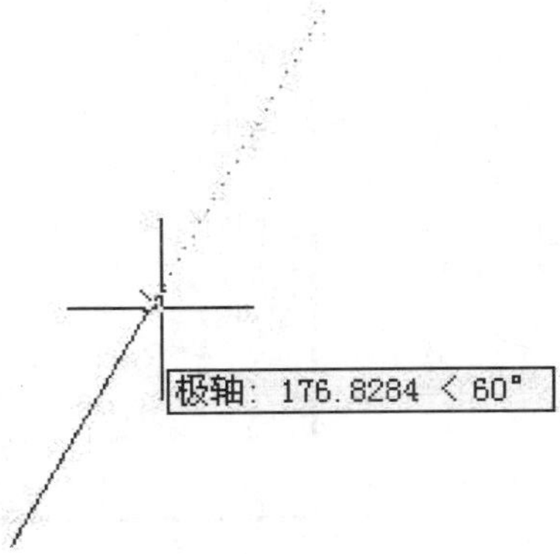

图 4-3 绘制 60° 直线

三、对象捕捉

对象捕捉可以分为指定对象捕捉和多次使用对象捕捉两种。

1. 指定对象捕捉

在提示输入点时指定对象捕捉。使用“对象捕捉”工具栏或按住 Shift 键的同时单击鼠标右键，弹出快捷菜单，在命令行中输入对象捕捉的名称。在提示输入点时指定对象捕捉后，对象捕捉只对指定的下一点有效。

注意：仅当提示输入点时，对象捕捉才生效。如果在命令行提示下使用对象捕捉，将显示错误信息。工具栏可以在菜单栏下方工具栏的空白处点击鼠标右键弹出菜单，如图 4-4 所示。在菜单中选择想要的工具栏，也可以在工具菜单栏-自定义-工具栏中调用，如图 4-5 所示。调用的对象捕捉工具栏如图 4-6 所示。

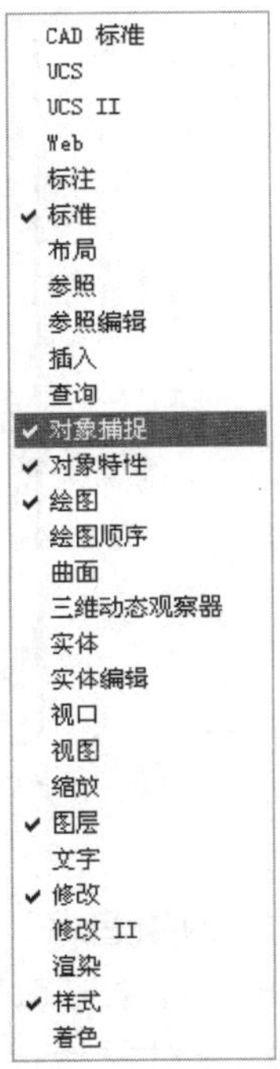

图 4-4 调用“对象捕捉”工具栏

2. 多次使用对象捕捉

如果需要重复使用一个或多个对象捕捉，可以打开该对象捕捉功能。在命令行中输入 osnap（也可以输入缩写 os），按 Enter 键，弹出“草图设置”对话框，切换至“对象捕捉”选项卡，选中“启用对象捕捉”复选框，“对象捕捉”工具栏如图 4-7 所示。或者使用鼠标右键在状态栏中单击“对象捕捉”图标，选择“设置”选项，在“草图设置”对话框的“对象捕捉”选项卡中指定一个或多个执行对象捕捉，一般在绘图时全部选择对象捕捉的点，但如果想选取的点被其余点干扰了，可以调出此选项卡只选择必要的对象捕捉点。

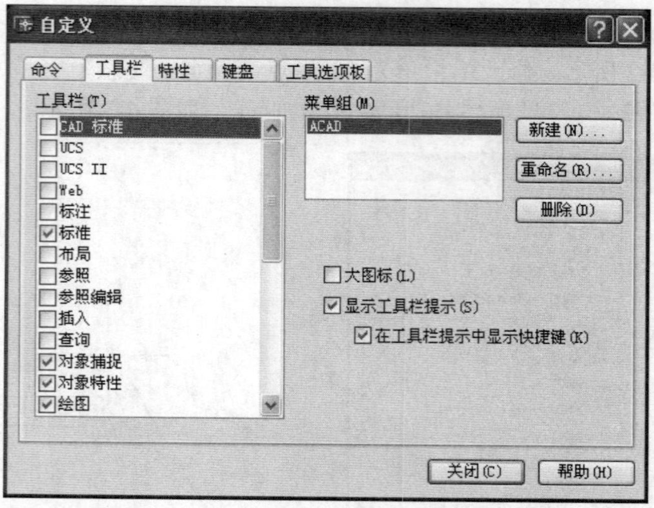

图 4-5　菜单栏调用对象捕捉

图 4-6 “对象捕捉”工具栏

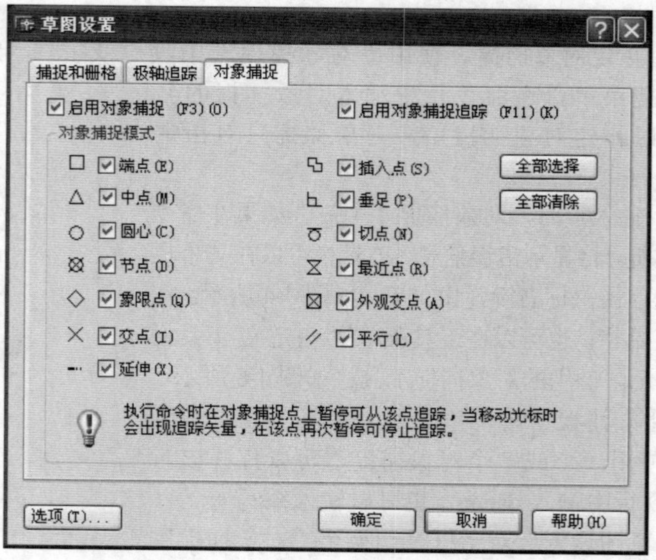

图 4-7 “对象捕捉”选项卡

四、“对象追踪”方式按钮

打开“对象追踪”按钮，提供显示图纸中捕捉点的追踪向量。使用对象追踪功能必须同时打开对象捕捉状态，可以同时从两个对象捕捉点引出极轴追踪辅助虚线，找到它们的交点。

五、“线宽显示”模式按钮

打开“线宽显示”模式按钮，根据绘图时选择的线宽来显示对象的线条，粗线显示为粗线，细线显示为细线。此时，使屏幕的刷新变慢。关闭线宽显示模式按钮时，所有的线均显示细线。

六、“模型 / 图纸空间”按钮

通过单击“模型 / 图纸空间”按钮，可实现模型空间和图纸空间之间的切换。

第五章　二维图形编辑

为了满足不同用户的需要，AutoCAD 提供了修改命令。这些命令显示于“修改”工具栏中，“复制”用于复制图形对象；“移动”“旋转”工具用于重排图形对象；“延伸”“修剪”“拉伸”“拉长”“打断”“合并”“缩放”工具用于修改图形对象；“分解”工具用于分解图形对象；“编辑多段线”工具和“编辑样条曲线”工具用于修改多段线、样条曲线；“编辑图案填充”工具用于修改填充好的图案。“修改”工具栏如图 5-1 所示，把鼠标停留在工具栏图标上会有注解，如图 5-1 中鼠标放的位置是复制对象命令。

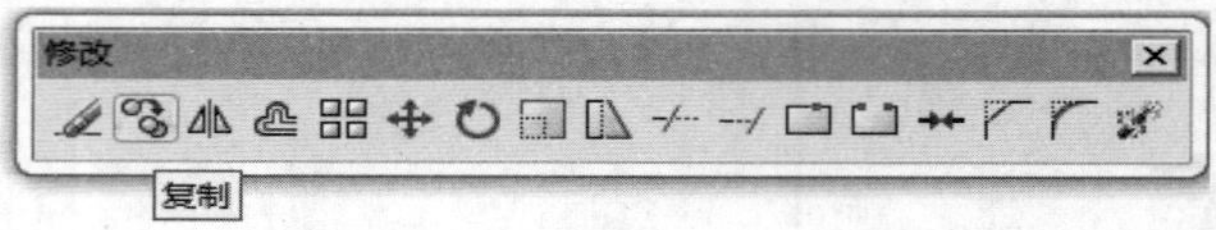

图 5-1　“修改”工具栏

在开始讲解修改工具栏之前，请大家记住，修改工具栏中的任何命令，凡是命令窗口让你选择对象，选好后都需要按鼠标右键或者键盘上的 Enter 键或者空格键告诉 AutoCAD 你选好了，然后 AutoCAD 命令窗口才会弹出下一个步骤。推荐使用右键。

一、移动（move——快捷命令 m）

移动是指用户将一个或多个对象平移到新的位置。相当于剪切原对象然后在新的位置粘贴，移动的方向可以点击状态栏上的“极轴”按钮来指定角度，移动的距离可以输入数据，如图 5-2 所示。

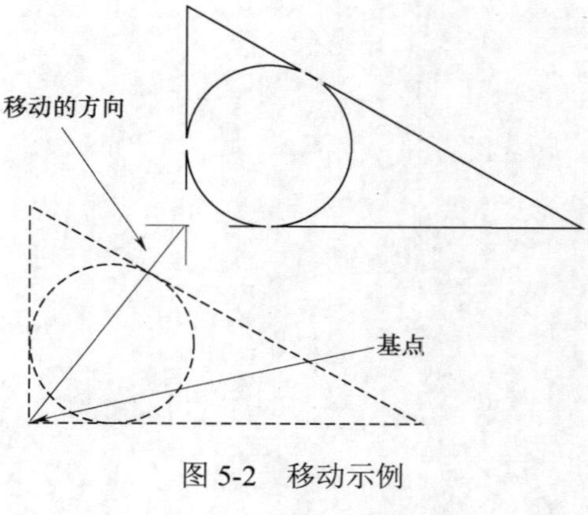

图 5-2　移动示例

移动命令操作技巧如下：如果要求将对象按指定的距离移动，如 X 方向移动 30、Y 方向移动 20，用上述方法显然不可能，应该用笛卡尔相对坐标。步骤如下：

（1）命令行提示：“指定基点或位移”时，在屏幕上任意指定一点。

（2）命令行提示：“指定位移的第二点”时，输入“@30，20”，即表示向 X 正方向移动 30mm，向 Y 正方向移动 20mm。

二、复制（copy——快捷命令 co 或 cp）

复制命令用于对图中已有的对象进行复制。如果需要多重复制，则在命令窗口提示指定基点或者位移，或者［重复（M）］时，在命令窗口输入 M，启动多重复制命令，如图 5-3 所示。

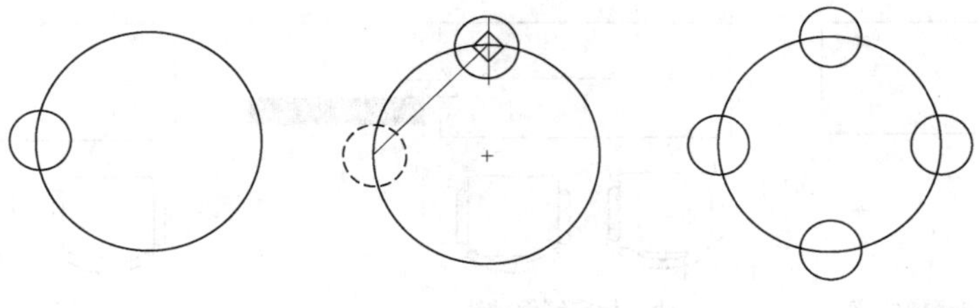

图 5-3 复制命令示例

三、旋转（rotate——快捷命令 ro）

旋转命令可以改变对象的方向，按指定的基点和角度定义新的方向。注意旋转时逆时针为正，顺时针为负，例如要将对象旋转 60°，当在命令窗口提示指定旋转角度或［参照（R）］时，输入 60，图形会逆时针旋转 60°而不是顺时针，如果你希望对象顺时针旋转，你应该输入-60。当然，此时也可以不输入数字，而是用极轴来指定旋转的角度。用极轴来指定角度为 60°，如图 5-4 所示。

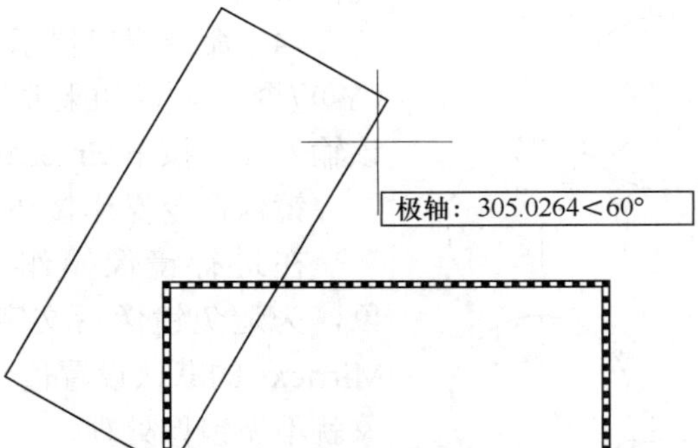

图 5-4 用极轴旋转

操作过程如下：

（1）命令窗口输入快捷键 ro，按下 Enter 键。

（2）命令窗口提示：选择对象，选择需要旋转的矩形后点击鼠标右键。

（3）命令窗口提示：指定基点，此时指定左下方的点为基点，旋转的基点意思是基点不动，对象的其余部分都会旋转一定的角度。

（4）命令窗口提示：指定旋转角度或［参照（R）］，输入 60 或者设置极轴角度为 60°，当鼠标移动到 60°时，出现极轴<60°时点击鼠标左键。

四、镜像（mirror——快捷命令 mi）

镜像命令是将选定的对象沿一条指定的直线对称复制，复制完成后可选择删除源对象或不删除源对象。

镜像命令操作示例如图 5-5 所示。

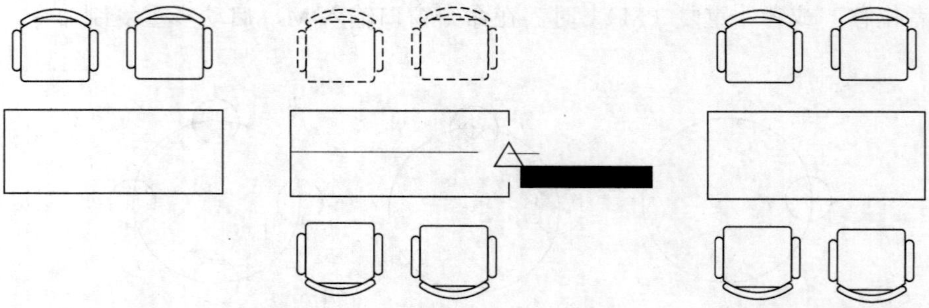

(a) 需要镜像的座椅　(b) 指定镜像轴线　(c) 镜像后的效果

图 5-5　镜像示例

操作过程如下：

（1）命令窗口输入 mi，按下 Enter 键。

（2）命令窗口提示：选择对象，此时选择上方两个座椅，如图 5-5（b）虚线所示，选好以后点击鼠标右键告诉 AutoCAD 已经选好了。

（3）命令窗口提示：指定镜像线第一点，此时点击图 5-5（b）中矩形左右两边的中点为镜像线。

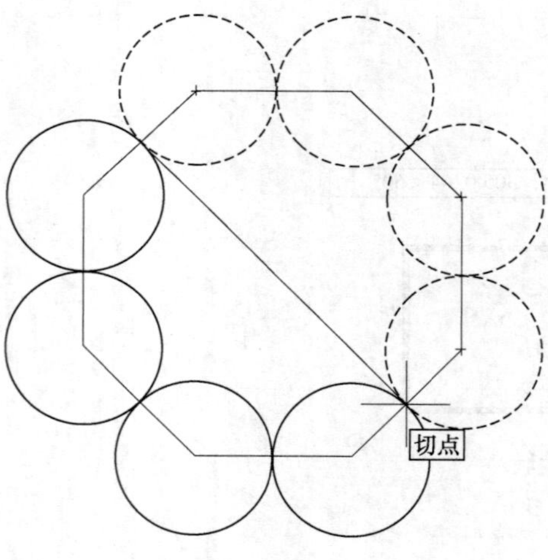

图 5-6　镜像示例

（4）命令窗口提示：是否删除源对象？［是（Y）/否［N］，如果要保留上方的两个座椅，应该输入 Y，按下 Enter 键。

镜像命令操作技巧如下：

在进行镜像操作时，如果要处理文字对象，为避免镜像后文字反向显示，将系统变量 Mirrtext 的默认设置值 1 改变为 0，这样文字对象就不做镜像处理。

镜像操作中所确定的镜像线的方向可以是任意的，镜像线不一定是实际的直线，只要确定两个点即可。

请绘制如图 5-6 所示图形，八边形的边长任意。图中的直线为镜像线，看看虚线的圆和实线的圆是否以直线为镜像线而对称呢？

五、阵列（array——快捷命令 ar）

阵列是指绘制多个水平方向或竖直方向等间距分布的对象，或者是围绕一个中心旋转的图形，环形阵列命令操作示例如图 5-7 所示。

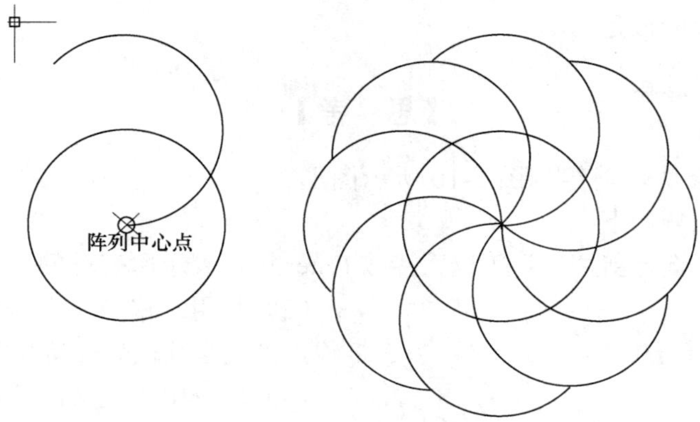

(a) 阵列前　　(b) 阵列后

图 5-7　阵列示例

六、修剪（trim——快捷命令 tr）

修剪命令是使对象精确地终止于选定的由其他对象组成的边界。修剪的边界可以是直线、圆弧、圆、多段线、椭圆、样条曲线、构造线、射线和块修剪命令，操作示例如图 5-8 所示。

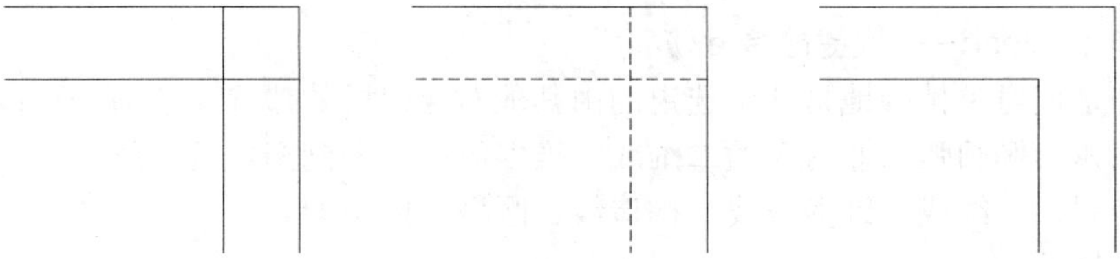

图 5-8　修剪示例

操作过程如下：

（1）命令窗口输入 tr，按下 Enter 键。

（2）命令窗口提示：选择对象，此时应该选择修剪边界，选择图中虚线的两条直线为修建边界。选好后点击鼠标右键告诉 AutoCAD 已经选好。

（3）命令窗口提示：选择要修剪的对象，此时选择不要的部分，效果如图 5-8 所示。

请思考如图 5-9 所示图形，思考修剪边界应该是哪个圆？

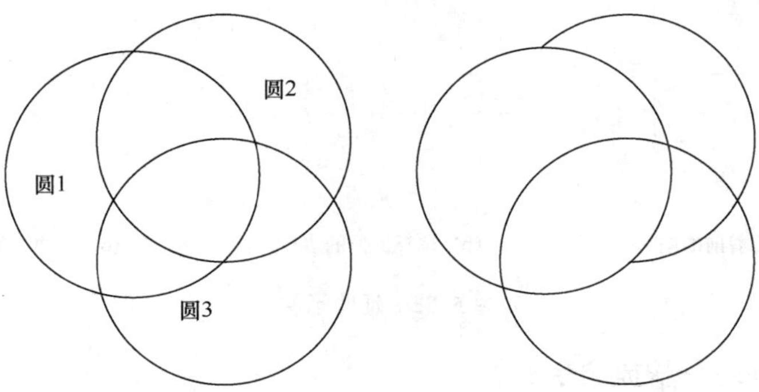

(a) 修剪前　　(b) 修剪后

图 5-9　修剪示例

答案：修剪边界应该是圆 1。

【思 考】

学习了阵列和修剪，请绘制图 5-10 所示图形。

修剪命令操作技巧如下：

（1）如果提示“选择剪切边”可以直接按 Enter 键，表示所有对象作为可能的剪切边。

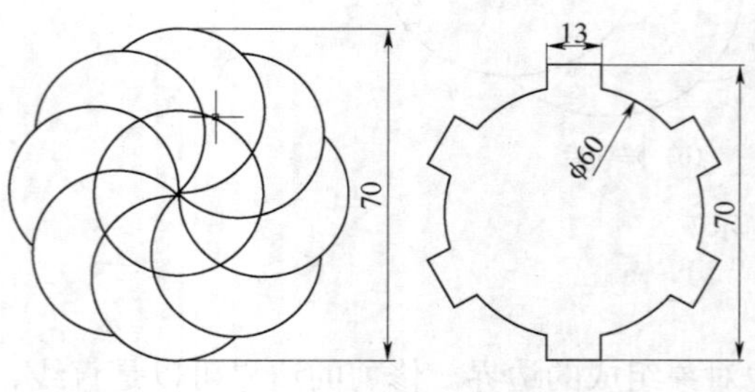

图 5-10 练习题

（2）利用“修剪”命令修剪的对象如果为多线，多线必须被炸开后才能成为修剪对象。

（3）命令中“边（E）”选项可以修剪实际上不相交但是延长相交的情况，选择该选项后，命令行提示选择该选项后，命令行提示：输入隐含边延伸模式［延伸（E）/不延伸（z>］＜不延伸＞：输入“E”表示可以进行延长线相交进行剪切，输入“N”表示不能进行延长线相交进行剪切。

七、延伸（extend——快捷命令 ex）

延伸命令是使对象精确地延伸至选定的由其他对象组成的边界。该命令可以将所选的直线、射线、圆弧、椭圆弧、非封闭的二维或三维多段线延伸到指定的直线、射线、圆弧、椭圆弧、圆、椭圆、二维或三维多段线、构造线、区域等的上面。

操作过程如下：

（1）在命令窗口中输入 ex，按下 Enter 键。

（2）命令窗口提示：选择对象，此时应选择延伸的边界，如图中虚线所示的直线，选好后点击鼠标右键。

（3）命令窗口提示：选择要延伸的对象，或按住 Shift 键选择要修剪的对象，或［投影（P）/边（E）/放弃（U）］，此时选择需要延伸的两条直线，延伸后效果如图 5-11 所示。

从命令提示中可以看到，修剪和延伸两个命令可以在过程中按住 Shift 键相互切换。

(a) 修剪前的图形　(b) 选择延伸的边界　(c) 延伸后的效果

图 5-11 延伸示例

八、缩放（scale——快捷命令 sc）

缩放命令是指将选择的图形对象按比例均匀地放大或缩小。缩放命令操作示例如图 5-12 所示。

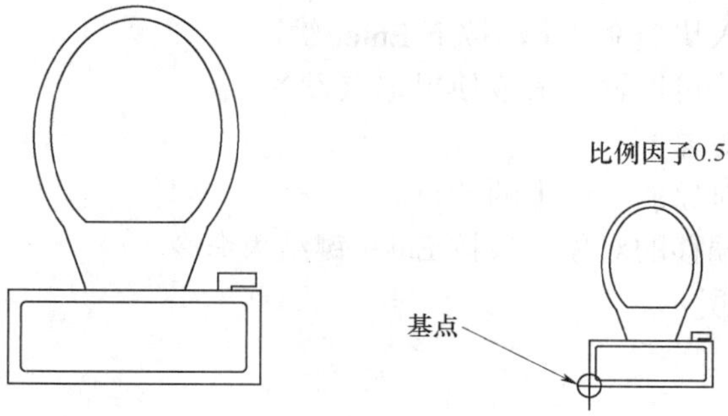

图 5-12　缩放示例

操作过程如下：

（1）在命令窗口中输入快捷命令 sc，按下 Enter 键。

（2）命令窗口提示：选择对象，此时选择需要缩放的对象，选好后点击鼠标右键。

（3）命令窗口提示：指定基点，此时选择基点的意思是基点保持不动，图形朝基点方向缩放。

（4）命令窗口提示：比例因子或［参照（R）]，此图中输入比例因子为 0.5，则图形的尺寸为原有图形的 0.5 倍。

缩放命令操作技巧如下：

（1）在上面的例子中看到命令窗口让输入比例因子时还可以有个选项是［参照（R）]，如图 5-13 所示。意思是可以不输入比例因子，而是参照某一个长度把它变成新的长度。例如，参照图中一个长度为 20mm 的直线，变成一个新的长度为 40mm，那么比例由 AutoCAD 自动给你计算为 40/20=2，再比如一条没有测量过长度的直线，也可以参照他，把它变成新的长度为 40mm。

（2）缩放命令有参照，旋转命令 Ro 中也有参照的选项，意思是可以参照某一个对象的角度，把这个对象的角度变成一个新的角度。

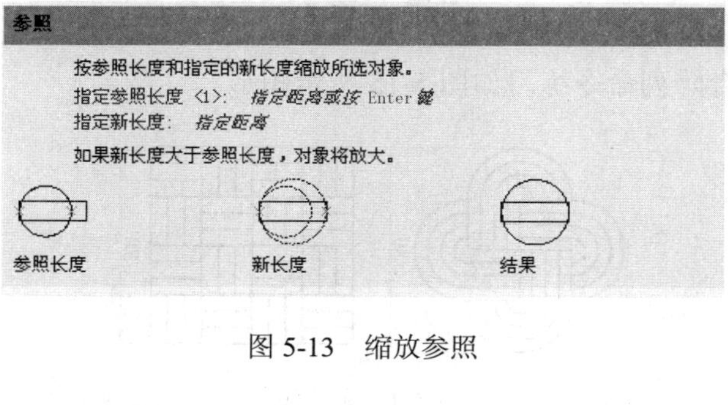

图 5-13　缩放参照

九、偏移（offset——快捷命令 o）

偏移对象可以创建其形状与选定对象形状平行的新对象。偏移圆或圆弧可以创建更大或更小的圆或圆弧，取决于向哪一侧偏移。可以偏移直线、圆弧、圆、椭圆和椭圆弧（形成椭圆形样条曲线）、二维多段线、构造线（参照线）和射线、样条曲线。

以指定的距离偏移对象的步骤如下：

（1）在命令行中输入快捷命令 o，按下 Enter 键。

（2）指定偏移距离。可以输入值或使用定点设备。

（3）选择要偏移的对象。

（4）指定要放置新对象的一侧上的一点。

（5）选择另一个要偏移的对象，或按 Enter 键结束命令。

偏移示例如图 5-14 所示。

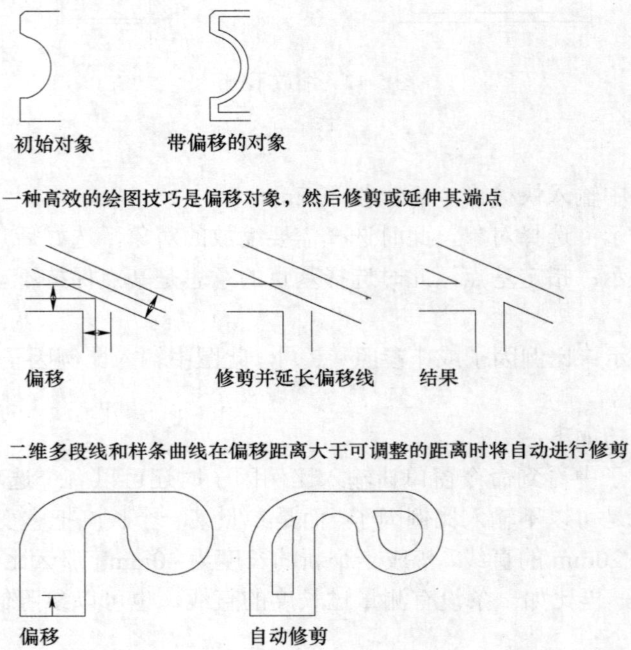

图 5-14　偏移示例

【思　考】

学习偏移后请结合阵列命令练习如图 5-15 所示图形。

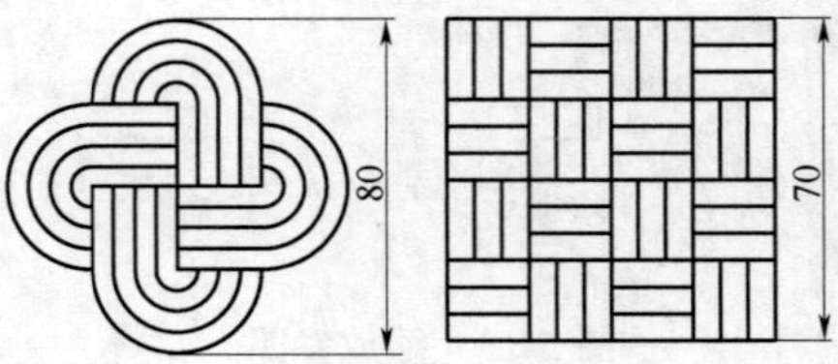

图 5-15 练习题

十、拉伸（stretch——快捷命令 s）

拉伸命令是通过将对象选定的部分进行拉伸，而不改变没有选定的部分。拉伸命令操作示例如图 5-16 所示。

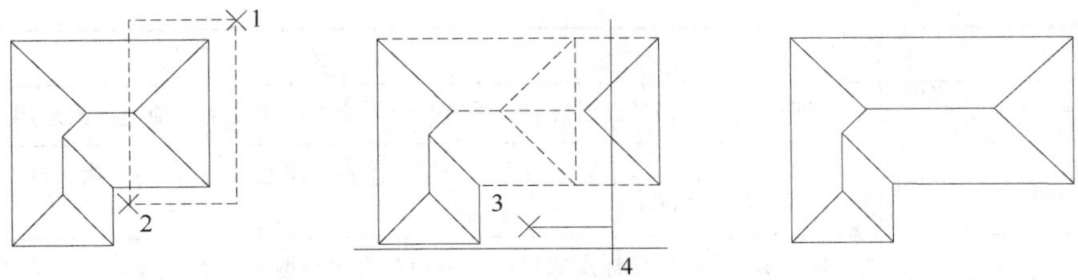

(a) 交叉选定拉伸对象 (b) 选定拉伸基点 (c) 拉伸后的效果

图 5-16 拉伸示例

十一、分解（explode——快捷命令 xl）

分解命令主要用于把一个对象分解为多个单一的对象，主要应用于整体图形、图块、文字、尺寸标注。分解命令操作示例如图 5-17 所示。

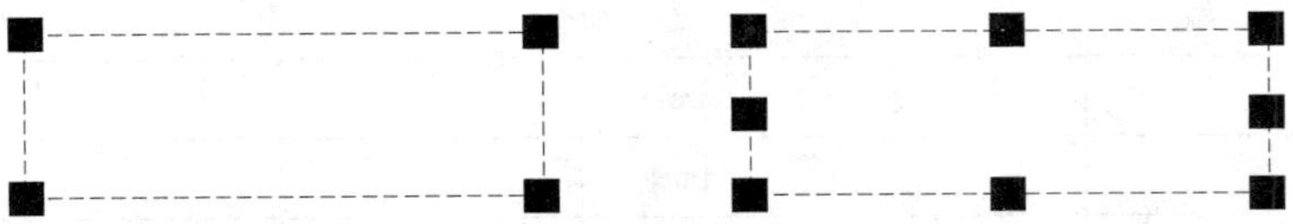

(a) 矩形分解前 (b) 矩形分解后

图 5-17 分解示例

十二、夹点编辑

AutoCAD 还提供了一种自动快速编辑功能，用户无需发出任何命令，直接选择实体，就会看到实体上出现蓝色小方框，标识出实体的特征点（比如直线的端点和中点，多段线的端点和折点），称为夹点。点取某个夹点，就可以自动启动五种基本编辑命令。夹点编辑包括伸展（stretch）、移动（move）、旋转（rotate）、比例缩放（scale）和镜像（mirror）。

十三、附表

学习了绘图及修改内容后，将重要的操作要点集中在表 5-1 中，将重要的快捷键集中在表 5-2 中。

表 5-1 图形操作要点表

操作要点	含义
AutoCAD 鼠标操作	通常左键代表选择，右键代表回车。指向：把鼠标移动至某一工具图标上，此时系统会自动显示该图标名称。单击左键：把光标指向某一对象，单击
通常单击左键含义	选择目标，确定十字光标在绘图区的位置；移动绘图区的水平、垂直滚动条单击工具栏目标，执行相应的命令单击对话框中的命令按钮，执行命令
通常单击右键含义	单击鼠标光标所指向的当前命令工具栏设置框，以定制工具栏；结束选择目标；弹出浮动菜单；代替按 Enter 键
双击左键	启动程序或打开窗口
AutoCAD 工作模式	人机对话，操作过程，发命令-看提示；先命令-后选择

续表

操作要点	含　义
AutoCAD 命令输入方式	①下拉菜单；②工具栏按钮；③直接输入命令；④使用快捷键；⑤运用辅助绘图工具
绝对坐标系	指相对于当前坐标系坐标原点的坐标：①直角坐标（x，y，z）输入点的 X、Y、Z 坐标；②极坐标（a<b）
相对坐标	是指相对于前一坐标点的坐标：①相对直角坐标系（@x，y）；②相对极坐标（@a<b）
AutoCAD 绘图步骤	①绘图设置（设置图层、文字样式）；②绘制图形（用绘图命令）；③编辑图形（用编辑命令）；④保存图形；⑤打印出图

表 5-2　　快捷命令汇总表

功　　能	命　　令	快捷键
一、绘图命令		
圆	circle	c
直线	line	l
圆弧	arc	a
构造线	xline	xl
块定义	block	b
定义块文件	wblock	w
插入块	insert	i
矩形	rectang	rec
点	point	po
正多边形	polygon	pol
定数等分	divide	div
定距等分	measure	me
多段线	pline	pl
样条曲线	spline	spl
多线	mline	ml
填充	bhatch	h
多行文字	mtext	mt
单行文字	dtext	dt
二、编辑修改命令		
复制	copy	co 或 cp
镜像	mirror	mi
偏移	offset	o
旋转	rotate	ro

续表

功　　能	命　　令	快捷键
移动	move	m
阵列	array	ar
缩放	scale	sc
修剪	trim	tr
延伸	extend	ex
圆角	fillet	f
拉伸	stretch	s
倒角	chamfer	cha
打断	break	br
分解	explode	xl
删除	erase	ex
视图平移	pan	p
视图缩放	zoom	z
文字样式	style	st
文本编辑	ddedit	ed
对齐	align	al
重新生成	redraw	r
捕捉栅格	snap	sn
设置极轴追踪	dsettints	ds
设置捕捉模式	osnap	os
工具栏	toolbar	to
三、标注命令		
标注样式	dimstyle	d
线性标注	dimlinear	dli
角度标注	dimangular	dan
快速标注	qdim	qd
引线标注	leader	le
直径标注	dimdiameter	ddi
半径标注	dimradius	dra
圆心标记	dimcenter	dce
连续标注	dimcontinue	dco
设计中心	adcenter	adc

续表

功　能	命　令	快捷键
四、对象特征及其他		
图层操作	layer	la
属性匹配	matchprop	ma
修改特性	properties	ch
设置颜色	color	col
线型	linetype	lt
线性比例	ltscale	lts
线宽	lweight	lw
图形界限	limits	
图形单位	units	un
测量距离	dist	di
创建面域	region	reg
编辑图案填充	hatchedit	he
五、键盘快捷键		
修改特性	【Ctrl】+1	
打开文件	【Ctrl】+（字母）O	
新建文件	【Ctrl】+N	
打印文件	【Ctrl】+P	
保存文件	【Ctrl】+S	
放弃	【Ctrl】+Z	
剪切	【Ctrl】+X	
复制	【Ctrl】+C	
粘贴	【Ctrl】+V	
栅格捕捉	【Ctrl】+B	
对象捕捉	【Ctrl】+F	
栅格	【Ctrl】+G	
正交	【Ctrl】+L	
极轴	【Ctrl】+U	
对象追踪	【Ctrl】+W	
帮助	F1	

续表

功　　能	命　　令	快捷键
文本窗口	F2	
对象捕捉	F3	
坐标	F6	
栅格	F7	
正交	F8	
捕捉	F9	
极轴	F10	
对象捕捉追踪	F11	

第六章　电气 AutoCAD 制图规则

一、图纸的幅面与分区

1. 图框构成

完整的电气图图面通常由边框线、图框线、标题栏、会签栏组成，其格式如图 6-1 所示。

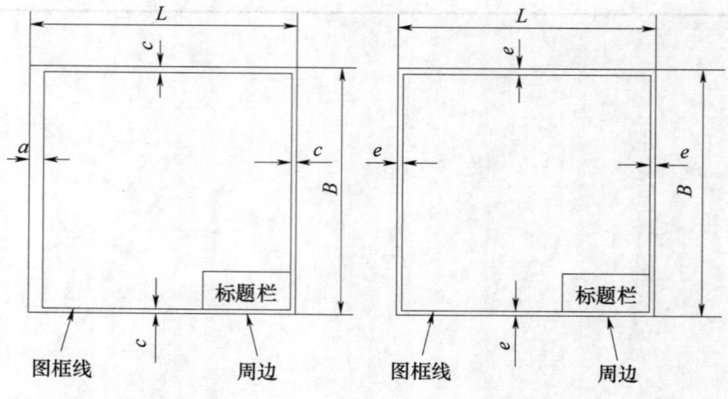

(a) 留装订边　　　(b) 不留装订边

图 6-1　电气图图面

标题栏的一般格式如图 6-2、图 6-3 所示。

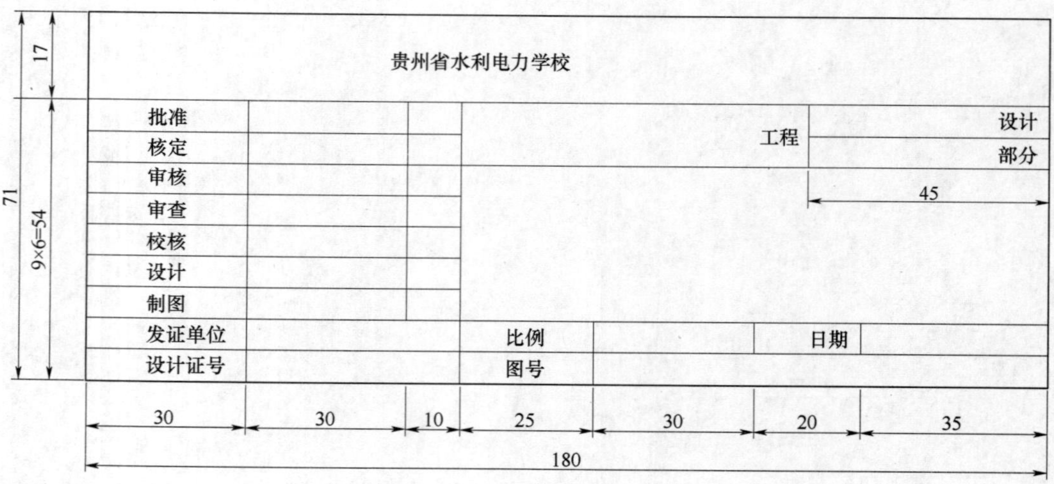

图 6-2　设计通用标题栏（A0~A1）

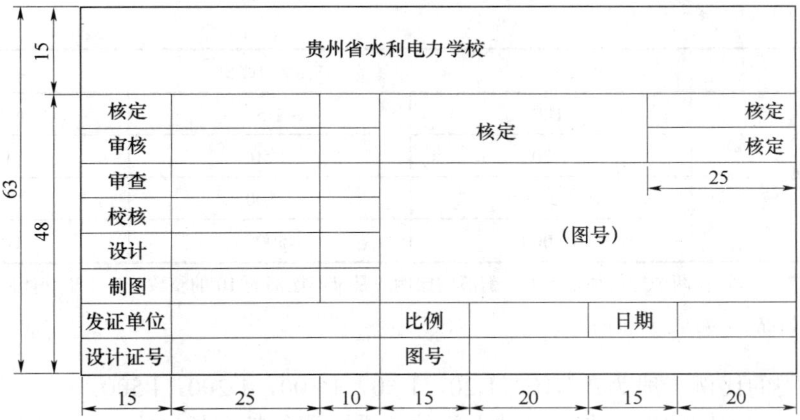

图 6-3　设计通用标题栏（A2~A4）

标题栏是反映图样的基本信息，如设计单位、图纸名称、设计人员等，标题栏一般布置在图纸的右下角，必要时可布置在图纸的短边方向。标题栏外框线为 0.5mm 的实线，内分格线为 0.25mm 的实线。

2. 图框尺寸

由边框线所围成的图面称为图纸的幅面。尺寸共分 5 类：A0～A4，其尺寸见表 6-1。装订成册时，一般 A4 幅面采用竖装，A3 幅面采用横装，幅面尺寸见表 6-1。

表 6-1　　基本幅面尺寸表　　单位：mm

基本幅面代号	A0	A1	A2	A3	A4
宽×长（*B*×*L*）	841×1198	594×841	420×594	297×420	210×297
留装订边边宽（*c*）	10	10	10	5	5
不留装订边边宽（*e*）	20	20	10	10	10
装订侧边宽（*a*）	25	25	25	25	25

这个尺寸很有意义，绘制图形之前要首先想好即将绘制的图纸要放到多大的图框中。

大家思考一个问题，比如教室，能用 1:1 的比例绘制到一张纸上吗？有那么大的纸么？

再比如，中国的地图是怎么放到一张纸上的？能用 1:1 的比例吗？有跟中国一样的纸么？

答案应该是没有，也没必要按照 1:1 的比例来绘图，一些特别大的图形，可以按一定的倍数缩小以后放到图框中去。常用的比例见表 6-2。

表 6-2　　常见绘图比例表

类　别	推荐的比例		
放大的比例	50:1	20:1	10:1
	5:1	2:1	10:1
原尺寸	1:1	1:1	1:1

续表

类 别	推荐的比例		
缩小比例	1:2	1:5	1:10
	1:20	1:50	1:100
	1:200	1:500	1:1000
	1:2000	1:50000	1:10000

注 推荐的比例范围可以在两个方向加以扩展，但所需比例应是推荐比例的 10 的整数倍；由于功能原因不能采用推荐比例的特殊情况下，可选用中间比例。

电气图采用的比例一般为：1:10，1:20，1:50，1:100，1:200，1:500。

以一个例子来说明比例跟图框尺寸之间的关系。比如教室长度为 18m、宽度为 15m，那该选择什么比例缩小后放到什么图框中呢？

首先选定 A2 图框，A2 图框的尺寸是 420mm×594mm，用教室的长度 18m=18000mm 除以 A2 图框的宽度 420mm，18000/420=42.86，说明如果把 A2 图框扩大 42.86 倍，就可以把教室框住，也就是说比例为 1:42.86，但是没有这样的比例，从表 6-2 中选取最接近这个数字的稍微大一点的比例，发现 1:50 最为接近，因此如果选定用 A2 图框来框住这个教室，应该选定的比例为 1:50，那绘制好这个教室后有两种方式：一种是把图框扩大 50 倍将教室框住，另外一种是把图缩小 1/50 放到图框中。

假设选择将图框扩大 50 倍的方法，那么最后在打印的时候需要把整体缩小 1/50 来打印（不需要实际去缩小图形，只是打印中设置一下），那么请思考，如果需要打印出来的文字高度为 3mm，那这张图中的文字应该设置多少呢？

答案是 3mm×50=150mm，也就是图中的文字高度为 150mm，最后缩小 1/50，不就正好是 150mm×1/50=3mm 吗？

通过上面的思考，可以得知，在绘制图之前其实应该首先想好这张图要最终放到多大的图框中，然后计算比例，计算好比例以后才知道文字高度需要多高。这些都定下来了，才去设置图层设置文字样式，然后开始绘制编辑图形，最后打印。

可否这样说呢？图框和比例是绘制一张图形的第一步骤。

3. 图幅分区

为了确定图中内容的位置及其他用途，往往需要将一些幅面较大的、内容复杂的电气图进行分区，如图 6-4 所示。

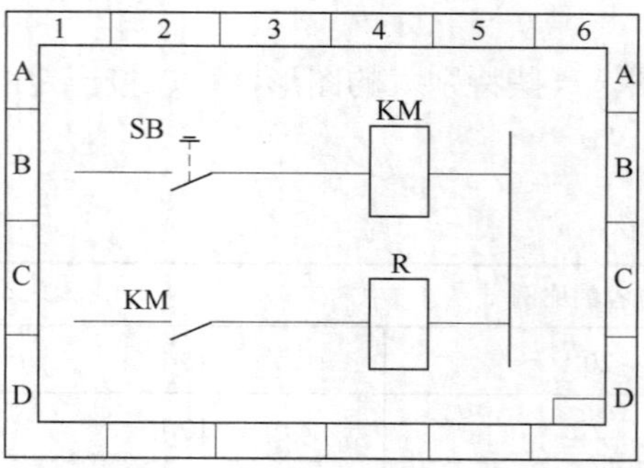

图 6-4 图幅分区示例图

图幅分区的方法是：将图纸相互垂直的两边各自加以等分，竖边方向用大写拉丁字母编号，横边方向用阿拉伯数字编号。编号的顺序应从标题栏相对的左上角开始，分区数应为偶数；每一分区的长度一般为 25～75mm。对分区中符号应以粗实线绘出，其线宽不宜小于 0.5mm。

图幅分区后，相当于在图样上建立了一个坐标。电气图上的元件和连接线的位置可由此“坐标”而唯一地确定下来。表示方法如下：①用行号（大写拉丁字母）表示；②用列号（阿拉伯数字）表示；③用区号表示。区号为字母和数字的组合件时，可以很方便地在图中找到所指元件。

在图 6-4 中，将图幅分成 4 行（A～D）、6 列（1～6）。图幅内绘制的项目元件 KM、SB、R 的位置被唯一地确定在图上了，其位置表示方法见表 6-3。

表 6-3　　元件位置标记示例

序号	元件名称	元件符号	标记写法		
			行号	列号	区号
1	继电器线圈	KM	B	4	B4
2	继电器触点	KM	C	2	C2
3	开关（按钮）	SB	B	2	B2
4	电阻器	R	C	4	C4

二、图线、字体及其他

1. 图线形式

电气图用图线的形式和应用范围见表 6-4。

表 6-4　　图线应用范围表

序号	图线名称	图线形式	代号	图线宽度/mm	应用范围
1	实线	————	A	b=0.5～2	基本线、简图主要内容用线、可见轮廓线、可见导线
2	虚线	--------	F	约 b/3	辅助线、屏蔽线、机械连接线、不可见轮廓线、不可见导线、计划扩展用线
3	点划线	——·——	G	约 b/3	分界线、结构围框线、功能围框线、分组围框线
4	双点划线	—··—··—	K	约 b/3	辅助围框线

2. 图线的宽度

在图纸或其他相当媒体上的任何正式文件的图线宽度不应小于 0.18mm，线宽应从下列范围选取：0.18、0.25、0.35、0.5、0.7、1.0、1.4、2.0（单位为 mm）。图线如果采用两种或两种以上宽度，粗线对细线宽度之比应不小于 2:1，或者说，任何两种宽度的比例至少为 2:1。

3. 图线的间距

平行图线的边缘间距应至少为两条图线中较粗一条图线宽的两倍。当两条平行图线宽度相等时，其中心间距应至少为每条图线宽度的 3 倍，最小不少于 0.7mm。对简图中的平行连接线，其中心间距至少为字体的高度。

4. 字体和字体取向

图中的文字，如汉字、字母和数字，是电气图的重要部分，是读图的重要内容。图中书写的汉字、字母、数字的字体号数分为 20、14、10、7、5、3.5、2.5 七种（单位 mm），汉字可采用长仿宋体；字母和数字可用直体、斜体；字体的宽度（单位为 mm）约等于字体高度的 2 / 3，而数字和字母的笔划宽度约为字体高度的 1 / 10。因汉字笔划较多，所以不宜用 2.5

号字。国家标准推荐的电气图中字体的最小高度见表 6-5。

表 6-5　　字体最小高度表

基本图纸幅面代号	A0	A1	A2	A3	A4
字体最小高度/mm	5	3.5	2.5	2.5	2.5

表 6-5 中所说是最小高度，为了便于记忆，可以统一在各个图框中用 3.5 及 5 号字，字体宽度为高度的 0.7 倍。

现在假设定了图框为 A2 图框，比例为 1:50，选择将图框扩大 50 倍把图形框住，到最后打印时再缩小打印（只需要在打印中设置一下即可），那么在这张图中，所用的文字高度应该为 3.5mm×50=175mm 以及 5mm×50=250mm。当然，用的标注样式的文字高度也为 175mm 及 250mm。

第七章　尺寸标注与编辑

一、尺寸标注工具栏

尺寸标注是图纸的一项重要内容，用于确定图形的大小、形状和位置，也是进行图纸识读的主要技术依据。用户想要完整、清晰、正确地标注图形的尺寸，必须先对尺寸标注的有关规定进行了解。

AutoCAD 的尺寸标注命令，可以方便快速地标注图纸中各种方向、形式的尺寸。标注显示了对象的测量值、对象之间的距离或角度，或特征点距指定点的距离。“标注”工具栏如图 7-1 所示。

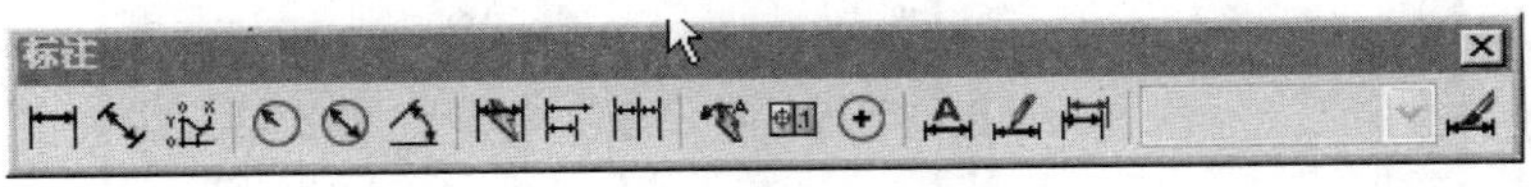

图 7-1　“标注”工具栏

也可以从“标注”菜单栏中调用，如图 7-2 所示。

标注的尺寸有以下独特的元素：尺寸界线、尺寸线、尺寸起止符号和标注文字（尺寸数字），对于圆的标注还有中心标记和中心线显示。尺寸标注元素组成示意图如图 7-3 所示。

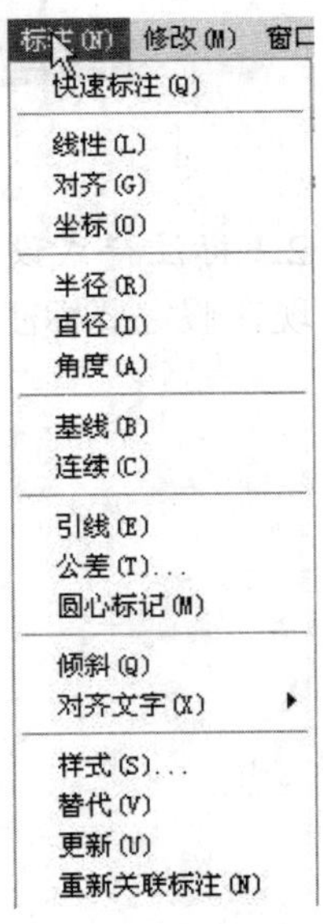

图 7-2　“标注”菜单栏

启动“标注样式管理器”命令，有如下三种方法：

（1）菜单栏：在菜单栏中选择“格式”-“标注样式”命令。

（2）工具栏：在“标注”工具栏中单击“标注样式”按钮。

（3）命令行：在命令行中输入 dimstyle（快捷命令 d），并按 Enter 键。

二、修改标注样式

执行标注样式管理器命令后，系统弹出“标注样式管理器”对话框，如图 7-4 所示，利用该对话框可以设置尺寸标注样式。

1. 创建新标注样式

单击“标注样式管理器”对话框中的“新建”按钮，弹出“创建新标注样式”对话框，如图 7-5 所示。单击“继续”按钮将关闭“创建新标注样式”对话框，并弹出“新建标注样式：副本 ISO-25”对话框，用户可以在该对话框的各选项中设置相应的参数，具体这些参数应该设定的值是多少，请结合图框和比例而定，例如要求打印出来的文字高度为 3.5mm 高，比例为 1:1，也就是图框没有扩大，那么设定的文字高度就应该是 3.5mm 高。如果比例为 1:50，图框被扩大了 50 倍把所画的图框起来，那文字的高度就应该设定为 3.5mm×50=175mm。

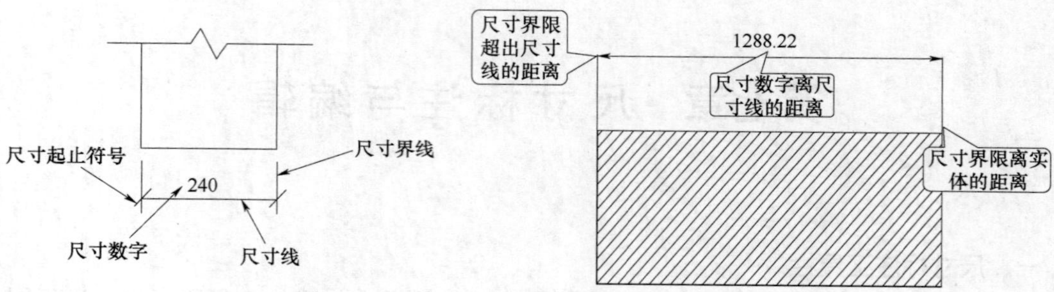

图 7-3 尺寸标注元素

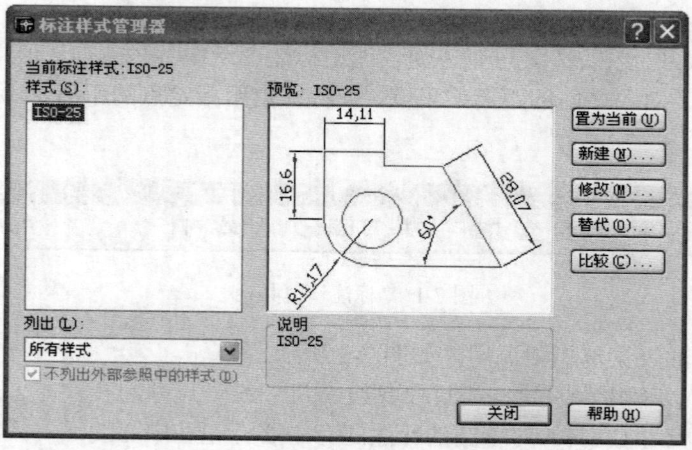

图 7-4 “标注样式管理器”对话框

2. 标注样式设置

现在假定要标注如图 7-5 所示图形。

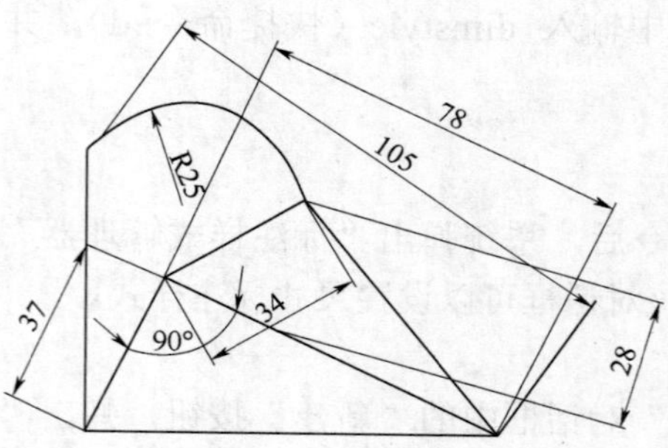

图 7-5 标注练习题

首先分析一下这张图最大的尺寸是 105mm，可以把这张图以 1:1 的比例放到 A4（210mm×297mm）图框中。设定这个题目放到 A4 图框中打印出来文字高度为 3.5mm，由于图框不会被放大，比例为 1:1，因此在设定标注文字高度时也为 3.5mm，箭头大小可以跟文字高度一样高，因此此题目设定的标注样式如图 7-6～图 7-8 所示。

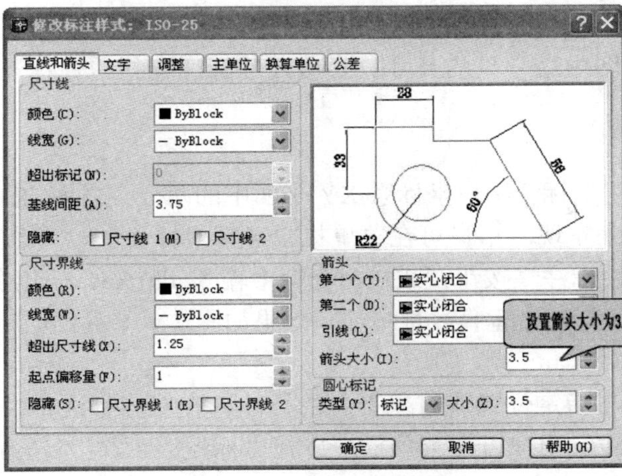

图 7-6 标注样式设置（一）

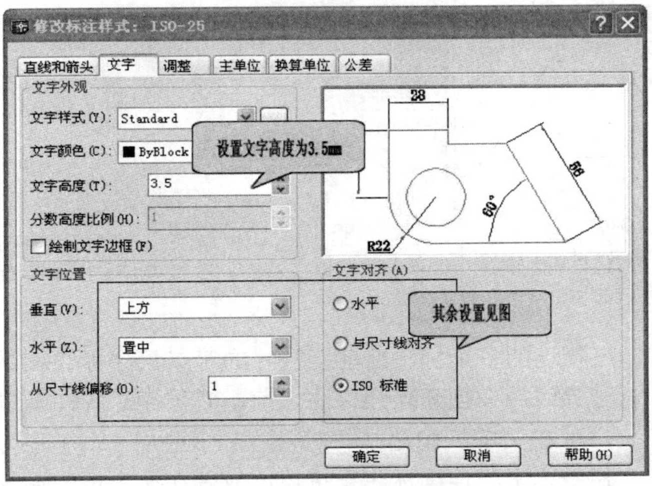

图 7-7 标注样式设置（二）

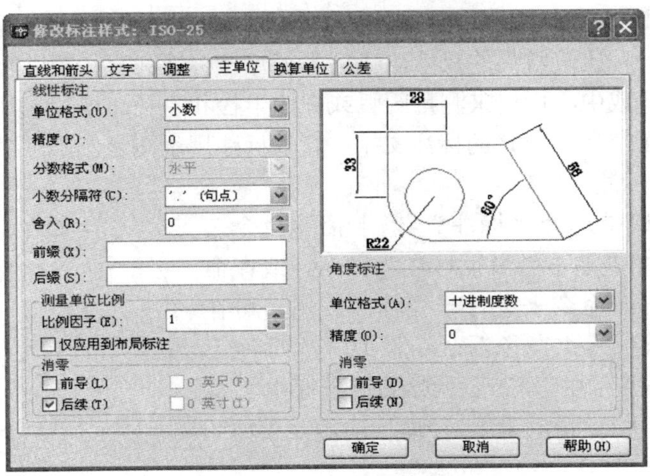

图 7-8 标注样式设置（三）

三、创建长度尺寸标注

长度尺寸是工程制图中最常见的尺寸。长度尺寸标注包括线性标注、对齐标注、基线标注和连续标注四种。

1. 线性标注

线性标注可以创建用于标注用户坐标系 XY 平面中的两个点之间的距离测量值，并通过指定点或选择一个对象来实现。用户可在菜单栏中选择“标注”-“线性”命令，或在“标注”工具栏中单击“线性标注”按钮，或在命令行中输入 dimlinear 来进行线性标注。线性标注常用于标注水平线性标注、垂直线性标注。效果如图 7-9 所示。

2. 对齐标注

对齐标注可以创建与指定位置或对象平行的标注。在对齐标注中，尺寸线平行于与尺寸界线两端点连成的直线。用户可在菜单栏中选择“标注”-“对齐”命令，或在“标注”工具栏中单击“对齐标注”按钮，或者在命令行中输入 dimaligned 来进行对齐标注，对齐标注的效果如图 7-10 所示。

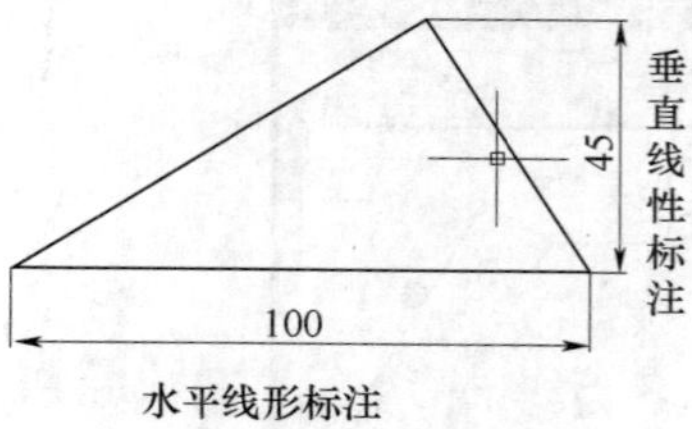

图 7-9　线性标注

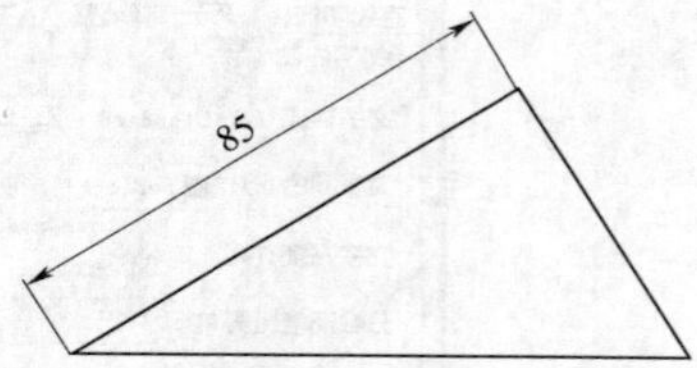

图 7-10　对齐标注

3. 连续标注

连续标注是首、尾相连的多个标注，前一尺寸的第二尺寸界线就是后一尺寸的第一尺寸界线。在创建连续标注之前，必须创建线性、对齐或角度标注。用户可在菜单栏中选择“标注”-“连续”命令，或者在“标注”工具栏中单击“连续标注”按钮，或者在命令行中输入 dimcontinue 来进行连续标注，连续标注的效果如图 7-11 所示。

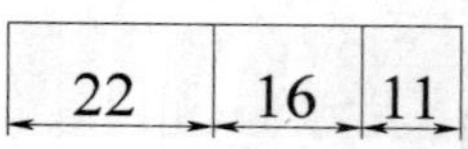

图 7-11　连续标注

4. 创建径向尺寸标注

径向尺寸是另一种比较常见的尺寸，包括半径尺寸标注和直径尺寸标注。

用户选择中心线或中心标记来测量圆弧或圆的半径和直径。半径标注用于测量圆弧或圆的半径，并显示前面带有字母 *R* 的标注文字；直径标注用于测量圆弧或圆的直径，并显示前面带有直径符号 ϕ 的标注文字。

用户可在菜单栏中选择“标注”-“半径”命令，或在“标注”工具栏中单击“半径标注”按钮，或在命令行中输入 dimradius 命令来进行半径标注。用户可在菜单栏中选择“标注”-“直径”命令，或在“标注”工具栏中单击“直径标注”按钮，或在命令行中输入 dimdiameter 命令来进行直径标注。径向标注的效果如图 7-12 所示。

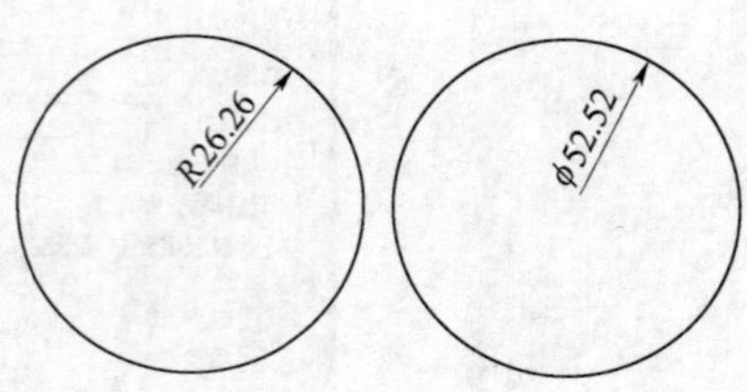

图 7-12　径向标注

5. 创建角度尺寸标注

角度标注用于标注两条直线或 3 个点之间的角度。若要测量圆的两条半径之间的角度，可以选择此圆，然后指定角度端点；对于其他对象，则需要先选择对象，然后指定标注位置。用户可在菜单栏中选择“标注”-“角度”命令，或在“标注”工具栏中单击“角度标注”按钮，或在命令行中输入 dimangular 命令来进行角度标注。角度标注的效果如图 7-13 所示。

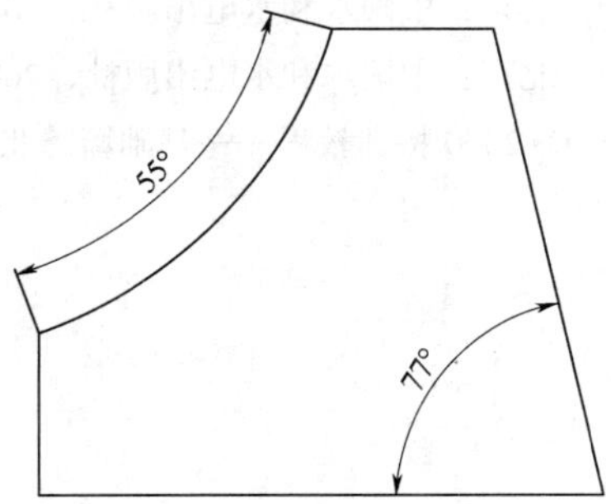

图 7-13 角度标注

参 考 文 献

[1] 刘增良，刘国亭．电气工程 CAD．北京：中国水利水电出版社，2007.
[2] 杨中瑞，叶德云．电气工程 CAD．北京：中国水利水电出版社，2004.
[3] 吴永进，林美樱，郑维智．AutoCAD 2000 特训教程——基础篇．北京：人民邮电出版社，2001.